DIE IMMUNITÄTSFORSCHUNG

ERGEBNISSE UND PROBLEME IN EINZELDARSTELLUNGEN

HERAUSGEGEBEN VON

PROF. DR. R. DOERR

BASEL

BAND IV

ANTIKÖRPER

ZWEITER TEIL

WIEN

SPRINGER-VERLAG

1949

ANTIKÖRPER

ZWEITER TEIL

EINLEITUNG — NEUERE FORSCHUNGEN ÜBER DIE ENTSTEHUNG DER IMMUNGLOBULINE — HÄMAGGLUTINIERENDE WIRKUNG DER VIRUSARTEN — NATÜRLICHE ANTIKÖRPER — SCHLUSSWORT

VON

R. DOERR

BASEL

MIT 12 TEXTABBILDUNGEN

WIEN

SPRINGER-VERLAG

1949

ISBN-13: 978-3-211-80097-3 e-ISBN-13: 978-3-7091-7730-3
DOI: 10.1007/978-3-7091-7730-3

Softcover reprint of the hardcover 1st edition 1949

Inhaltsverzeichnis.

Einleitung.

Reich an umstrittenen Problemen sind die Ergebnisse der Erforschung jener antikörperartigen Stoffe, welche sich im Serum des Menschen und der Tiere nachweisen lassen, ohne daß ihre Entstehung mit Sicherheit auf einen spezifischen Antigenreiz zurückgeführt werden könnte. Bereitet schon die Entscheidung Schwierigkeiten, ob diese negative Aussage nur auf Unkenntnis der individuellen Vorgeschichte beruht oder ob in bestimmten Fällen tatsächlich eine von jedem spezifischen Antigenreiz unabhängige Antikörperproduktion vorliegt, so kompliziert sich, auch in rein phänologischer Hinsicht, dieses Gebiet durch die unübersehbare Mannigfaltigkeit der Antigene, mit welchen diese „natürlichen" Antikörper in Reaktion treten können, und durch die Verschiedenheit der Funktionen, welche ihnen einerseits bei der Aufrechterhaltung der Gesundheit, anderseits als pathogenetische Faktoren zufallen. Dazu gesellt sich die Notwendigkeit, stets auf die Beziehungen zu den immunisatorisch erzeugten Antikörpern zurückzukommen, mit welchen die natürlichen Antikörper die spezifische Affinität zu den als Antigene bezeichneten Substanzen und die Art ihrer Reaktionen mit diesen gemein haben.

Der vorliegende Band hat sich die Aufgabe gestellt, die Fülle der Ergebnisse, welche die Erforschung dieser natürlichen Antikörper gezeitigt hat, und die aus ihnen abgeleiteten Theorien und Hypothesen kritisch zu sichten, und zwar so, daß die Belastung mit Einzelheiten nicht den Überblick über das Ganze gefährdet, und daß die geübte Kritik den Leser nicht an seiner eigenen Urteilsbildung hindert, sondern ihn dazu anregt.

Seit dem Erscheinen des ersten Bandes der Antikörper (Band I der „Immunitätsforschung") sind einige wichtige Arbeiten erschienen, welche sich auf die immunisatorisch erzeugten Antikörper und auf die hämagglutinierende Wirkung der Virusarten beziehen und im ersten Bande noch nicht berücksichtigt werden konnten. Ihre Besprechung soll dem eigentlichen Thema dieses Bandes vorangestellt werden.

I. Neuere Forschungen über die Entstehung der Immunglobuline.

a) Die Theorie von L. Pauling und die aus ihr abgeleitete Darstellung spezifischer Antikörper in vitro.

Wie in Band I der Immunitätsforschung (S. 69 ff.) auseinandergesetzt wurde, hatte L. Pauling den Standpunkt vertreten, daß die Antikörper dieselben Polypeptidketten enthalten wie die normalen Globuline und daß sie sich von diesen nur dadurch unterscheiden, daß die Ketten im Antikörpermolekül anders aufgerollt sind, d. h., daß sie sich während der Globulinsynthese unter dem Einfluß des in den synthetisierenden Zellen anwesenden Antigens in ganz bestimmter Weise falten; diese Faltung und die durch dieselbe bedingte Verlagerung bestimmter Gruppen der Polypeptidketten an die Oberfläche des Antikörpermoleküls sei die Ursache der spezifischen Affinität zum Antigen [L. Pauling (1940)].

Diese Hypothese suchten L. Pauling und H. Campbell (1942a, b) experimentell zu verifizieren, indem sie γ-Globulin aus Rinderserum mit Haptenen (hochmolekularen Azofarbstoffen, dem spezifischen Polysaccharid aus Pneumokokken vom Typus III) versetzten, die Gemische auf 57 bis 65° C erhitzten und langsam wieder abkühlten; in anderen Versuchen wurden solche Gemenge alkalisiert und die ursprüngliche Neutralität allmählich wieder hergestellt. Es wurde also angenommen, daß sich die normalen Globuline infolge der denaturierenden Einflüsse entfalten und wenn der denaturierende Faktor rückgängig gemacht wird, bzw. zu wirken aufhört, wieder zum sphärischen Molekül zusammenrollen, aber in einer anderen, durch die Anwesenheit des Haptens bedingten, für dieses spezifischen Art. Das Resultat schien diese kühne Kombination zu rechtfertigen; denn die abgekühlten, bzw. neutralisierten Gemenge gaben mit den Haptenen Präzipitate, im Falle des Pneumokokkenpolysaccharides auch Agglutination mit Pneumokokken des Typus III, verhielten sich also wie flockende Antikörper.

D. K. Bacon (1943) bestätigte diese Möglichkeit, Antikörper im Reagensglase zu erzeugen. Er verwendete (durch Zusatz von Citrat ungerinnbar gemachtes) Blutplasma vom Rinde und fand, daß die Dehydrierung des Plasmas unter geeigneten Bedingungen, welche einen Anstieg des p_H von 7,5 auf 9,1 bewirken kann, besonders geeignet ist, in den Plasmaproteinen die für die Darstellung von künstlichen Antikörpern notwendigen Veränderungen hervorzubringen. Soweit der Verfasser unterrichtet ist, war BACON bisher der einzige Autor, welcher die aufsehenerregenden Versuchsanordnungen von PAULING und CAMPBELL mit dem gleichen Ergebnis zu reproduzieren vermochte. Dagegen kamen andere Experimentatoren zu vollkommen negativen Resultaten und konnten zum Teil auch aufklären, wie die von PAULING und CAMPBELL beobachteten Präzipitationen zustande gekommen waren.

PAULING und CAMPBELL hatten zu ihren Versuchen u. a. einen Farbstoff verwendet, welcher drei an ein Resorcinol-Molekül gebundene Azophenylarsonsäuregruppen enthielt. Kaninchen, mit dem an Eiweiß gekuppelten Farbstoff immunisiert, lieferten Antisera, welche mit dem Farbstoff kräftig unter Bildung spezifischer Präzipitate reagierten. PAULING und CAMPBELL vermengten nun Rinderserumglobulin mit dem Farbstoff, ließen das Gemisch mehrere Tage hindurch bei 57° C stehen und entfernten den überschüssigen Farbstoff, welcher Cellophanmembranen zu passieren vermochte, durch Dialyse; durch Versetzen des erhaltenen Präparates mit dem an Ovalbumin gekuppelten Farbstoff erzielten PAULING und CAMPBELL Niederschläge, aber nicht bei neutraler Reaktion, sondern nur, wenn sich der p_H auf weniger als 6,0 belief. Diese Präzipitation wurde als Beweis für die Darstellung eines Antikörpers in vitro betrachtet. F. HAUROWITZ (1936) hatte jedoch schon viel früher festgestellt, daß Azoproteine mit normalen Serumglobulinen bei einem p_H von 3 bis 5 Niederschläge geben, und überzeugte sich bei der Nachprüfung der zitierten Versuchsanordnung von PAULING und CAMPBELL, daß das aus Ovalbumin und p-Phenylarsonsäure synthetisierte Azoprotein auch mit *normalem* Globulin aus Rinderserum präzipitiert. Die Reaktion ist darauf zurückzuführen, daß das Azoovalbumin negativ geladene, das Eiweiß (Globulin) positiv geladene Gruppen enthält, durch deren Vereinigung salzartige, aus den Lösungen ausfallende Verbindungen entstehen. Die Behauptung von PAULING und CAMPBELL, daß ihnen auf die oben geschilderte Art die Herstellung von Antikörpern in vitro gelungen sei, wird auf Grund dieser Kontrollversuche nicht anerkannt [F. HAUROWITZ, P. SCHWERIN und SAIDE TUNÇ (1946)]. In einem „The Purification and Formation of Antibodies" betitelten Vortrag ist HAUROWITZ (1946/47) nochmals auf diese unspezifischen Fällungen von Phenylarsonsäure-Azoovalbumin durch Eiweißkörper zurückgekommen und konstatierte auf Grund von vergleichenden Versuchen, welche PAULA SCHWERIN und SAIDE TUNÇ mit gereinigten Proteinen ausgeführt hatten, daß gerade das von PAULING und CAMPBELL vorzugsweise benutzte γ-Globulin aus Rinderserum bei einem p_H von 5,5 starke Niederschläge liefert, während Pseudoglobulin und Ovalbumin erst bei noch stärker saurer Reaktion (p_H 5,3, bzw. 4,7) präzipitieren. Diese Differenzen waren durch die Verschiedenheit der isoelektrischen Punkte der Proteine bedingt; das γ-Globulin, dessen isoelektrischer Punkt beim p_H 6,0 liegt, ist der am stärksten basische von den drei genannten Eiweißkörpern und wird daher bei höheren p_H-Werten gefällt als die beiden anderen. Da dieses γ-Globulin aus dem normalen Blutserum eines Rindes isoliert worden und nie mit Substanzen in Berührung gekommen war, welche die Phenylarsonsäure-Gruppe enthielten, konnte seine Präzipitation nicht als Antikörperwirkung aufgefaßt werden.

PAULING und CAMPBELL denaturierten ferner Serumglobuline in Gegenwart von Methylblau durch verdünntes Alkali; das Alkali wurde dann durch Dialyse entfernt und ein Teil des Proteins dadurch regeneriert, welcher mit Methylblau zwar keine Fällung gab, aber dasselbe zu binden vermochte. Auch dieses Experiment konnte von zwei Mitarbeiterinnen von HAUROWITZ (PAULA SCHWERIN und PERO KARA) nicht bestätigt werden. Das Methylblau des Handels enthält nicht Phenylarsonsäure, sondern Phenylsulfonsäure und hat nicht immer die gleiche chemische Zusammensetzung. Die von PAULING und CAMPBELL einerseits, von SCHWERIN und KARA anderseits verwendeten Sorten von Methylblau scheinen nicht ganz identisch gewesen zu sein, was bei der Bewertung der einander widersprechenden Versuchsresultate, wie HAUROWITZ unparteiischerweise zugibt, immerhin zu berücksichtigen wäre.

In sehr entschiedener Form haben ferner A. M. KUZIN und N. A. NEVRAEVA (1947) gegen PAULING und CAMPBELL sowie gegen D. K. BACON Stellung genommen. Verfasser konnte sich die russische Arbeit nicht im Original verschaffen und ist daher darauf angewiesen, hier ein in englischer Sprache abgefaßtes Referat von H. PRIESTLEY in möglichst wortgetreuer Übersetzung zu reproduzieren: „Bei der Wiederholung der Versuche von PAULING und CAMPBELL sowie von BACON, zum Teil in variierter Form, konnte keine Bildung von Antikörpern beobachtet werden. Die Entstehung eines Antikörpers gegen ein aus Pneumokokken vom Typus III gewonnenes Polysaccharid, welche von PAULING und CAMPBELL beschrieben wurde, trat nicht ein, wenn das Experiment mit anderen Polysacchariden wiederholt wurde: mit Gummi arabicum, mit den spezifischen Polysacchariden aus Shigella dysenteriae, Shigella paradysenteriae Flexner und Streptococcus haemolyticus. Es wurden Präparate erhalten durch länger dauernden Kontakt von γ-Globulin mit verschiedenen Antigenen bei einer Temperatur von 57° C. Es konnten aber keine Antikörper in Lösung gewonnen werden, auch nicht mit Farbstoffen. Eine Veränderung der Natur des Proteins konnte nur mit Methylenblau erzielt werden. In anderen Experimenten mit Polysacchariden besaß das aus den Präparaten isolierte Protein nicht die Eigenschaften eines Antikörpers. Auch konnte keine Antitoxinbildung festgestellt werden, wenn Serumproteine in Anwesenheit von Diphtherietoxin dehydriert wurden. Das Problem der Darstellung von Antikörpern in vitro ist noch immer nicht gelöst."

Da die Publikationen der Autoren, welche den Anspruch von PAULING bestreiten, daß sich durch die von ihm angegebenen Methoden Antikörper in vitro herstellen lassen, erst in letzter Zeit erschienen sind, kann man die Angelegenheit wohl nicht als definitiv erledigt betrachten. Sollten, was zweifellos wahrscheinlicher ist, die Gegner PAULINGs recht behalten, so wäre wohl auch die Hypothese dieses Autors erschüttert, daß sich die spezifischen Immunglobuline von den normalen Serumglobulinen nur durch die Art unterscheiden, wie die Polypeptidketten im Eiweißmolekül angeordnet sind. Diese Konsequenz hat F. HAUROWITZ in dem oben erwähnten Vortrage auch gezogen und bezeichnet es als weit wahrscheinlicher, daß die Antikörper wie andere Eiweißmoleküle im Organismus durch Kondensation von einfachen Aminosäuren oder Peptiden entstehen und daß ihre strukturelle Anpassung an die determinierenden Gruppen des Antigens während ihrer Synthese zustande kommt und nicht erst durch eine spätere Umgruppierung. Die wichtigen Untersuchungen von R. SCHÖNHEIMER, S. RATNER, D. RITTENBERG und M. HEIDELBERGER (1942), durch welche die Synthese der Immunglobuline aus den Aminosäuren des Nahrungseiweißes zur Gewißheit wurde, werden von HAUROWITZ a. a. O. nicht erwähnt; dieser Teil des Problems ist aber jedenfalls erledigt und steht nicht mehr zur Diskussion. Dagegen ist die „*strukturelle Anpassung an die Determinanten des Antigens*" nach wie vor rätselhaft. Die Tatsache, daß sich die Immunglobuline von den normalen Globulinen des gleichen Blutserums weder chemisch noch auch — als Antigene, d. h. als artfremde Serumproteine betrachtet — serologisch unterscheiden lassen, war ja das Motiv, welches PAULING zur Aufstellung seiner Faltungshypothese veranlaßte. Nimmt man aber an, daß sich die Aminosäuren in den die Globuline synthetisierenden Zellen unter dem Einfluß der Antigene anders gruppieren, so wird die chemische und serologische Identität der Immun- und der Normalglobuline unverständlich. Konnten doch K. LANDSTEINER und J. VAN DER SCHEER (1932, 1934, 1939) zeigen, daß die Spezifität niedermolekularer Peptide in erster Linie durch die Natur der endständigen, eine freie Carboxylgruppe tragenden Aminosäure, in zweiter Linie durch die chemische Beschaffenheit der anderen, die Kette aufbauenden Aminosäuren bestimmt wird, und *daß bei Tri- und Pentapeptiden, die nur aus Leucin und Glycin zusammengesetzt waren, schon eine stärkere Verschiebung einer Aminosäure im Molekül eine Änderung der Spezifität bewirkte.*

Ist es somit durchaus zweifelhaft, was man sich unter der strukturellen Anpassung eines Globulins an die Determinanten eines Antigens vorzustellen hat, so muß logischerweise jede Aussage über die Reaktion eines „angepaßten Globulins" mit seinem Antigen unbestimmt sein. Nach L. PAULING (1945) sind die serologischen Reaktionen durch schwache Kräfte (Elektronenattraktion von VAN DER WAAL, Wasserstoffbindungen, Anziehung von Atomen mit entgegengesetzter elektrischer Ladung) bedingt, deren Energie weniger als 10 Kilokalorien per Molekül beträgt; diese Kräfte sind an sich nicht spezifisch, vielmehr entsteht die spezifische Affinität erst dadurch, daß die Oberflächen der miteinander in Berührung kommenden Moleküle eine „komplementäre" Struktur haben, d. h., daß sich ihre oberflächlich gelegenen Strukturen gegensätzlich ergänzen. Da diese „Komplementarität" kleinere oder größere Oberflächenbezirke der beiden Moleküle (Antigen und Immunglobulin) betreffen kann, ist auch die Spezifität der Reaktionen bald mehr, bald weniger ausgeprägt. Was PAULING in Worten auszudrücken und durch chemische Formeln zu veranschaulichen sucht, trachtet F. HAUROWITZ (1946/47) durch schematische Zeichnungen, deren suggestive Wirkung aus den Zeiten von P. EHRLICH wohlbekannt ist, zu konkretisieren. Er wählt als Beispiel ein Antigen, welches aus Ovalbumin durch Jodierung und nachfolgende Kuppelung mit diazotierter Aminophenylarsonsäure hergestellt wird und somit drei Determinanten enthält, nämlich Dijodophenol, p-Phenylarsonsäure und Ovalbumin. Ein der Struktur dieses Antigens ideal angepaßter Antikörper kann nach den Ausführungen von HAUROWITZ nicht erwartet werden, weil die Strukturelemente des Antikörperglobulins, nämlich seine Peptidketten, nicht unbegrenzt „deformiert" werden können; aber die tatsächlich entstehenden Antikörper können mehr oder minder gut angepaßt sein, und es sei klar, daß ein besser angepaßter Antikörper mit größerer Kraft gebunden werden müsse als ein schlecht adaptierter. Die schematischen Zeichnungen und ihr Kommentar lassen erkennen, daß HAUROWITZ ebenfalls eine komplementäre Ausgestaltung der Oberflächen der Antikörpermoleküle im Auge hatte, *welche erst beim Kontakt mit dem Antigen wirksam wird.*

Die erste Phase jeder Antigen-Antikörperreaktion, die Bindung des Antikörpers an das Antigen, vollzieht sich jedoch im allgemeinen mit großer Geschwindigkeit und wird oft schon in einer Minute, ja in wenigen Sekunden perfekt [H. W. CROMWELL (1922), TH. MADSEN und S. SCHMIDT (1929), U. FRIEDEMANN und B. ZUGER (1939), M. HEIDELBERGER, H. P. TREFFERS und M. MAYER (1940)]. Nach den Angaben von M. MAYER und M. HEIDELBERGER (1942) ist die Reaktion zwischen den bakteriellen Polysacchariden und ihren Antisera bei 0° C schon binnen drei Sekunden bis zu 90% abgelaufen, und das überlebende Uterushorn eines sensibilisierten Meerschweinchens kontrahiert sich fast sofort, wenn man dem Bade, in welchem es suspendiert ist, eine Lösung des Antigens zusetzt [H. DALE (1913); vgl. auch R. DOERR (1929b, S. 654)]. Diese übereinstimmenden Daten über die Reaktionsgeschwindigkeit sprechen nicht für schwache, nur auf ganz kurze Distanz wirkende Kräfte. Ferner ist A. ROTHEN (1945) auf Grund interessanter Versuche [s. R. DOERR (1947a) S. 75] zu dem Schluß gekommen, daß der Antikörper auf das Antigen auch ohne direkten Kontakt, also par distance wirken kann, und daß das zwischen beiden bestehende Kraftfeld nicht auf einen Aktionsradius von wenigen Å beschränkt ist, sondern sich auf Hunderte von Å erstrecken kann. A. Rothen (1946) konnte auch für Fermente eine Fernwirkung mit Hilfe einer ähnlichen Versuchsanordnung wahrscheinlich machen. Es wurden nämlich Filme von Rinderserumalbumin in mehreren übereinandergelagerten Schichten auf polierte Metallflächen übertragen. Lösungen von kristallisiertem Trypsin zerstörten diese Filme in ganz kurzer Zeit. Wurde aber auf das geschichtete Rinderserumalbumin vorher eine Schichte von Formwar (einem Polymer von Formaldehyd-Polyvinyl) deponiert, so bildete dieses einen Schirm, welcher die Einwirkung des Fermentes hinderte; es zeigte sich, daß dieser Schirm um so dicker sein mußte, je größer die Zahl der übereinander geschichteten Proteinfilme war, falls diese vollkommen gegen den enzymatischen Abbau geschützt werden sollten. Die Distanz, in welcher das Trypsin noch proteolytisch zu funktionieren vermochte, schien, nach dem Resultat des geschilderten Versuches zu urteilen, mehr als hundert Å zu betragen, was, falls die Ergebnisse bestätigt werden könnten, bedeuten würde, *daß für die Aktivität eines Fermentes die direkte Berührung seines Moleküls mit dem Molekül des fermentierbaren Substrates nicht notwendig sei*[1]. Daß sich Fermente in diesen Experimenten so verhielten wie Antikörper, könnte auf Fehlerquellen oder einer unrichtigen Deutung einer identischen Versuchsanordnung beruhen; lassen sich aber diese Möglichkeiten ausschalten, so gewinnt das gleichartige Verhalten der beiden Wirkstoffe in dem hier erörterten Zusammenhang eine besondere Bedeutung. Fermente und Antikörper sind spezifisch auf ihre Substrate eingestellt und in beiden Fällen hat man diese Eigenschaft durch den Vergleich von E. Fischer mit einem „ins Schloß passenden Schlüssel" verständlicher machen wollen; in den Zeichnungen von Haurowitz (1946/47) ist die Vereinigung eines gut oder ideal angepaßten Antikörpers mit den Determinanten des Antigens so dargestellt, als ob diese in das Immunglobulin eindringen würden, wie eben ein mehr oder minder gut passender Schlüssel in ein Schloß. Wäre

[1] Von F. Karush und B. M. Siegel [Science, **108**, 107 (1948)] wurde die Beweiskraft der Experimente angezweifelt, auf welche A. Rothen seine Theorie von den spezifischen Fernwirkungen zwischen Antikörper und Antigen aufgebaut hatte. Die von A. Rothen hergestellten Schichten von Proteinen sollen nämlich, obwohl sie ursprünglich von Wasseroberflächen auf feste Unterlagen übertragene monomolekulare Filme mit vollkommen entfalteten Eiweißmolekülen sind, keine gleichmäßige Dicke und daher auch keine ebene Oberfläche haben, weil sie nach dem Abheben von der Wasserfläche getrocknet werden und hiedurch eine Veränderung erleiden, welche sie höckerig macht. Die so entstehenden Erhebungen, welche 50—85—100 Å hoch sein können, sollen die aufgetragenen, abschirmenden Isolierschichten durchsetzen und könnten geeignet sein, Antikörper direkt festzuhalten und auf diese Weise Fernwirkungen vorzutäuschen. Die Angelegenheit ist durch diesen Einwand jedoch noch nicht im negativen Sinne entschieden, umsoweniger als die Entgegnung von Rothen zur Zeit noch aussteht.

Berichtigungen.

S. 146: In den beiden Formeln des Glucosides und des Galaktosides ist in die Verbindungslinie des 1. mit dem 5. C-Atom ein O-Atom einzuschalten.

S. 233, 27. Zeile von oben lies: 135 statt 185.

Doerr, Antikörper I.

die Fernwirkung außer Zweifel gestellt, so würde dieser Vergleich samt den schematischen Figuren, welche ihn ad usum delphini illustrieren, entwertet und müßte durch andere Vorstellungen ersetzt werden. Wie dies ROTHEN (1945) schon in seiner ersten Publikation angedeutet hat, würde sich in biologischer Hinsicht die Konsequenz ergeben, daß Antikörper und Antigen aufeinander wirken können, wenn sie durch entsprechend dünne natürliche Membranen (Wandungen von Blut- oder Lymph-Kapillaren) getrennt sind, und manche Gegensätze, welche sich zwischen den Antigen-Antikörperreaktionen in vitro und in vivo feststellen lassen [siehe die zusammenfassende Darstellung von U. FRIEDEMANN (1947)], könnten sich in einem anderen Lichte präsentieren.

b) J. LOISELEURS Untersuchungen über die Antigenfunktion organischer Substanzen von sehr kleinem Molekulargewicht.

Es sei vorausgeschickt, daß J. LOISELEUR ursprünglich hochmolekulare Eiweißantigene (Ovalbumin, Cobragift) in spezifische „Contraantigene" umzuwandeln versuchte, indem er die positiven Ladungen der im Antigenmolekül vorhandenen Gruppen in negative und die negativen Ladungen in positive verkehrte. Diese Umladung wurde durch chemische Eingriffe angestrebt, und wenn sie gelang, sollten Derivate der Antigene resultieren, die „*Contraantigene*", welche sich infolge der Summe ihrer entgegengesetzten Ladungen an die Ausgangssubstanzen anlagern mußten und die Neutralisierung der Ladungen sollte eine Ausflockung der Komplexe zur Folge haben. Das Resultat entsprach der Erwartung. Wurde eine Lösung von Ovalbumin mit einer Lösung seines Contraantigens versetzt, so stieg infolge der durch die Verbindung der beiden Reaktionskomponenten bewirkten Vergrößerung der Teilchen die Viscosität des Gemisches und im Anschluß an den Anstieg der Viscosität erfolgte eine Flockung. Die Reaktion war spezifisch. Das Contraantigen des Ovalbumins gab nur mit diesem, nicht aber mit Casein, Edestin oder Gelatine eine Viscositätssteigerung und Niederschlagsbildung, und diese den echten Antikörpern ähnliche Spezifität konnte auch bei der Untersuchung anderer Antigene und der aus ihnen abgeleiteten Contraantigene festgestellt werden [weitere Einzelheiten sowie Literaturangaben bei R. DOERR (1947 a, S. 9 ff.)]. Der Gedanke, welcher diesen Experimenten zugrunde lag, war also die künstliche Erzeugung einer komplementären Ausgestaltung der Oberflächen, so daß sie sich ebenso exakt zusammenfügen können „wie ein Objekt und sein Bild in einem Spiegel", eine Vorstellung, der wir auch bei L. PAULING und F. HAUROWITZ begegnen (s. S. 5 bis 8), aber mit dem Unterschied, daß diese Forscher die Tatsache berücksichtigten, daß alle echten Antikörper Globuline sind, während LOISELEUR jedes beliebige Protein für geeignet hielt, sich ohne wesentliche Änderung seiner molekularen Struktur durch bloße Änderung elektrischer

Ladungen in ein „Contraantigen" transformieren zu lassen. Auch hat Loiseleur die zahlreichen Beweise, daß die Antikörper nicht durch Umformung der Antigene entstehen können [R. Doerr, 1947 a, S. 3 bis 8], nicht beachtet, sondern ist bei den „Contraantigenen" wie auch später, unbekümmert um entgegenstehende Forschungsergebnisse, durchaus eigene Wege gegangen. Ein stets gewagtes Unternehmen, das aber oft genug neue und wichtige Erkenntnisse gezeitigt hat.

In einer Reihe von kurzen Mitteilungen berichtete J. Loiseleur (1946 a, b, c, d), daß es möglich sei, durch die Immunisierung von Kaninchen mit „organischen" Substanzen von sehr kleinem Molekulargewicht Antikörper zu erzeugen. Zu dem ersten erfolgreichen Versuch wurde Phloridzin (Molekulargewicht = 472) verwendet, später gelangen auch Immunisierungen mit weit einfacher gebauten Stoffen, z. B. mit Aethylalkohol (Molekulargewicht = 44). Die Technik der Immunisierung und die Methoden des Antikörpernachweises wurden 1947 in einem Artikel von J. Loiseleur und M. Levy (Ann. Pasteur, 73, 116) zusammenfassend dargestellt.

In den Vordergrund sei hier die *Technik der Immunisierung* gerückt. Ein Resultat konnte nur erzielt werden, wenn man das Antigen wiederholt und in ganz kurzen Zeitabständen intravenös injizierte. Zwei Injektionen per Tag stellten ein Minimum dar, und, da die Dauer dieser Behandlung 10 bis 12 Tage betrug, waren auch die Gesamtmengen der in die Blutbahn direkt eingeführten Substanzen erheblich (95 mg Phloridzin, 400 mg Indigodisulfonat, 2000 mg p-Amidophenylsulfamid werden als Beispiele genannt). Sind die Antigene toxisch (Alkohol, Morphin), so muß man nach Loiseleur mit kleinen Dosen beginnen und die eingespritzte Menge täglich systematisch steigern, ein Vorgehen, welches durch eine Verlängerung der Immunisierungsdauer auf mehrere Wochen zu kompensieren ist; auch in solchen Fällen sind die Gesamtmengen der Substanzen groß (z. B. 107,2 g Alkohol oder 195 mg Morphin). Loiseleur selbst bezeichnet dieses Verfahren als eine kontinuierliche Überschwemmung des Organismus und motiviert dasselbe mit der leichten Diffusibilität niedermolekularer Stoffe, welche im Gegensatze zu den Eiweißantigenen rasch ausgeschieden werden und infolge der zu kurzen Verweildauer im Blute nicht wirken können. Das erscheint soweit plausibel; F. Haurowitz, M. Tunka und P. Schwerin (1943) haben ebenfalls das starke Immunisierungsvermögen von Arsanilazoglobulin und die schwache Antigenfunktion von Arsanilazogelatine darauf zurückgeführt, daß von den beiden Verbindungen, wenn man sie intravenös injiziert, die an erster Stelle genannte nachweislich in der Leber gespeichert wird, während die zweite den Organismus der immunisierten Kaninchen rasch mit dem Harne verläßt.

Hingegen ist es nicht verständlich, warum die Blutentnahme, welche das Antiserum liefern soll, wenn auch nicht immer (s. w. u.), so doch bei der Immunisierung mit bestimmten niedermolekularen Stoffen in so kurzem Zeitabstand nach der letzten immunisierenden Injektion vorgenommen werden mußte. Wie bereits erwähnt, erhielten die Kaninchen 10 bis 12 Tage hindurch 3 bis 4 Injektionen täglich in möglichst gleichen Intervallen und der Aderlaß fand meist an dem auf die letzte abendliche Injektion folgenden Morgen statt, da die spezifische Wirksamkeit des Antiserums zu dieser Zeit das Maximum erreichte und dann rapid abnahm [LOISELEUR (1946 a), LOISELEUR und LÉVY (1947, S. 9)]. Nun gibt LOISELEUR (1946 c) an, daß man den wirksamen Faktor der von ihm dargestellten Antisera durch Fraktionierung mit Ammonsulfat lokalisieren und reinigen kann; er ist zum größeren Teil im Pseudoglobulin, zum kleineren im Euglobulin des Serums enthalten, welche beide stärkere Reaktionen als das Vollserum geben, während das Albumin wirkungslos ist [siehe auch LOISELEUR und LÉVY, l. c., S. 11 f.]. Serumglobuline werden aber nicht durch den Harn ausgeschieden, und die Diffusibilität der als *Antigene* verwendeten Substanzen kann man, sobald sie dem Serumglobulin ihre spezifische Marke aufgeprägt haben, für den ephemeren Charakter der von LOISELEUR dargestellten Antikörper gegen niedermolekulare Substanzen nicht mehr verantwortlich machen. Diejenigen Antikörper, mit welchen sich die Immunitätsforschung bisher befaßt hat, sind ja auch nichts anderes als spezifisch modifizierte Serumglobuline, verlieren ihre Wirksamkeit aber nicht von einem Tag auf den anderen, sondern halten sich, wie die gerade am *Kaninchen* mit isotopen Aminosäuren durchgeführten Untersuchungen von SCHÖNHEIMER, RATNER, RITTENBERG und HEIDELBERGER gelehrt haben, mindestens solange wie normale Serumglobuline, das heißt so lange, bis sie im Eiweißstoffwechsel abgebaut werden, nämlich vier Wochen. LOISELEUR hat wiederholt betont, daß die von ihm erzielten Ergebnisse mit den fundamentalen Tatsachen der klassischen Immunitätsforschung übereinstimmen; hier tritt aber jedenfalls ein Widerspruch zutage, dessen Bedeutung ich mir mangels eigener Versuche nicht recht klarmachen konnte, der aber vielleicht den Schlüssel des Verständnisses in sich bergen kann.

Es muß betont werden, daß die veränderte Reaktionsfähigkeit des Serums nach der Immunisierung mit anderen niedermolekularen Substanzen, wie LOISELEUR und LÉVY (l. c., S. 9 f.) angeben, beständiger war; Antisera von Kaninchen, die mit Phenol oder Anilin behandelt worden waren, wirkten, an dem auf die letzte Injektion folgenden Tage entnommen, nicht stärker als Serumproben, welche nach Ablauf von elf Tagen gewonnen wurden. Ein Grund, warum Phenol oder Anilin so stark von den Stoffen mit flüchtiger Auswirkung, z. B. Phloridzin oder Zuckerarten, differierten, wird aber nicht angegeben, so daß die Frage, ob es sich nicht um wesensverschiedene Phänomene gehandelt hat, berechtigt bleibt.

Noch auffälliger und rätselhafter ist die Tatsache, daß LOISELEUR mit gewissen „organischen“ Stoffen positive, mit anderen negative Resultate bekam. Unter den positiven Substanzen figurieren Aethylalkohol, d-Weinsäure, verschiedene Zucker (Xylose, Arabinose, Trehalose, Saccharose, Raffinose), Aminosäuren (Leucin, Cystein, Arginin), Phenol, Anilin, p-Aminophenol, Phloridzin, Morphin u. a., unter den negativen l-Weinsäure, racemische Weinsäure, Antipyrin, Pyramidon, Methylenblau. Loiseleur und Lévy (1947) geben zwar in ihren Schlußfolgerungen (l. c., S. 25) an, daß sich bisher alkoholische und Carboxylgruppen als besonders aktiv erwiesen haben. Diese Aussage gilt aber nicht einmal für die Mehrzahl der angeführten positiven Stoffe, da beispielsweise Anilin, das sich durch eine nachhaltige Wirkung auszeichnete (s. oben), weder eine alkoholische noch eine Carboxylgruppe besitzt. Die Immunitätsforschung konnte allerdings bisher aus der chemischen Untersuchung einer vorgelegten Substanz auch keinen sicheren Schluß ziehen, ob und in welchem Grade sie die Funktionen eines Antigens besitzen muß, so daß man sagen könnte, daß sich bei den niedermolekularen, von Loiseleur untersuchten Stoffen einfach dieselbe Situation wiederholt, mit welcher man sich vor Loiseleur abfinden mußte. Diese Parallele stimmt aber nicht in jeder Hinsicht. Die chemische Struktur der von Loiseleur geprüften Verbindungen kennen wir so genau, als die moderne Chemie einen Aufschluß zu geben vermag, und das Unvermögen zu entscheiden, warum sich beispielsweise d-Weinsäure positiv, l-Weinsäure negativ verhält, hat daher eine andere Bedeutung als scheinbar analoge Unsicherheiten bei den hochmolekularen, chemisch nur unzureichend bekannten Antigenen und Nicht-Antigenen alten Stiles. Zwar konnten K. Landsteiner und M. W. Chase (1940), Gell, Harington und Rivers (1946) sowie M. W. Chase (1947) durch Injektion von chemisch bekannten Verbindungen die Produktion von anaphylaktischen Antikörpern und spezifischen Präzipitinen auslösen; diese Stoffe waren aber durch eine starke Reaktionsfähigkeit ausgezeichnet, welche sie befähigte, sich im Organismus an das Eiweiß der immunisierten Versuchstiere zu koppeln und dadurch die produktive Antigenfunktion, die ihnen von Haus aus fehlte, zu erlangen [vgl. R. Doerr, Antigene, 1948]. Diese Eigenschaft besaßen aber die Substanzen, welche in den Versuchsanordnungen Loiseleurs positive Resultate lieferten, nicht; sie waren überhaupt durch kein gemeinsames Merkmal charakterisiert, ebensowenig wie die Verbindungen, die sich negativ verhielten.

Wie schon angedeutet, nimmt jetzt Loiseleur an, daß die antikörperartig wirkenden Serumstoffe, welche er nach der Immunisierung mit „organischen" Substanzen von niedrigem Molekulargewicht nachzuweisen vermochte, modifizierte Globuline des Blutplasmas der zum Versuche verwendeten Kaninchen sind. Der Schauplatz dieser Umwandlung soll das strömende Blut sein und diese Auffassung mußte zu dem Versuche führen, die antikörperartig wirkenden Serumstoffe im Reagensglase herzustellen. Nach Loiseleur (1947) benötigt man zu diesem Zweck irgendeinen beliebigen Eiweißkörper („un protéide quelconque") und eine organische Substanz von niedrigem Molekulargewicht; das Protein paßt sich an die als Antigen funktionierende Substanz an, jedoch nicht, wenn man die beiden Reaktionskomponenten miteinander einfach vermengt, sondern wenn man eine Denaturierung des Proteins einleitet, indem man das Gemisch heftig schüttelt oder Ultraschallvibrationen aussetzt; das Gemisch wird sodann stark angesäuert (p_H 3), vier Tage lang gegen eine saure Außenflüssigkeit dialysiert und schließlich wieder alkalisiert (p_H 7,2). Das Endprodukt gibt mit der als Antigen benützten niedermolekularen organischen Substanz die (noch zu beschreibende) spezifische Erhöhung der Viscosität. Der Vorgang wird darauf zurückgeführt, daß sich die elektrisch geladenen Gruppen im Eiweißmolekül in fortwährender Bewegung um eine Mittellage befinden und daß das Molekül infolgedessen einen gewissen Grad von Plastizität, d. h. die Fähigkeit besitzt, auf äußere Einflüsse durch Veränderungen zu reagieren, eine Fähigkeit, die in der leichten Denaturierbarkeit der Proteine einen Ausdruck findet. Die heftigen Vibrationen sind für das positive Resultat notwendig, weil dann das System dem Minimum an potentieller Energie zustrebe, das realisiert wird, wenn im Eiweißmolekül nur jene elektrischen Ladungen bestehen bleiben, welche den Ladungen des Antigens entgegengesetzt sind und dieselben anziehen.

In der Fragestellung wie auch in den angewendeten Methoden nähert sich hier LOISELEUR PAULING und CAMPBELL, was LOISELEUR (1947, S. 687) selbst betont. Nur verwendet LOISELEUR nicht hochmolekulare Haptene (Azofarbstoffe, bakterielle Polysaccharide), sondern weit einfachere Verbindungen (Raffinose, Arginin, Phloridzin) und denaturiert auch nicht durch Erwärmen oder starkes Alkalisieren, sondern durch mechanische Einwirkungen. LOISELEUR (1947) hat übrigens eine der Versuchsanordnungen von PAULING und CAMPBELL (starkes Alkalisieren von Serumglobulin in Gegenwart des Antigens) mit seinen niedermolekularen organischen Substanzen (d-Weinsäure, Hydrochinon, Anthranilsäure, Xylose, Salicylsäure, p-Phenylendiamin, Arginin und Raffinose) nachgeprüft und gefunden, daß die relative Spezifität der Reaktionen zwar deutlich ausgeprägt ist, indem die denaturierten Globuline in der Regel am stärksten mit den Stoffen reagierten, in deren Gegenwart sie denaturiert worden waren, aber die absolute Spezifität war manchmal gering, d. h. die Globuline, die *nicht* in Gegenwart eines Antigens denaturiert wurden, wirkten fast ebenso stark wie diejenigen, bei welchen die Denaturierung in Anwesenheit des Antigens stattgefunden hatte. Die Untersuchungen, durch welche die Beweiskraft der Experimente von PAULING und CAMPBELL erschüttert wurde (S. 3 f.), waren LOISELEUR bei der Niederschrift seiner hier zitierten Mitteilungen offenbar noch nicht bekannt.

Die Reaktion der von LOISELEUR in vivo und in vitro erzeugten „Antikörper" mit den niedermolekularen organischen Stoffen, welchen sie ihre

Entstehung verdanken, führt nicht zur Bildung eines Niederschlages, sondern ist in erster Linie an einer starken Steigerung der Viscosität zu erkennen, welche eintritt, wenn man zu dem antikörperhaltigen Serum (1 ccm) Lösungen des niedermolekularen Antigens in einer optimalen Konzentration hinzufügt. Normales Serum verändert seine Viscosität nur unbedeutend und insoweit, als es durch den Zusatz der Antigenlösung verdünnt wird; antikörperhaltiges Serum gibt eine starke Steigerung der Viscosität, wenn man die richtige Konzentration getroffen hat; wird sie unter- oder überschritten, so ist die Viscositätssteigerung geringer und bleibt, wenn die Differenz gegenüber der optimalen Konzentration zu groß wird, ganz aus (Zonenphänomen).

Betrachtet man eine der Zeichnungen, durch welche LOISELEUR seine Beobachtungen graphisch zu veranschaulichen suchte, so erkennt man, daß nicht der Verlauf der Reaktion dargestellt wird, sondern die Beziehung zwischen der relativen (in Prozenten ausgedrückten) Steigerung der Viscosität und den zum Antiserum zugesetzten Mengen des Antigens. Außerdem ist aus Abb. 1 die für eine maximale Viscositätssteigerung erforderliche absolute Menge des Antigens (d-Weinsäure) und die Spezifität (durch Eintragung der Versuche mit l-Weinsäure und mit racemischer Weinsäure) zu entnehmen. LOISELEUR (1946c) stellte ferner fest, daß das Serum der mit niedermolekularen organischen Verbindungen immunisierten Kaninchen seine Reaktionsfähigkeit völlig oder fast gänzlich einbüßt, wenn man in den regulären Rhythmus der täglichen Injektionen kleiner Antigendosen einige rasch aufeinanderfolgende massive Dosen einschaltet; nach einigen Ruhetagen stellt sich die viscositätssteigernde Wirkung des Serums wieder ein. Es sieht also so aus, als ob der Antikörper durch die Zufuhr großer Antigenquanten in vivo temporär abgesättigt worden wäre, und die Analogie mit der „negativen Phase“, die man bei Immunisierungen mit Eiweißantigenen beobachtet, ist unverkennbar. Wie soll man sich aber bei den Verbindungen mit niedrigem Molekulargewicht das *spontane*

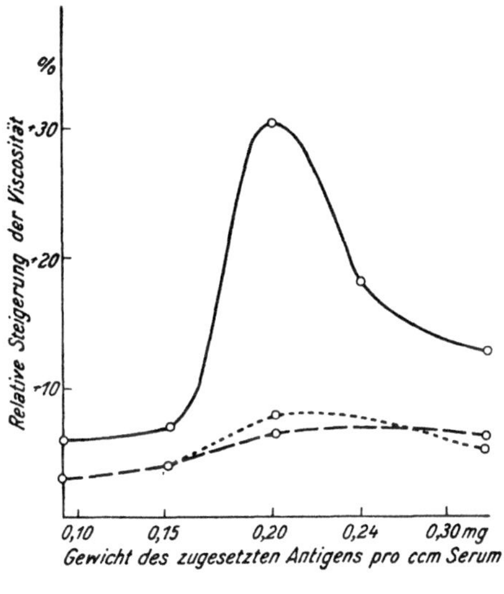

Abb. 1. [Nach J. LOISELEUR (1946 b)]. Kaninchen, präpariert mit *r*-Weinsäure. Ausgezogene Kurve = Reaktion mit *r*-Weinsäure; Punktierte Linie = Reaktion mit racemischer Weinsäure; gestrichelte Linie = Reaktion mit *l*-Weinsäure.

Wiederansteigen des aus dem zirkulierenden Blute verschwundenen Antikörpers erklären? Bei den Antikörpern gegen Eiweißantigene nehmen wir aus guten Gründen an, daß Verluste der zirkulierenden Antikörper (durch Aderlässe oder durch intravasale Absättigung) durch Zuschub von Immunglobulin von Seite der Eiweißdepots oder der globulinproduzierenden Organe gedeckt werden [R. DOERR (1947a, S. 5 f)]. Aus den Ausführungen von LOISELEUR geht aber nicht hervor, daß er die Entstehung seiner viscositätssteigernden Antikörper in Gewebe verlegt, in welchen die Globulinsynthesen vor sich gehen; vielmehr scheint dieser Autor der Auffassung zuzuneigen, daß sich die Ummodelung der bereits vorhandenen Normalglobuline in Antikörper humoral vollzieht, worauf ja die Versuche, den Prozeß in vitro nachzuahmen, basiert waren. Man könnte in diesem Widerstreit kaum an etwas anderes denken als an die Möglichkeit, daß die Bindung der von LOISELEUR beschriebenen Antikörper mit den niedermolekularen Stoffen leicht und spontan dissoziiert; die niedermolekularen Antigene würden dann infolge ihrer Diffusibilität aus der Zirkulation eliminiert und der frei gewordene Antikörper wäre wieder nachweisbar. Aber LOISELEUR (1946c) bildet auch eine Kurve ab, aus welcher zu ersehen ist, daß der Antikörper nach dem Abklingen der negativen Phase einen höheren Titer erreichen kann, als er vor der Absättigung in vivo besaß, was mit der vorgeschlagenen Erklärung nicht gut vereinbar wäre (Abb. 2).

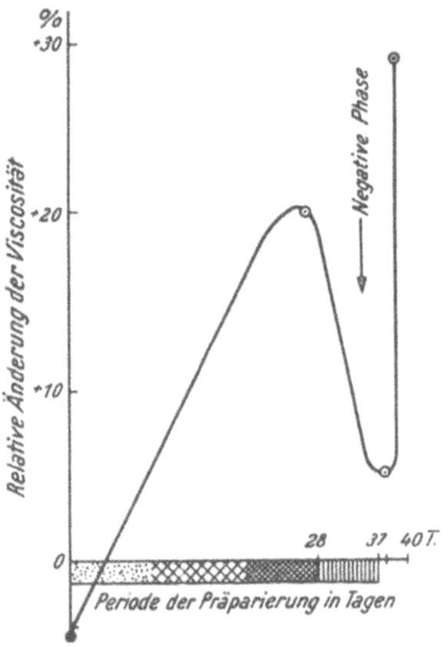

Abb. 2 [Nach J. LOISELEUR (1946c)]. Kaninchen präpariert mit Aethylalkohol. Abfall der Intensität der Serumreaktion nach einer massiven Antigeninjektion.

Was hinter solchen Überlegungen steht, ist die Frage nach der Art, wie sich die Antikörper LOISELEURS mit ihren niedermolekularen Antigenen verbinden, nach der Festigkeit der Bindung und den Eigenschaften, welche die Antigene zeigen, solange sie an ihre Antikörper gebunden sind. Wirken Äthylalkohol oder Morphin im Verbande mit ihren spezifischen Antikörpern so, als wenn sie frei wären? Wenn man auch auf Grund der mitgeteilten Versuche nicht zweifelt, daß eine Bindung erfolgt, so ist damit keineswegs entschieden, daß sich Alkohol und Morphin so verhalten müssen wie die klassischen Toxine, wenn sie durch antitoxische Sera neutralisiert werden. So können manche Fermente ihre enzymatische Wirksamkeit im Verbande mit ihrem spezifischen Antikörper bewahren, und die wiederholten Versuche, Alkaloide oder physiologisch, bzw. pharmakodynamisch wirksame Stoffe mit Eiweiß zu kuppeln und auf diese Weise Antisera zu erhalten, welche ihre Wirksamkeit paralysieren, haben bisher wenig befriedigende Resultate ergeben [R. DOERR, Antigene, 1948]. Es ist natürlich ausgeschlossen, daß Stoffe, wie Alkohol, Morphin, Phloridzin etc., durch die Reaktion mit Antikörpern chemisch verändert werden; das ist aber auch bei der Neutralisierung von Toxinen durch spezifische Antisera nicht der Fall, da man bekanntlich das Toxin aus seiner Verbindung mit dem Antikörper mit unverminderter Giftigkeit abdissoziieren kann und doch ist das Toxin, solange es mit dem Antitoxin verbunden ist, unwirksam. Wie sich also die niedermolekularen organischen Substanzen nach ihrer Reaktion mit den von LOISELEUR beschriebenen Immunsera verhalten, müßte festgestellt werden. In den Mitteilungen, welche LOISELEUR veröffentlicht hat, findet sich hierüber keine Angabe.

Auffallend ist aber die Angabe von LOISELEUR (1946), daß sich bei seinen Reaktionen nicht nur die Viscosität der Gemische von Antiserum und Antigen geändert habe, sondern auch der Brechungsindex. In Abb. 3 ist das Verhalten des Serums eines Kaninchens dargestellt, welches im Verlaufe von acht Tagen 480 mg Arginin (verteilt auf 14 intramuskuläre Injektionen) erhalten hatte. Am Morgen nach der letzten Injektion bewirkte der Zusatz von ca. 0,1 mg Arginin zu 1 cm³ Serum einen Anstieg der Viscosität um ca. 8% und eine Verminderung des Brechungsindex um 2% des initialen Wertes; diese Differenz betraf die fünfte Dezimalstelle des Brechungsindex, war also gering, da die Empfindlichkeit der Messung mit $\pm 1{,}5 . 10^{-6}$ angegeben wird. Auch im Verhalten des Brechungsindex trat das Zonenphänomen (s. oben) in Erscheinung, und zwar derart, daß das Maximum der Viscositätssteigerung mit derselben Antigenmenge bewirkt werden konnte, wie die stärkste Reduktion des Brechungsindex. Diese Konkordanz des Maximums der Viscosität mit dem Minimum der Refraktion konnte auch bei anderen Substanzen (Leucin, Phenol, Anilin, Xylose, Weinsäure), bzw. bei ihren Reaktionen mit den zugehörigen Antisera festgestellt werden [LOISELEUR und LÉVY (1947)]. Chemische Vorgänge kommen

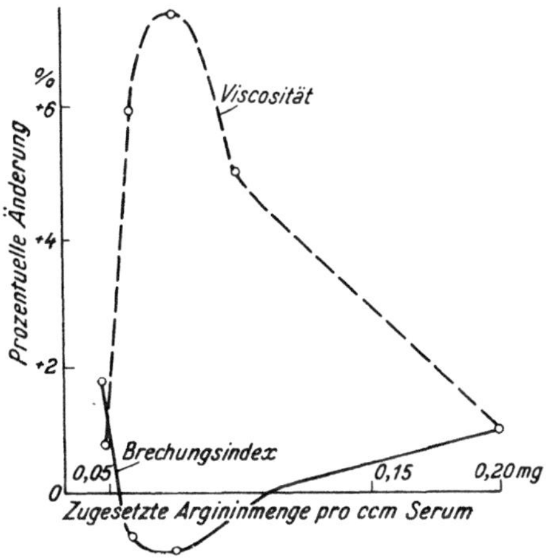

Abb. 3. [Nach J. LOISELEUR (1946 d)]. Kaninchen während 8 Tagen mit 14 intramusculären Arginin-Injektionen (insgesamt 480 mg) behandelt. Gleichzeitige Steigerung der Viscosität und Senkung des Brechungsindex bei Zusatz einer optimalen Antigenmenge.

für diese Änderungen des Brechungsindex wohl nicht in Betracht. Es könnte sich nur um physikalische Prozesse (Adsorptionen, Kontraktionserscheinungen) handeln.

Es sei daran erinnert, daß R. DOERR und W. BERGER (1921) bei der interferometrischen Analyse der Immunpräzipitation keine Änderungen des Brechungsindex feststellen konnten, welche den Schluß auf synthetische oder abbauende Vorgänge bei der Reaktion von Eiweißantigenen mit ihren Antikörpern gerechtfertigt hätten. Durch das Vermischen gleicher Volumina von verdünntem Pferdeserum und einem Antipferdeserum vom Kaninchen konnten stets nur Gemische erhalten werden, deren Brechungsindex dem arithmetischen Mittel der Indices der beiden miteinander vermischten Flüssigkeiten mit der zu erwartenden Genauigkeit entsprach. Das war auch dann der Fall, wenn die Präzipitation in der Interferometerkammer erst nach längerer Zeit erfolgte, so daß die Ablesung während eines längeren Zeitraumes wiederholt werden konnte, oder *wenn die Flockung ganz ausblieb* (wie in den Versuchen LOISELEURS). Bei der Nachprüfung der Beobachtungen von LOISELEUR wird man daher auch besonders darauf zu achten haben, ob tatsächlich die durch den Antigenzusatz bewirkte Steigerung der Viscosität die Abnahme des Brechungsindex quantitativ bestimmt.

Von den Nachprüfungen wird es abhängen, ob die von LOISELEUR vertretene Auffassung längeren Bestand haben wird als die Hypothese von L. PAULING und die aus ihr abgeleitete Darstellung von Antikörpern in vitro durch PAULING und CAMPBELL. LOISELEUR [s. LOISELEUR und LÉVY (1947)] verspricht sich von dem weiteren Ausbau der durch ihn inaugurierten Forschungsrichtung theoretischen und praktischen Gewinn. Theoretischen Gewinn, weil solche Untersuchungen, in genügend großem Umfange durchgeführt, Einblick in den Zusammenhang zwischen dem antigenen Vermögen und den verschiedenen chemischen Funktionen verschaffen würden; was bis jetzt (Ende 1947) vorliegt, ist allerdings nach der Ansicht des Verfassers nicht geeignet, die Erreichung dieses Zieles auf dem neuen Wege zu sichern. Die Möglichkeit einer praktischen Verwertung wird aus Versuchen abgeleitet, denen zufolge sich Antikörper im Blute von Kaninchen entwickeln und halten, welchen man längere Zeit hindurch Gifte (Alkohol oder Morphin) zuführt. Es wird angenommen, daß sich auch bei den chronischen Intoxikationen des Menschen (Alkoholmißbrauch oder Morphinismus) derartige Antikörper bilden und daß sie, bis zu einem gewissen Grade, erklären, warum der chronisch vergiftete Organismus das Bedürfnis hat, sich das toxische Antigen immer wieder aufs neue zuzuführen. Zweitens wird eine Therapie solcher Zustände vorgeschlagen, welche darin bestehen würde, den Antikörper aus dem Serum der chronisch Vergifteten zu isolieren und damit Pferde zu immunisieren in der Absicht, ein Heilserum zu gewinnen. Das ist jedoch ein Irrtum, denn durch die Immunisierung mit einem Immunglobulin erhält man keinen „Anti-Antikörper", sondern einfach ein Antiglobulinserum, welches nicht imstande ist, die Antikörperfunktion des zur Immunisierung verwendeten Immunglobulins zu neutralisieren, wohl aber pathologische Erscheinungen hervorruft, wenn man es dem Menschen oder Tier, von welchem das Globulin stammt, injiziert. Drittens wird darauf hingewiesen, daß das Penicillin ebenfalls ein niedriges Molekulargewicht (ca. 500) hat und daß seine therapeutische Anwendung darin besteht, den Organismus beständig mit dem Mittel zu überschwemmen, was nach LOISELEUR, LÉVY und SUREAU (1946) dieselben Konsequenzen haben muß wie die chronische Morphiumvergiftung des Kaninchens (s. oben), nämlich die Produktion eines spezifischen Antikörpers. Ob das nun richtig ist oder nicht, hat keine prinzipielle praktische Bedeutung, da man mit der Pneumoniebehandlung mit Penicillin-Aerosol nach den Erfahrungen von P. GEISER, K. SCHAUB und H. STAUB (1946) ebenfalls gute Resultate erzielt und da bei dieser Art der Anwendung zwar ebenfalls 600000 bis 800000 E., also große Mengen Penicillin in den Organismus eingeführt werden, aber in einem Zeitraum von 2½ bis 3 Tagen, was dem von LOISELEUR als allein wirksam bezeichneten Immunisierungsmodus mit niedermolekularen Substanzen in keiner Weise entspricht. Schließlich meinen LOISELEUR und LÉVY, daß die Antikörperbildung vom pharmakodynamischen Standpunkt aus erwünscht sein könne, wenn ein Alkaloid längere Zeit hindurch verabreicht werden muß, weil die Gegenwart des Antikörpers eine vorübergehende Zurückhaltung solcher Stoffe in der Zirkulation und dadurch eine Verlangsamung und Regulierung ihrer Wirkung zur Folge haben kann. Wie man zugeben muß, wird da so manches auf falsche Voraussetzungen oder vage Vermutungen aufgebaut.

II. Die hämagglutinierenden Wirkungen der Virusarten.

Diese unter der Bezeichnung „Hirst-Test" zusammengefaßten Reaktionen sind dadurch charakterisiert, daß gewisse Virusarten auf rote Blutkörperchen verschiedener Tierarten agglutinierend einwirken. Die Agglutination beruht, wie das auch bei den Agglutinationen von Bakterien oder anderen Zellformen durch Immunsera der Fall ist, auf einer Bindung des agglutinierenden Agens (des Virus) an das agglutinable Substrat (die Erythrocyten), und daß die Bindung erfolgt, kann nicht nur in der üblichen Weise durch den Absorptionsversuch, sondern auch elektronenoptisch [F. HEINMETS (1948)] nachgewiesen werden. Im Gegensatz zu den Immunagglutinationen wird aber beim Hirst-Test die Bindung des Virus an die roten Blutzellen spontan gelöst, und die Prüfung der dissoziierten Reaktionskomponenten ergibt insoferne ein widerspruchsvolles Resultat, als das frei gewordene Virus seine ursprüngliche hämagglutinierende Wirkung bewahrt hat, während die vom Virus befreiten Blutzellen die Fähigkeit,

Virus zu binden und dadurch agglutiniert zu werden, eingebüßt haben. Nennt man die virusbindende Substanz der Erythrocyten im Sinne der serologischen Terminologie „Receptor", so muß dieser Receptor offenbar durch den Kontakt mit dem Virus eine Veränderung erlitten haben, welche seine Affinität zu den Viruselementen auslöscht.

Es setzten nun zunächst Versuche ein, den Virus-Receptor aus den Erythrocyten zu isolieren und seine chemische Natur zu bestimmen. M. Bovarnick und P. M. de Burgh (1947) sowie P. M. de Burgh, P. C. Yu, C. Howe und M. Bovarnik (1948) gewannen mit Hilfe von Lipoidsolventien aus menschlichen und Schaferythroccyten Extrakte, welche die hämagglutinierende Wirkung von Influenza- und Mumps-Virus zu hemmen vermochten und durch Vermischen mit diesen Virusarten inaktiviert wurden. Die Inaktivierung entsprach dem Verluste der Reaktionsfähigkeit des Receptors in situ, d. h. im Erythrocyten, die Hemmung der Hirst-Reaktion konnte als Ablenkung des Virus von den roten Blutkörperchen durch ein Überangebot von freien Receptoren gedeutet werden. G. K. Hirst ist aber schon 1942 über die unbestimmten Begriffe einer „Veränderung" oder „Inaktivierung" der Virusreceptoren hinausgegangen, indem er annahm, *daß die Receptoren durch eine fermentative Wirkung des Virus zerstört werden*, und in diesem Fahrwasser bewegt sich derzeit die Erforschung des Mechanismus der hämagglutinierenden Effekte der Virusarten, im besonderen des Virus der Influenza, der Newcastle-Krankheit und des Mumps.

G. K. Hirst selbst (1948a) untersuchte das Verhalten des Receptors für Influenzavirus in Hühnerblutkörperchen und fand, daß er gegen Erwärmen auf höhere Temperaturen (65 bis 85° C), gegen p_H-Änderungen zwischen 4,19 und 10,15 sowie gegen eine Reihe oxydierender Agenzien [$K_3(Fe(CN))_6$, $KMnO_4$, $K_2Cr_2O_7$, J_2, H_2O_2, $NaJO_3$] widerstandsfähig ist, aber durch Natriumperjodat ($NaJO_4$) und Trypsin rasch reaktionsunfähig (zerstört) wird. Alle diese Eigenschaften besitzt nun nach Hirst auch normales Kaninchenserum und diese chemische Verwandtschaft mit dem Virusreceptor tritt auch in den Beziehungen zum Hirst-Test zutage, da normales und antikörperfreies Kaninchenserum noch in hohen Verdünnungen die Hämagglutination durch Influenzavirus zu hemmen vermag[1]; schließlich berichtet Hirst über Versuche, aus denen hervorgeht, daß diese hemmende Wirkung des Serums durch längeren Kontakt mit Influenzavirus erheblich abgeschwächt werden kann. In einer zweiten Mitteilung konnte Hirst (1948b) zeigen, daß Influenzavirus, wenn es auf

[1] Der Titer der hemmenden Wirkung des normalen Kaninchenserums ist von Tier zu Tier verschieden, erreicht aber hohe Werte. Normales Serum von Frettchen kann ebenso stark hemmend wirken wie Kaninchenserum, während Pferdeserum nur niedrige Titer des hemmenden Effektes auf die Hämagglutination durch Influenzavirus aufweist [G. K. Hirst (1948a)].

56^0 C durch 30 oder mehr Minuten erhitzt wird, zwar noch Erythrocyten — wenn auch etwas schwächer als nichterhitztes Virus — zu agglutinieren vermag, daß es aber die Eluierbarkeit, d. h. die Fähigkeit, sich von den agglutinierten Zellen wieder abzulösen, vollständig verloren hat, und daß es mit der Eluierbarkeit auch die Kraft einbüßt, den Hemmungsstoff im normalen Kaninchenserum zu inaktivieren, bzw. zu zerstören. Der Hemmungsstoff im normalen Kaninchenserum und der Virusreceptor in den Hühnererythrocyten müssen also, schließt HIRST, identische oder „analoge" Substanzen sein.

Die auf Seite 18 erwähnten Erythrocytenextrakte, welche M. BOVARNICK und seine Mitarbeiter dargestellt hatten, enthielten in den wirksamsten (die Hirst-Reaktion am stärksten hemmenden) Präparationen bis zu 50% Polysaccharide. Auch HIRST sieht in den Polysacchariden einen integrierenden Bestandteil des Virusreceptors der Erythrocyten und des Hemmungsstoffes im normalen Kaninchenserum, und zwar wegen der spezifisch oxydierenden Einwirkung von Perjodaten, weil es bekannt ist, daß diese hauptsächlich Kohlehydrate angreifen, indem sie die C-C-Bindungen, an welche OH-Gruppen angelagert sind, aufsprengen. Aber um ein reines Polysaccharid soll es sich nach HIRST, der sich hiebei in erster Linie auf die zerstörende Wirkung des Trypsins stützt, nicht handeln, sondern um einen Komplex, der als zweite, für die Bindung des Virus notwendige Komponente ein Protein enthält. Es wird ferner darauf hingewiesen, daß die Substanz hinsichtlich ihres Vorkommens den Blutgruppenfaktoren A, B und O ähnlich ist, indem auch diese in den Zellen in wasserunlöslichem Zustande, an anderen Orten aber in wasserlöslicher Form vorhanden sind. HIRST hatte sich, wie er selbst ausführt, die Aufgabe gestellt, Stoffe zu ermitteln, welche der Receptorsubstanz möglichst nahestehen, aber nicht aus Erythrocyten stammen, sondern in andersartigem biologischem Material nachgewiesen werden können, um auf diesem indirekten Wege Aufschlüsse über die Natur des Receptors zu erhalten; er fand ein solches substantielles Analogon im normalen Kaninchenserum und es war die zufällige Beobachtung, daß dieses Serum die Hämagglutination durch Influenzavirus in hohen Verdünnungen hemmt, welche ihn auf diese an sich zweifellos sonderbare Spur leitete.

Aber R. H. GREEN und D. W. WOOLEY (1947) hatten schon früher berichtet, daß natürliche Polysaccharide (Pektin und pektinähnliche Substanzen) die Hämagglutination durch Influenzavirus stark hemmen und daß sie sogar imstande sind, die Infektion des Hühnerembryos durch Influenzavirus zu verhindern. Ferner konnte C. A. KNIGHT (1944) aus der normalen Allantoisflüssigkeit bebrüteter (nichtinfizierter) Hühnereier einen in gröberen Partikeln von ca. 40 mμ vorhandenen Stoff durch Zentrifugieren abscheiden, welcher Eiweiß, Kohlehydrat und Lipoid enthielt und sich als ein kräftiges Antigen erwies; ein mit diesem Antigen hergestelltes Antiserum vermochte die Agglutination von Erythrocyten durch Influenzavirus A oder B zu verhindern, wenn diese Virustypen aus infizierter Allantoisflüssigkeit stammten [vgl. hiezu R. DOERR, 1948, S. 312 bis 316]. F. M. BURNET (1947) erzielte Hemmungen der Agglutination durch Influenzavirus mit dem Inhalt einer pseudomucinösen Cyste und mit der O-Substanz menschlicher Erythrocyten und konstatierte, daß die hemmende Wirkung in Gemischen der O-Substanz mit Influenzavirus abnahm, in Übereinstimmung mit der Reduktion des Hemmungsstoffes im normalen Kaninchenserum, welche G. K. HIRST (1948a) durch die Incubation des Serums mit Virus bewirkt hat. Schließlich seien in diesem Zusammenhang noch die Angaben erwähnt, welche R. BIELING und L. OELRICHS über die Hemmung der Agglutination von Hühnererythrocyten durch Influenzavirus veröffentlicht haben und die in Band 65 der „Fiat Reviews of German Science" [s. R. BIELING und H. HEINLEIN (1947)] zusammengefaßt sind. Nach BIELING und OELRICHS wirken Zellaufschwemmungen von Organen verschiedener Vögel und Säugetiere, obwohl sie durch Influenzavirus selbst nicht agglutiniert werden, doch hemmend, und zwar auch dann, wenn die Organe von Tierspezies (Pferden) stammen, deren Blutkörperchen das Influenzavirus nicht zu agglutinieren vermag. Ebenso hemmen Extrakte aus Organen, darunter auch wieder Extrakte aus Pferdeorganen, ferner in erheblichen Verdünnungen das Eiweiß von nichtinfizierten und nichtbebrüteten Hühnereiern.

Bekanntlich wird die sichtbare Niederschlagsbildung, welche beim Vermischen eines gelösten Eiweißantigens mit seinem Antiserum einzutreten pflegt, verhindert, wenn das Antigen im Überschuß vorhanden ist. Vermag ein Stoff die Präzipitinreaktion spezifisch zu hemmen, so schließt man daraus, daß dieser Stoff mit dem Antigen immunchemisch verwandt ist, daß er eine oder mehrere Determinanten mit dem Antigen, welches man zur Grundreaktion verwendet, gemein hat. Jedem Serologen ist es bekannt, in welchem Umfang solche Hemmungsreaktionen benützt werden und welche Beweiskraft denselben zuerkannt wird; mehrere prägnante Beispiele findet man im 1. und 3. Band der „Immunitätsforschung" [R. DOERR, 1947, 1948]. Wenn man aber die Agglutination von Erythrocyten durch Influenzavirus durch eine Substanz X hemmen kann, ist der Sachverhalt nicht eindeutig, weil zwischen den Komponenten der gehemmten Reaktion keine spezifisch genetische Beziehung wie zwischen einem Antigen und seinem Antikörper besteht. Auf welche Konflikte man bei der Deutung solcher Reaktionen stößt, soll zunächst durch Beispiele erläutert werden.

Influenzavirus agglutiniert nicht nur Hühnererythrocyten, sondern auch die Erythrocyten einer Reihe anderer Tierarten; bei jeder dieser Agglutinationen wird Virus an die Blutzellen gebunden. Es ist daher verständlich, daß die Agglutination der Hühnererythrocyten durch den Zusatz anderer agglutinabler Erythrocyten gehemmt wird, und zwar, wie BIELING und OELRICHS feststellten, in um so stärkerem Grade, je stärker die hemmenden Erythrocytenarten vom Virus agglutiniert werden. Hier dürfte eine Ablenkung des Virus durch Bindung an andere agglutinable Zellen vorliegen.

„Bei den Organzellaufschwemmungen ist die Hemmungswirkung offenbar von solchen Bindungsvorgängen unabhängig; denn sie tritt auch ein, ohne daß die Zellen selbst agglutiniert werden. Außerdem hemmen auch Organzellen von solchen Tierarten, deren rote Blutkörperchen vom Grippevirus nicht angegriffen werden, z. B. die Leberzellen von Pferden" [BIELING und HEINLEIN, 1947, S. 57]. Am gleichen Orte heißt es weiter (S. 58): „Die Hemmungsstoffe aus den Organen hemmen weder die Bindung des Virus an die roten Blutkörperchen, noch hemmen sie die Agglutination von solchen Hühnererythrocyten, welche bereits mit wirksamem Virus in Kontakt waren. Sie greifen also offenbar am Virus selbst ein, bevor es gebunden hat". Wie man sich dieses „Eingreifen am Virus" vorzustellen hat, wenn es keine Absättigung der Affinität zu den agglutinablen Zellen, d. h. keine Auslöschung des Bindevermögens an Erythrocyten sein soll, bleibt unerledigt. Aber man erkennt die Doppelspurigkeit der Interpretation, die darin zum Ausdruck kommt, daß die Hemmung sowohl auf eine Absättigung der bindenden Kraft des Virus wie auf eine andere, allerdings nicht präzisierte Veränderung bezogen werden konnte.

Nun kommt als dritte Möglichkeit die schon erwähnte Hypothese hinzu, daß auch Stoffe die Hämagglutination hemmen können, welche, obwohl sie nicht aus virusagglutinablen Erythrocyten stammen, doch mit dem Receptor derselben, welche die Verankerung des Virus vermittelt, biochemisch identisch oder sehr nahe verwandt sind. In diese Kategorie der hemmenden Substanzen wurden von G. K. HIRST normales Kaninchen- und Frettchen-Serum eingeordnet, bzw. die in solchen Sera vorhandenen, durch Influenzavirus inaktivierbaren Mucoproteine. Ob auch für andere hemmende Stoffe (Pektine, bakterielle Polysaccharide, Mucine, O-Substanz menschlicher Erythrocyten) der Beweis ihrer Identität (Verwandtschaft) mit den Virusreceptoren in so überzeugender Weise erbracht werden wird, wie dies G. K. HIRST (1948a, b) beim hemmenden Faktor des normalen Kaninchenserums gelang, ist abzuwarten. HIRST stützte seinen Beweis hauptsächlich darauf, daß das Influenzavirus die hemmende Substanz im normalen Kaninchenserum inaktiviert, geradeso wie es die Blutkörperchen, auf welche es eingewirkt hat, nach seiner Ablösung (Elution) in reaktionsunfähigem Zustande zurückläßt. Aber es sind keineswegs nur die Virusarten der Influenzagruppe, welche diese Wirkungen entfalten. F. M. BURNET, J. F. MCCREA und J. D. STONE (1946) stellten in Filtraten von Kulturen der Choleravibrionen ein Agens fest, welches die Virusreceptoren der menschlichen Blutkörperchen ebenfalls „zerstört", und B. A. BRIODY (1948) wies nach, daß zwischen den receptorzerstörenden Wirkungen der Cholerafiltrate und des Influenzavirus ein auffälliger Parallelismus besteht. Filtrate aus Kulturen des Clostridium welchii sollen sich ähnlich verhalten wie Cholerafiltrate [J. F. McCREA (1947)], in geringerem Grade auch Extrakte aus Blutegeln [B. A. BRIODY, nicht veröffentlicht]. Die Angaben von F. M. BURNET und seinen Mitarbeitern über die virusartigen Auswirkungen der Cholerafiltrate wurden hinsichtlich ihrer experimentellen Grundlage von G. K. HIRST im wesentlichen bestätigt.

Die Bearbeitung des ganzen Fragenkomplexes ist noch in vollem Flusse und wie sich die Lösung der aufgeworfenen Fragen gestalten wird, läßt sich vorderhand nicht voraussehen. Die jetzige Phase der Problematik möchte der Verfasser in folgender Weise charakterisieren:

1. Mit den Receptoren der agglutinablen Erythrocyten verwandte Substanzen, welche die Hämagglutination durch Influenzavirus hemmen, wurden in sehr verschiedenartigen Substraten nachgewiesen, nicht nur in den Erythrocyten, sondern auch in natürlichen Polysacchariden von Bakterien und von höheren Pflanzen (Pektin aus Äpfeln), in normalen Sera verschiedener Tierspezies, im Cysteninhalt, in Organextrakten. Es ist sehr wahrscheinlich, daß diese Aufzählung, an sich bunt genug, keineswegs vollständig ist.

2. Eine receptorzerstörende Wirksamkeit wird nicht nur den Virusarten der Influenzagruppe, sondern auch Filtraten der Kulturen von Choleravibrionen oder von Clostridium welchii, in geringerem Grade Blutegelextrakten, zugeschrieben; auch diese Liste dürfte in Hinkunft erweitert werden.

3. Wie aus Punkt 1 und 2 erhellt, sind wir über die Natur der beiden an der Hirstschen Reaktion beteiligten Komponenten, nämlich des Receptors in den Erythrocyten und des agglutinierenden und die Erythrocyten inagglutinabel machenden Faktors in den Viruselementen derzeit nur ganz ungenügend orientiert. Unter diesen Umständen ist es naturgemäß schwer zu entscheiden: a) wodurch sich Erythrocytenarten, die durch ein bestimmtes Virus agglutiniert werden, von jenen unterscheiden, auf welche dieses Virus nicht wirkt, und b) warum anderseits nahe verwandte Virusarten nicht auf die gleichen Erythrocytenspezies eingestellt sein müssen, oder wie man das zusammenfassend formulieren kann, warum jeder Virusart, ja fast jedem Stamm einer Virusart eine Schar von agglutinablen und nichtagglutinierbaren Erythrocytenarten zugeordnet ist [vgl. hiezu die Tabelle von E. CLARK und F. P. O. NAGLER in DOERR (1947, S. 226)]. Dem Verfasser ist nur eine Mitteilung von H. S. GINSBERG, W. F. GOEBEL und F. S. HORSFALL (1947) bekannt, derzufolge das Kapselpolysaccharid des Bac. Friedländer, Typus B, die Agglutination von Erythrocyten durch Mumpsvirus hemmt, aber nicht die Agglutination durch Influenzavirus A oder B.

4. Was kurzweg als „Virus“ bezeichnet wird, ist keine Lösung, sondern eine Suspension von korpuskulären Gebilden, die eine bestimmte Form und

Größe besitzen. Wenn diese Gebilde ein Enzym nach außen abgeben, sollte man dasselbe in der infizierten Amniosflüssigkeit, aus welcher die Viruspartikel durch Abzentrifugieren entfernt wurden, nachweisen können, z. B. durch Zerstörung des Hemmungsstoffes im normalen Kaninchenserum. Das ist aber nicht der Fall [HIRST, 1948a, S. 327], vielmehr zeigen nur die Viruselemente diese Wirksamkeit. Die Fähigkeit, den Receptor zu zerstören, scheint somit an die geformten Viruselemente gebunden zu sein, und, wenn man annimmt, daß es sich um einen fermentativen Prozeß handelt, müßten diese Elemente das Enzym erst dann produzieren, wenn sie mit den Receptoren der Erythrocyten in Kontakt kommen, oder es müßte sich um eine Fernwirkung [A. ROTHEN (1946)] des in den Viruselementen enthaltenen Fermentes handeln. Daß die Receptoren der Erythrocyten und mit ihnen verwandte hemmende Stoffe fermentativ abgebaut werden, und zwar unter günstigen Bedingungen innerhalb von zehn Minuten[1], ist jedenfalls vorläufig eine Hypothese; es sind auch andere, physikalische oder physikalisch-chemische Veränderungen denkbar, welche die Oberflächen roter Blutzellen oder Stromata ungeeignet machen könnten, nach der einmaligen Einwirkung und der folgenden Elution von Virus erneut Viruselemente zu binden. Chemische Untersuchungen der durch Viruskontakt veränderten Erythrocyten oder des durch Virus inaktivierten Hemmungsstoffes im normalen Kaninchenserum liegen meines Wissens nicht vor. In serologischer Hinsicht ist nur bekannt, daß die Erythrocyten des Menschen durch die Einwirkung von Virus „panagglutinabel" werden, d. h., daß sie jene Eigenschaft annehmen, welche zuerst von G. HÜBNER (1926) und O. THOMSEN (1927) beschrieben und von V. FRIEDENREICH (1930) darauf zurückgeführt wurde, daß die Enzyme gewisser Bakterien (Corynespezies, Vibrionenarten), welche die Blutproben verunreinigen, ein in allen menschlichen Erythrocyten latent vorhandenes T-Agglutinogen aktivieren, welches mit einem im Serum jedes erwachsenen Menschen existierenden normalen Antikörper, dem T-Agglutinin, reagiert. Daß menschliche Erythrocyten durch die Virusarten der Influenzagruppe eine analoge Veränderung erleiden, wurde von F. M. BURNET, J. F. MCCREA und J. D. STONE (1946) festgestellt und mit der bakteriogenen Panagglutinabilität in engste Beziehung gebracht, da der receptorzerstörende Faktor in Kulturfiltraten von Choleravibrionen den gleichen Effekt hatte [s. auch J. D. STONE (1947)][2]. Nun ist aber der Mechanismus der bakterio-

[1] Bei Einhaltung einer bestimmten Technik werden die an menschliche Erythrocyten adsorbierten Virusarten der Influenzagruppe bei 37° C innerhalb von 10 Minuten komplett eluiert [B. A. BRIODY (1948)].

[2] In der Mitteilung von B. A. BRIODY (Juni 1948) sind weitere Arbeiten über dieses Thema zitiert, bzw. angekündigt. [F. M. BURNET und J. D. STONE (1947) und P. LIND und N. MCARTHUR (1947)], welche bis zur Niederschrift dieses Kapitels nicht zur Kenntnis des Verfassers gelangten.

genen Panagglutinabilität nicht sicher bekannt. FRIEDENREICH nahm keineswegs an, daß die Enzyme der Bakterien Receptoren der Erythrocyten „zerstören", sondern dachte nur an eine Aktivierung eines latenten Antigens. Er hat sogar festgestellt, daß die immunchemischen Träger der Blutgruppenzugehörigkeit erhalten bleiben. Erythrocyten der Gruppe A oder B, welche durch Bakterienwirkung panagglutinabel wurden, reagieren nämlich nach FRIEDENREICH gruppenspezifisch mit Anti-A-, bzw. Anti-B-Testsera, wenn man aus diesen vorher das T-Agglutinin durch Absorption mit panagglutinablen O-Erythrocyten entfernt hat. Die Receptoren A und B sind also in den panagglutinablen Erythrocyten vorhanden und werden nur durch das aktivierte T-Antigen maskiert[1].

5. Man kann sich keine befriedigende Vorstellung von der Struktur der Agglutinate bilden, welche durch die Einwirkung von Virus auf Erythrocyten oder auf die Stromata derselben entstehen. Die Schwierigkeit liegt in der Beantwortung der Frage, auf welche Weise Gebilde von den Dimensionen der roten Blutzellen durch Vermittlung der weit kleineren, aber ebenfalls geformten Viruselemente aneinander gekettet werden. Man könnte einwenden, daß man dasselbe von jeder Hämagglutination behaupten darf, da ja auch die Moleküle der Immunglobuline als geformte Elemente von bestimmter Größe vorgestellt werden. Die so anschauliche und gerade deshalb von vielen Forschern akzeptierte „Gittertheorie" läßt sich nur auf die Präzipitinreaktion anwenden, wo das Reaktionsprodukt durch Wechselwirkung von Teilchen entsteht, welche annähernd der gleichen Größenordnung angehören. Wirft man aber einen Blick auf Abb. 9 (S. 116), so sieht man, daß die Erythrocyten im Falle einer Isohämagglutination nicht wie bei einer Pseudoagglutination (Abb. 8) geldrollenartig aneinandergelagert, sondern offenbar geschädigt und miteinander zu Klumpen verschmolzen sind, in welchen die Form der Erythrocyten, aus welchen sie hervorgegangen sein müssen, überhaupt nicht mehr zu erkennen ist. Im HIRST-Test wird die Intervention eines vom Virus stammenden Enzyms hypothetisch angenommen, welches den an der Oberfläche

[1] Nach R. BIELING und L. OELRICHS (s. BIELING und HEINLEIN, S. 57) verlieren die menschlichen Blutkörperchen durch Einwirkung der Isoagglutinine die Fähigkeit nicht, durch Influenzavirus agglutiniert zu werden, und umgekehrt können menschliche Erythrocyten nach der Einwirkung von Influenzavirus noch Isoagglutinine binden. Ebensowenig unterdrückte die mehrfache Einwirkung eines durch Immunisierung von Kaninchen mit Hühnerblutkörperchen gewonnenen Hühnerblutagglutinins die Bindungsfähigkeit der Hühnerblutkörperchen für Influenzavirus völlig, noch hemmte die Vorbehandlung mit Influenzavirus die Bindungsfähigkeit der Hühnererythrocyten für Immunagglutinine. In die Versuchsanordnungen, welche diesen Aussagen zugrunde liegen, konnte Verfasser nicht Einsicht nehmen; sind sie beweisend, so sprechen die Ergebnisse ebenfalls gegen enzymatische Zerstörungen, welche in den Erythrocyten durch Influenzavirus hervorgerufen werden sollen.

der Erythrocyten lokalisierten Receptor zerstört, und es läge daher nahe, per analogiam auch hier einer Schädigung der roten Blutzellen einen wesentlichen Anteil an der Verbackung derselben zu größeren Haufen zuzuschieben. F. HEINMETS (1948) konnte aber an Stromata, welche durch Influenzavirus agglutiniert waren, keine im elektronenoptischen Bild wahrnehmbaren Veränderungen feststellen. HEINMETS hält zwar noch weitere Untersuchungen für angezeigt, die aber nach Ansicht des Verfassers nicht notwendig sind oder durch gewöhnliche lichtoptische Prüfungen der Struktur der Hämagglutinate ersetzt werden können. Der receptorzerstörende Faktor kann nämlich durch Erwärmen des Influenzavirus ausgeschaltet werden. Das erwärmte Virus agglutiniert aber trotzdem die Erythrocyten und die durch erwärmtes Virus erzeugten Agglutinate können durch kräftiges Schütteln nicht zerteilt werden, während die durch natives (nichterhitztes) Virus gebildeten Agglutinate zerfallen, wenn man die Reagensröhrchen nur leicht erschüttert (B. A. BRIODY). Vermutlich würde man bei einer einfachen mikroskopischen Untersuchung der Agglutinate finden, daß man durch nichterhitztes Virus das Bild erhält, welches in Abb. 8 dargestellt ist, obzwar hier laut Hypothese Oberflächenstrukturen zerstört werden sollen, und im Falle der Wirkung von erhitztem Virus die Struktur, welche Abb. 9 veranschaulicht, also das Gegenteil von dem, was man auf Grund der Hypothese erwarten würde.

HEINMETS kam auf Grund seiner elektronenoptischen Aufnahmen nicht zu bestimmten Aussagen über den Mechanismus der Hämagglutination durch Influenzavirus. In der Diskussion seiner hier zitierten Arbeit erklärt er ausdrücklich, es sei ungewiß, ob die Erythrocyten direkt durch die Viruspartikel agglutiniert werden, welche die Erythrocyten miteinander verbinden, oder ob die Oberflächen der Blutzellen durch adsorbiertes Virus sensibilisiert und infolgedessen sekundär agglutiniert werden. Die Beobachtung mit dem Elektronenmikroskop habe ihm nur gezeigt, daß frische (nicht längere Zeit aufbewahrte) Blutkörperchen, wenn sie durch Virus agglutiniert sind, stets das Vorhandensein von Viruselementen auf ihrer Oberfläche und besonders an den Stellen, an welchen sie sich berühren, erkennen lassen. Doch könne man stets einzelne Erythrocyten sehen, welche nicht agglutiniert, aber von Viruspartikeln bedeckt sind, und dies sei immer der Fall, wenn man den Erythrocytensuspensionen zu niedrige Viruskonzentrationen zugesetzt hat. Eine sichtbare Agglutination betrachtet HEINMETS überhaupt als einen extremen Fall von Wechselwirkung, da die Kombination von Virus und Erythrocyten auch erfolgen kann, ohne eine sichtbare Zusammenballung der Erythrocyten hervorzurufen. Diese Aussage gründet sich, wie HEINMETS betont, auf zahlreiche Einzeluntersuchungen und wird so erklärt, daß vermutlich viele Viruselemente vorhanden sein müssen, damit die Brücken zwischen den Erythrocyten zustande kommen können. Man wird sich hier erinnern, daß antibakterielle Immunsera noch in sehr starken Verdünnungen (bis 1 : 100000 und mehr) agglutinieren können und daß auch bei hämagglutinierendem Immunsera hohe Titer beobachtet werden.

Wie man aus diesen Ausführungen entnehmen kann, sind trotz intensiver und an zahlreichen Forschungsstätten betriebener Laboratoriumsarbeit wichtige Fragen unerledigt geblieben; aus diesem Grunde wurde es auch hier nicht angestrebt, auf experimentelle Einzelergebnisse einzugehen und eine möglichst vollständige bibliographische Dokumentierung anzustreben. Der Leser wird im zweiten Ergänzungsband des Handbuches der Virusforschung, der demnächst zur Ausgabe gelangt, einen Artikel von C. Hallauer finden, der über den literarischen Tatbestand in jeder Hinsicht orientiert.

Mit allem Vorbehalt, den die Ungewißheit der Sachlage erheischt, sei schließlich noch auf eine mögliche Analogie verwiesen. Den Angelpunkt der Problematik des Hirst-Test bildet die Tatsache, daß das Virus gebunden und nach einem kurzen Intervall wieder freigegeben wird, und zwar in unverändertem, d. h. wieder reaktionsfähigem Zustande. Das Extrem einer solchen kurzfristigen Bindung würde vorliegen, wenn die Dissoziation des antikörperartig wirkenden Agens so rasch erfolgen würde, daß sich die Bindung mit der üblichen Methodik nicht nachweisen läßt. Vielleicht können die „nichtabsorbierbaren" Antikörper gegen parasitische Helminthen, wie sie von D. H. Campbell (1938a, b), J. Oliver-Gonzalez (1941) und W. H. Taliaferro (1940) beschrieben wurden, so aufgefaßt werden sowie der von W. H. Taliaferro (1924, 1932) festgestellte und von diesem Autor als „Ablastin" bezeichnete Antikörper, welcher dadurch auf Trypanosoma lewisii wirkt, daß er die Vermehrung (die Teilung der Trypanosomen) verhindert. Es wäre aber auch denkbar, daß Antikörper überhaupt nicht an das Antigen, bzw. an antigenhaltige Zellen gebunden werden, sondern dadurch wirken, daß sie die Zellen, auf welche sie spezifisch eingestellt sind, umspülen. In der von R. Doerr 1925 formulierten „Membranhypothese", welche eine allgemeine Erklärung des Mechanismus der Anaphylaxie bieten sollte [vgl. auch R. Doerr, 1929a, S. 904 und 1926b, S. 747], war diese Möglichkeit vorausgesehen. Annähernd scheint eine solche reine Oberflächenwirkung ohne vorausgehende Bindung im Ablastin realisiert zu sein. Doch ist dieser Fall nicht allseitig klargestellt. Im Serum der mit Trypanosoma lewisii infizierten Ratte tritt nämlich außer dem Ablastin auch ein typischer cytotoxischer Amboceptor (ein Cytolysin) auf, welcher durch frisches Meerschweinchenserum komplettiert wird. Dieses Lysin ist ebenso wie das Ablastin in der Globulinfraktion der Immunsera enthalten. Während aber das Lysin durch zugesetzte Trypanosomen aus dem Immunserum adsorbiert wird und die dadurch sensibilisierten Trypanosomen rasch aus dem peripheren Blute normaler Ratten, denen sie injiziert werden, verschwinden, soll das Ablastin auch durch große Mengen von Trypanosomen nicht gebunden werden und die abzentrifugierten Trypanosomen erweisen sich auch nicht als sensibilisiert, da sie sich in der Zirkulation normaler Ratten zu teilen vermögen. Das würde also, objektiv formuliert, bedeuten, daß die Trypanosomen durch den Kontakt mit Ablastin in vitro überhaupt nicht geschädigt werden, sondern daß dieser Antikörper, der übrigens auch durch Immunisierung von Kaninchen (für die Infektion unempfänglicher Tiere) entstehen soll, bloß in vivo die Teilung der Trypanosomen verhindert. Diesem Widerspruch suchen die Hypothesen über den Mechanismus der Ablastinwirkung auszuweichen, indem sie nicht direkte Schädigungen der Trypanosomen, sondern antagonistische Einflüsse auf die Atmung und den Stoffwechsel dieser Parasiten annehmen, welche sich in der Unterdrückung der Zellteilungen auswirken. Da die Immunität gegen tierische Parasiten in einem besonderen Band der „Immunitätsforschung" behandelt werden soll, mag es genügen, an dieser Stelle auf das Übersichtsreferat von W. H. Taliaferro „The inhibition of reproduction of parasites by immune factors" (1948) hinzuweisen. Ergänzend sei hinzugefügt, daß auch typische cytotoxische Antikörper, welche sich fest mit den antigenhaltigen Zellen verbinden, die Teilungsvorgänge von Protozoen beeinflussen können. Wenn man Kaninchen mit der freilebenden holotrichen Ciliate Tetrahymena (aus der Gruppe Colpidium-Glaucoma) immunisiert, erhält man ein Antiserum, welches die Ciliaten agglutiniert, lähmt und Scheidenbildung hervorruft, wenn die Ciliaten für 1 bis 2 Stunden mit dem Antiserum in geeigneter Verdünnung inkubiert werden. In höheren Verdünnungen und bei länger dauernder Inkubation nehmen zunächst die Teilungen stark zu; verlängert man schließlich die Inkubation auf 24 Stunden, so zeigt es sich, daß die Teilungen nicht beendet werden, sondern sich auf den Kern beschränken, so daß sich multinukleare Riesenzellen von unregelmäßiger Gestalt bilden. Diese „Dystomie" wird von J. A. Harrison und E. H. Fowler (1945), von welchen diese Beobachtungen stammen, als eine echte Antigen-Antikörperreaktion betrachtet, weil sie in allen Kombinationen von Protozoen und ihren Antisera zu sehen war, in welchen die anderen von M. Robertson (1934) beschriebenen spezifischen Immunitätsreaktionen festgestellt werden konnten, und weil sie in allen Fällen fehlten, in welchen auch die anderen Reaktionen nicht eintraten. Der Sitz der Dystomie wurde von Harrison und Fowler in die Zelloberfläche verlegt. Solche Dystomien konnten von E. Chatton und Mme. Chatton (1925) sowie von T. M. Sonneborn (1932) auch dann beobachtet werden, wenn Ciliaten in Gegenwart bestimmter Bakterienstämme wuchsen. E. Chatton und Mme. Chatton fanden, daß Colpidium campylum und Colpidium colpoda, wenn sie in Mischkultur mit einem bestimmten Colistamm gezüchtet wurden, infolge der unvollkommenen Abtrennung der neu entstandenen Individuen Ketten und zum Teil auch vielkernige Mißformen bildeten. Interessant ist, daß eine doppelseitige Spezifität zu bestehen schien, indem einerseits B. fluorescens und andere Colistämme, die sich von dem aktiven Stamm sonst nicht unterschieden, die Teilungsprozesse der Ciliaten nicht zu beeinflussen vermochten, und andere Protozoen (Paramaecien, Glaucoma) auf die Mischkultur mit dem aktiven Colistamm nicht reagierten.

Es sind also Anhaltspunkte für hypothetische Erwägungen und experimentelle Untersuchungen, welche zu einem besseren Verständnis der Hämagglutination durch Virusarten verhelfen könnten, vorhanden, welche bisher nicht ausgenutzt wurden. Ob die Annahme einer enzymatischen Zerstörung der bindenden Receptoren agglutinabler Erythrocyten die einzige aussichtsreiche Forschungsrichtung ist, erscheint fraglich.

III. Die natürlichen Antikörper.

1. Namen und Begriffe.

Unter „*natürlichen*“ Antikörpern versteht man Stoffe, welche sich im Blutserum von Menschen und von Tieren durch serologische Reaktionen nachweisen lassen, *die aber nicht infolge der Einwirkung eines Antigens auf den Organismus entstehen oder bei denen diese Entstehungsursache nicht nachgewiesen werden kann.* Sie werden den „*Immunantikörpern*“ gegenübergestellt, welche sich infolge der Reaktion auf die feststellbare Einverleibung eines bekannten Antigens entwickeln. Natürliche und Immunantikörper reagieren aber mit den gleichen als „Antigene“ bezeichneten Substanzen (artfremden Proteinen, art- oder körperfremden Erythrocyten, Bakterien, Toxinen, Virusarten), die Reaktionen zeigen bei beiden die gleichen äußeren Formen (Flockungen, Cytolyse, Bactericidie, Neutralisierung von Toxinen, Inaktivierung von virusartigen Infektionsstoffen, Komplementbindung) und diesen Reaktionen kommt als gemeinsames Merkmal eine *begrenzte Spezifität*, d. h. eine mehr oder minder scharfe Einstellung der Reaktionsfähigkeit auf bestimmte Antigene zu.

Diese Aussagen können nicht Gegenstand von Diskussionen werden, da sie lediglich Ergebnisse der Erfahrung umschreiben; sie haben vielmehr den Ausgangspunkt aller weiteren Betrachtungen zu bilden.

Da erweist sich zunächst eine Richtigstellung als angezeigt. Fast in allen Arbeiten, welche sich mit dem Thema befassen, werden die natürlichen Antikörper als Wirkstoffe definiert, welche sich im *normalen* Blutserum, d. h. im Blutserum von *normalen* Menschen oder Tieren finden. Mit „normal“ ist gemeint, daß diese Antikörper ohne die Einwirkung eines spezifischen Antigens, ohne einen immunisatorischen Impuls gebildet wurden. *Wenn aber dem Beobachter nichts über eine absichtliche oder durch eine Infektion bedingte Immunisierung bekannt ist, so kann sie gleichwohl in der Vorgeschichte des Individuums stattgefunden haben.*

Fast die gesamte Problematik der natürlichen Antikörper dreht sich gerade um die Frage, ob solche *kryptogenetische Immunisierungen* in allen Fällen anzunehmen sind oder ob eine im strengen Wortsinne *spontane Antikörperbildung* zugegeben werden muß. Entscheidet man sich für eine zweifache Genese, so ergibt sich von selbst die Notwendigkeit, die Bereiche der kryptogenetischen Immunisierung und der spontanen Entstehung von Antikörpern gegeneinander abzugrenzen. Man hat daher zunächst zu untersuchen, ob die spontane Entstehung von Antikörpern nachgewiesen oder wahrscheinlich ist oder ob sie grundsätzlich abgelehnt werden darf; im zweiten Falle würde die Untersuchung naturgemäß erheblich vereinfacht werden. Vorerst muß man sich jedoch Rechenschaft darüber ablegen, *ob die in „normalen" Sera vorhandenen Antikörper* — es sei nun durchwegs oder mehrheitlich — *durch besondere Eigenschaften ausgezeichnet sind, welche sie von den immunisatorisch erzeugten unterscheiden.*

2. Die Eigenschaften der natürlichen Antikörper.

a) Die chemische Beschaffenheit.

Es liegen verhältnismäßig wenige Angaben vor, welche sich mit dieser Frage beschäftigen [E. P. Pick (1901), K. Landsteiner und Calvo (1902), L. Bleyer (1927), H. J. Gibson (1930), A. Grönwall (1935), M. Rosenmann (1937), P. Michon, M. Verain und A. Ziegler (1936)]. Von einigen Differenzen abgesehen (siehe die Zusammenstellung von D. Brocq-Rousseu und G. Roussel, 1939, S. 112 f.), welche wohl auf die verschiedene und zum Teil fehlerhafte Fraktionierung der antikörperhaltigen Sera zurückzuführen sind, stimmen die Autoren in dem Punkte überein, daß es sich um *Serumglobuline* handelt, und zwar um die labileren, in destilliertem Wasser unlöslichen Spezialglobuline (L. Bleyer, M. Rosenmann); die Albumine enthalten keine normalen Antikörper. In dieser Beziehung ergaben sich also dieselben Resultate wie bei den viel genauer und mit neueren Methoden untersuchten Immunantikörpern, was in Anbetracht der Identität der Vitro-Reaktionen mit gleichartigen Antigenen (s. S. 28) von vornherein zu erwarten war.

b) Thermolabilität.

In der älteren Literatur wurde den normalen Antikörpern, insbesondere den Hämagglutininen und Bakterienagglutininen der normalen Sera, eine größere Empfindlichkeit gegen Erwärmen zugeschrieben, als den Immunantikörpern [A. Rodet (1907), K. Landsteiner und M. Reich (1905a), Ph. Eisenberg (1906), H. Lüdke (1906), E. Prašek (1914)]. Die Differenzen waren zum Teil beträchtlich. So berichtet Ph. Eisenberg, daß ein normales Kaninchenserum, welches Typhusbazillen agglutinierte und einen Titer von 40 Ag.-E. zeigte, nach $^3/_4$stündiger Erwärmung auf 58° C nur noch 5 Ag.-E. und nach dreiviertel Stunden langem Erhitzen auf 60° C 2 Ag.-E. aufwies; unter denselben Umständen bewahrte ein erhitztes Immunserum seinen Titer fast unvermindert und selbst ein halbstündiges Erwärmen auf 65° C bewirkte nur eine unbedeutende Reduktion (von 160000 auf 120000 Ag.-E.)[1].

Dagegen stellte O. STRENG (1909) fest, daß die Normal- und die Immunagglutinine gegen B. coli, wenn sie von derselben Tierart stammen, durch Erwärmen stets mit derselben Geschwindigkeit inaktiviert werden, und E. O. JORDAN (1937), der mit Agglutininen gegen verschiedene Bakterien (Brucella, B. pyocyaneus, B. typhi) experimentierte, konnte sich gleichfalls nicht von einer verschiedenen Hitzeresistenz der Normal- und Immunagglutinine überzeugen.

Diese Widersprüche können nicht befremden, wenn man bedenkt: 1. Daß *gleichbenannte* Antikörper, wenn sie von verschiedenen Tieren *derselben Art* herrühren, in sehr verschiedenem Grade thermostabil sind. Nach STRENG können die Unterschiede so groß sein, daß ein Coli-Immunserum eines Tieres bei 64° C rascher inaktiviert wird als das Serum eines anderen Tieres bei 74° C. 2. Daß sich zwei *verschieden benannte*, von derselben Tierart produzierte Antikörper gegen Erhitzen verschieden verhalten können. Immunisiert man zum Beispiel ein Kaninchen gleichzeitig mit B. coli und B. typhi, so erweist sich meist das Typhusagglutinin stabiler als das Coliagglutinin; bei Verwendung bestimmter Colistämme kann sich jedoch das Verhältnis umkehren (STRENG). Analoge Angaben findet man bei E. P. PICK (1902), L. D. FELTON und G. H. BAILEY (1926), L. OLITZKI (1931), R. KLINGENSTEIN (1930), P. HARTLEY (1931) u. a. Besondere Bedeutung hat die mehrfach bestätigte Beobachtung, daß die *H-Antikörper* (*Geißelantikörper*) gegen Erhitzen erheblich widerstandsfähiger sind als die somatischen O-Agglutinine, gleichgültig ob sie in einem normalen oder einem Immunsera vorhanden sind und ob sie isoliert sind oder im gleichen Serum koexistieren [F. S. JONES (1927, 1928), H. J. GIBSON (1930, 1932), A. FELIX und L. OLITZKI (1929), W. A. TIMMERMANN (1930), E. O. JORDAN (1937)]. F. C. BAWDEN und N. W. PIRIE (1938) fanden, daß stäbchenförmige Viruselemente (Tabakmosaikvirus, X-Virus der Kartoffeln) mit ihren Antisera nach dem Typus der H-Agglutination ausflocken, während das sphärische Bushy-stunt-Virus langsamer entstehende körnige Aggregate liefert, welche der O-Agglutination der Bakterien entsprechen; der Unterschied der Thermoresistenz trat auch in diesem Falle zutage, indem Antisera gegen stäbchenförmiges Virus noch nach 10 Minuten langer Erhitzung auf 90° C flockend

[1] Unter Ag.-E. = Agglutinationseinheit verstand EISENBERG die geringste Menge Antiserum, welche noch gerade eine deutliche Agglutination bewirkte; der Titer wurde in Ag.-E. pro Kubikzentimeter Antiserum ausgedrückt.

wirkten, während das Antiserum gegen Bushy-stunt-Virus schon bei 75° C nach 10 Minuten seine präzipitierende Fähigkeit einbüßte.

Von diesen Differenzen der Thermoresistenz ausgehend, welche die Antisera gegen phytopathogene Virusarten aufweisen, suchte A. KLECZKOWSKI (1941) den Mechanismus der Denaturierung der Antikörper durch Erhitzen klarzulegen. KLECZKOWSKI [siehe auch F. C. BAWDEN und KLECZKOWSKI (1942)] nahm an, daß die unspezifischen Serumproteine und unter ihnen besonders die Albumine, auf die Denaturierung der Immunglobuline einwirken, ein Gedanke, den schon E. P. PICK (1902) erwogen hatte und der an den Untersuchungen von O. STRENG (1909) eine experimentelle Stütze fand, denen zufolge die Inaktivierungsgeschwindigkeit bakterieller Antisera durch Verdünnen mit physiologischer NaCl-Lösung verlangsamt wird. Diesem Hinweis folgend, kam KLECZKOWSKI auf Grund einer genauen Analyse zu der Überzeugung, *daß die Hitzedenaturierung ein zweiphasischer Prozeß ist.* In der *ersten Phase* komme es zur Anlagerung von unspezifischen Proteinen an das Antikörperglobulin. Sind die aggregierten Eiweißkörper Globuline (Euglobuline), so bewahren die entstehenden Komplexe ihre Antikörperfunktion in unverändertem Zustand und wirken wie die nichterhitzten Immunsera flockend, wenn sie mit dem Antigen zur Reaktion gebracht werden; wird aber Albumin an das Immunglobulin angelagert, so geht das Flockungsvermögen verloren, aber das spezifische Bindungsvermögen bleibt zunächst noch erhalten[1] und die Komplexe wirken infolgedessen hemmend auf die fällende Wirkung der noch vorhandenen intakten Antikörperpartikel. Die Thermolabilität der O-Antisera beruht nach KLECZKOWSKI darauf, daß nicht nur der Antikörper fortschreitend denaturiert wird, sondern daß eben diese nicht mehr flockenden, aber noch bindenden und hemmenden Komplexe entstehen, während bei den H-Antisera fast nur der erste Vorgang zur Auswirkung kommt und die Bildung der hemmenden Kombinationen fast ganz wegfällt; eine Differenz der Widerstandsfähigkeit gegen Erhitzen sei gar nicht vorhanden, sondern werde nur vorgetäuscht. In der *zweiten Phase* schreitet die Denaturierung fort und zerstört auch das Bindungsvermögen. R. K. JENNINGS und L. DESPAIN SMITH (1942) konnten die Auffassung von KLECZKOWSKI stützen, indem sie nachwiesen, daß die Denaturierung des Immunglobulins aus einem Antipneumococcenserum vom Pferde tatsächlich anders verläuft, je nachdem man es allein oder in Gegenwart

---

[1] P. EISENBERG und R. VOLK hatten schon 1902 festgestellt, daß agglutinierende Sera, wenn sie durch einige Minuten auf 70 bis 80° C erhitzt werden, zwar nicht mehr agglutinierend wirken, daß sie aber an die Bakterien gebunden werden und das Hemmungsphänomen geben. F. S. JONES (1928) bestätigte diese Beobachtungen, die dann, wie aus den obigen Ausführungen ersichtlich, von KLECZKOWSKI auf Virusantisera (vom Kaninchen) ausgedehnt wurden.

anderer Proteine erhitzt. Ebenso wurde die supponierte Anlagerung unspezifischer Serumproteine an das Immunglobulin dem hypothetischen Bereich durch L. E. Krejci, R. K. Jennings und L. Despain Smith (1942) entrückt. Wie diese Autoren feststellten, werden die elektrophoretischen Diagramme einer Caseinlösung und eines isolierten Antikörpers gegen das Polysaccharid des Pneumococcus, Typ I, kaum ver-

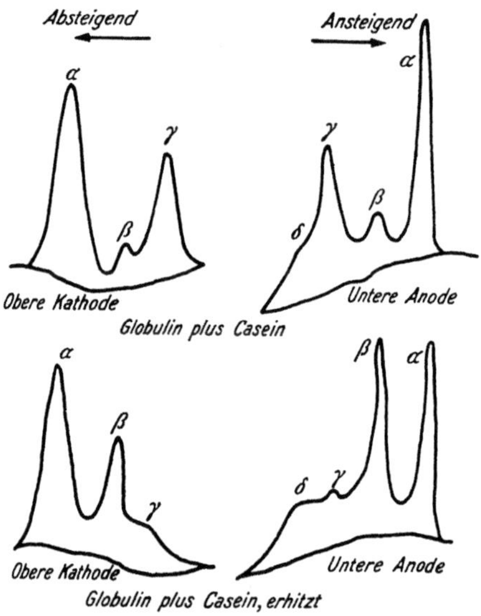

Abb. 4a. Elektrophoretische Diagramme einer Mischung von Globulin und Casein (vgl. hiezu auch Abb. 4b), nicht erhitzt (oben) und 10 Minuten auf 65° C erhitzt (unten). — Erläuterung im Text.

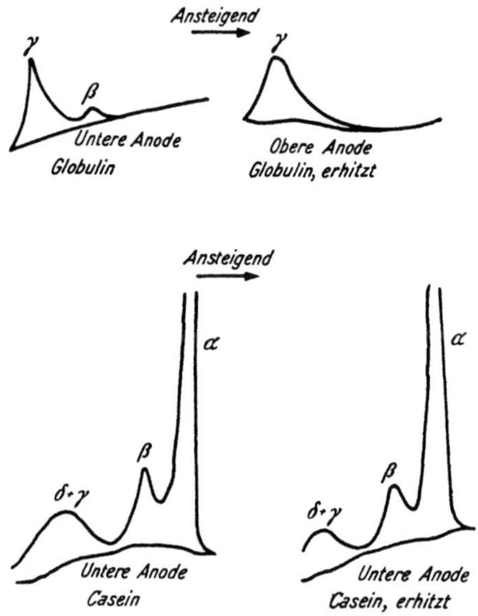

Abb. 4b. Oben: Elektrophoretische Diagramme des wasserunlöslichen Globulins aus Antipneumococcen-Serum Typus I vom Pferde im nicht erhitzten (links) und im erhitzten (10 Minuten auf 65° C) Zustande (rechts). — Unten: Elektrophoretische Diagramme des in Säure-Alkohol gelösten Caseins, nicht erhitzt (links) und 10 Minuten auf 65° erhitzt (rechts). Es sind aus Gründen der Raumersparnis nur Diagramme für die Anoden abgebildet, in Abb. 4a für die Kathoden und Anoden.

ändert, wenn man sie einzeln erhitzt (Abb. 4b); läßt man aber die gleiche Temperatur auf ein Gemisch der beiden Substanzen einwirken, so ändert sich gleichzeitig mit dem Schwund des Flockungsvermögens des Antikörpers das elektrophoretische Diagramm der Mischung in dem Sinne, daß ein Teil der α-Komponente des Caseins und ein Teil des γ-Globulins des Antikörpers dieselbe Wanderungsgeschwindigkeit annehmen wie die β-Komponente des Caseins. Die in Abb. 4a reproduzierten Diagramme illustrieren die Veränderung, die das Gemisch durch Erhitzen auf 65° C durch 10 Minuten erfährt. Diese Veränderung scheint das Resultat der Wechselwirkung der beiden beteiligten Stoffe zu sein und ist vermutlich die Ursache der Inaktivierung. Ist die Denaturierung nicht zu weit fortgeschritten, *so kann durch elektrophoretische Fraktionierung des Gemisches jene Quote des Antikörpers, welche noch ihre Wanderungsgeschwindigkeit beibehalten hat, isoliert werden;* sie reagiert dann mit dem spezifischen Polysaccharid unter Niederschlagsbildung. In diesen Versuchen wurde ein *isolierter* Antikörper mit einem unspezifischen Protein gemischt und das Gemisch erwärmt. Nach der Hypothese von KLECZKOWSKI müßte die Anlagerung auch beim Erhitzen eines Vollserums erfolgen, indem dann das Albumin der Stoff wäre, der sich beim Erhitzen an dem γ-Globulin fixiert und die Transformation des Antikörpers in ein nicht mehr flockendes, aber noch mit spezifischem Bindungsvermögen ausgestattetes Derivat bewirkt. Die elektrophoretischen Untersuchungen erhitzter Normal- und Immunsera vom Pferde, welche von J. VAN DER SCHEER, R. W. G. WYCKOFF und F. L. CLARKE (1941) sowie von L. E. KREJCI, L. DE SPAIN SMITH und T. J. DIETZ (1941) ausgeführt wurden, sprechen dafür, daß dies de facto der Fall ist. Im Diagramm eines erhitzten antitoxischen Pferdeserums kann man durch Vergleich mit dem nichterhitzten Serum eine Abnahme des Albumins, des γ-Globulins und der dem Antitoxin entsprechenden T-Komponente konstatieren, an deren Stelle als Aggregationsprodukt eine sogenannte „C"-Komponente aufgetreten ist. Bakterielle Antisera verhalten sich ähnlich, sind aber weit empfindlicher als Antitoxine [VAN DER SCHEER, WYCKOFF und CLARKE, KREJCI, DE SPAIN SMITH und DIETZ, D. H. MOORE, VAN DER SCHEER und WYKOFF (1940)][1]. Ob sich auch diese Differenz in die Theorie einfügen läßt, welche KLECZKOWSKI auf Grund der Untersuchungen von Immunsera, die nach dem O- und H-Typus flocken, entwickelt hat, ist meines Wissens nicht geprüft worden.

Daß im Beginne des durch Erhitzen bewirkten Denaturierungsprozesses flockender (agglutinierender oder präzipitierender) Immunsera *Antikörperderivate entstehen, welche nicht mehr flocken, aber noch Antigen binden und dadurch eine homologe Flockungsreaktion hemmen,* ist eine von jeder Theorie unabhängige, experimentell gesicherte Tatsache. Bestimmt man daher nur die fortschreitende Abnahme des Flockungsvermögens (des Agglutinationstiters z. B.), so wird jener Teil des Antikörpers nicht erfaßt, der noch erhalten und durch den Bindungs-, bzw. Hemmungsversuch nachweisbar ist, der jedoch nicht mehr flockt. Das wird von KLECZKOWSKI (l. c., S. 206) mit Recht hervorgehoben; den Flockungstiter will KLECZKOWSKI konform seiner Theorie nur dann als Maßstab der Antikörperzerstörung gelten lassen, wenn es sich um Antisera handelt, bei welchen die Flockung den H-Typus hat, weil bei diesen

[1] Vgl. hiezu R. DOERR (1947 a, S. 27 bis 31), woselbst auch elektrophoretische Diagramme erhitzter Normal- und Immunsera reproduziert sind.

die Bildung von nicht mehr flockenden, aber noch bindenden Abkömmlingen des Antikörpers keine Rolle spielt. In den Arbeiten, welche sich mit der verschiedenen Wärmeresistenz von normalen und immunisatorisch erzeugten Antikörpern, resp. antikörperhaltigen Sera befaßten, wurde diesem Umstande nicht Rechnung getragen, obzwar es sich in der Regel um Antikörper handelte, welche nach dem O-Typus flockten [O. Streng (1909), T. Madsen und O. Streng (1910) u. a.]. Andere Fehlerquellen sind durch den verschiedenen Gehalt der untersuchten Sera an Eiweiß, speziell an Albumin, gegeben sowie dadurch, daß die Antikörper der Normalsera meist einen weit niedrigeren Titer haben als die korrespondierenden Immunsera, was nach den herrschenden Auffassungen mit der geringeren Konzentration des Immunglobulins im Serum zusammenhängen dürfte. Die Titerdifferenz kann man nicht dadurch ausgleichen, daß man die Immunsera mit physiologischer NaCl-Lösung verdünnt, da hierdurch die Wärmeresistenz erhöht wird (s. S. 31); man müßte nach Streng mit normalem Serum der gleichen Tierspezies verdünnen, wodurch die Wärmeresistenz nicht so stark beeinflußt wird, würde aber auf diese Weise doch neue Verhältnisse schaffen.

Derartige Bedenken veranlaßten K. Landsteiner und M. Reich, neben verdünnten hämagglutinierenden Immunsera auch *gereinigte Agglutininlösungen* zu verwenden, die durch Abspalten der Agglutinine von Erythrocyten, an die sie gebunden waren, hergestellt wurden und wegen ihres geringen Eiweißgehaltes die Einstellung des Titers durch Verdünnen erlaubten. Da die Angaben dieser Autoren von Streng auf Grund seiner Erfahrungen mit Bakterienagglutininen (s. S. 30) bezweifelt wurden, nahm E. Prášek, ein Schüler Landsteiners, 1914 eine Überprüfung der mit Normal- und Immunhämagglutininen erzielten Resultate vor und bestätigte ihre verschiedene Resistenz gegen Erhitzen. Prášek stellte insbesondere fest, daß die Differenz auch dann regelmäßig nachweisbar ist, wenn man das Serum eines und desselben Tieres vor und nach der Immunisierung untersucht, und daß man öfters im Laufe wiederholter Antigeninjektionen ein graduelles Ansteigen der Thermoresistenz konstatieren kann.

In der letzten Auflage seines bekannten Werkes „The specifity of serological reactions“ ist Landsteiner (1945, S. 132 und 141) für die Zuverlässigkeit der Ergebnisse Prášeks eingetreten und betonte, daß sie sich ebensowenig wie manche andere Beobachtungen, wie zum Beispiel die von R. Klingenstein (1930) festgestellten Differenzen der Thermostabilität der Schafbluthämolysine mit der Theorie von Kleczkowski in Übereinstimmung bringen lassen. Nun ist diese Theorie aus der experimentellen Analyse der Flockungsphänomene, welche dem O- und dem H-Typus entsprechen, und der nachgewiesenen Differenz der Thermostabilität der an diesen Reaktionen beteiligten Antikörper abgeleitet worden; sie kann daher sehr wohl in diesem Bereiche richtig sein (wofür ja auch die elektrophoretischen Untersuchungen sprechen), ohne daß sie eine befriedigende Erklärung für alle äußerlich ähnlichen Fälle bieten muß. LANDSTEINER bemerkt ferner a. a. O. (S. 139), daß die auffallende Labilität der normalen Hämagglutinine und das gegensätzliche Verhalten der normalen Bakterienagglutinine [E. O. JORDAN (1937)] möglicherweise auf einer verschiedenen Entstehungsweise der in normalen Sera vorhandenen Antikörper beruhen könnte, eine Vermutung, für welche vorläufig andere Anhaltspunkte als das unterschiedliche Verhalten gegen Erhitzen fehlen. *Praktisch genommen steht die Sache jedenfalls so, daß man aus dem Verhalten gegen höhere Temperaturen nicht schließen kann, ob der in einem „normalen“ Serum nachgewiesene Antikörper spontan oder als Reaktion auf einen immunisatorischen Reiz entstanden ist.*

c) Die Avidität der normalen Antikörper.

R. KRAUS konnte 1903 zeigen, daß das normale Serum von Ziegen oder Pferden das akut wirkende Toxin des Vibrio Nasik erst nach einstündiger Einwirkung bei 37° C zu neutralisieren vermochte, während ein durch Immunisierung gewonnenes Antitoxin die Giftwirkung sofort paralysierte. Bald darauf teilten H. HEYROSKY und K. LANDSTEINER (1907) mit, daß normale und Immunantikörper in annähernd gleichen Mengen die Wirkung von bakteriellen Hämotoxinen aufheben, wenn man die Gemische der Reaktionskomponenten genügend lange stehen läßt, daß aber das normale Serum fast unwirksam ist, wenn man die Gemische sofort auf ihre hämolysierende Wirkung prüft, während der neutralisierende Effekt der Immunsera auch unter dieser Bedingung beträchtlich ist. Diese Versuche sprechen dafür, *daß sich die Immunsera durch eine größere Reaktionsgeschwindigkeit auszeichnen*, welche auf die höhere Affinität des Antikörpers zum Antigen bezogen werden kann. Diese stärkere Affinität kommt auch darin zum Ausdruck, daß Antigen-Antikörper-Komplexe, nämlich an Erythrocyten gebundene Hämagglutinine, schwerer dissoziiert werden können, d. h., daß weniger Antikörper abgespalten wird, wenn der Antikörper im Komplex aus einem Immunserum, als wenn er aus einem normalen Serum stammt [K. LANDSTEINER und M. REICH (1905b)]. Es ist jedoch bekannt, daß auch die Reaktionsgeschwindigkeit der Immunantikörper (Antitoxine, Präzipitine, Agglutinine) innerhalb ziemlich weiter Grenzen variiert, wie dies von R. KRAUS und R. DOERR (1905) für das Dysenterieantitoxin, in der Folge für das Diphtherieantitoxin [G. RAMON (1930), A. T. GLENNY, POPE und WADDINGTON (1925), GLENNY und U. WALLACE (1925), GLENNY und M. BARR (1932), M. BARR und GLENNY (1938), TH. MADSEN und S. SCHMIDT (1929) u. a.], für das Tetanusantitoxin [A. T. GLENNY

(1936)], für Hämolysine und Agglutinine [P. TH. MÜLLER (1909)] gezeigt wurde[1]. Ferner dissoziieren auch die Verbindungen der Immunsera mit ihren Antigenen nicht immer in gleicher Weise; GLENNY, POPE und WADDINGTON (1925) konstatierten zum Beispiel, daß der Grad der Dissoziation in Mischungen von Diphtherietoxin und Antitoxin je nach der im Versuch verwendeten Antitoxinprobe variieren kann. Grundsätzliche Bedeutung kommt der Beobachtung von R. KRAUS und R. DOERR (1905) zu, daß die spezifische Reaktionsgeschwindigkeit des Dysenterie-Antitoxins im Laufe der Immunisierung wächst. Wurden nämlich die Sera von Ziegen, welche mit dem Toxin der Shigella dysenteriae immunisiert wurden, fortlaufend geprüft, so stellte es sich heraus, daß nicht nur der Antitoxingehalt vermehrt wurde, sondern daß gleichzeitig auch die Reaktionsgeschwindigkeit des Antitoxins mit dem Toxin zunahm, was nicht nur im Reagensglasversuch zum Ausdruck kam, sondern auch darin, daß sich das Neutralisationsvermögen in vivo (die Heilwirkung) erst nach längerer Immunisierung entwickelte und an Intensität zunahm. P. TH. MÜLLER (1908) bestätigte diese Ergebnisse in Versuchen mit andersbenannten Antikörpern (Hämolysinen und Agglutininen) und zog aus der experimentell nachgewiesenen allmählichen Aviditätssteigerung der Antikörper den Schluß, *daß in einem Immunserum gleichzeitig Antikörper von verschiedenem Affinitätsgrade vorhanden sein können,* nämlich ältere, aus der ersten Periode der Immunisierung stammende, wenig avide und jüngere, die mit hoher Avidität begabt sind. Man erkennt hier fast schon vergessene Vorläufer der „unvollkommenen oder undifferenzierten" Antikörper [vgl. hiezu R. DOERR (1947), S. 164—166 und S. 35] und erinnert sich, daß lange fortgesetzte Immunisierungen auch andere Eigenschaften der Antikörper verändern können, indem die Spezifitätsbreite zunimmt und (im Pneumococcen-Antiserum vom Pferde) neben „schweren" Antikörpern auch solche vom Molekulargewicht der Normalglobuline auftreten können [vgl. R. DOERR (1947), S. 150 und S. 47].

Es ist klar, *daß diese Plastizität der Immunantikörper den experimentellen Vergleich mit den Antikörpern der normalen Sera erschweren muß.* Hat man Unterschiede in einem begrenzten Untersuchungsmaterial gefunden, so können sie bei anderen Objekten trotz scheinbarer Identität der Verhältnisse fehlen. Solche Widersprüche können indes den Anstoß geben, die Berechtigung der Fragestellung zu revidieren, d. h. zu prüfen, ob man sich mit den Bemühungen, Differenzen zwischen Normal- und Immunantikörpern ausfindig zu machen, auf dem rechten Wege befindet. In der Form, in welcher die Antikörper der experimentellen Forschung

[1] Weitere Angaben über die Avidität der Immunsera, speziell der antitoxischen, findet man bei H. SCHMIDT (1940).

zugänglich sind, stellen sie Serumglobuline dar, mögen sie nun aus einem normalen Serum oder aus dem Serum eines immunisierten Menschen oder Tieres isoliert werden. Es ist, seit diese Erkenntnis hinreichend gesichert erscheint, zweifellos rational, die biochemische Identität zum Ausgangspunkt der Betrachtung zu machen und nach anderen *gemeinsamen* Eigenschaften der normalen und der immunisatorisch erzeugten Antikörper zu fahnden. Man wird dadurch automatisch zu der Auffassung zurückgeleitet, welche schon J. Bordet (1910), M. Nicolle (1908) und P. Ehrlich (im Rahmen seiner Seitenkettentheorie) vertreten hatten, daß die Immunantikörper höher entwickelte oder, vorsichtiger ausgedrückt, besonders oder auch nur schärfer spezifizierte Formen der normalen Antikörper sind. Es wird sich im folgenden herausstellen, daß diese Richtung fruchtbarer ist als das Herausarbeiten von Differenzen, von denen bisher keiner der Charakter eines allgemeingültigen Kriteriums zuerkannt werden konnte.

d) Die Spezifität normaler Antikörper.

Es ist schon seit geraumer Zeit bekannt, daß das normale Serum des Menschen oder einer bestimmten Tierspezies auf verschiedene artfremde Erythrocyten und auf eine größere oder kleinere Zahl von Bakterienarten agglutinierend wirken kann. J. Bordet (1899) hat in einer Studie über den Mechanismus der Agglutination betont, daß sich diese „Koagulationsphänomene" äußerlich nicht von den agglutinierenden Effekten der spezifischen Immunsera unterscheiden, ja daß die intimeren Prozesse identisch sein dürften. So wie ein spezifisches Cholera-Immunserum seine agglutinierende Wirkung durch Absorption mit Choleravibrionen einbüßt, kann man auch ein normales Pferdeserum, das auf Choleravibrionen flockend wirkt, auf die gleiche Weise inaktivieren; in beiden Fällen wird der Träger der agglutinierenden Funktion durch die Bindung an die Bakterien dem Serum entzogen. Den Versuch mit normalem Pferdeserum hat nun Bordet in einer hier speziell interessierenden Beziehung ergänzt. Normales Pferdeserum agglutiniert nämlich nicht nur Choleravibrionen, sondern auch andere Bakterien wie zum Beispiel Typhusbazillen und Bordet stellte fest, daß die Absorption mit Choleravibrionen die agglutinierenden Substanzen für Typhusbazillen nicht beeinflußt und daß umgekehrt die agglutinierende Wirkung für Choleravibrionen erhalten bleibt, wenn man das Serum zuerst mit Typhusbazillen reagieren läßt. Bordet bezeichnet dieses Resultat als überraschend („assez curieuse") und formuliert dasselbe mit folgenden Worten: „Il semble donc tout à fait certain, que ces deux microbes différents prennent à un même sérum deux agglutinines différentes. Il semble que la spécificité des agglutinines, qui charactérise si nettement les sérums des vaccinés, existe déjà en germe chez l'animal neuf". G. M. Malkoff (1900) veröffentlichte schon im folgenden Jahre analoge Versuche, in welchen normale Sera zur Verwendung kamen, welche auf verschiedene Arten von Erythrocyten agglutinierend wirkten. Normales Ziegenserum agglutiniert die roten Blutzellen von Tauben, Kaninchen und Menschen; jede dieser Erythrocytenarten eliminiert aus dem Serum nur die homologe Agglutinationswirkung, und wenn man die Absorption mit zwei der genannten Sorten von Zellen durchführt, bleibt noch die Wirksamkeit auf die dritte unberührt (s. Tab. 1).

Tab. 1. Elektive Absorption der normalen Hämagglutinine des Ziegenserums nach G. M. Malkoff (1900).

Prüfungs-Antigene	Normales Ziegenserum absorbiert mit				
	Tauben-Er.	Kaninchen-Er.	Menschen-Er.	Tauben- u. Kaninchen-Er.	Tauben- u. Menschen-Er.
Taubenerythrocyten . . .	—	+	+	—	—
Kanincheneryhtrocyten .	+	—	+	—	+
Menschenerythrocyten . .	+	+	—	+	—

1902 stellte dann A. Castellani seine *Regeln für Absättigungsversuche der Immunsera mit Bakterien* auf, die hier wörtlich wiedergegeben werden mögen:

„I. Das Serum eines gegen einen bestimmten Mikroorganismus immunisierten Tieres verliert nach Versetzung mit demselben Mikroorganismus sein Agglutinationsvermögen für diesen sowohl als für alle anderen, die es erst beeinflußte; mit diesen letzteren versetzt, verliert es jenes Vermögen für dieselben, nicht aber in erwähnenswertem Grade für den ersteren; mit Mikroorganismen versetzt, die es nicht beeinflußt, bleibt sein Agglutinationsvermögen gänzlich intakt. II. Das Serum eines gegen zwei verschiedene Mikroorganismen A und B immunisierten Tieres verliert nach Versetzung mit A sein Agglutinationsvermögen für diesen, aber nicht in erwähnenswertem Grade für B; versetzt man mit B, verliert es die Agglutination für diesen, aber nicht in erwähnenswerter Weise für A; versetzt mit beiden Bakterien, verliert es dieselbe für beide."

Im ersten Falle entsteht, der Immunisierung mit *einem* Antigen entsprechend, *ein* Antikörper, der nicht nur mit dem homologen Antigen, sondern infolge seiner nicht absoluten Spezifität auch mit heterologen, insbesondere mit verwandten Antigenen reagiert, im zweiten werden infolge der Einwirkung von zwei Antigenen, die miteinander natürlich nicht in verwandtschaftlichen Beziehungen zu stehen brauchen, *zwei* voneinander unabhängige Antikörper gebildet, von welchen jeder nur vom korrespondierenden Antigen gebunden werden kann. Man könnte dagegen einwenden, daß eine Bakterienart nicht ein einheitliches Antigen im Sinne des Chemikers darstellt, da der Bakterienleib eine Vielzahl von verschiedenen Substanzen enthält (Proteine, Polysaccharide, Endotoxine, O-, H- und Vi-Antigene), die sich voneinander abtrennen lassen und welche im isolierten Zustande die Funktionen von Vollantigenen oder von spezifitätsbestimmenden Haptenen entfalten können; sonach wäre theoretisch die Immunisierung mit einer Bakterienart als Auswirkung eines Antigengemisches zu betrachten. De facto verhält sich aber ein durch eine einzige Bakterienart erzeugtes Immunserum bei der Absorption mit homologen und mit heterologen Bakterien ganz anders wie ein Immunserum, welches durch eine Mehrheit von Bakterienspezies produziert wurde. Wahrscheinlich beruht dies darauf, daß in der Bakterienzelle nicht eine Schar von völlig unabhängigen Antigenen existiert, sondern daß zumindest ein Teil derselben zu einem größeren kolloidalen Komplex mit determinierenden Gruppen verbunden ist [s. R. Doerr, 1947, S. 160]. Auch kann man sich auf ein Experiment von K. Landsteiner und J. van der Scheer (1936) berufen, in welchem als Antigen ein aus einer chemisch definierten Verbindung (Metanilsäure = $NH_2 - C_6H_4 - SO_3H$) hergestelltes Azoprotein verwendet wurde. Das mit diesem Azoprotein gewonnene Immunserum reagierte nicht nur mit dem homologen Antigen, sondern auch mit o-Aminobenzolsulfonsäure, mit m-Aminobenzolarsinsäure und m-Aminobenzoesäure (bzw. mit den daraus hergestellten Azoproteinen); aber nur die Absorption mit dem homologen Antigen beseitigte das Flockungsvermögen für sämtliche immunchemisch verwandten Substanzen, während die Absorption mit einem der drei heterologen Azoproteine nur die Reaktivität für dieses neutralisierte und die Präzipitationen mit den zwei anderen heterologen und dem homologen Azoprotein nicht aufzuheben vermochte. In diesem Versuch war für die Hauptreaktion und die Nebenreaktionen nur die Immunisierung mit der Metanilsäure, einer chemisch einheitlichen Substanz, verantwortlich und die Ergebnisse entsprachen genau der ersten Castellanischen Regel.

Die Versuchsresultate von Bordet und Malkoff folgten aber nicht dieser, sondern *ganz eindeutig der zweiten Regel*, verhielten sich also so, als wenn jedes normale Serum spezifische und voneinander unabhängige Agglutinine in einer durch die Schar der agglutinablen Zellen (Bakterien, Erythrocyten) gegebenen Anzahl enthalten würde. Das Vertrauen in die Zuverlässigkeit dieses Schlusses wird jedoch dadurch erschüttert, daß die Zahl der durch ein Normalserum agglutinablen Zellarten sehr groß werden kann, wie dies beispielsweise für das Serum des Rindes [H. Brockmann (1911), K. Landsteiner und Ph. Levine (1932)] festgestellt wurde. K. Landsteiner (1945) vertritt daher die Auffassung, daß die Normalsera nur relativ wenige voneinander unabhängige Agglutinine enthalten und daß die Vielseitigkeit ihrer serologischen Reaktionsfähigkeit durch die geringere Spezifität dieser Antikörper bedingt ist.

Der Ausdruck „geringe Spezifität" ist, genau genommen, eine contradictio in adjecto. Um zu verstehen, was LANDSTEINER im vorliegenden Falle damit gemeint hat, muß man sich vor Augen halten, daß er die Antikörper der Normalsera mit den *Phytagglutininen der Pflanzensamen* (Abrin, Ricin und den ungiftigen Phasinen der Papilionaceen) und mit den *Hämagglutininen der Virusarten* vergleicht. Linsenextrakt agglutiniert zum Beispiel noch in Verdünnungen von 1 : 160 Kaninchenerythrocyten, wirkt aber nicht auf Taubenblutkörperchen, Ricin dagegen wirkt kräftig verklumpend auf Taubenblutkörperchen, auf Pferdeblutkörperchen nur in hohen Konzentrationen; das Influenzavirus vom Typus A agglutiniert die Erythrocyten zahlreicher Warm- und Kaltblüter, reagiert aber nicht mit den Erythrocyten von Rind, Schwein, Pferd und Katze, während der Typus B auch diese Erythrocytenarten ausflockt. Aus diesen Beispielen leitet LANDSTEINER (1945, S. 5) eine *erweiterte Fassung des Spezifitätsbegriffes* ab; er definiert die Spezifität als die disproportionale Wirkung einer Zahl ähnlicher Agenzien auf eine Schar verwandter Substrate („the disproportional action of a number of similar agents on a variety of related substrata"). Die hochgradige Spezifität der Immunantikörper ist für LANDSTEINER nur ein Grenzfall, der dadurch bedingt ist, daß der Antikörper auf die eine Substanz eingestellt ist, welcher er seine Entstehung verdankt. Ohne hier in eine ausführliche Diskussion einzutreten, möchte ich nur betonen, daß die Definition LANDSTEINERS auf die vielseitigen Reaktionsfähigkeiten der Normalsera nur anwendbar ist, wenn man lediglich *eine* Kategorie von Zellarten, zum Beispiel Erythrocyten, ins Auge faßt, obzwar man sich auch in diesem Falle fragen darf, ob die Erythrocyten der Taube und jene der Säugetiere als „verwandte Substrate" bezeichnet werden dürfen; normale Sera agglutinieren aber nicht nur verschiedene und serologisch nicht verwandte Blutkörperchen, sondern oft auch eine heterogene Schar von Bakterienarten, wie zum Beispiel das Rinderserum [E. BÜRGI (1907)]. Aus analogen Gründen erscheint es zweifelhaft, ob man die Reaktionen der Normalsera mit den hämagglutinierenden Fähigkeiten der Phytagglutinine und der Virusarten auf eine Linie rücken darf.

K. LANDSTEINER hat in Gemeinschaft mit E. PRÁŠEK schon im Jahre 1911 eine experimentelle Widerlegung der Lehre von der unbegrenzten Zahl selbständiger Antikörper im Normalserum versucht, welche auf seiner Überzeugung aufgebaut war, daß die Antikörper der Normal- wie auch der Immunsera Eiweißkörper sind, welche durch die Präzipitinreaktion nachgewiesen und bis zu einem gewissen Grade auch mengenmäßig bestimmt werden können. Die Normalsera wurden zunächst an agglutinable Blutkörperchen adsorbiert, zum Beispiel Ziegenserum an Pferdeblutkörperchen, sodann wurden die Erythrocyten mit eiskalter NaCl-Lösung gewaschen, in NaCl-Lösung bei 48° bis 50° C eine halbe Stunde digeriert und unter Vermeidung der Abkühlung rasch abzentrifugiert. Das Digerieren in der Wärme bewirkte eine Abspaltung des gebundenen Antikörpers, der sich dann im gereinigten Zustande in der vor dem Erkalten abgeheberten überstehenden Flüssigkeit befand. Diese „gereinigten" Antikörper agglutinierten die zur Absorption verwendeten Erythrocyten (in dem angeführten Beispiel also Pferdeblutkörperchen) am stärksten, agglutinierten aber auch andere Erythrocytenarten, woraus auf die geringere Spezifität der normalen Antikörper geschlossen wurde. Zweitens gaben diese Antikörperlösungen mit einem gegen das untersuchte Normalserum (hier Ziegenserum) gerichteten Präzipitin von Kaninchen spezifische Niederschläge, woraus gefolgert wurde, daß der Antikörper im normalen Ziegenserum präzipitables Serumeiweiß sein müsse und daß man daher nach der Menge des präzipitablen Eiweißes die Masse der in der gereinigten Antikörperlösung vorhandenen Agglutinine abschätzen dürfe; diese Masse war nun so groß, daß sie sich mit der Annahme einer unbegrenzten Zahl von Antikörpern in manchen Normalsera, zum Beispiel im Rinderserum, nicht vertrug, weil dann auf jeden Antikörper ein fast infinitesimales Quantum Eiweiß entfallen würde. Die ganze Beweisführung geht von der Voraussetzung aus, daß eine bestimmte Art von Blutkörperchen nur *einen* der in einem Serum vorhandenen Antikörper zu binden vermag und daß daher bei der Dissociation dieser Bindung auch nur *ein* Antikörper oder, wie wir uns heute ausdrücken würden, *ein* Immunglobulin frei wird. In einer kurzen Mitteilung über die „*Sekundärbindung*" als Fehlerquelle bei der Herstellung „gereinigter Agglutininlösungen" wies jedoch O. Thomsen (1931) darauf hin, daß dies nicht notwendigerweise der Fall sein muß. Versetzt man beispielsweise das Serum eines Menschen der B-Gruppe mit A-Erythrocyten, so beladen sich diese mit dem α-Agglutinin; bringt man sie dann in ein A-Serum, so nehmen sie aus diesem β-Agglutinin auf, während A-Erythrocyten, die nicht mit dem homologen α vorbehandelt wurden, β nicht zu fixieren vermögen. Dementsprechend absorbieren A-Blutkörperchen aus dem Serum eines Individuums der Gruppe O α β nicht nur das homologe α, sondern in geringerem Ausmaße auch β, und wenn man dann die gebundenen Agglutinine in der Wärme abdissoziiert, bekommt man keine reine Lösung von α, sondern eine Lösung von α, welche das heterologe β, für welches die A-Blutkörperchen keinen Receptor besitzen, gewissermaßen als Verunreinigung enthält [O. Thomsen und E. Worsaae (1929)]. Thomsen zitiert a. a. O. noch eine Reihe analoger Erfahrungen, u. a. die Beobachtung, daß A-Erythrocyten des Menschen aus einem Anti-A-Immunserum vom Kaninchen nicht nur das Anti-A-Agglutinin (α), sondern auch Agglutinine für tierische Blutkörperchen, also Heteroagglutinine absorbieren.

J. Bordet (1920, 1939) hat sich in den beiden Auflagen seines „Traité de l'immunité" sehr zurückhaltend über die Versuche Landsteiners mit gereinigten Agglutininen geäußert; er führte in diesem Zusammenhang die Angabe von C. E. Bailey an, aus welcher hervorgeht, daß die Absorptionsmethode Resultate liefern kann, deren Deutung schwierig ist. Bailey (1923) hatte nämlich festgestellt, daß man aus einem normalen Hühnerserum, welches Kaninchenerythrocyten und Meerschweinchenerythrocyten agglutiniert, durch Absorption mit Kaninchenblut das Meerschweinchenagglutinin total eliminieren kann, während das Kaninchenagglutinin durch

Meerschweinchenblut nur partiell absorbiert wird. Das Ergebnis entspricht also der ersten Regel von CASTELLANI und nicht der zweiten wie in den Versuchen von J. BORDET und G. M. MALKOFF (s. S. 39); würde es sich um ein Immunserum handeln, so wäre der auf Kaninchenerythrocyten wirkende Antikörper als das durch die Wirkung eines homologen Antigens entstandene „Hauptagglutinin" zu betrachten, welches mit den verwandten Blutkörperchen eines anderen Nagers, des Meerschweinchens, eine Verwandtschaftsreaktion gibt.

Auch LANDSTEINER (1945, S. 129) räumt ein, daß einstweilen noch Widersprüche bestehen, welche durch weitere Untersuchungen ausgeglichen werden müßten. Als rationale provisorische Lösung könne man auf Grund der vorliegenden Beobachtungen die Annahme gelten lassen, daß die natürlichen Antikörper in differierendem Grade auf verschiedene Zellen einwirken [vgl. C. H. BROWNING (1931)]. Akzeptiere man daher die Vorstellung, daß ein normales Serum eine hinreichende Anzahl von Agglutininen enthält, von welchen jedes nur mit einer bestimmten Quote aller Erythrocyten zu reagieren vermag, so würden durch die Absorption mit einer Art von Blutkörperchen alle Agglutinine gebunden werden, zu denen sie Affinität hat, und es würden dann noch einige Agglutinine frei bleiben, welche mit frisch zugesetztem Blut anderer Arten reagieren können.

Durch diese Konzeption würden jedoch die Experimente von K. LANDSTEINER und E. PRÁŠEK (1911) entwertet. Denn wenn eine Blutkörperart mehrere Agglutinine zu binden vermag, welche außer einer gemeinsamen Affinität noch die Reaktionsfähigkeit mit anderen Erythrocyten besitzen, kann man durch Spaltung derartiger Adsorbate nicht gereinigte Lösungen eines einzigen Antikörpers erhalten, auch wenn man von unspezifischen Sekundärbindungen absehen wollte; resultiert aus der Dissoziation ein Antikörpergemisch, so ist auch die Aussage über die Menge seiner einzelnen Komponenten mit Hilfe des Präzipitinversuches unsicher, da ein durch Immunisierung mit einem Normalserum, zum Beispiel mit Ziegenserum, gewonnenes Präzipitin sämtliche Antikörperglobuline flocken würde, welche beim Dissociationsversuch in gelöster Form abgespalten werden.

Die vorstehenden Ausführungen beziehen sich auf die in den Normalsera nachweisbaren, auf Bakterien oder Erythrocyten wirkenden *Agglutinine.* Normalsera können im frischen Zustande jedoch auch *cytotoxisch oder cytolytisch* auf die genannten Zellarten wirken, verlieren diese Fähigkeit durch Erhitzen auf 56° C und lassen sich durch Zusatz von Komplement reaktivieren. Für die cytotoxischen Immunsera ist dieser Sachverhalt dahin aufgeklärt worden, daß die Zellschädigung durch zwei Faktoren zustande kommt, durch den thermostabilen, spezifischen Antikörper, der sich direkt mit den Zellen, denen er seine Entstehung verdankt, zu verbinden vermag und das thermolabile, unspezifische, in frischem Normalserum vorhandene Komplement, das sich nur an mit Antikörper (Amboceptor) bereits beladenen (sensibilisierten) Zellen fixieren kann; die Konzentration des Antikörpers wird durch den Immunisierungsprozeß gesteigert, das Komplement wird nicht beeinflußt. Läßt sich dieses für die Immunsera von J. BORDET und P. EHRLICH aufgestellte und zuverlässig bewiesene Schema auf die cytotoxischen Effekte der Normalsera in vollem Umfange anwenden? Wie H. SACHS (1929, S. 787 bis 790) auseinandersetzte, muß der Nachweis der komplexen Konstitution der *Normalhämolysine* als erwiesen betrachtet werden, und zwar sowohl für die Hämolysine der Warmblüter als auch der Kaltblüter-Sera; auch hier konnte das Zusammenwirken eines spezifischen, thermostabilen Amboceptors und des unspezifischen, thermolabilen Komplementes am lytischen Endeffekt für eine sehr große Zahl von Serumarten und körperfremden Erythrocyten experimentell festgestellt werden; die Isolysine des menschlichen Blutserums machten keine Ausnahme [O. THOMSEN und A. THISTED (1928)].

Dagegen trat ein eigenartiger Widerstreit der Meinungen in der Interpretation *des Wirkungsmechanismus der normalen bakteriziden Antikörper* zutage. Es wurde zwar in Übereinstimmung mit zahlreichen bis in die ersten Phasen der Immunitätsforschung zurückreichenden Angaben allseits zugegeben, daß die Sera normaler Tiere auf verschiedene pathogene Bakterien abtötend wirken können. So fanden T. J. MACKIE und M. H. FINKELSTEIN (1930, 1931, 1932), daß die Sera vom Hammel, Rind, Mensch, Ratte, Schwein, Pferd, Kaninchen, Meerschweinchen und Taube[1] bactericide Antikörper für eine Reihe gramnegativer Bakterien (Salmonellaarten, Dysenteriebazillen, Choleravibrionen, Gonococcen, Meningococcen, Brucellaspezies, Proteus, Pyocyaneus u. a.) enthalten. Das Cooperieren von zwei Faktoren wurde ebenfalls bestätigt sowie auch über die Identifizierung des einen (thermolabilen) Faktors mit dem Komplement und über die Thermostabilität des zweiten Faktors Übereinstimmung herrschte. Die Kontroverse drehte sich lediglich um die *Spezifität des thermostabilen, dem Amboceptor der Immunsera entsprechenden Faktors im Normalserum und die davon abhängige Frage, ob im Normalserum eine der Zahl der empfindlichen Bakterienarten gleiche Zahl von unabhängigen Bakterizidinen angenommen werden dürfe oder nicht.* Es handelt sich somit nur um ein Problem, das schon früher umstritten wurde und nicht befriedigend gelöst werden konnte (s. S. 40 ff.) und das hier auf dem Spezialgebiet der bakteriziden Normalserumwirkungen zu einer grundsätzlich nicht motivierbaren Selbständigkeit gelangte. MACKIE und FINKELSTEIN behaupteten, daß der thermostabile Faktor durch die Adsorption an empfindliche Bakterien aus

[1] In dieser Aufzählung sind die verschiedenen Normalsera fallend nach der Intensität ihrer bakteriziden Wirkungen geordnet; sie entspricht im allgemeinen den von E. BÜRGI und H. J. GIBSON angegebenen Reihen (s. S. 147 und 149), zeigt aber einige Abweichungen, die vielleicht auf die Verschiedenheit der angewendeten Serumreaktionen (Agglutination, Bakterizidie mit Hilfe von Komplement) zurückzuführen sind.

dem Normalserum entfernt werden könne und daß die Adsorption einen spezifischen Charakter zeige, indem die absorbierten Sera die Wirkung auf die zur Absorption verwendeten Bakterien einbüßen, während sie auf andere Bakterien noch immer bakterizid wirken. J. GORDON stellte sich in einer Reihe von Veröffentlichungen auf einen durchaus ablehnenden Standpunkt [J. GORDON und H. S. CARTER (1932), J. GORDON (1933)]. GORDON und CARTER absorbierten normales Meerschweinchen- und Kaninchenserum mit Suspensionen abgetöteter Bakterien (Salmonellaarten, Dysenteriebazillen, Choleravibrionen) und konstatierten, daß durch die Absorption nicht nur die bakterizide Wirkung auf den zur Absorption verwendeten Keim, sondern auch auf andere Bakterien aufgehoben wurde. Die Absorption könne daher in keinem wie immer gearteten Sinn als spezifisch bezeichnet werden. Wurde zur Absorption eine kleinere Bakterienmenge benützt, so wirkte das absorbierte Serum wohl noch bakterizid, aber nur auf empfindliche Bakterienarten, wie Vibrio cholerae oder Shigella dysenteriae, und war für resistente Bakterien (Salmonella paratyphi B) unwirksam; aber dieses Resultat war von der Art der absorbierenden Bakterien unabhängig und nur durch die geringe oder größere Widerstandsfähigkeit der Testbakterien gegen schädigende Einflüsse bedingt. Daraus könne man schließen, „daß das bakterizide Vermögen eines Normalserums (welches durch Absorption mit toten Bakterien entfernt und durch Zufügen von erhitztem komplementfreiem Serum wieder hergestellt werden kann) auf unspezifischen Faktoren des Serums, nämlich Komplement und einem thermostabilen Faktor beruhe, und nicht auf dem Vorhandensein einer Reihe von spezifischen natürlichen Antikörpern". J. GORDON (1933) bestätigte zunächst die Ergebnisse seiner mit CARTER ausgeführten Versuche und führte zur Bekräftigung seiner Auffassung folgendes Experiment an: Wenn man ein erhitztes Normalserum, welches im frischen Zustande die Bakterienarten B und D abzutöten vermag, einerseits mit B, anderseits mit D absorbiert und die beiden absorbierten Proben miteinander vermengt, sollte das Gemisch, wenn die Absorptionen spezifisch verlaufen würden, imstande sein, mit Hilfe von Komplement den vollen bakteriziden Effekt des nativen Serums zu entfalten. Es zeigte sich aber, daß eine Wiederherstellung des bakteriziden Vermögens nicht erfolgt, wenn man erhitztes absorbiertes Serum mit erhitztem absorbiertem Serum versetzt, und es sei daher, meinte GORDON, nicht einzusehen, wie man unter diesen Umständen an der Existenz einer Schar von spezifischen bakteriziden Faktoren in den Normalsera festhalten könne. MACKIE und FINKELSTEIN (1931) hatten ferner angegeben, daß man sich in manchen Fällen leicht und einwandfrei überzeugen könne, daß Bakterien aus einem normalen Serum spezifisch sensibilisierende Antikörper aufnehmen, welche sie für die Wirkung von Komplement zugänglich machen. GORDON konnte sich jedoch nicht davon überzeugen, daß sich lebende Bakterien (Choleravibrionen, Dysenteriebazillen, Salmonellaarten) hinsichtlich ihrer Vermehrungsfähigkeit verschieden verhalten, wenn man sie unvorbehandelt oder nach vorherigem Kontakt mit erhitztem Normalserum auf Nährboden verimpft. Nun hatte gerade zu jener Zeit R. LOVELL (1933) im normalen Serum des Schweines spezifische Agglutinine für verschiedene Salmonellaarten nachgewiesen, welche durch Absorption mit den einzelnen agglutinablen Arten elektiv aus dem Schweineserum eliminiert werden konnten, d. h. so, daß die agglutinierende Wirkung auf die nicht zur Absorption verwendeten Bakterienspezies erhalten blieb. Hierauf durch W. W. C. TOPLEY aufmerksam gemacht, wiederholte GORDON seine Versuche mit Schweineserum, bekam aber die gleichen Resultate wie mit Meerschweinchen- und Kaninchenserum, was einen Widerspruch zur Existenz spezifisch adsorbierbarer Agglutinine bedeutete, den GORDON nicht zu deuten versuchte.

In späteren Arbeiten [J. GORDON und L. HOYLE (1936), GORDON und K. I. JOHNSTONE (1940)], in welchen auch andere Bakterien zu den Absorptionsversuchen verwendet wurden, stellte sich aber doch ein gewisser Grad von Spezifität heraus, indem große Massen bestimmter (erhitzter) Bakterien zwar eine Reduktion der Bakterizidie für alle geprüften Mikroorganismen bewirkten, *aber in besonderem Grade für den zur Absorption verwendeten Keim.* Nach GORDON und JOHNSTONE stehe man vor der Alternative, im Normalserum nicht nur mehrere artspezifische Antikörper, sondern überdies noch eine unbegrenzte Zahl von Antikörpern, welche auf bestimmte Stämme eingestellt sind, zuzugeben, oder anzunehmen, daß nur ein einziger bakterizider Antikörper existiert, welcher durch den Kontakt mit großen Quantitäten einer beliebigen Bakterienart oder eines beliebigen Bakterienstammes so verändert wird, daß er für diese Art oder diesen Stamm seine Wirksamkeit einbüßt. Es ist aber keineswegs notwendig, sich für eine dieser beiden Möglichkeiten zu entscheiden, da LANDSTEINER auf den dritten hypothetischen Ausweg schon viel früher hingewiesen hat, daß in den Normalsera nur relativ wenige Antikörper (Normalamboceptoren) mit schwächer ausgeprägter Spezifität vorhanden sein könnten. Daß spezifische Absorptionen nicht nur für verschiedene Bakterienarten, sondern auch für bestimmte Stämme einer Art, zum Beispiel für bestimmte Stämme von Meningococcen und M. catarrhalis festgestellt werden können, zwingt nicht dazu, die Zahl der Antikörper in einem normalen Serum ins Ungemessene wachsen zu lassen. Wenn der thermostabile Faktor eines normalen Serums von gewissen Stämmen einer Bakterienart spezifisch absorbiert wird, von anderen nicht, ist dies in erster Linie darauf zurückzuführen, daß die „Bakterienarten" der früheren Epochen bakteriologischer Forschung in Beziehung auf die Spezifität ihres Antigenbestandes keineswegs homogen sind, sondern daß innerhalb einer „Art" erhebliche Spezifitätsdifferenzen der Typen oder Varianten festgestellt werden konnten, sowie die experimentell beglaubigte Möglichkeit, daß sich eine Type in eine durch ihre Spezifität abweichende andere Type umwandeln kann. Es ist auch nicht sicher, daß die normalen Antikörper des Blutserums einer bestimmten Tierspezies Globuline von konstanter und qualitativ unveränderlicher Reaktionsfähigkeit mit definierten Antigenen darstellen. Bei den Immunsera ist dies, selbst wenn sie mit chemisch einheitlichen Antigenen gewonnen werden, nicht der Fall, vielmehr nimmt die

Spezifität im Laufe fortgesetzter Immunisierung ab (vgl. R. DOERR, 1947, S. 88f und 150f.]. Man darf wohl bei den natürlichen Antikörpern eine analoge Veränderlichkeit vermuten, obzwar es fraglich ist, ob und in welchem Ausmaße wiederholte identische Antigenstöße in Betracht kommen; aber die natürlichen Antikörper sind perennierend, das heißt, sie werden unausgesetzt abgebaut und neugebildet und kleine Aberrationen dieser über Jahre und Jahrzehnte sich erstreckenden Globulinsynthesen sind a priori wahrscheinlich.

Einen Beitrag zur Variabilität der Antikörper eines Normalserums von bestimmter Herkunft lieferten GORDON und JOHNSTONE. Sie prüften die bakterizide Wirkung der Sera von 6 Versuchspersonen auf 5 verschiedene Stämme des Vibrio cholerae; 3 Sera töteten sämtliche Stämme rasch ab, die übrigen 3 ließen einzelne Stämme, und zwar nicht immer dieselben, unbeeinflußt; 2 Teststämme wurden von allen 6 Sera rasch abgetötet. Auf Grund dieser und ähnlicher Beobachtung mit Gonococcen halten GORDON und JOHNSTONE die von ihnen angewendeten Methoden für geeignet, um mit Hilfe von normalen Sera Antigendifferenzen zwischen verschiedenen Stämmen gewisser Mikroben festzustellen, dank der „Variabilität und anscheinenden Vielheit der Antikörper der Normalsera". Damit erscheint die Diskussion über die Spezifität oder Aspezifität der normalen Antikörper auf den Punkt zurückgeführt, den sie vorher inne hatte.

e) Das Auftreten der normalen Antikörper im Blute.

Im Blutserum neugeborener oder ganz junger Menschen und Tiere fehlen die natürlichen Antikörper; sie treten erst nach einiger Zeit des extrauterinen Wachstums auf. Diese Tatsache wurde von zahlreichen Autoren immer wieder bestätigt, so von H. LÜDKE (1905), H. BRAUN (1909), H. W. SHERMAN (1919), L. HIRSZFELD (1926), H. J. GIBSON (1930), E. FRIEDBERGER, G. BOCK und A. FÜRSTENHEIM (1929), FRIEDBERGER und D. GAJZÁGÓ (1930), R. LOVELL (1934), E. O. JORDAN (1937) u. a.

Wie leicht einzusehen, läßt sich die Abhängigkeit des Auftretens der natürlichen Antikörper vom Alter im Prinzip auf zweifache Weise erklären. Entweder entstehen diese Stoffe erst, wenn auf den Organismus immunisierende Impulse eingewirkt haben, oder die Fähigkeit der Antikörperproduktion entwickelt sich erst in einer vorgerückteren Altersperiode. Diese Alternative deckt sich, was von manchen Autoren ganz übersehen wurde, keineswegs mit den Ansichten über den Ursprung der natürlichen Antikörper, die man entweder auf die pathologische Auswirkung exogener spezifischer Antigenreize oder auf endogene, physiologisch bedingte und von äußerem Antrieb unabhängige Stoffwechselvorgänge zurückgeführt hat. Wenn der Organismus in der ersten Zeit nach der Geburt unfähig ist, Antikörper zu produzieren, können diese weder auf die eine noch auf die andere Weise entstehen.

Wie das zu verstehen ist, geht aus den wichtigen Untersuchungen von C. E. BAILEY (1923) hervor. BAILEY fand, daß im Serum junger Hühner normale Hämagglutinine fehlen und daß sie sich erst mit fortschreitendem Wachstum entwickeln, konnte aber feststellen, daß junge Hühner auch auf die Immunisierung mit artfremden Erythrocyten nicht mit Agglutininbildung reagieren. Das Auftreten der normalen, ohne spezifischen Antigenreiz gebildeten Antikörper fiel somit in diesem Falle mit der Möglichkeit, Immunantikörper willkürlich zu erzeugen, zeitlich zusammen.

Wodurch ist nun die Unfähigkeit der Neugeborenen, Antikörper zu produzieren, bedingt?

L. HIRSZFELD (1926) beantwortete diese Frage durch seine Theorie der „serologischen Reifung". Er faßte die normalen Antikörper als „biochemische Organe" auf, deren ontogenetische Entwicklung phylogenetisch fixiert und analogen Gesetzen unterworfen ist wie die Entwicklung anatomischer Merkmale. So wie die verschiedenen Organe und Gewebe des Körpers in bestimmten Lebensperioden zu wachsen beginnen und die volle Reife erlangen, entspreche dieser „Morphogenese" eine „Serogenese", welche entwicklungsgeschichtlich bedingt ist und ihren phänotypischen Ausdruck eben darin findet, daß die normalen Antikörper erst in einem zum voraus festgelegten Zeitpunkt erscheinen, den HIRSZFELD als „immunologischen Wendepunkt" bezeichnete. Nun sind aber die normalen wie auch die durch Immunisierung erzeugten Antikörper Serumglobuline, welche im elektrophoretischen Diagramm der Sera an der Stelle der γ- oder β-Globuline oder zwischen beiden lokalisiert sind, und so wie die andern Proteine des Blutplasmas Produkte des Eiweißstoffwechsels. Ihre Bezeichnung als „biochemische Organe", auch wenn sie nur bildlich gemeint ist, erscheint daher unzutreffend; *die Organe, welche erst einige Zeit nach der Geburt zu funktionieren anfangen, können nur die Zellen sein, in welchen die bezeichneten Serumglobuline synthetisiert werden, und das Fehlen der normalen Antikörper sowie die Unfähigkeit, Immunantikörper zu produzieren, wären somit als die Periode einer defekten oder nicht genügend spezifizierten Globulinproduktion aufzufassen.*

In der neueren Literatur findet man einige Angaben, welche sich in diesem Sinne, wenn auch mit einigen Vorbehalten, verwerten lassen. E. JAMESON, C. ALVAREZ-TOSTADO und H. H. SORTOR (1942) prüften das elektrophoretische Verhalten des Serums von neugeborenen Kälbern vor der Aufnahme von Colostrum und sodann in kurzen und später längeren Intervallen. Die Resultate sind aus der Tab. 2 zu ersehen.

Tab. 2. Veränderungen der Zusammensetzung des Serums neugeborener Kälber mit zunehmendem Alter.

(Die Ziffern bedeuten den Anteil der einzelnen Fraktionen am gesamten Eiweißgehalt des Serums in Prozenten (nach JAMESON, ALVAREZ-TOSTADO und SORTOR (1942).

Alter	Albumin	α-Globulin	β-Globulin	γ-Globulin
Neugeboren	57,3	36,8	5,9	—
18 Stunden	49,5	35,3	9,2	6,0
36 „	29,8	21,8	7,2	41,6
3 Tage	27,3	17,8	5,7	49,2
5 „	34,9	10,5	6,0	48,7
2 Jahre	40,2	9,9	6,2	43,7

Unmittelbar nach der Geburt enthält das Serum kein γ-Globulin und nur geringe Mengen von β-Globulin; nach der Aufnahme von Colostrum ändert sich die Zusammensetzung des Serums rasch, das γ-Globulin erscheint, das β-Globulin nimmt zu, das α-Globulin und das Albumin nehmen ab. Zu ähnlichen Resultaten kam A. POLSON (1943) bei neugeborenen Pferden: β- und γ-Globulin waren im Serum der Fohlen unmittelbar nach der Geburt nicht oder nur in minimalen Konzentrationen vorhanden, stiegen aber während der Zeit des Säugens rasch an und betrugen nach 8 Monaten 50% der gesamten Serumproteine. Von diesen Daten lassen sich nur die Befunde heranziehen, welche *unmittelbar nach der Geburt* erhoben wurden, weil aus ihnen die Defektuosität des elektrophoretischen Diagramms des Serums der neugeborenen Tiere hervorgeht. Die rasche Änderung des Globulinpektrums nach dem Beginn des Säugens kann dagegen nicht ohne weiteres auf die erwachende aktive Eigenproduktion von γ- und β-Globulin bezogen werden, sondern ist höchstwahrscheinlich, zumindest in der ersten Zeit, auf eine passive Zufuhr dieser Spezialglobuline durch das Colostrum zurückzuführen. Dafür sprechen alte Untersuchungen von L. W. FAMULENER (1912), welcher trächtige Ziegen mit Schafblutkörperchen immunisierte und feststellte, daß die Hämolysine des Muttertieres nicht durch plazentare Übertragung auf die Jungen übergehen, sondern durch Vermittelung des an Hämolysin reichen Colostrums; das Blut der jungen Ziegen enthielt, solange sie noch keine Gelegenheit zum Säugen gehabt hatten, keine Hämolysine. Zu denselben Ergebnissen kam P. E. HOWE (1921, 1922) bei seinen Untersuchungen neugeborener Kälber und J. L. LEWIS und H. G. WELLS (1922) bei neugeborenen Kindern; unmittelbar nach der Geburt war das Blutserum auffallend arm an Euglobulin, bzw. an den Globulinfraktionen, welche durch Konzentrationen von weniger als 17,4% Natriumsulfat gefällt werden können; dann stieg der Gehalt an diesen Globulinen während der ersten Lebenswochen, rasch, wenn

Colostrum aufgenommen wurde, langsam, wenn dieses in der Nahrung fehlte, bis die Konzentration erreicht war, welche man bei den erwachsenen Individuen feststellt. Ebenso konstatierte J. TOGAMA (1919) bei weißen Ratten Globulinarmut bei der Geburt und allmähliche Zunahme mit dem Alter. Aus diesen Arbeiten geht hervor, daß die Labilglobuline im Serum aller untersuchten Saugetierarten zur Zeit der Geburt fehlten oder in sehr niedriger Konzentration vorhanden waren, daß dann in der ersten Zeit des Lebens eine passive Zufuhr durch das Colostrum erfolgen konnte und daß die aktive Eigenproduktion erst später einsetzte und allmählich erstarkte.

In neueren Untersuchungen, welche sich hauptsächlich auf Vergleiche des fetalen mit dem mütterlichen Serum bzw. Plasma von Menschen erstreckten, und mit Hilfe der Fraktionierung durch Aussalzen durchgeführt wurden, ergab sich, daß die Konzentration des Eiweißes im fetalen Serum zwar niedriger ist als im Serum normaler Erwachsener, daß aber das Verhältnis des Albumins zum Globulin nicht erheblich differiert [E. D. PLASS und C. W. MATTHEWS (1926), M. RAPPOPORT, M. D. RUBIN und D. CHAFFEE (1943), V. TREVORROW, M. KASER, J. P. PATTERSON und R. M. HILL (1942)]. I. G. LONGSWORTH, R. M. CURTIS und R. H. PEMBROKE (1945) sagten sich, daß man in erster Linie auf die Unterscheidung der Immunglobuline und der immunologisch inaktiven Globuline Gewicht legen müsse, um die bekannte Immunität der Neugeborenen gegen Infektionskrankheiten erklären zu können, und das sei mit Hilfe der Elektrophorese bis zu einem gewissen Grade möglich; wenn auch nicht das gesamte γ-Globulin des Blutserums als Immunglobulin betrachtet werden könne, bestehe doch die Auffassung zu Recht, daß sich die Immunglobuline im Potentialgefälle des elektrischen Stromes in der Regel wie γ-Globuline verhalten. Die genannten Autoren prüften daher 10 Paare von mütterlichen und fetalen Serum-, bzw. Plasmaproben und verglichen die Diagramme untereinander und mit den von V. P. DOLE (1944) ermittelten Durchschnittsdiagrammen für das Plasma normaler Erwachsener. Es ergab sich, daß die absoluten und relativen Konzentrationen des γ-Globulins in den fetalen Proben höher waren als in den Sera der Mütter oder normaler Erwachsener. Abgesehen davon, daß diese Befunde mit Angaben über die Resultate elektrophoretischer Untersuchungen an neugeborenen Kälbern und Fohlen (s. S. 48) im Widerspruch standen, wurde von LONGSWORTH und seinen Mitarbeitern auch kein Beweis erbracht, daß das fetale Plus an γ-Globulin aus Immunglobulinen bestand, so daß die tatsächlichen Feststellungen im Hinblick auf den angestrebten Zweck unvollständig waren; auch erfährt man nicht, ob das vermehrte γ-Globulin ein Produkt des fetalen Organismus war, oder von der Mutter übernommen und im Fetus bloß gespeichert wurde. Die Befunde von LONGSWORTH sollten daher ergänzt und mit anderen Methoden der Fraktionierung nachgeprüft werden. Einstweilen hat man sich an die Erfahrungen mit „markierten“ Globulinen zu halten, in erster Linie an die Kenntnisse über die Isoagglutinine des Menschenserums.

Die *Isoagglutinine* des Menschen gelten als Prototyp spontan entstehender Normalantikörper und die Beziehungen ihres Auftretens und ihrer Titerwerte zum Lebensalter wurden besonders sorgfältig untersucht. Nun kann man im Serum von Neugeborenen häufig (in etwa der Hälfte der Fälle) Isoagglutinine feststellen, was sowohl mit der Theorie von HIRSZFELD wie mit der Annahme einer defekten Globulinsynthese in Widerspruch zu stehen scheint. Nach L. HIRSZFELD (1926) [s. auch HIRSZFELD und H. ZBOROWSKI (1925)] stammen jedoch diese Isoagglutinine aus dem Blute der Mutter und gelangen durch diaplazentare Passage in die Zirkulation des Fetus. Dies wird dadurch bewiesen, daß man im Serum von Neugeborenen nie Agglutinine findet, welche mit den Erythrocyten der Mutter reagieren würden und daher nur im Fetus entstanden sein könnten, eine Tatsache, die nicht nur HIRSZFELD mit seinen Mitarbeitern ausnahmslos sicherstellen konnte, sondern auch ältere und neuere Autoren in sehr zahlreichen Untersuchungen [CHERRY und LANGROCK (1916), B. DE BIASI (1923), S. H. POLAYES, M. LEDERER und A. S. WIENER (1929), P. MORVILLE (1929), O. THOMSEN (1932)]. Ferner wurden von A. S. WIENER und SILVERMAN (1940) vergleichende Titrierungen der Isoagglutinine, anderer Hämolysine sowie syphilitischer Reagine im Blute der Mutter und im Nabelschnurblut ausgeführt, welche ergaben, daß die beiden Werte zueinander in einem annähernd gleichen Verhältnis (8 : 1 bis 12 : 1)[1] standen, wodurch die Passage der Isoagglutinine durch die Placenta erneut bestätigt wurde, während andere Antikörper, wie zum Beispiel die passiv übertragbaren, die Haut sensibilisierenden Reagine allergischer Mütter nicht hindurchzutreten vermögen [S. D. BELL und Z. ERICKSON (1931), A. H. W. CAULFIELD (1936), W. B. SHERMAN, S. F. HAMPTON und R. A. COOKE (1940)]. Schließlich hat C. H. SMITH (1928) die Sera von neugeborenen Kindern während der ersten Wochen nach der Geburt täglich untersucht und konstatiert, daß Isoagglutinine, welche bei der Geburt vorhanden sind, meist in den ersten 10 Tagen abnehmen und in manchen Fällen auch gänzlich verschwinden und durch andere Isoagglutinine ersetzt werden, welche offenbar der kindliche Organismus selbst produziert.

Die Eigenproduktion beginnt meist erst im 3. bis 6. Monat nach der

---

[1] Nach W. B. SHERMAN und Mitarbeitern (1940), welche allerdings nur in vier Fällen die Titer der Isoagglutinine bei Mutter und Kind miteinander verglichen, können die Verhältniszahlen innerhalb etwas weiterer Grenzen variieren.

Geburt[1], aber nicht in der Art, daß die Isoagglutinine sofort mit maximalem Titer erscheinen; der Titer steigt vielmehr bis etwa zum 10. Lebensjahr an, und sinkt dann allmählich, um in den höchsten Altersklassen auf das Niveau reduziert zu werden, das man im Serum von Säuglingen feststellt (O. THOMSEN und K. KETTEL (1929)]. Stellt man quantitative Vergleiche der Isoagglutinine im Serum erwachsener Menschen an, indem man den Agglutinationstiter der Beurteilung zugrunde legt, so ergeben sich sehr beträchtliche Differenzen, welche nicht durch die Fehlerquellen derartiger Untersuchungen erklärt werden können[2]. [F. SCHIFF und S. MENDLOWICZ (1926), K. KETTEL (1930)]. Auf Grund der von K. KETTEL an 575 Sera von normalen Erwachsenen erhobenen Befunde hat A. S. WIENER (1945, S. 23) die Variabilität des Titers der α- und β-Agglutinine in Form der in Abb. 5 reproduzierten Kurven dargestellt. Man erkennt, daß für beide Isoagglutinine ein „häufigster Wert" existiert, für das β-Agglutinin 1 : 16, für das α-Agglutinin 1 : 64, und daß sich die Abweichungen um diese häufigsten Werte in der ungefähren Gestalt von Binomialkurven gruppieren. Die Extremwerte beliefen sich in dem Material von KETTEL für das β-Agglutinin auf 1 : 1 und 1 : 512,

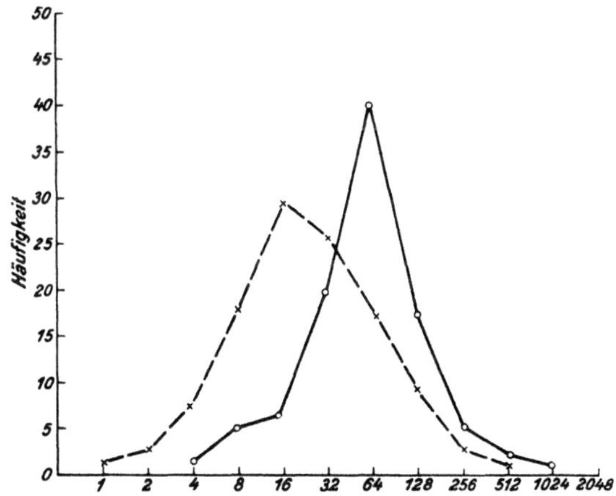

Abb. 5. Verschiedenheit des Titers der Isoagglutinine im Serum normaler Erwachsener. Die ausgezogene Linie entspricht dem α-Agglutinin, die gestrichelte dem β-Agglutinin. Auf Grund der Angaben von K. KETTEL gezeichnet von A. S. WIENER.

[1] In einer Reihe von Fällen ist daher ein unter Umständen ziemlich langes Zeitintervall vorhanden, während dessen das Serum des Neugeborenen überhaupt keine Isoagglutinine enthält; dann ist wohl keine andere Deutung möglich, als daß die von der Mutter passiv übernommenen Antikörper abgebaut wurden und daß es dann eine Zeit gedauert hat, bevor der Organismus mit der Eigenproduktion einsetzte. In anderen Fällen konnte ein solches agglutininfreies Intervall trotz ständig wiederholter Untersuchungen nicht nachgewiesen werden [P. MORVILLE (1929, 1930)]; indessen sind für die hier diskutierten Fragen nur die positiven Ergebnisse entscheidend.

[2] Es kommen hauptsächlich in Betracht: 1. die variable Agglutinabilität der Testblutkörperchen; 2. pathologische Zustände der Individuen, von welchen die untersuchten Sera stammen; 3. Veränderungen, welche die agglutininhaltigen Sera durch längere und unzweckmäßige Aufbewahrung erleiden.

für das α-Agglutinin auf 1 : 4 und 1 : 1024. Im Durchschnitt war also der Titer des α-Agglutinins höher als jener des β-Agglutinins, was nach den Untersuchungen von O. THOMSEN und KETTEL nicht nur für erwachsene Individuen, sondern für alle Altersklassen gilt.

Warum der Agglutinintiter nach dem 10. bis 12. Altersjahr sinkt (s. S. 51), konnten THOMSEN und KETTEL nicht aufklären. Sie fanden, daß ein niedriger Titer bei einem Individuum insoferne nicht eindeutig ist, als er sowohl auf einer an sich schwachen Agglutininproduktion als auch auf dem Einfluß des Alters beruhen kann. Für die Existenz einer individuellen Variabilität der Agglutininproduktion spricht die Tatsache, daß man auch in den jugendlichen Altersklassen, in welchen der durchschnittliche Agglutinintiter den Höhepunkt erreicht, einzelne Individuen mit niedrigem Titer findet (1 : 4, 8 oder 16); anderseits stößt man in einem größeren Material auf bejahrte Personen mit einem hohen Titer (1 : 256 oder darüber) und gerät dann in Zweifel, ob solche relativ seltenen Befunde auf eine von Haus aus kräftige Agglutininbildung oder auf eine besondere Resistenz gegen die reduzierenden Einflüsse des Alters zu beziehen sind. Eine Beziehung des Absinkens des Agglutinintiters mit zunehmendem Alter zur Entwicklung der Arteriosklerose konnten THOMSEN und KETTEL nicht feststellen; sie fanden bei 100 Individuen mit mehr oder weniger ausgeprägter Arteriosklerose Agglutinintiter, welche von den Werten der entsprechenden Altersklassen nicht deutlich abwichen, und in einigen Fällen mit ausgeprägter Arteriosklerose auch relativ hohe Titer (1 : 128 bis 256). Ebensowenig konnten sich die genannten Autoren von einem Konnex zwischen Altersschwund der Agglutinine und Geschlecht überzeugen.

F. SCHIFF und L. MENDLOWICZ (1946) hatten Gelegenheit, die Sera von 31 Leukämiefällen zu untersuchen, worunter sich 10 Fälle von lymphatischer und 16 Fälle von myeloischer Leukämie befanden. Die Agglutinintiter waren auffallend niedrig und Werte von 1 : 1 bis 1 : 16 fanden sich ungefähr bei der Hälfte der titrierten Agglutinine, während sie sich unter einem Vergleichsmaterial von 275 Titrierungen bloß dreimal nachweisen ließen. Leider umfaßte das Vergleichsmaterial nur Personen von 11 bis 80 Jahren; es fehlten also die ersten 10 Altersjahre (was um so mehr ins Gewicht fällt, als Leukämien, insbesondere lymphatische, im frühen Kindesalter häufig sind) und Angaben über das Alter der leukämischen Patienten sind nur in 6 von 31 Fällen vorhanden. Die Blutproben, welche SCHIFF und MENDLOWICZ untersuchten, stammten teils aus Berliner[1] Spitälern, teils auch aus auswärtigen Krankenanstalten und konnten daher durch die Dauer der Aufbewahrung bei relativ höheren

[1] Die Untersuchungen wurden im Laboratorium eines Berliner Krankenhauses vorgenommen.

Temperaturen verändert, möglicherweise auch bakteriell verunreinigt sein. Alle diese Lücken sollten unter Vermeidung bekannter Fehlerquellen ausgefüllt werden. Es liegen nämlich ältere Beobachtungen vor, denen zufolge Personen, welche an lymphatischer oder myeloischer Leukämie erkrankt sind, auf die Injektion von Bakterien (Typhusbazillen, Wasservibrionen) im Gegensatz zu gleichzeitig und gleichartig geimpften Kontrollen meist nicht oder nur ganz schwach mit der Bildung spezifischer Agglutinine reagieren [C. Moreschi (1914), K. Rotky (1914), K. Howell (1920)]. Die Agglutininbildung bleibt auch aus, wenn Leukämiker an Typhus oder Paratyphus B erkranken [C. Moreschi (1914)]. Es waren gerade diese Angaben, welche Schiff und Mendlowicz veranlaßten, das Verhalten normaler Antikörper, nämlich der Isoagglutinine, bei leukämischen Patienten zu untersuchen. Zweitens geht aus den elektrophoretischen Analysen der Blutsera hervor, daß sich in den Proportionen der Serumproteine bei Erkrankungen der lymphatischen Organe (lymphatische, aleukämische und myeloblastische Leukämien, Plasmacytome, Lymphosarcomatosis, Lymphogranuloma inguinale, Lymphogranulomatose) erhebliche Verschiebungen vollziehen können, welche in erster Linie die Serumglobuline betreffen, und zwar die γ- und β-Globuline[1], also gerade jene Zone des elektrophoretischen Diagramms, in welcher auch die Immunglobuline (die normalen und die immunisatorisch erzeugten Antikörper) lokalisiert sind. Schon die bloße Aneinanderreihung dieser Tatsachen läßt es als aussichtsvoll erscheinen, das von Schiff und Mendlowicz angeschnittene Problem an der Leukämie weiter zu verfolgen, um aus der Schädigung eines bestimmten Organes oder Gewebes den Ort und die Art der Prozesse zu ermitteln, welche für die Produktion der Isoagglutinine sowie für ihre Minus- und Plusvarianten maßgebend sind.

f) Ort und Art der Entstehung der Immunglobuline.

Da die Isoagglutinine und andere normale Antikörper ebenso wie die immunisatorisch erzeugten Antikörper in der experimentell zugänglichen Form *spezifisch markierte Serumglobuline* sind, kann es sich in allgemeinster Fassung nur um die Beantwortung von drei Fragen handeln, nämlich: *1. Wo entstehen die Serumglobuline; 2. wo werden sie markiert, d. h. wo erwerben sie jene Eigenschaft, welche ihre spezifische Affinität zu einem Antigen bedingt* und *3. wie kommt diese Markierung zustande.* Der aktuelle Stand unseres Wissens wurde bereits im ersten Band der „Immunitätsforschung" ausführlich und von verschiedenen Gesichtspunkten aus erörtert. Es soll aber die plangemäße Unabhängigkeit der Monographien

[1] Elektrophoretische Diagramme solcher pathologischer Sera findet man u. a. in dem Buch von F. Wuhrmann und Ch. Wunderly (1947).

(siehe die Vorrede zur ersten Hälfte der „Antikörper") gewahrt werden und es sind inzwischen auch einige neuere Forschungsergebnisse hinzugekommen, deren Verständnis eine Einordnung in den Rahmen der schon früher besprochenen Tatsachen und ihrer hypothetischen Deutungen erfordert.

Daß die Serumglobuline nicht humoral in den Körperflüssigkeiten, vornehmlich im strömenden Blute, entstehen, sondern von Zellen synthetisiert werden, wird derzeit fast allgemein als sicher betrachtet. Die Experimente, auf welche sich die Lehre vom zellulären Ursprung der Antikörper aufbaut, beziehen sich allerdings nicht auf die normalen Serumglobuline, sondern auf Immunglobuline, auf Globuline, welche infolge der parenteralen Zufuhr von Antigenen entstehen und durch ihre spezifische Affinität zu diesen Stoffen ausgezeichnet sind. Diese Differenz ist aber unwesentlich. Füttert man Tiere mit Aminosäuren, welche dadurch markiert sind, daß sie statt des gewöhnlichen N und H die Isotopen dieser Elemente enthalten, so treten die Isotopen einerseits in allen normalen Serumproteinen (Fibrinogen, Albumin, Eu- und Pseudoglobulin) in annähernd gleichem Ausmaße auf; befindet sich anderseits das Versuchstier im Stadium der aktiven Antikörperproduktion, so zeigen sich die Isotopen in den Molekülen der Antikörper, d. h. der Immunglobuline [R. Schönheimer, S. Ratner, D. Rittenberg und M. Heidelberger (1942a, b)]. Über den Entstehungsort der Plasmaproteine im allgemeinen und der Globuline im besonderen geben diese Versuchsresultate keine Auskunft, sind aber geeignet, einen gemeinsamen Ursprung von normalen und mit Antikörperfunktionen ausgestatteten Globulinen und ihre Synthese aus den Aminosäuren des Nahrungseiweißes außer Zweifel zu stellen.

Die spezifische Affinität, welche der Antikörper zu dem Antigen besitzt, welchem er seine Entstehung verdankt, wäre am einfachsten in der Weise zu erklären, *daß sich der Antikörper aus dem Antigen durch Umformung bildet*. Diese Annahme mußte aber aus mehrfachen Gründen endgültig verworfen werden, erstens weil die Menge des produzierten Antikörpers weit größer sein kann als das Quantum des zugeführten Antigens, und zwar schon nach einer einzigen Antigeninjektion, in erhöhtem Maße, wenn der „ictus immunisatorius" wiederholt wird; zweitens weil die Antikörperproduktion noch Monate und Jahre, ja das ganze Leben hindurch fortdauern kann, nachdem das Antigen aus dem Organismus verschwunden ist (Autonomie der Antikörpererzeugung, am Modell der aktiven Anaphylaxie des Meerschweinchens nach der Sensibilisierung mit minimalen Antigendosen überzeugend nachgewiesen von R. Doerr (1929b); drittens weil der spezifitätsbestimmende Stoff des Antigens, zum Beispiel Arsen oder ein Azofarbstoff, der für die spezifische Affinität zum Antikörper maßgebend sein muß, im Antikörper, bzw. im antikörperhaltigen Immunserum nicht vorhanden ist, eine Tatsache, die erstmalig von R. DOERR und H. FRIEDLI (1925) festgestellt und in der Folge von zahlreichen Autoren bestätigt wurde [E. BERGER und H. ERLENMEYER (1932a, b), M. HEIDELBERGER und F. E. KENDALL (1930), S. B. HOOKER und W. C. BOYD (1932), F. HAUROWITZ, M. VARDAR und P. SCHWERIN (1942)]. Man kann noch andere Gegenargumente geltend machen [s. R. DOERR (1947, S. 3 bis 7)], aber die angeführten genügen.

Kann die spezifische Avidität des Antikörpers zu seinem Antigen nicht darauf zurückgeführt werden, daß er ein Umbildungsprodukt des Antigens ist, so muß sie doch notwendigerweise darauf beruhen, *daß das Antigen in irgendeiner anderen Weise auf die Entstehung des Antikörpers Einfluß nimmt.* Da nun aus den Versuchen mit isotopen Aminosäuren hervorgeht, daß normale Plasmaproteine und Antikörper (Immunglobuline) in gleicher Weise und am gleichen Orte aus den Aminosäuren des fermentativ gespaltenen Nahrungseiweißes aufgebaut werden, ergibt sich scheinbar zwanglos folgende Alternative: Ist am Orte der Eiweißsynthese kein als Antigen wirkender Stoff vorhanden, so entstehen normale Globuline; findet der synthetische Prozeß in der räumlichen und zeitlichen Gegenwart eines Antigens statt, resultiert ein Immunglobulin [F. BREINL und F. HAUROWITZ (1930), J. ALEXANDER (1931), ST. MUDD (1932), M. MACHEBOEUF (1939), L. PAULING (1940)]. Hält man am zellularen Ursprung der Antikörper fest, *so erwächst die Notwendigkeit, die Anwesenheit der Antigene in den Zellen, in welchen die Globulinsynthese vor sich geht, zu erklären*[1]. Auch die in Lösung zugeführten Antigene sind hochkolloidale Substanzen und überdies körperfremd; daß sie in lebende Zellen hineindiffundieren, und zwar, wie die Resultate der Immunisierungen lehren, mit größter Regelmäßigkeit, stünde mit den Lehren der Zellphysiologie in striktem Widerspruch. Überdies kennt man auch korpuskuläre Antigene (Erythrocyten, Bakterien), für welche nur eine Art der Aufnahme in Zellen möglich erscheint: *die Phagocytose.*

[1] Diese Notwendigkeit würde natürlich entfallen, wenn man nachweisen könnte, daß ein Antigen, wenn es in der die synthetisierenden Zellen umgebenden Flüssigkeit vorhanden ist, die in der Zelle ablaufende Globulinsynthese durch eine Art Fernwirkung spezifisch zu beeinflussen vermag. Das ist aber nicht nachgewiesen und überdies unwahrscheinlich, weil eine Fernwirkung die Existenz eines Kraftfeldes zwischen Normalglobulin und einem beliebigen Antigen zur Voraussetzung hätte; diese beiden Komponenten reagieren jedoch auch dann nicht, wenn sie miteinander in unmittelbare Berührung gebracht werden. Man müßte sich daher auf rein spekulativem Boden noch weiter vorwagen und mit der Möglichkeit rechnen, daß sich Globulin in statu nascendi in der gedachten Beziehung anders verhält wie das bereits synthetisierte. Die von A. ROTHEN (1945) angenommene Fernwirkung zwischen Antikörper (Immunglobulin) und Eiweißantigen kann selbstverständlich hier nicht herangezogen werden (s. S. 6f.).

Auf Grund seiner Versuche mit Antigenen in Zellform (Spermatozoen, Erythrocyten) stellte E. METSCHNIKOFF (1899) die Theorie auf, daß der „Immunkörper" höchstwahrscheinlich ein *Sekretionsprodukt von Makrophagen* ist, welche die antigenhaltigen Zellen phagocytieren, intracellular verdauen und den auf diese Weise entstehenden Antikörper nach außen abgeben. Solche mononukleare phagocytierende Zellen sind im Organismus weit verbreitet und in gewissen Organen, wie in der Leber, im Knochenmark und in der Milz, besonders reichlich vertreten; auf Grund ihres gemeinsamen Verhaltens gegen Farbstoffe wurden sie bekanntlich von L. ASCHOFF (1924) als das *„retikulo-endotheliale System"* bezeichnet. In die Zellen dieses Systems wurde nun schon vor ASCHOFF die Entstehung der Antikörper verlegt, so von R. PFEIFFER und E. MARX (1898), R. BIELING und S. ISAAC (1922), R. BIELING (1923/24), F. STANDENATH (1923/24) und F. HAUROWITZ und F. BREINDL (1932) sowie F. HAUROWITZ und F. KRAUS (1936) konnten zeigen, daß intravenös injizierte „chemisch markierte" Antigene zum Beispiel arsenhaltiges Azoprotein oder Jodglobulin rasch aus dem strömenden Blute verschwinden und in jenen Organen in höchster Konzentration nachgewiesen werden können, welche an retikulo-endothelialen Elementen besonders reich sind (Leber, Knochenmark).

Statt „chemisch markierter" Antigene kann man nach dem Vorbilde von METSCHNIKOFF auch „optisch markierte" Antigene, wie zum Beispiel Spermatozoen, kernhaltige Erythrocyten, elektiv färbbare Bakterien verwenden. Man ist dann in der Lage, die phagocytäre Aufnahme solcher antigenhaltiger Elemente in bestimmte Zellen mikroskopisch nachzuweisen, die Veränderungen zu verfolgen, welche sich an den korpuskulären Antigenen wie auch an den phagocytierenden Zellen abspielen, und schließlich auch noch festzustellen, ob eine bestimmte Phase dieser Veränderungen mit dem Auftreten der Antikörper im strömenden Blute zeitlich zusammenfällt. Dieser Gedanke lag den Experimenten von FLORENCE R. SABIN (1939) zugrunde. SABIN injizierte als „optisch markiertes" Antigen das dunkelrot gefärbte Alaunpräzipitat einer Verbindung von Ovalbumin mit einem Azofarbstoff[1] Kaninchen intravenös, intradermal, subkutan und intraperitoneal und suchte das gefärbte Antigen nach verschiedenen Zeitintervallen mikroskopisch nachzuweisen; anderseits wurde das Auftreten von spezifischen Antikörpern im Serum der Tiere verfolgt. Die roten Partikel fanden sich in allen phagocytierenden Zellen, wobei aber die Art der Einverleibung die Verteilung naturgemäß beeinflußte. Die Partikel wurden in Verdauungsvakuolen aufgenommen und daselbst zunächst entfärbt, um schließlich

[1] Das aus Ovalbumin und einem Azofarbstoff synthetisierte gefärbte Protein war von M. HEIDELBERGER und F. E. KENDALL (1930) hergestellt worden.

zu verschwinden und mit diesem Zeitpunkt koinzidierte das Erscheinen der Antikörper im Blutserum. SABIN wollte ferner noch das Verfließen und die Abstoßung der oberflächlichen Schichten der Zellen beobachtet haben, welche sich mit Antigen beladen hatten, und faßte diesen Vorgang als den sichtbaren Ausdruck der Abgabe der produzierten Globuline an die umgebende Gewebsflüssigkeit auf. SABIN nahm an, daß das in den Vakuolen entstandene Verdauungsprodukt in das Cytoplasma der phagocytierenden Zellen, in den Bereich der intracellularen Synthesen übertritt; dort soll es die Globulinsynthese steigern und durch seine Anwesenheit so modifizieren, daß nicht nur normale Globuline, sondern außerdem auch Immunglobuline entstehen; der Antikörper wurde also im Gegensatz zu METSCHNIKOFF nicht direkt als intracellulares Verdauungsprodukt des Antigens aufgefaßt, sondern als das Ergebnis einer durch das veränderte Antigen gestörten Globulinsynthese (s. S. 55), was schon aus dem Grunde plausibler ist, *weil sich Antikörper auch im gereinigten Zustande weder chemisch noch immunisatorisch, d. h. durch ihre Antigenfunktionen von normalen Globulinen unterscheiden lassen; der einzige sichergestellte Unterschied ist ihre Reaktionsfähigkeit mit dem zugehörigen Antigen und worauf diese beruht, konnte bis jetzt nicht in befriedigender Weise beantwortet werden.*

Jede Hypothese, welche den cellularen Ursprung der Antikörper als gesicherte Grundlage betrachtet, muß notwendigerweise die phagocytäre Aufnahme der Antigene als einleitenden Akt des ganzen Prozesses zugestehen, und es ist dann wahrscheinlich, daß sich auch die weiteren Vorgänge in jenen Zellen abspielen, in welche das Antigen primär gelangt. Diesen Gedankengang hat F. R. SABIN konsequent verfolgt und seine Richtigkeit durch neue Argumente erhärtet. Indes hat SABIN nur die Phagocytose der gefärbten Antigenpartikel und ihre intracelluläre Entfärbung und Auflösung tatsächlich festgestellt; die Entstehung der Immunglobuline war der mikroskopischen Beobachtung naturgemäß unzugänglich und die Deutung der Abstoßung der oberflächlichen Zellschichten der Reticulocyten als Austritt der produzierten Antikörper mußte als sehr zweifelhaft bezeichnet werden, um so mehr, als sich SABIN selbst davon überzeugen konnte, daß die gleichen, wenn auch nicht so stark ausgeprägten Veränderungen auch an Makrophagen zu sehen waren, welche nichtantigene Partikel phagocytiert hatten. *Man empfindet es zunächst aber jedenfalls als Widerspruch, als innere Unwahrscheinlichkeit, wenn die Antikörperproduktion in Zellen verlegt wird, welchen die Fähigkeit der Phagocytose völlig mangelt.* Gleichwohl entwickelte sich schon frühzeitig als Konkurrent der Reticulocyten- bzw. Makrophagentheorie die Hypothese, daß die *Lymphocyten* an der Produktion der Antikörper in großem oder andere Möglichkeiten sogar ausschließendem Ausmaße teilnehmen. Die ersten Arbeiten dieser Richtung [L. HEKTOEN

(1915), C. H. BUNTING (1925), J. B. MURPHY und E. STURM (1925)] können hier übergangen werden; dagegen ist es notwendig, einige neuere experimentelle Beweise anzuführen.

Eine typische, durch die Fragestellung gegebene Versuchsanordnung bestand in der peripheren Injektion des Antigens (in die Ohrmuschel, in die Fußsohle einer Extremität) und im Nachweis, daß der Antikörper in den regionären Lymphknoten zuerst oder in höherer Konzentration als im Blutserum zu finden ist. Solche Versuche wurden von P. D. MCMASTER und S. S. HUDACK (1935), MCMASTER und J. G. KIDD (1937), G. OSTERLIND (1935), F. M. BURNET und D. LUSH (1938), F. M. BURNET (1941), W. E. EHRICH und T. N. HARRIS (1942) an Mäusen und Kaninchen mit bakteriellen Antigenen, Hammelerythrocyten, Ovalbumin, Virusarten, Bakteriophagen und Diphtherietoxoid angestellt und gaben positive Resultate, aber nicht ausnahmslos; Experimente, in welchen F. M. BURNET (1941) Staphylococcentoxoid als Antigen verwendete, lieferten negative Ergebnisse, was in wenig überzeugender Weise darauf zurückgeführt wurde, daß diese gut lösliche Substanz die Lymphknoten zu rasch passierte und daher nicht zur Auswirkung kommen konnte. Gegen die positiven Resultate wurde eingewendet, daß die regionären Lymphdrüsen, wenn sie von den Antigenen passiert werden, in Entzündung geraten, und daß entzündete Gewebe verschiedene Stoffe zurückhalten und speichern können; die höhere Antikörperkonzentration in Lymphknoten wäre daher möglicherweise durch diesen Umstand bedingt [J. MURAKAMI (1936)]. Dieser Einwand wurde jedoch von MCMASTER und HUDACK (1935) vorausgesehen und durch eine besondere Versuchsanordnung entkräftet. Injiziert man weißen Mäusen in das rechte Ohr ein bakterielles Antigen A und gleichzeitig in das linke ein serologisch nicht verwandtes Antigen B, so tritt die Entzündung in den cervicalen Lymphknoten *beider* Seiten auf; es ließ sich nun feststellen, *daß der Titer von Anti-A oder Anti-B in dem homolateralen cervicalen Lymphknoten am höchsten war, niedriger im Blutserum und am niedrigsten im contralateralen cervicalen Lymphknoten.*

Bei entsprechend ausgewählten regionären Lymphknoten größerer Versuchstiere (Poplitealdrüsen des Kaninchens) besteht ferner die Möglichkeit, die Lymphe in den zuführenden und in den abführenden Lymphgefäßen miteinander zu vergleichen und insbesondere die Beziehung zwischen dem Antikörpergehalt der abströmenden Lymphe und den histologischen Vorgängen in den Lymphknoten festzustellen. Diesen Weg haben namentlich W. E. EHRICH und T. N. HARRIS (1942) beschritten, welche Typhusvaccine und Schaferythrocyten in die hintere Extremität von Kaninchen subkutan injizierten und das Erscheinen von Agglutininen und Hämolysinen in der zugehörigen Poplitealdrüse verfolgten. Die Antikörper erschienen in der abströmenden Lymphe am 2. bis 4. Tag und erreichten ihren maximalen Titer nach 6 Tagen. Im Lymphknoten hatte sich *vor* dem Auftreten der Antikörper in der abfließenden Lymphe zunächst eine Infiltration durch ausgewanderte Granulocyten und Monocyten entwickelt, an welche sich unmittelbar eine lymphatische Hyperplasie anschloß, die zu einem scharfen Anstieg der Lymphocytenzahl in der abströmenden Lymphe führte. HARRIS, GRIMM, MERTENS und EHRICH (1945) zentrifugierten die aus der Poplitealdrüse zur Zeit ihres höchsten Antikörpergehaltes abströmende Flüssigkeit und fanden, daß der Extrakt aus den ausgeschleuderten Lymphocyten mehr Antikörper enthielt als der flüssige Anteil. Nach der Ansicht der genannten Autoren ließ sich diese ungleiche Verteilung nur so erklären, daß die Lymphocyten den Antikörper entweder selbst produzieren oder aus dem Plasma der Lymphe absorbieren. Da aber ad hoc angestellte Versuche ergaben, daß die Lymphocyten in vitro wohl Antikörper an eine umgebende Flüssigkeit abgeben, aber nicht aus derselben aufnehmen können, schien der Schluß gerechtfertigt, daß die Bildungsstätte der Antikörper in den Lymphocyten zu suchen ist. Diese Auffassung suchten EHRICH, HARRIS und MERTENS (1946) durch eine negative Beweisführung zu ergänzen. Sie injizierten Dysenterieantigen in die Planta der hinteren Extremität von Kaninchen und wiesen erhebliche Mengen Antikörper im regionären Lymphknoten (Poplitea) nach, fanden aber im Gewebe des Injektionsbereiches keinen Antikörper, obwohl dasselbe zahlreiche Makrophagen und auch Granulocyten enthielt. Desgleichen konnte in den abzentrifugierten Granulocyten und Makrophagen eines Exsudates, das infolge der intraperitonealen Injektion von Dysenterie- oder Typhusantigen entstanden war, kein Antikörper festgestellt werden. Im Zusammenhalt mit ihren früheren Untersuchungen über die Rolle der Lymphocyten kamen EHRICH und seine Mitarbeiter zu der Überzeugung, daß die Makrophagen unfähig sind, Agglutinine gegen Typhus- oder Dysenteriebazillen zu synthetisieren.

Wenn aber die Lymphocyten die Antikörper synthetisieren, muß ihr Protoplasma mit dem Antigen in Kontakt treten können, und da sie nicht phagocytieren, wäre diese Voraussetzung nicht erfüllbar, wenn es sich um geformte Antigene (Erythrocyten oder andere Gewebszellen, Bakterien) handelt. W. E. EHRICH und T. N. HARRIS (1945) nehmen daher an, daß sich auch phagocytierende Zellen, wie Makrophagen und Polynukleäre, an der Antikörperbildung beteiligen, aber nur insoweit, als sie geformte Antigene aufnehmen und durch intracelluläre Verdauung in Lösung bringen; dieses Material würde ausgestoßen und sei nun fähig, in Lymphocyten einzudringen und daselbst die Antikörperproduktion einzuleiten. Es wird also die Notwendigkeit der Vorgänge, welche in den Experimenten von F. R. SABIN optisch erfaßt wurden, zugegeben, aber nur für Antigene in Zellform. *Das genügt aber nicht.* Wie schon an anderer Stelle (s. S. 55) betont wurde, sind die von Haus aus

„gelösten“ Antigene nicht in der Art gelöst, wie etwa Salze oder niedermolekulare Farbstoffe; Lösungen von Proteinen haben den Charakter von kolloid-dispersen Verteilungen und es ist nicht wahrscheinlich, daß sie in Lymphocyten ungehemmt penetrieren[1]. DOERR (1947, S. 53) machte darauf aufmerksam, daß EHRICH und seine Mitarbeiter, ohne dies zu wollen, gezeigt haben, daß das de facto nicht geschieht. Nach den oben zitierten Versuchen von HARRIS, GRIMM, MERTENS und EHRICH sind Lymphocyten nicht imstande, Antikörper aus einer umgebenden Flüssigkeit aufzunehmen oder auch nur zu adsorbieren, und Antikörper sind Immunglobuline und als solche „gelöste“ Antigene gerade so wie gelöste normale Serumglobuline. Damit steht in Übereinstimmung, daß höhermolekulare Farbstoffe Lymphocyten nicht zu färben vermögen. Derzeit kann man nicht einmal vermuten, in welche Form klassische Antigene übergeführt werden müßten, um mit dem Protoplasma von Lymphocyten in Reaktion zu treten, gleichgültig, ob es sich um Eiweißlösungen, Bakterien oder Gewebszellen handelt; ein Aufschließen bis zur Reduktion auf Derivate von niedrigem Molekulargewicht muß ja a limine ausgeschlossen werden, da durch derartige Denaturierungsprozesse bekanntlich die Antigenfunktion zerstört wird.

Daß sich die *Lymphknoten* an der Antikörperproduktion in irgendeiner Weise beteiligen, ist nach den Experimenten von MCMASTER und HUDACK, MCMASTER und KIDD, W. E. EHRICH und seinen Mitarbeitern, F. M. BURNET und anderen Autoren kaum zu bezweifeln[2]. Wie man sich diese Beteiligung zu denken hat, ist aber nach meinem Dafürhalten

[1] T. N. HARRIS und W. E. EHRICH (1946) injizierten in die Sohle der hinteren Extremität von Kaninchen geformte Antigene (Schaferythrocyten oder Dysenteriebazillen) und stellten im injizierten Gewebe, im regionären Lymphknoten und in der aus diesem abströmenden Lymphe „gelöste“ Substanzen fest, welche dieselbe immunologische Spezifität besaßen wie die injizierten geformten Elemente. Sie deuteten diese Befunde in dem Sinne, daß die injizierten Gebilde durch einen physiologischen Prozeß, möglicherweise durch Phagocytose und intracellulare Verdauung, in kleinere Partikel transformiert werden, welche in die Lymphknoten gelangen und dort das lymphatische Gewebe zur Antikörperproduktion anregen. Die löslichen Substanzen wurden durch Zentrifugieren der Gewebsextrakte und der Lymphe in Form der überstehenden klaren Flüssigkeiten gewonnen und in diesen durch die Hemmung der serologischen Reaktionen zwischen den geformten Elementen und ihren Antikörpern nachgewiesen. Über die Rotationsgeschwindigkeit, bei welcher auszentrifugiert wurde, liegt keine Angabe vor. Die gelösten Substanzen in den überstehenden Flüssigkeiten konnten daher das Molekulargewicht von Eiweißantigenen besitzen, was auch mit der Erhaltung der serologischen Spezifität stimmen würde; daß sie geeignet waren, in Lymphocyten osmotisch einzudringen, wurde jedenfalls nicht bewiesen.

[2] In diesem Sinne hat sich auch LANDSTEINER (1945, S. 146) geäußert; an der bezeichneten Stelle ist nur davon die Rede, daß die Antikörper im Lymphknoten entstehen, nicht aber, daß sie von Lymphocyten produziert werden.

noch nicht entschieden; insbesondere ist eine definitive Aussage zur Zeit nicht möglich, *ob es nur eine Zellart gibt, welche die Fähigkeit der Synthese von Immunglobulinen (Antikörpern) besitzt, und ob diese bevorzugte Zellart die Lymphocyten sind.* Die Zuversicht, daß die von EHRICH und seinen Vorgängern vorgeschlagene Lösung die richtige ist [vgl. A. BOIVIN und A. DELAUNAY (1940)], vermag ich nicht zu teilen und möchte mich eher auf den zurückhaltenden Standpunkt stellen, den A. R. RICH (1944) vertreten hat.

Einen Beitrag zu dieser Frage lieferten neuerdings A. WHITE und T. F. DOUGHERTY (1944), indem sie in den Lymphocyten normaler Kaninchen einen Eiweißkörper nachwiesen, der mit dem γ-Globulin des Kaninchenserums identisch zu sein schien. Daran schloß sich eine Mitteilung von DOUGHERTY, J. H. CHASE und A. WHITE (1944), in welcher über Versuche an Mäusen berichtet wurde, die intraperitoneal mit gewaschenen Schaferythrocyten immunisiert worden waren. Die Tiere wurden nach fünfwöchiger Immunisierung aus dem Herzen entblutet und die Titer der Agglutinine und Hämolysine im Serum, in den gewaschenen und in destilliertem Wasser gelösten Lymphocyten (aus verschiedenen Lymphknoten und aus der Thymus), in Extrakten aus der Speicheldrüse und aus der Muskulatur bestimmt und auf mg N pro cm^3 der Sera oder Extrakte bezogen. Es zeigte sich, daß die Titer im Lymphocytenextrakt durchschnittlich achtmal höher waren als im Serum der gleichen Mäuse und daß in den Extrakten aus den Speicheldrüsen und den Muskeln überhaupt keine Antikörper nachgewiesen werden konnten, obwohl der N-Gehalt größer war als im Lymphocytenextrakt. Die durch Zerreiben der Lymphknoten und der Thymus gewonnenen Zellsuspensionen enthielten wenigstens 90% Lymphocyten und höchstens 10% anderer Zellformen; und da anderseits in den antikörperfreien Verreibungen der Speicheldrüsen und des Muskelgewebes Retikulinzellen, Makrophagen und Fibroblasten zu sehen waren, ergab sich der Schluß, daß der Antikörper hauptsächlich in den Lymphocyten *konzentriert* ist. Es wird aber hinzugefügt, *daß die Produktion des Antikörpers durch die Lymphocyten nicht festgestellt wurde.* ("The actual production of antibodies by lymphocytes has not been established." Siehe S. 297 a. a. O.)

Nach den Angaben von DOUGHERTY und WHITE (1943a, b) sowie von A. WHITE und DOUGHERTY (1944b) soll das Nebennierenrindenextrakt oder das adrenotrope Hormon des Vorderlappens der Hypophyse, wenn sie Versuchstieren (Ratten, Kaninchen) injiziert werden, eine Abnahme der Lymphocyten in den lymphoiden Geweben und im zirkulierenden Blute bewirken, welche durch Auflösung der Lymphocyten bedingt ist und von einer Konzentrationszunahme der Proteine im Blutserum [WHITE und DOUGHERTY (1944b)] begleitet wird. An der hormonal ausgelösten Zunahme der Serumproteine sollen die Antikörper, d. h. die Immunglobuline, teilnehmen, wenn sich das Versuchstier im Stadium einer aktiven Immunisierung befindet. J. H. CHASE, A. WHITE und F. F. DOUGHERTY (1946) [s. auch DOUGHERTY, WHITE und CHASE (1944)] immunisierten Mäuse, Ratten und Kaninchen mit Schaferythrocyten, zum Teil auch mit Staphylokokkentoxin, Pferdeserum oder Ovalbumin, mit oder ohne Zusatz von Nebennierenextrakt; die Tiere, welche Antigen + Hormon erhielten, produzierten Antikörper, deren Titer ungefähr doppelt so groß war als der Titer bei den Tieren, welchen nur das Antigen injiziert worden war. Wurde einem mit Schaferythrocyten hyperimmunisierten Kaninchen eine Einzeldosis Antigen verabreicht, so war innerhalb von 25 Stunden kein Anstieg des Agglutinintiters zu verzeichnen; nach einer Einzeldosis des Nebennierenextraktes erfolgte dagegen eine Zunahme des Titers, welche 6 bis 12 Stunden anhielt, worauf das Niveau wieder auf die frühere Höhe absank. Wurden die Hormoninjektionen bei den hyperimmunisierten Tieren genügend oft wiederholt, so konnte der erhöhte Antikörperspiegel ohne neuerliche Antigeninjektion 14 bis 16 Tage aufrechterhalten werden. Endlich konnte der aus der Blutbahn gänzlich verschwundene Antikörper durch eine Einzeldosis Nebennierenrindenextrakt oder eine Einzeldosis des adrenotropen Hormons der Hypophyse wieder in die Zirkulation zurückgerufen werden, ein Versuchsergebnis, welches an das als „anamnestische Reaktion" bekannte serologische Phänomen erinnerte. Nach der Ansicht der zitierten Autoren sollen die durch Hormonwirkung in die Blutbahn übergeführten Antikörper aus aufgelösten Lymphocyten stammen, welche das in ihnen konzentrierte Immunglobulin freigeben, wodurch der Antikörpertiter des Serums steigen und sein Eiweißgehalt gleichzeitig wachsen muß. Für diese Behauptung wurden positive und negative Argumente vorgebracht. Als positiv wären die Angaben zu bewerten, daß die Lymphocyten von Tieren, deren Serum antikörperfrei geworden war, beträchtliche Mengen des spezifischen Immunglobulins enthielten, und daß das Wiederauftreten des Antikörpers im Serum nach einer Hormoninjektion mit regressiven Veränderungen in den lymphoiden Geweben und mit der Leukopenie des Blutes zeitlich zusammenfiel [DOUGHERTY und WHITE (1943a, 1944)]. In negativer Hinsicht wurde geltend gemacht, daß Desoxycorticosteronacetat keine anamnestische Reaktion hervorzurufen vermag, entsprechend seiner Unfähigkeit, Veränderungen in den lymphoiden Geweben und Leukopenie im Blute zu erzeugen. Auf der anderen Seite bewirkten Benzol und Kaliumarsenit eine Steigerung der Funktion der Nebennierenrinde, Lymphocytolyse und Lymphopenie bei weißen Mäusen und waren dementsprechend imstande, Antikörper in Freiheit zu setzen, bzw. eine anamnestische Reaktion auszulösen, wenn die Nebennieren intakt waren; bei Mäusen, welchen die Nebennieren exstirpiert wurden, blieb die Ausschüttung von Antikörpern nach der Zufuhr der genannten toxischen Chemikalien aus. Ferner konnte man bei Mäusen, welchen die Nebennieren exstirpiert wurden, nur durch Nebennierenrindenextrakt, aber nicht durch das adrenotrope Hormon der Hypophyse eine anamnestische Reaktion, d. h. ein Wiedererscheinen der Antikörper im Blute erzielen, auch wenn in den lymphoiden Geweben, bzw. in den Lymphocyten, Antikörper nachweisbar waren. T. F. DOUGHERTY, CHASE und WHITE (1945), von welchen die eben genannten Versuche ausgeführt wurden, faßten daher die Freigabe der in Lymphocyten vorhandenen Antikörper als einen Mechanismus auf, welcher in erster Linie durch die Hormone der Nebenniere und nur akzidentell auch durch die Hormone der Hypophyse gesteuert wird.

Gegen diese Experimente und die aus denselben abgeleiteten Schlüsse haben H. N. Eisen, M. M. Meyer, D. H. Moore, R. Tarr und H. C. Stoerk (1947) Stellung genommen. Sie verwiesen darauf, daß über die Antikörperproduktion nach Exstirpation der Nebennieren widersprechende Angaben gemacht wurden, indem manche Autoren gar keinen Einfluß, andere Verringerungen oder sogar Verstärkungen der Antikörperbildung beobachtet haben wollten. In ihren eigenen Versuchen gingen sie so vor, daß sie weißen Ratten die Nebennieren exstirpierten und die Tiere mit formalinisierten Suspensionen des Pneumococcus Typus I immunisierten. Eine Gruppe der Ratten wurde während der Immunisierung wiederholt mit Nebennierenrindenextrakt injiziert, die zweite als Kontrolle fungierende Gruppe nicht. Die Antikörperkonzentrationen (Präzipitine gegen das Pneumokokkenpolysaccharid) und die Konzentrationen des γ-Globulins waren in der Versuchs- und in der Kontrollgruppe identisch, woraus gefolgert wurde, daß die Funktion der Nebennierenrinde keinen entscheidenden Einfluß auf die Produktion und Freigabe der Antikörper und des γ-Globulins hat. Damit sind jedoch keineswegs alle Experimente von Dougherty und seinen Mitarbeitern entwertet; was der Nachprüfung standhalten wird, muß die Zukunft lehren. In einem nicht unwichtigen Punkte wurden die Ergebnisse von Dougherty, Chase und White (1945) von Eisen, Meyer et al. bestätigt. Bei Kaninchen, die vorher mit dem Pneumococcus I immunisiert worden waren, wurde nach einer einzigen Injektion von Nebennierenrindenextrakt ein Anstieg der Antikörper beobachtet, der, als Stickstoff bestimmt, 30 Prozent betrug. Diese unspezifische anamnestische Reaktion hielt 12 Stunden an und trat bei Kaninchen mit schwacher Antikörperbildung überhaupt nicht ein. Immerhin geben Eisen und seine Mitarbeiter zu, daß eine Verstärkung der Nebennierenrindenfunktion einen vorübergehenden Einfluß auf die Verteilung „bereits vorhandener" Antikörper ausüben kann.

Auch in der Mitteilung über das experimentelle Modell der anamnestischen Reaktion betonen Dougherty, Chase und White (1945, S. 139), daß sie die Anwesenheit von Antikörpern in den Lymphocyten nicht als zwingenden Beweis auffassen, daß diese Zellen die Antikörper produzieren. Die Antwort auf die durch diese Einstellung notwendig bedingte Frage, *wie die Antikörper in die Lymphocyten gelangen*, lassen die zitierten Autoren unerledigt und begnügen sich damit, die Lymphocyten als ein Reservoir ("storehouse") der Antikörper zu bezeichnen und die Antikörper als einen integrierenden Bestandteil des Lymphocytenplasmas hinzustellen. In Übereinstimmung mit Harris, Grimm, Mertens und Ehrich (s. S. 60) verwerfen sie die Erklärung, daß die Antikörper von den Lymphocyten aus den umgebenden Körperflüssigkeiten adsorbiert werden, weil sie erhebliche Mengen Antikörper in den Lymphocyten (lymphoiden Geweben) von Tieren nachzuweisen vermochten, deren Blut keine Antikörper enthielt. Wenn das Serum kein Immunglobulin enthält, könne eine Adsorption oder Absorption desselben durch die Lymphocyten nicht stattgefunden haben. Dieses Argument ist, nebenbei bemerkt, nur dann stichhaltig, wenn es feststeht, daß das Serum des Versuchstieres zu keiner früheren Zeit antikörperhaltig war; andernfalls ist eine Aussage über die Herkunft des Antikörpers, der im lymphoidem Gewebe bei antikörperfreiem Serum nachweisbar ist, unsicher.

Ohne zu den tatsächlichen Ergebnissen der Experimente mit Lymphocyten und lymphoiden Geweben eine ablehnende Stellung beziehen zu wollen, was nur auf Grund eigener Versuche geschehen könnte, sei hier auf einige, nach der Meinung des Verfassers beachtenswerte Momente aufmerksam gemacht: 1. Lymphoide Gewebe (Lymphknoten, Milz) sind nicht nur aus Lymphocyten aufgebaut, sondern enthalten, namentlich in den „*Keimzentren*", Zellen, welche sich von den reifen Lymphocyten morphologisch und durch ihre phagocytierende Fähigkeit unterscheiden. *Die Keimzentren fehlen in den fötalen Geweben und nehmen im postnatalen Leben an Zahl zu, wenn Antigene injiziert werden,* worauf T. HELLMAN und G. WHITE (1930), G. GLIMSTEDT (1936), G. OESTERLIND (1938) hingewiesen haben. Auch W. EHRICH und T. N. HARRIS (1942) konstatierten nach peripheren Antigeninjektionen die *Entwicklung großer Keimzentren in den regionären Lymphknoten,* wollten sie aber mit der Antikörperbildung nicht in Zusammenhang bringen, weil sie dem Auftreten der Antikörper in der Lymphe der Vasa efferentia der Lymphknoten nicht merklich voranging, sondern meist gleichzeitig, in manchen Fällen auch etwas später, einsetzte, und hielten daher die lymphocytäre Hyperplasie für den entscheidenden Vorgang (s. S. 59). 2. In den Diskussionen über den Ort der Antikörperproduktion werden bestimmten, morphologisch und färberisch gleichartigen Zellformen (Makrophagen, Granulocyten, Reticulocyten, Lymphocyten usw.) einheitliche Funktionen zugeschrieben. Daß dies nicht richtig sein muß, lehrt die Physiologie (rote und blasse Skelettmuskeln, Capillarendothelien verschiedener Standorte). Phagocytierende Reticulocyten könnten sich daher in Beziehung auf die Antikörperproduktion sehr verschieden verhalten je nach dem Organ oder Gewebe, in dessen Verband sie eingefügt sind. Diese Möglichkeit wurde nicht immer gebührend berücksichtigt. 3. DOUGHERTY und seine Mitarbeiter verwendeten als Antigen Schaferythrocyten und immunisierten mit denselben Kaninchen und weiße Mäuse; die erzielten Resultate wurden als gleichwertig und allgemeingültig betrachtet. Schaferythrocyten sind aber kein einheitliches, sondern ein komplexes Antigen in Zellform. Sie enthalten das FORSSMANsche Antigen, Stoffe, welche sich an ihren Reaktionen mit dem Serum von Serumkranken und mit dem Serum von an infektiöser Mononucleose leidenden Patienten beteiligen, das artspezifische Antigen und andere serologisch reaktive Substanzen. Nun gehören die Kaninchen zu den FORSSMAN-negativen, die Mäuse zu den FORSSMAN-positiven Tierspezies; das Kaninchen kann daher, wenn es mit Schaferythrocyten immunisiert wird, den FORSSMANschen Antikörper bilden, die Maus nicht. Damit hängt es zusammen, daß im Serum *normaler* Kaninchen regelmäßig F-Antikörper gefunden wird, welcher nach der Ansicht der meisten Autoren spontan entsteht, während seine Anwesenheit von J. FORSSMAN (1946) auf eine Immunisierung vom Darm aus (durch F-haltige Pflanzennahrung) zurückgeführt wurde. Im Serum der Maus findet sich dieser normale Antikörper nicht. Man sollte daher zumindest untersuchen, ob sich die lymphoiden Gewebe von *normalen* Kaninchen und *normalen* Mäusen hinsichtlich ihres Gehaltes an Antikörpern, welche mit Schaferythrocyten reagieren, unterscheiden. 4. Die Wanderungsgeschwindigkeit eines Eiweißkörpers im elektrischen Potentialgefälle und seine dadurch bedingte Lokalisation im elektrophoretischen Diagramm genügen nicht, um ihn mit dem γ-Globulin im Serum des Tieres, von welchem er stammt, zu identifizieren. So ist zum Beispiel zu bedenken, daß ein elektrophoretisch homogenes Protein inhomogen sein kann; γ-Globulinpräparate aus Menschenserum, welche sich bei der Elektrophorese zu 99% als homogen erwiesen hatten, entpuppten sich auf der Ultrazentrifuge als inhomogen, indem sie bestimmbare Mengen einer Komponente enthielten, welche rascher sedimentierte als das gewöhnliche Serumglobulin. John T. Edsall (1947, S. 401), der diese Erfahrung anführt, warnt am gleichen Orte vor der Überwertung elektrophoretischer Befunde; die Elektrophorese sei zwar ein unentbehrliches Werkzeug beim Studium der Plasmaproteine und bei ihrer Fraktionierung, darf aber nur als *eines* der diesem Zweck dienenden Werkzeuge betrachtet werden, und die elektrophoretischen Daten müssen daher stets kritisch aufgefaßt und im Lichte aller anderen zur Verfügung stehenden Angaben interpretiert werden. Auch ist nicht jedes γ-Globulin, selbst wenn es mit der gleichnamigen Serumkomponente aus hinreichenden Gründen identifiziert werden kann, ein Antikörper, d. h. ein Immunglobulin und nicht jedes Immunglobulin hat die elektrophoretischen Eigenschaften eines γ-Globulins.

Im gegenwärtigen Zeitpunkt muß festgestellt werden, daß der erneute Vorstoß gegen die Reticulocytentheorie vorderhand zu keinem befriedigenden Abschluß gelangt ist. Die Ungewißheit über den Ort und die Art der Entstehung der Immunglobuline (Antikörper) wurde nicht beseitigt, sondern hat eher zugenommen. Das kommt in der Tatsache zum Ausdruck, daß Ehrich und seine Mitarbeiter die *Produktion der Antikörper in den Lymphocyten* als gesichert hinstellten, während Dougherty, White und I. H. Chase nur von einer *Speicherung des Antikörpers* in diesen Zellen wissen wollen und den Ort der Entstehung offensichtlich als ein noch nicht gelöstes Problem betrachten. Ehrich nimmt ferner zur Mitwirkung der Reticulocyten Zuflucht, um die Überführung geformter Antigene in einen Zustand zu erklären, der die Einwirkung auf die Lymphocyten ermöglicht, muß aber die Antwort auf die Frage nach der Natur dieses Zustandes schuldig bleiben sowie anderseits Dougherty und seine Mitarbeiter keine Auskunft geben, wie die Antikörperkonzentration in den Lymphocyten zustande kommen kann.

Auch melden sich neuerdings wieder Anhänger der Reticulocytentheorie zum Worte. A. FAGRÄUS (1947) stellte zunächst fest, daß das lymphocytenreiche Gewebe der Thymus in der Gewebskultur geformte Antigene in ganz unbedeutendem Ausmaße phagocytiert und in vitro überhaupt keine Antikörper produziert. Ferner berichtete FAGRÄUS (1948), daß bei spezifisch vorbehandelten Kaninchen intravenöse Antigeninjektionen, besonders von S. typhi, eine starke Zunahme der Plasmazellen in der Milz zur Folge haben, welche fast ausschließlich in der roten Pulpa des Organs lokalisiert sind. Diese Plasmazellen entwickeln sich nach FAGRÄUS unter Einschaltung einer Reihe von Zwischenstufen aus Reticulocyten und wären, unter den Bedingungen der ausgeführten Versuche, als die Zellen zu betrachten, welche die Antikörper an die Zirkulation abgeben. Für diese Auffassung spreche es auch, daß Stücke der an Plasmazellen reichen roten Milzpulpa, zur Zeit der Antikörperbildung explantiert, in vitro weit mehr Antikörper produzieren, als die an Lymphocyten reichen, an Plasmazellen aber armen Lymphfollikel des Milzparenchyms. Von der Unfähigkeit des Thymusgewebes zur Antikörperbildung mußten sich auch T. N. HARRIS, J. RHOADS und J. STOKES jr. (1948) überzeugen, meinen aber, daß diese Tatsache mit den Arbeiten, welche die Lymphocyten als Quelle der Antikörper bezeichnen, nicht unvereinbar sei; die Thymus hätte eine andere Struktur als die lymphoiden Organe und *vorläufig wisse man noch nicht, an welche Lebensphase der Lymphocyten die Antikörperproduktion gebunden sei.* Was die Rolle der Milz anlangt, fanden auch T. N. HARRIS und seine Mitarbeiter, daß sich dieses Organ an der Antikörperbildung hervorragend beteiligt, aber nur, wenn das Antigen intravenös injiziert wird; wird das Antigen subkutan eingespritzt, so liefern Extrakte aus der Milz keine nennenswerten Antikörpermengen.

Die Ungewißheit über den *Ort der Entstehung der Antikörper* ist zum Teil mitbedingt durch die mangelhaften Kenntnisse über die *Bildung der Plasmaproteine.* In der Regel werden die beiden Probleme als identisch angesehen; wo die Immunglobuline produziert werden, müssen sich, so wird meist gefolgert, auch die normalen Serumglobuline bilden. Dieser Schluß steht und fällt mit der Hypothese, daß sich Immunglobuline entwickeln, wenn die intracellulare Globulinsynthese durch die räumliche Anwesenheit eines Antigens in eine andere Bahn abgelenkt wird. Nun ist es zwar zweifellos wahrscheinlicher, daß die Globuline schon in statu nascendi zu Immunglobulinen werden, als daß ein fertiges und mit einer gewissen Stabilität begabtes Globulin nachträglich in Immunglobulin umgesetzt wird [vgl. R. DOERR (1947a), S. 67]. Man muß sich jedoch stets bewußt bleiben, daß man — von der spezifischen Reaktionsfähigkeit mit dem Antigen abgesehen — nicht weiß, wodurch sich das Immunglobulin vom Normalglobulin unterscheidet; groß können die Differenzen in Anbetracht der identischen Antigenfunktion nicht sein. Es wäre daher immerhin möglich, daß die spezifische Markierung der Globuline nicht am Orte ihrer Synthetisierung stattfindet. Die oben bezeichnete Hypothese spricht übrigens nur von einer Globulinsynthese schlechtweg; es werden aber nicht *alle* elektrophoretisch differenzierbaren Serumglobuline „markiert", bzw. in Antikörper umgewandelt, sondern nur γ- oder β-Globuline, und wenn sämtliche Globuline in denselben Zellen synthetisiert werden, wäre es unklar, *warum ein stattlicher Anteil derselben nicht markiert wird, warum hier die Synthese durch die Gegenwart des Antigens nicht beeinflußt werden kann.* Ferner lassen sich die elektrophoretischen Diagramme der Immunsera selbst dann nicht ohne weiteres im Sinne der Hypothese interpretieren, wenn man sich auf die bevorzugte Zone beschränkt. Denn es wird nicht Immun-γ-Globulin *statt* normales γ-Globulin gebildet; es ist vielmehr Immun-γ-Globulin *und* normales γ-Globulin nachzuweisen. Das Immun-γ-Globulin ist also *ein zusätzliches Produkt* und die Aussage, daß die Globulinproduktion gesteigert und nur zum Teil durch das Antigen modifiziert ist, ist wohl im ersten Teile augenscheinlich richtig, im zweiten aber insoferne willkürlich, weil sie keinen Aufschluß gibt, *warum ein Teil des γ-Globulins durch das Antigen nicht tangiert wird.*

Abstrahiert man ganz von den Antikörpern und fragt man sich, was über die *normale Bluteiweißbildung* bekannt ist, so stößt man auf mannigfache Widersprüche, namentlich in dem hier speziell interessierenden Kapitel der Bildung der Serumglobuline [vgl. u. a. L. Heilmeyer (1942), H. Heinlein (1943), F. Wuhrmann (1947)]. Als sicher gilt nur, daß die *Albumine* in der Leber entstehen und aus diesem Organ in fertigem Zustande in die Blutzirkulation gelangen, und daß das *Prothrombin*, ein Globulin, ebenfalls in der Leber produziert wird; die intrahepatische Entstehung des *Fibrinogens* wird als wahrscheinlich betrachtet. Aus zahlreichen Untersuchungen ergibt sich ferner die Gewißheit, daß ein *Regulationsmechanismus* vorhanden sein muß, *welcher das gegenseitige Mengenverhältnis der Plasmaproteine bestimmt.* Globulinvermehrungen kann man nicht nur bei Immunisierungsprozessen, sondern bei sehr verschiedenen pathologischen Zuständen feststellen; sie gehen aber, auf welche Art sie auch ausgelöst werden, stets mit Albuminverminderungen einher; auch die elektrophoretisch differenzierbaren Spezialglobuline stehen in einer unverkennbaren gegenseitigen Abhängigkeit, da erhebliche Zunahmen eines Globulins mit Reduktionen der anderen Globuline verbunden sind. Die Leistungen dieses Regulationsmechanismus sind evident; wie sie aber zustande kommen, ist vorderhand hypothetisch. Da die Leber die Albumine nicht nur produziert, sondern auch speichert, wird von F. Wuhrmann und Ch. Wunderly (1944, 1945, 1946) sowie M. Bjorneboe (1943, 1945, 1946) angenommen, daß die Leber, wenn die Menge der Globuline im Blutplasma steigt, die Albuminabgabe an das Blut zwecks Aufrechterhaltung des kolloidosmotischen Druckes einschränkt und das produzierte Albumin in stärkerem Ausmaße speichert. Wie aber diese funktionelle Umstellung der Leber bewirkt wird, geht aus dieser Erklärung nicht hervor, die auf die Koordinierung der Globuline überdies nicht angewendet werden kann.

Wo und wie die *Serumglobuline* entstehen, ist derzeit Objekt der Spekulation. Daß sie aus den „feindispersen" Albuminen durch eine Art kolloidaler Umformung hervorgehen, ist oft genug widerlegt worden, taucht aber in maskierter Form immer wieder auf. Die Globuline sind nicht nur „grobdispers", sondern unterscheiden sich von den Albuminen chemisch; serologisch ist bekanntlich die Differenz so groß, daß Albumine und Globuline desselben Blutserums nicht einmal angedeutete Verwandtschaftsreaktionen geben [H. Dale und P. Hartley (1916), R. Doerr und W. Berger (1922a, b), H. P. Treffers, D. M. Moore und M. Heidelberger (1942)], während gekreuzte Reaktionen zwischen den Albuminen oder zwischen den Globulinen nichtverwandter Tierspezies, zum Beispiel Pferd und Ziege, vorkommen und durch Hyperimmunisierung sogar bis zu einer mehr oder minder umfassenden Säugetierspezifität [vgl. R. Doerr (1947a), S. 94] gesteigert werden können. Durch diese negative Feststellung engt man zwar den Kreis der hypothetischen Möglichkeiten ein, gelangt aber nicht auf einen Weg, der direkt zur Lösung des Problems führt. Die positiv gefaßten Ansichten verlegen die Entstehung der Serumglobuline in das reticulo-endotheliale System (ein Begriff, der verschieden definiert wird), in die Plasmazellen des Knochenmarkes, in Monocyten des Blutes und des Knochenmarkes — eine Aufsplitterung der Meinungen, welche an sich Zeugnis für die nur relative Beweiskraft der vorgebrachten Argumente ablegt. Dazu kommt, daß die Elemente des reticulo-endothelialen Systems auf zahlreiche Organe verteilt sind — Lymphknoten, Milz, Leber, Knochenmark, Nebenniere, Hypophyse — und daß die Rolle der Reticulocyten im Prozeß der Globulinbildung je nach ihren Standorten verschieden beurteilt wird, indem beispielsweise dem intrahepatischen Teil des Systems von manchen Autoren eine größere Bedeutung zuerkannt wird als dem extrahepatischen Im allgemeinen neigen sich die Auffassungen mehr der Annahme einer polyzentrischen Globulinsynthese zu, welche auch mit den Phänomenen der Antikörperbildung in Einklang gebracht werden könnte, oder einem Zusammenwirken der Reticulocyten mehrerer Standorte, insbesondere der Leber und des Knochenmarkes, vielleicht auch der Milz. *So weit ich mich darüber unterrichten konnte, hat aber kein Forscher, der sich mit der Physiologie und Pathologie des Bluteiweißes eingehend befaßte, die Lymphocyten als die Produzenten der Serumglobuline hingestellt.* Dieser Gedanke ist auch aus zwei Gründen unwahrscheinlich. Erstens werden die Globuline aus den Aminosäuren des fermentativ zerlegten Nahrungseiweißes synthetisiert, und zwar sowohl die normalen Globuline wie die Immunglobuline. Das geht aus den Versuchen mit markierten Aminosäuren (s. S. 54) klar hervor, konnte aber auch dadurch erwiesen werden, daß sich bei Tieren, bei welchen sich infolge andauernder Fütterung mit proteinarmer Nahrung die Proteinreserven erschöpft haben, eine Hypoproteinämie entwickelt und daß gleichzeitig die Fähigkeit, Antikörper (Agglutinine, Präzipitine und Hämolysine) zu bilden, herabgesetzt wird [P. R. CANNON, W. E. CHASE und R. W. WISSLER (1943), CANNON, WISSLER, R. L. WOOLRIDGE und E. P. BENDITT (1944)]. Es konnte ferner von P. R. CANNON (1945a) festgestellt werden, daß im Zustande schwerer Inanition die phagocytierenden Zellen atrophieren, bzw. an Zahl abnehmen. Werden Tiere, deren Eiweißdepots entleert wurden, wieder mit hochwertigem Eiweiß gefüttert, so gehen die Hypoproteinämie und die Veränderungen der Reticulocyten rasch wieder zurück und die Fähigkeit einer normalen Antikörperproduktion stellt sich wieder ein. Daß die Aminosäuren des Nahrungseiweißes, die durch die Pfortader der Leber zugeführt werden, dieses Organ unverändert passieren, um erst von Lymphocyten aufgenommen und dort zu komplizierten körpereigenenen Protein zusammengefügt zu werden, daß sich dort die großen Depots finden, aus welchen Eiweißverluste des Blutes mit großer Geschwindigkeit gedeckt werden können, erscheint nicht nur unannehmbar, sondern steht auch mit den Forschungsergebnissen von G. W. WHIPPLE und seinen Mitarbeitern in direktem Widerspruch. Sodann betont P. R. CANNON (1945 b) mit Recht, daß es in Anbetracht der langen Dauer der Immunität nach der Einwirkung von Antigenen überraschen müßte, wenn ein morphologisch und funktional so labiles Gewebe wie das lymphatische, in eine so direkte Beziehung zum „Antikörpermechanismus" gebracht werden müßte. Es wird an anderer Stelle (s. S. 74) ausgeführt werden, daß dieser Einwand ernster zu nehmen ist, als es den Anschein hat.

Die vorstehenden Ausführungen beziehen sich fast ausschließlich auf *immunisatorisch erzeugte Antikörper* und scheinen daher in einem Werk über natürliche Antikörper nicht am Platze zu sein, wenigstens nicht in Form einer ausführlichen Darstellung. Die natürlichen Antikörper sind aber ebenfalls in den Globulinfraktionen der Blutsera nachzuweisen, und so wie die Immunantikörper höchstwahrscheinlich nichts anderes als markierte, bzw. mit spezifischen Affinitäten ausgestattete Spezialglobuline, so daß eine Reihe von Problemen, wie die Fragen nach Ort und Entstehung solcher Stoffe, für beide Gruppen die gleiche Bedeutung haben, ebenso wie das Wissen um die physiologischen Serumglobuline und ihr Verhältnis zu den Albuminen. Die in normalen Sera vorhandenen Antikörper können sich, zumindest zum Teile, infolge von (kryptogenetischen) Antigenreizen entwickelt haben [G. H. BAILEY (1927), J. FORSSMAN (1946) u. a.], und fallen, sobald dieser ursächliche Zusammenhang sichergestellt ist, eo ipso in die Kategorie der Immunantikörper. Anders liegt allerdings der Fall, wenn sich die natürlichen Antikörper aus inneren Gründen, speziell infolge einer erblichen Anlage, spontan bilden, wie zum Beispiel die *Isoagglutinine*. Hier fehlt der exogene Antigenreiz, die Hypothese, daß solche Antikörper durch intracellulare Globulinsynthese in räumlicher Gegenwart eines Antigens entstehen, wird unhaltbar, aber diese Globuline sind gleichwohl „markiert", bzw. mit spezifischen Affinitäten begabt, sie sind „*markiert, ohne markiert worden zu sein*". Dieser Sachverhalt klingt wie ein Paradoxon und wird von manchen Autoren auch so bewertet. K. LANDSTEINER (1945, S. 133) meint, daß man in Erwägung ziehen könnte, daß die Zahl der Varianten der Globulinmoleküle vielleicht weit größer ist, als es nach den physikalisch-chemischen Analysen der Sera den Anschein hat, und daß manche von ihnen durch zufällige Affinitäten zu gewissen Substanzen ausgezeichnet sein könnten, kraft welcher sie sich wie Antikörper verhalten. Das ist jedenfalls nicht mehr der Standpunkt, den LANDSTEINER und E. PRÁŠEK (1911) vertreten hatten (s. S. 40). Die Vorstellung von der Existenz solcher durch die große Variabilität der Serumglobuline bedingter „zufälliger" Antikörper paßt nicht auf die Fälle, *in welchen die spezifischen Affinitäten durch den Erbgang und durch die Artzugehörigkeit festgelegt sind.* Hier bleibt kaum etwas anderes übrig, als die Spezifität solcher natürlicher Antikörper auf dieselbe Stufe zu stellen, wie die Unterschiede zwischen den anderen physiologischen Globulinen eines Serums, und solche Antikörper als durch Rasse oder Art bedingte und bestimmte Globulinvarianten aufzufassen.

Da die Isoagglutinine in den Globulinen der Sera vorhanden sind, wurden eiweißfreie, bzw. eiweißarme sowie eiweißhaltige Körperflüssigkeiten sowie verschiedene Exsudate und Sekrete von Individuen mit isoagglutininhaltigem Blut auf ihren Gehalt an solchen Antikörpern untersucht. Positive Befunde ergaben Milch, Lymphe, Exsudate, Cystenflüssigkeiten, zum Teil auch Speichel, Tränenflüssigkeit und Samenflüssigkeit, wobei der Titer des Isoagglutinins in der Regel niedriger gefunden wurde als im Serum; im normalen Harn, im Liquor cerebrospinalis und in der Amniosflüssigkeit konnten die Isoagglutinine nicht nachgewiesen werden [CAVALIERI (1922), P. EMILE-WEIL und P. ISCH-WALL (1923), J. HAPP (1920), HEIM (1926), SCHWARZMAN (1928), KAN-ITI YOSIDA (1928), G. LENART und J. KÖNIG (1928), T. PUTKONEN (1930) u. a.]. Versuche, die im Blute vorhandenen Isoagglutinine in den Organen festzustellen, scheint man nicht ausgeführt zu haben[1]. Doch ist diese Lücke zum Teil durch die Tatsache ausgefüllt, daß man den Titer der natürlichen Isoagglutinine wie auch anderer natürlicher Antikörper durch die Immunisierung mit den Antigenen, auf welche sie wirken, ganz beträchtlich steigern kann. Es ist daher anzunehmen, daß die natürlichen

[1] G. LENART und J. KÖNIG fanden Isoagglutinine im „Gewebssaft", verstanden aber darunter keinen Extrakt aus Gewebszellen, sondern die Flüssigkeit der durch Cantharidinwirkung auf die Haut erzeugten Blasen, also ein entzündliches Transsudat.

Antikörper am gleichen Orte produziert werden wie die Immunglobuline mit identischer Spezifität, wobei man allerdings wieder vor die Ungewißheit über die Stätten der Globulinsynthese gestellt wird. Daß Angaben über den Gehalt der Lymphocyten und lymphatischen Gewebe an natürlichen Antikörpern erwünscht wären, wurde S. 65 bereits betont.

g) Die Beständigkeit der natürlichen Antikörper im zirkulierenden Blute.

Natürliche Antikörper sind, wenn sie sich einmal im Blute gezeigt haben, *beständig*. Sie verschwinden nicht aus dem Blutplasma, sondern persistieren das ganze Leben hindurch, wenn auch in wechselnder Konzentration. Diese Aussage gilt in erster Linie für die Isoagglutinine im Serum des Menschen und der Tiere, also für natürliche Antikörper, bei welchen die spontane Entstehung ohne spezifischen Antigenreiz mit großer Sicherheit vorausgesetzt werden kann, aber auch für andere Antikörper wie für die natürlichen Schafbluthämolysine im Serum des Menschen und des Kaninchens [Friedberger, Bock und Fürstenheim (1929)] oder für das natürliche Diphtherieantitoxin, dessen Bildung als Auswirkung des spezifischen Toxinreizes die meisten, wenn auch nicht alle Autoren [Friedberger und Heim (1929), L. Hirszfeld (1926)] für wahrscheinlich halten.

Ein grundsätzlicher Unterschied gegenüber den Immunantikörpern ist darin nicht zu erblicken, da man auch bei diesen Fälle kennt, in welchen sich der Antikörper ohne Erneuerung des immunisatorischen Reizes dauernd im zirkulierenden Blute erhält (Masern, Gelbfieber, Weilsche Krankheit); immerhin handelt es sich hier um Ausnahmen, und es ist als Regel zu betrachten, daß der immunisatorisch erzeugte Antikörper nach Erreichung einer maximalen Titerhöhe rasch abnimmt und schließlich ganz aus dem Blute verschwindet.

Die natürlichen Antikörper sind wie die Immunantikörper Plasmaproteine und werden wie diese im Stoffwechsel abgebaut; nach einer Schätzung von H. Keilhack (1936) besitzen die Bluteiweißstoffe eine Lebensdauer von zirka 3 bis 4 Wochen. Dieser Angabe entspricht die durchschnittliche Lebensdauer der Antikörpermoleküle, welche von Schönheimer, Ratner, Rittenberg und Heidelberger (1942) in Versuchen mit markierten Antikörpern an Kaninchen mit 4 Wochen bestimmt wurde; sie richtet sich nach der Intensität des Eiweißstoffwechsels, geht aber über 10 Wochen nicht hinaus [vgl. R. Doerr (1947a, S. 57f.)]. *Soll sich daher der Antikörper, gleichgültig, ob „normal" oder immunisatorisch entstanden, dauernd erhalten, so muß der Abbau durch Neubildung fortlaufend kompensiert werden* [R. Doerr (1947a, S. 43 f.)]. Wovon es abhängt, daß bei den Immunantikörpern meist der Abbau überwiegt und zum Schwunde aus dem strömenden Blute führt, daß es aber doch Ausnahmen gibt, in welchen die Neubildung dem Abbau die Waage hält, so daß sich der Antikörper dauernd erhalten kann, ist nicht sicher bekannt. Es ist daher auch nicht ohne weiteres möglich, zu entscheiden, warum die normalen Antikörper, zumindest in den hierauf geprüften Fällen, so gut wie immer persistieren. In einer Beziehung sind wir aber in der Lage, eine durchaus gesicherte Behauptung aufzustellen: *Die Bildung eines bestimmten Antikörpers kann Jahre hindurch, ja lebenslänglich währen, ohne daß der spezifische Impuls wiederholt wird. Die Antikörperproduktion kann vom Antigenreiz unabhängig, sie kann autonom werden, ein Phänomen, das zuerst von* R. DOERR (1929b) *am Modell der aktiven Anaphylaxie des Meerschweinchens einwandfrei nachgewiesen wurde.* Seit der Einordnung des Entstehens und Schwindens der Antikörper in den Eiweißstoffwechsel kann die andauernde Produktion dieser Wirkstoffe ohne kontinuierlichen oder stetig wiederholten Antrieb durch die Antigene nicht befremden. Die Antikörper sind, soweit sie im Organismus selbst („aktiv") produziert werden, körpereigene Immunglobuline und die anhaltende Ablenkung der Globulinbildung in eine besondere Bahn erscheint als eine physiologisch tragbare Vorstellung, namentlich wenn man annimmt, daß die biochemische Differenz zwischen Normal- und Immunglobulinen relativ geringfügig ist, da sie ja nicht einmal in einer Änderung der Antigenfunktion der Globuline zum Ausdruck kommt.

Wie lange sich ein immunisatorisch erzeugter Antikörper im Blute oder im Organismus[1] zu erhalten imstande ist, kann von der Dynamik des Antigenreizes oder davon abhängen, in welchem Ausmaße das immunisatorisch entstandene Immunglobulin von den normalen Globulinen abweicht und infolgedessen als körperfremd oder blutfremd empfunden wird. Man kann aber den Einfluß dieser beiden Faktoren in einem bestimmten Fall nicht beurteilen. Warum beispielsweise das Masernvirus, bzw. die Infektion mit diesem Virus, so nachhaltig wirkt, daß

[1] Außer den freien, im Blute zirkulierenden Antikörpern hat man bekanntlich die an die Gewebe gebundenen oder in bestimmten Organen gespeicherten Antikörper zu unterscheiden, die sich entweder in Extrakten der Gewebe in derselben Art nachweisen lassen wie die Antikörper des Blutserums (vgl. hiezu S. 60 f.) oder ihre Anwesenheit durch die spezifische Reaktionsfähigkeit bestimmter Gewebe auf die Berührung mit Antigen verraten (positive Ergebnisse des SCHULTZ-DALEschen Versuches am isolierten Uterus sensibilisierter Meerschweinchen, in deren Blut der anaphylaktische Antikörper nicht mehr nachweisbar ist). In den Erörterungen über die Probleme der Persistenz der Antikörper braucht man die beiden Lokalisationen nicht scharf auseinanderhalten; es erscheint vielmehr zweckmäßig, sich im allgemeinen an das Vorhandensein oder Fehlen des Antikörpers im Blute als den bequemeren und besser bekannten Indikator der Verweildauer im Körper zu halten.

die Antikörperproduktion überhaupt nicht sistiert, sondern in etwas gemindertem Grade fortbesteht, solange das Individuum lebt, und warum das bei anderen natürlichen oder willkürlichen Immunisierungen nicht der Fall ist, entzieht sich einstweilen unserer Kenntnis. Zwar konnten im Mischplasma von Blutspendern einer gemischten Bevölkerung mehr als zwanzig verschiedene Antikörper nachgewiesen werden [J. F. ENDERS (1944)]; aber aus diesen Befunden kann keineswegs der Schluß abgeleitet werden, daß alle Antikörper die Tendenz haben, im Serum sämtlicher Individuen zu persistieren, da das untersuchte Material aus einem *Gemisch der Blutplasmata zahlreicher erwachsener Menschen bestand, deren immunologische Vorgeschichte nicht genau bekannt war.* Es stehen indes andere, zuverlässigere Daten zu Gebote.

Aus dem passiv anaphylaktischen Experiment geht hervor, daß eine anaphylaktische Reaktion nur stattfinden kann, wenn im Organismus des reagierenden Tieres der auf das auslösende Antigen eingestellte Antikörper vorhanden ist. Wenn man nun ein Meerschweinchen durch eine einzige Subkutaninjektion von 0,01 bis 0,001 cm^3 Pferdeserum sensibilisiert, bleibt es ein Jahr und darüber anaphylaktisch, während die durch das gleiche Antigen induzierte aktive Anaphylaxie anderer Tierspezies (Kaninchen, Hunde) nach kurzer Zeit abklingt. Es scheint also nicht die Natur des Antigens den Ausschlag zu geben, sondern die Artzugehörigkeit des immunisierten Versuchstieres. Daß man auch mit dieser Feststellung nicht überall durchkommt, lehrt folgender Sachverhalt, der zu dem hier erörterten Thema in engster Beziehung steht.

Die Isoagglutinine des Menschen sind beständig; sie lassen sich vom 3. bis 6. Monat nach der Geburt bis ins hohe Alter im Serum nachweisen, wenn auch ihr Titer nach dem 10. Lebensjahr allmählich absinkt (s. S. 52). Injiziert man einer Person der Blutgruppe B die A-Substanz intravenös, so steigt der Titer des α-Agglutinins und Individuen der Gruppe 0 reagieren auf die intravenöse Injektion von A + B mit einer Titersteigerung von α- und β-Agglutinin. Der Gipfel wird am 10. bis 12. Tag nach der Injektion erreicht, somit später, als man in Anbetracht des Umstandes erwarten würde, daß die Produktion der betroffenen Hämagglutinine bereits im Gang ist, daß also die Einspritzung von A, bzw. von A + B wie eine „injection de rappel" beschleunigt wirken sollte. Nach der Erreichung des Kulminationspunktes beginnt der künstlich erhöhte Titer wieder zu sinken; wann er zu dem Niveau zurückgekehrt ist, welches er vor der Injektion hatte, wird von E. WITEBSKY, N. C. KLENDSHOJ und C. MCNEIL (1944), aus deren Mitteilung diese Angaben entnommen sind, nicht angegeben, da sich die Beobachtung der Versuchspersonen nur auf zwei Monate erstreckte, zu welcher Zeit der Titer noch immer über dem ursprünglichen Werte stand. Es ist indes schon aus der Tatsache, daß die künstlich hervorgerufene Titersteigerung transitorisch war, zu entnehmen, daß die kontinuierliche Produktion der spontan (ohne Antigenreiz) entstehenden Isoagglutinine ihre eigenen Wege geht und durch einen akzidentellen, vermutlich auf die gleichen Zellen ausgeübten Reiz nicht aus ihrer eigengesetzlichen Bahn dauernd abgelenkt werden kann.

Fassen wir die Einwirkung des Antigens als Reiz und die Antikörperbildung als Reizfolge auf [vgl. R. DOERR (1947a, S. 14)], so kann eine dauernde Neuproduktion von Antikörper, die als notwendige Bedingung der langfristigen Persistenz in der Blutbahn bezeichnet wurde, nur zustande kommen, wenn die vom Reiz getroffenen Zellen beständig sind oder wenn die durch den Reiz hervorgerufenen Veränderungen der Globulinsynthese auf die folgenden Zellgenerationen übergehen. Dieses Postulat erscheint ebenso unabweislich, wenn man sich auf den Boden der Hypothese stellt, daß Antikörper entstehen, wenn die intracellulare Globulinsynthese durch die räumliche Anwesenheit eines Antigens modifiziert wird. Das Antigen, oder ein unbekanntes Derivat desselben, kann nicht unbegrenzte Zeit in den synthetisierenden Zellen verbleiben, sondern muß aus denselben schon in wenigen Tagen verschwinden; produziert die Zelle auch dann noch Antikörper, so kann das nur so verstanden werden, daß die Globulinsynthese in der angenommenen Richtung beharrt, und wenn sich diese abwegige Synthese über viele Monate und Jahre erstreckt, muß die beeinflußte Zelle beständig oder fähig sein, die erworbene Abnormität der Globulinsynthese auf ihre Nachkommen zu übertragen. Zellen, welche, wie die kernlosen Erythrocyten, nur eine kurze Lebensdauer haben und sich durch Teilung nicht vermehren, kämen daher nicht in Betracht. Gleichen nun die Lymphocyten in diesen Beziehungen den Erythrocyten, sind sie morphologisch und funktional so labil, wie dies P. R. CANNON (s. S. 69) für gewiß hält? Diese Frage wird von Hämatologen verschieden beantwortet[1]. Manche Autoren schreiben den echten Lymphocyten nur eine Lebensdauer von einigen Tagen zu, während sich andere auf die Untersuchungen von A. MAXIMOW (1928) berufen, denen zufolge sich Lymphocyten und Monocyten aus dem Blute von Säugetieren in Zellkulturen in amöboide, phagocytierende Formen umwandeln, in denen man, wenn auch selten, Mitosen beobachten kann; aus diesen Formen würden sich schließlich Fibroblasten entwickeln. A. CARREL und A. H. EBELING (1922) beobachteten, daß die *kleinen* und *mittelgroßen mononuklearen* Zellen in Kulturen während der ersten Woche in großer Zahl zu sehen sind und dann spontan verschwinden;

---

[1] Verf. verdankt diese Informationen H. Dr. M. ALLGÖWER (Basel) und H. Dr. E. UNDRITZ (Basel); beiden Herren sei auch an dieser Stelle bestens gedankt.

die Umwandlung in andere größere Formen, wie sie MAXIMOW beschrieb, halten diese Autoren für möglich, konnten aber die Transformation in größere, den Fibroblasten ähnliche Zellen nur bei großen Mononuklearen, und nur unter gewissen Bedingungen, beobachten. Diese Divergenz der Ansichten dürfte mit der Schwierigkeit zusammenhängen, die verschiedenen Formen der mononuklearen weißen Blutzellen sicher gegeneinander abzugrenzen; so lange sie besteht, kann man zu der Frage keine endgültige Stellung nehmen, ob man den Lymphocyten die Fähigkeit zuschreiben kann, eine durch Antigenreiz abgelenkte Globulinsynthese dauernd in der neuen Bahn zu unterhalten.

3. Die Kategorien der natürlichen Antikörper und die Art ihrer Entstehung.

Die Ansichten, ob natürliche, d. h. in normalen Sera nachweisbare Antikörper spontan entstehen oder infolge von immunisatorischen (kryptogenetischen oder latenten) Einwirkungen gebildet werden, sind heute nicht mehr im Sinne eines aut-aut orientiert, sondern richten sich augenscheinlich nach der Art der Antikörper und der mit ihnen reagierenden Antigene. Die Alternative wird verschieden beurteilt, je nachdem es sich um Hämagglutinine handelt, welche auf körpereigene, arteigene (aber körperfremde) oder artfremde Erythrocyten wirken, oder um Auto-, Iso- oder Heterohämolysine, um Bakterienagglutinine und Bakteriolysine oder um Antitoxine. Die Antikörper haben indes nur eine einzige, allen gemeinsame Eigenschaft, nämlich ihre spezifische Affinität zu einem Antigen, kraft welcher sie an dieses gebunden werden können; *kann man daher auch nur für einen Antikörper die spontane Genese sicher nachweisen, so muß man diese Art der Entstehung für alle Antikörper als möglich zugeben*, gleichgültig, ob ihre Reaktionen mit dem Antigen als Agglutination, Präzipitation, Cytolyse oder Neutralisierung eines Toxins sinnfällig in Erscheinung treten. Im Grunde genommen ist es auch nicht die Benennung des Antikörpers, welche die Stellungnahme beeinflußt, sondern die Erwägung, ob das Antigen Gelegenheit hat, auf den Menschen oder eine bestimmte Tierspezies immunisierend einzuwirken; sind die Chancen solcher Kontakte sehr groß, so wird die Entstehung der Antikörper infolge von exogenen immunisierenden Impulsen als sicher oder sehr wahrscheinlich betrachtet, auch wenn manche Umstände dagegen sprechen. Die spontane Genese wird nur zugestanden, wenn zwingende Gründe vorliegen, und auch dann wird der Versuch gemacht, die andere Erklärung irgendwie zur Geltung zu bringen. In Anbetracht dieser Sachlage kann eine generelle Darstellung des Themas nur begrenzten Wert haben und muß durch die spezielle Prüfung der Entstehung der verschiedenen Typen natürlicher Antikörper ergänzt werden.

A. Die Isoagglutinine.

a) Die Isoagglutinine im Blutserum des Menschen.

α) Die Isoagglutinine des A-B-Systems.

Bekanntlich unterscheiden wir 4 Hauptgruppen der Menschen, nämlich

O α β
A β
B α und
A B θ

Die großen lateinischen Buchstaben bezeichnen die gruppenspezifischen Substanzen der Erythrocyten, die Isoagglutinogene, die kleinen griechischen Lettern die Isoagglutinine. Von den gruppenspezifischen Substanzen wissen wir, daß sie sich als Rassenmerkmale nach den MENDELschen Gesetzen vererben. Nach der Theorie von F. BERNSTEIN (1925) liegen dem Erbgang 3 allelomorphe Gene A, B und O zugrunde, wobei A und B über O dominieren. Da jede Keimzelle nur eines dieser 3 Gene enthalten kann, müssen sich aus der freien Kombination der 3 möglichen Arten von Spermien mit den 3 möglichen Arten von Eizellen 6 Genotypen ergeben, die sich infolge der Dominanz von A und B über O auf 4 Phänotypen reduzieren. Die Tab. 3 [aus A. S. WIENER (1945, S. 180) entlehnt] veranschaulicht die Hypothese von BERNSTEIN.

Tab. 3. Vererbung der Isoagglutinogene nach BERNSTEIN.

Phänotypen	Genotypen	
	Homozygot	Heterozygot
A B		A B
A	A A	A O
B	B B	B O
O	O O	

Ob die Hypothese von BERNSTEIN richtig ist oder eine der beiden anderen Theorien, welche nur zwei allele Gene A und B annehmen, ist für die folgenden Überlegungen vorerst nicht von Belang. Jedenfalls besteht kein Zweifel, daß die Isoagglutinogene der Kinder eines Elternpaares erblich bedingt und nach der Entstehung der Zygote unabänderlich fixiert sind; die Faktoren, welchen sie ihre Entstehung verdanken, sind potentiell vor der Existenz des Individuums, bzw. vor der Befruchtung der Eizelle, aus welcher sich das Individuum entwickelt, bereits vorhanden. Wenn wir aber einen Blick auf die vollständigen Symbole der vier Hauptgruppen werfen, sehen wir sofort, *daß diese Aussage offenbar auch für die Isoagglutinine gilt.* Enthalten die Blutkörperchen A, so ist im Serum — von der ersten Zeit nach der Geburt abgesehen — stets auch das Agglutinin für B-Erythrocyten (β) vorhanden, und in derselben Weise sind B und α, O und α, β, A B und das Fehlen beider Agglutinine zwangsläufig assoziiert. Dieser Tatbestand läßt sich in zwei Aussagen zerlegen: Erstens in die negative Feststellung, daß im Blute eines Individuums A und α, B und β und A B und α oder β nie koexistieren (*Fehlen der inkompatiblen Isoagglutinine*), und zweitens in die positive Feststellung, daß das Agglutinin, welches mit den gruppenspezifischen Substanzen der Erythrocyten nicht reagieren kann, stets vorhanden ist (*Konstanz der kompatiblen Isoagglutinine*).

Die Abwesenheit der inkompatiblen Agglutinine hat man darauf zurückzuführen versucht, daß sie von den gruppenspezifischen Substanzen der Blutkörperchen nach Maßgabe ihrer Entstehung fortlaufend gebunden (abgesättigt), in eine nichtnachweisbare (maskierte) Form übergeführt und schließlich eliminiert werden. Ein Mensch der Blutgruppe A würde zum Beispiel nicht nur β-Agglutinin, sondern auch das unverträgliche α-Agglutinin produzieren, das aber durch die unerschöpflichen Massen der A-Substanz beständig in dosi refracta adsorbiert und auf eine (durch die Fraktionierung dieser Reaktion) unschädliche Weise neutralisiert wird. Diese sogenannte *Bindungshypothese* wurde von zahlreichen Spezialforschern gebilligt und sogar zum Ausgangspunkt weitergehender Folgerungen gemacht, „da sie zeigt, daß ein Iso-, bzw. Autoantikörper auch dann vorkommen kann, wenn sein Nachweis mit den üblichen Methoden nicht zu erbringen ist, und weiterhin, daß inkompatible Antikörper durch spezifische Bindungsvorgänge neutralisiert, bzw. inaktiviert werden können" [C. HALLAUER (1946)]. Es ist jedoch eine eigenartige Vorstellung, daß im biochemischen Betrieb des Organismus zeitlebens ein Agglutinin, d. h. ein spezifisches Globulin, synthetisiert wird, nur um kontinuierlich an ein in den Erythrocyten vorhandenes Antigen gebunden und dadurch unschädlich gemacht zu werden. Fehlt der Nachweis sowohl für die Produktion eines solchen Globulins wie für ihre Ursache und vermag man auch seine Bindung an Erythrocyten nicht festzustellen, so wird man anderen Erklärungsversuchen, die nicht so stark mit „antibiologischen" Voraussetzungen belastet sind, den Vorzug geben. Auch ist es nicht die Abwesenheit der inkompatiblen Agglutinine, welche eine Motivierung geradezu herausfordert, sondern die Tatsache, *daß die verträglichen Agglutinine stets gefunden werden.*

F. BERNSTEIN (1925) suchte einen Ausweg in der Annahme, daß jeder Mensch sowohl α- als auch β-Agglutinin bildet, eine Annahme, die phänologisch in der Existenz der Gruppe O α β begründet war; denn hier fehlen A und B und dementsprechend sind immer α und β vorhanden. Um das Fehlen der inkompatiblen Agglutinine in den drei anderen Hauptgruppen mit der präzisierten Annahme in Einklang zu bringen, mußte BERNSTEIN zur Bindungshypothese greifen, deren Wesen bereits besprochen wurde. Wenn jedoch jeder Mensch beide Agglutinine nicht nur produzieren kann, sondern de facto lebenslänglich produziert, würde eine Leistung vorliegen, welche, da sie allen Menschen gemeinsam ist und immer realisiert wird, ein *Artmerkmal* darstellt, *welches den* MENDEL*schen Gesetzen, bzw. dem Mechanismus der Mixovariation nicht unterstellt ist — in striktem Gegensatz zum Erbgang der gruppenspezifischen Substanzen der Erythrocyten.* Dieser Tendenz, der Vererbung der Isoagglutinogene einen anderen Mechanismus zuzuschreiben als der Vererbung der Isoagglutinine, begegnet man auch bei L. HIRSZFELD (1926) und O. THOMSEN (1927, 1929, 1930) macht, ähnlich wie BERNSTEIN, eine „Artfunktion" für das Auftreten der Isoagglutinine verantwortlich.

Durch die Hypothese von BERNSTEIN wird die *immunisatorische* Entstehung der Isoagglutinine *unter natürlichen Bedingungen* theoretisch ausgeschaltet. Nach BERNSTEIN produziert der Mensch diese Immunglobuline kraft seiner Artzugehörigkeit, ohne daß Antigenreize den Anstoß geben, so wie er eben andere Globuline, Albumine, Fibrinogen usw. synthetisiert. Wenn also ein Individuum der Blutgruppe A fortlaufend das inkompatible α-Agglutinin bildet, könnte man dieses, da das zugehörige Antigen im gleichen Organismus vorhanden ist, zwar als einen Autoantikörper bezeichnen, aber nicht als einen Autoantikörper, der durch Autoimmunisierung entsteht, sondern als ein Produkt des Eiweißstoffwechsels, das zufälligerweise eine Affinität zu einem auf andere Weise entstandenen Isoagglutinogen besitzt. Der *Zusammenhang zwischen den Isoagglutininen und den Isoagglutinogenen erscheint auf diese Weise völlig zerrissen,* obzwar sich niemand beim Anblick der Blutgruppenbilder des Eindruckes erwehren kann, daß ein Zusammenhang bestehen dürfte.

Von solchen Erwägungen offensichtlich beeinflußt ist die von F. SCHIFF und L. ADELSBERGER (1924) formulierte *„Autoimmunisierungshypothese"*. Sie geht von der Möglichkeit aus, daß Menschen der Blutgruppe A neben einem an Menge oder antigener Aktivität dominierenden Faktor A eine minimale Quantität B besitzen, welche serologisch nicht nachgewiesen werden kann, die aber genügt, um die Entstehung von β-Agglutinin durch Autoimmunisierung zu bewirken; dieses Agglutinin soll sich im Serum halten, weil die kleine B-Komponente massenmäßig nicht imstande wäre, dasselbe durch Adsorption zu binden. Was für B gilt, muß, wenn die Hypothese richtig ist, auch für A gelten, d. h. A müßte durch Autoimmunisierung ebenfalls den korrespondierenden Antikörper, das α-Agglutinin, bilden, welches aber durch den großen Vorrat an A in den Erythrocyten komplett neutralisiert würde. Das Schema ließe sich sinngemäß auch auf die Blutgruppen B α und A B θ anwenden, wurde aber in Ermangelung einer experimentellen Begründung abgelehnt [s. V. FRIEDENREICH (1931)]. Es ist übrigens auch vom rein theoretischen Standpunkt anfechtbar. Die Vorstellung, daß im Blute eines Menschen der Blutgruppe A β gerade nur soviel von der gruppenspezifischen Substanz B vorhanden ist, um eine kräftige Produktion von Anti-B (β) anzuregen, aber nicht genug, um das entstehende Anti-B zu binden, ist nicht nur unwahrscheinlich, sondern läßt ganz außer acht, daß der hypothetische geringere Faktor B das ganze Leben hindurch vorhanden sein müßte und nicht nur in dem Moment, in welchem die „Autoimmunisierung" in Gang gebracht wird, wie auch anderseits, daß das Anti-B beständig im Blute zirkuliert.

Von T. Furuhata (1927) stammt eine andere hypothetische Variante, welche sich dadurch auszeichnet, *daß sie besondere Gene für die Entstehung der Isoagglutinine annimmt.* Nach dieser Theorie wird die phänotypische Blutgruppenzugehörigkeit durch 4 Gene reguliert:

Gen A bewirkt die Bildung der gruppenspezifischen Substanz A,
,, a läßt das α-Agglutinin erscheinen,
,, B bestimmt die Synthese des Agglutinogens B und
,, b das Erscheinen des β-Agglutinins.

Es wird ferner angenommen, daß A über a und B über b dominiert und daß die 4 Gene 3 Paare (A b), (a B) und (a b) bilden, und zwar derart, daß die beiden Gene jedes Paares fest miteinander verkuppelt sind, so daß sich die Paare nur als Ganzes vererben können. Die 3 Genepaare entsprechen den Genen A, B und O der Bernsteinschen Theorie und müssen daher im Erbgang dieselben Phänotypen liefern, wie aus dem Vergleich der Tab. 3 mit der Tab. 4 ersichtlich ist.

Tab. 4. Vererbung der Blutgruppen nach Furuhata.

Phänotypen	Genotypen	
	Homozygot	Heterozygot
O	(a b) (a b)	
A	(A b) (A b)	(A b) (a b)
B	(a B) (a B)	(a B) (a b)
A B		(A b) (a B)

Nach der Hypothese von Furuhata werden keine inkompatiblen Agglutinine produziert, die Bindungshypothese und alle Kombinationen, welche Autoimmunisierungen zu Hilfe nehmen, entfallen und die Vererbung der gruppenspezifischen Substanzen und der Isoagglutinine wird auf das gleiche Prinzip zurückgeführt; durch ihren harmonischen Aufbau und ihre Geschlossenheit überragt sie die Theorie von Bernstein. Sie ist aber auf die Voraussetzung aufgebaut, daß die Blutgruppe O α β lediglich negativ, nämlich durch das Fehlen von A und B charakterisiert ist, daß also dem Symbol O keine gruppenspezifische Substanz (kein spezielles Agglutinogen) entspricht; sie ist ferner ein starres System, in welchem die Agglutinogene A und B und die Agglutinine α und β (in der Tab. 4 a und b) als die einzigen, einheitlichen und invariablen Reaktionskomponenten vertreten sind. Es konnte aber, wie spätere Untersuchungen gelehrt haben, weder die Auffassung von O als „Nullantigen“ noch die Einheitlichkeit von A, B, α und β aufrechterhalten werden[1].

αα) *Das O-Antigen als gruppenspezifische Substanz und das Anti-O-Agglutinin.* Ebensowenig wie sich A und B durch chemische Analysen voneinander unterscheiden lassen, kann die Existenz einer gruppenspezifischen O-Substanz auf diesem Wege bewiesen werden [K. LANDSTEINER und HARTE (1940, 1941)]. Es gibt zurzeit nur ein Mittel, um hier zum Ziele zu gelangen: man muß Sera ausfindig machen, welche Blutkörperchen der Gruppe O elektiv agglutinieren. Das ist bisher auf dreifache Art möglich gewesen:

1. Unter Individuen, welche den Subgruppen (s. S. 85) A_1B oder A_1, seltener der Blutgruppe B, angehören, findet man einzelne Personen, deren Sera die Erythrocyten aller Menschen der Blutgruppe O agglutinieren. Der Anti-O-Titer dieser Sera ist in der Regel niedrig; sie sollen aber nach P. DAHR (1947) streng auf den gruppenspezifischen Anteil der O-Substanz eingestellt sein. Mit dem artspezifischen Anteil des O[2] können sie nicht reagieren, da es sich um Menschensera handelt und der Mensch nach der EHRLICHschen Regel vom „horror autotoxicus“ keinen Antikörper gegen ein artspezifisches Antigen zu bilden vermag (vgl. hiezu Punkt 2).

2. Im *normalen Serum mancher Tierarten* läßt sich ein O-Agglutinin gelegentlich, d. h. bei einzelnen Individuen, nachweisen. Über die ersten positiven Resultate mit normalem Rinderserum konnten F. SCHIFF (1927) sowie E. WITEBSKY und OKABE (1927) zur selben Zeit berichten. PETER DAHR (1938, 1939), der seine Untersuchungen auf andere Normalsera ausdehnte, fand O-Agglutinine in 16 % bei Rindern, 5,7 % bei Hunden, 3 % bei Schweinen, 1,3 % bei Schafen, 7,6 % bei Katzen, aber nie bei Meerschweinchen oder Pferden. Auch sollen normale Kaninchensera,

[1] In einer Notiz von A. S. WIENER (1945, S. 194) wird außerdem vermerkt, daß untrennbare Genekoppelungen, wie sie von FURUHATA angenommen wurden, von den Genetikern in der Regel als multiple Auswirkungen einzelner Gene gedeutet werden.

[2] Unter „artspezifisch“ hat man hier nicht jene Eigenschaft zu verstehen, welche die Unterschiede der Menschenblutkörperchen von den Erythrocyten der Tiere bedingt. Der Ausdruck bezieht sich vielmehr auf die Hypothese von L. HIRSZFELD (1934), derzufolge alle Menschenblutkörperchen, ohne Rücksicht auf ihre Gruppenzugehörigkeit, eine bindende O-Komponente, wenn auch in verschiedenem Ausmaße, enthalten, die man im Sinne dieser Hypothese als einen (nichtgenotypisch veranlagten) „Artrezeptor“ bezeichnen kann. Das Adjektiv „artspezifisch“ — das allerdings mißverstanden werden kann — markiert nur den Gegensatz zu einer zweiten gruppenspezifischen genotypisch veranlagten Komponente der O-Substanz, deren Existenz P. DAHR nachzuweisen bemüht ist.

ebenso wie normale Ziegensera, stets negative Befunde geben. Die negativen Angaben wurden jedoch, soweit sie Kaninchen, Pferde und Ziegen betreffen, von J. SCHMIDT-SCHLEICHER (1940) auf Grund eigener ausgedehnter Nachprüfungen bestritten. Die O-Agglutinine der normalen Tiersera haben meist nur einen niedrigen Titer, d. h. sie agglutinieren in der Regel nur in höheren Konzentrationen menschliche Erythrocyten, und zwar nicht nur solche der Blutgruppe O, sondern auch Erythrocyten anderer Blutgruppen, meist allerdings in geringerem Grade, mit Ausnahme der Erythrocyten der Subgruppe A_2, die sich zuweilen in gleichem Grade agglutinabel erweisen wie O-Erythrocyten.

Mit Hilfe eines O-agglutinierenden normalen Rinderserums sucht neuerdings PETER DAHR (1947) die inhomogene Beschaffenheit der O-Substanz, d. h. ihre Zusammensetzung aus einer artspezifischen und einer gruppenspezifischen Komponente wahrscheinlich zu machen. Das Serum wurde zuerst mit O-Blutkörperchen titriert, hierauf mit A_2B absorbiert und neuerdings titriert; darauf erfolgt eine zweimalige Nachadsorption mit A_2B-Erythrocyten. Die Resultate der Titrierungen sind der Tab. 5 zu entnehmen.

Tab. 5. Absorption des O-Agglutinins aus normalem Rinderserum durch A_2B-Erythrocyten des Menschen.

Verdünnungen des Serums	Normales Rinderserum titriert gegen menschliche O-Erythrocyten: nicht absorbiert	nach der 1. Absorption mit A_2B-Erythrocyten	nach der 1. Nachabsorption mit A_2B	nach der 2. Nachabsorption mit A_2B
1	+++	+++	+++	+++
2	+++	+++	+++	++
4	+++	++	+	+
8	+++	+	±	—
16	++	—	—	—
32	+	—	—	—
64	+	—	—	—

Der Kommentar, den DAHR a. a. O. zu diesem Versuch gibt, stellt fest, erstens, daß die Titererniedrigung durch die erste Absorption mit A_2B hinreichend groß ist, um als spezifische Absorption bewertet zu werden; zweitens, daß nicht das ganze O-Agglutinin aus dem Rinderserum eliminiert wird, sondern nur ein Teil und daß dieser Teil nicht gruppenspezifisch sein kann, weil im Genotypus der Blutgruppe A_2B der Erbfaktor für O (nach der BERNSTEINschen Theorie) nicht enthalten ist; drittens, daß Nachabsorptionen mit A_2B den Agglutinintiter nicht mehr deutlich zu reduzieren imstande sind und viertens, daß man den nach der Absorption noch verbleibenden Rest von O-Agglutinin durch Absorption an O-Erythrocyten entfernen kann (was aus obiger Tabelle, bzw. aus dem Versuchsprotokoll von DAHR nicht zu entnehmen ist, aber im Texte der Publikation von DAHR angegeben wird). Dieser Rest würde mit der gruppenspezifischen Komponente der O-Substanz identisch sein, die genotypisch bedingt ist und daher nur in den Erythrocyten von der Erbformel OO oder in den Erythrocyten der heterozygoten Genotypen AO und BO vorhanden sein kann, nicht aber in den Erythrocyten von Individuen, welche den Genotypen AA, BB oder AB oder auch A_1B und A_2B (vgl. Tab. 6) angehören.

Im Hinblick auf die wichtigen Schlußfolgerungen, welche P. DAHR aus seinen Versuchen mit O-agglutinierendem Rinderserum ableitet, wäre eine überzeugendere Begründung, als sie in der Tab. 5 zum Ausdruck kommt, erwünscht. Die nicht ganz befriedigenden Befunde hängen wohl mit der Schwierigkeit zusammen, Normalsera von höherem Titer ausfindig zu machen, zum Teil wohl auch mit der unsicheren Abgrenzung der verschiedenen Grade des Reaktionsausfalles.

3. M. v. EISLER (1930, 1931) immunisierte Ziegen mit durch Formol abgetöteten Shigaschen Dysenteriebazillen und erhielt ein Antiserum, welches nicht nur Shiga-Bazillen, sondern auch menschliche Erythrocyten aller Blutgruppen, nicht aber Hammelblutkörperchen agglutinierte. Die agglutinierende Wirkung solcher Antisera auf Menschenerythrocyten wurde von K. LANDSTEINER und LEVINE (1930 a), K. LANDSTEINER (1931), F. SCHIFF (1934), L. HIRSZFELD und KOSTUCH (1938) bestätigt, wobei sich herausstellte, daß die O-Erythrocyten und die Erythrocyten der Subgruppe A_2 in der Regel, aber nicht ausnahmslos [J. SCHMIDT-SCHLEICHER (1940)] stärker agglutiniert werden als menschliche Erythrocyten anderer Blutgruppen. Solche Anti-Shiga-Ziegensera können, im Gegensatz zu den sub 1 und 2 erwähnten Normalsera, einen hohen Titer (1 : 500 bis 1000) erreichen und eignen sich dann besser für vergleichende Untersuchungen der Agglutinabilität von Menschenerythrocyten verschiedener Blutgruppen. Absorbiert man ein Anti-Shiga-Ziegenserum mit den Shiga-Bazillen, auf welche es agglutinierend wirkt, so werden nicht nur die Bakterienagglutinine, sondern auch die Hämagglutinine gebunden. Dagegen vermögen Shiga-Bazillen das O-Agglutinin aus einem normalen Rinderserum oder einem normalen Menschenserum nicht zu fixieren [F. SCHIFF (1934), M. v. EISLER (1930)]. Ferner hat M. v. EISLER 1930 festgestellt, daß man aus einem Anti-Shiga-Ziegenserum durch Absorption an Menschenerythrocyten nur die gegen diese gerichteten Hämagglutinine, aber nicht die Agglutinine für Shiga-Bazillen entfernen kann, während, wie oben erwähnt, Shiga-Bazillen beide Partialagglutinine binden; der Absorptionsversuch mit Shiga-Bazillen ist somit nicht reziprok. Das Anti-Shiga-Ziegenserum und seine Eigenschaften sollen noch in einem anderen Zusammenhange diskutiert werden.

Kurze Zeit, nachdem die vorstehenden Ausführungen über „das 0-Antigen als gruppenspezifische Substanz und das Anti-0-Agglutinin" zum Druck abgeschickt worden waren, erschien eine Publikation von W. T. J. MORGAN und W. M. WATKINS (1948), welche eine in grundsätzlichen Fragen abweichende Auffassung über das genannte Thema entwickelt, die, wenn auch keineswegs völlig spruchreif, doch serologisch so weit begründet ist, daß sie an dieser Stelle (s. auch S. 93 f.) besprochen werden muß.

Nach W. T. J. MORGAN und W. M. WATKINS wirken die normalen Tiersera, die Anti-Shiga-Sera von Ziegen und die Immunsera von Kaninchen nicht auf die O-Substanz, worunter man einen Stoff zu verstehen habe, der so wie die Faktoren A und B das Produkt eines besonderen Gens, des O-Gens sein müßte, sondern auf ein heterogenetisches Antigen, das zwecks Vermeidung von Verwechslungen mit dem Buchstaben „H" bezeichnet werden sollte. Die Sera, welche mit diesem H (abgeleitet von „heterogenetisch") reagieren, wären daher unter dem Titel „*Anti-H-Sera*" zusammenzufassen. Die sogenannte O-Substanz, welche von H. SASAKI (1932) im Speichel, von E. WITEBSKY und N. C. KLENDSHOJ (1941) im Magenschleim, von W. T. J. MORGAN und R. VAN HEYNIGEN (1944) in pseudomucinösen Ovarialcysten festgestellt und von W. T. J. MORGAN und WADDELL (1945) als ein der A- und B-Substanz sehr ähnliches Mucoid charakterisiert wurde, war nach MORGAN und WATKINS nichts anderes als die ubiquitäre H-Substanz und nicht das wahre Produkt eines O-Gens. Der beste Beweis, daß die H-Substanz vom genotypisch bedingten O-Faktor verschieden sein muß, sei die Tatsache, daß Individuen mit der Blutformel A_1B, welchen das O-Gen fehlen muß, in ihrem Speichel nicht nur A- und B-Substanz in wasserlöslicher Form ausscheiden, sondern auch die fälschlich sogenannte O-Substanz, deren Anwesenheit im Sekret unverständlich wäre, wollte man sie als das Realisationsprodukt eines Gens auffassen, da dieses in der Erbformel A_1B nicht vorhanden sein kann.

Wie man ohne weiteres erkennt, sind diese Ansichten enge verwandt mit dem von PETER DAHR (1947) vertretenen Standpunkt, daß die O-Substanz der menschlichen Erythrocyten eine inhomogene Beschaffenheit hat und sich aus einem in allen Blutkörperchen vorhandenen, nicht-genotypisch bedingten „Artreceptor" und einer genotypisch veranlagten Komponente zusammensetzt, die nur in Erythrocyten von der homozygoten Erbformel 00 oder den heterozygoten Erbformeln AO oder BO, nicht aber in Erythrocyten von Individuen vorhanden sein kann, welche den Genotypen AA, BB, A_1B oder A_2B entsprechen. DAHR suchte aber den Antikörper gegen das erbbedingte (genotypische) O durch Adsorption von normalem Rinderserum mit A_2B-Erythrocyten zu isolieren (s. S. 80 bis 82), was nach MORGAN und WATKINS nicht möglich sein kann, da das normale Rinderserum nur einen Anti-H-Antikörper, aber kein wahres Anti-O enthält.

Nach MORGAN und WATKINS lag bis 1948 überhaupt kein direkter Beweis für die Existenz eines durch ein besonderes Gen bedingten O-Faktors vor. Erst in diesem Jahre wurden von K. BOORMAN, B. DODD und B. E. GILBEY (1948) bei einigen wenigen Menschen Sera gefunden, welche O-Erythrocyten agglutinierten, sich aber von allen bisher bekannten tierischen und menschlichen Sera, welche diese Fähigkeit besaßen, dadurch unterschieden, daß die Agglutination durch die fälschlich sogenannten O-Substanzen nicht gehemmt werden konnte, während die sogenannten O-Agglutinationen, welches normales Rinderserum, Anti-Shiga-Ziegenserum usw. hervorrufen, komplett gehemmt werden. Die tatsächlichen Angaben von BOORMAN und seinen Mitarbeitern wurden von MORGAN und WATKINS nachuntersucht und bestätigt. Sonach wäre bisher das einzige Reagens, mit welchem das wahre (genotypisch bedingte) O nachgewiesen werden kann, ein Menschenserum, das O-Erythrocyten agglutiniert, und zwar so, daß die Reaktion durch die H-Substanz nicht gehemmt wird.

Über die chemischen und physikalischen Eigenschaften der Substanzen A, B und H hatte MORGAN (1947) erst kürzlich einen ausführlichen zusammenfassenden Bericht erstattet. Danach sind diese drei Substanzen einander außerordentlich ähnlich und da sich unter den gemeinsamen Charakteren auch solche vorfanden, welche ganz besonderer Art waren, schien es gerechtfertigt, auf eine identische Struktur zu schließen; die Differenzen bestehen wahrscheinlich nur in der Gegenwart oder Abwesenheit kleiner Gruppen oder in der stereochemischen Konfiguration von gemeinsamen Gruppen. Diese chemisch-physikalische Verwandtschaft kommt aber auch serologisch zum Ausdruck. L. HIRSZFELD und R. AMZEL (1940a) hatten gefunden, daß die Agglutinabilität durch ein Anti-A- und ein Anti-H-Serum eine additive Funktion mit konstanter Summe darstelle, und MORGAN und WATKINS bestätigen, daß zwischen der Agglutination durch Anti-A oder Anti-B und Anti-H ein reziprokes Verhältnis zu konstatieren ist, indem Erythrocyten, welche durch Anti-A oder Anti-B stark agglutiniert werden, nur schwache Reaktionen mit Anti-H geben, und umgekehrt. Ferner reagiert ein Anti-H-Serum mit Erythrocyten von der Formel A_2 oder A_2B, so daß auch hier eine Beziehung zwischen dem ubiquitären H und einem erbbedingten Blutkörperchenfaktor aufscheint. Wie sich MORGAN und WATKINS mit dem Widerspruch abfinden, daß das heterogenetische H, das nicht als Realisationsprodukt eines Erbfaktors gelten soll, chemisch und serologisch mit den erbbedingten (genotypischen) Blutgruppenfaktoren in so enger chemischer und serologischer Relation stehen soll, wird im nächsten Kapitel erörtert werden.

In manchen Fällen wurden Menschensera, welche das wahre (durch die H-Substanz nicht hemmbare) Anti-O-Agglutinin enthielten, durch Ovarialcystenflüssigkeit antagonistisch beeinflußt. MORGAN und WATKINS neigen daher der Annahme zu, daß die genotypische O-Substanz analog wie A und B auch in wasserlöslicher Form existiert und, allerdings in meist weit geringerer Konzentration, sezerniert wird. Danach wurde der Ovarialcysteninhalt in den bisher untersuchten Proben neben großen Mengen H geringe Quanten O enthalten können, ein Mißverhältnis, welches im Verein mit der chemisch-physikalischen Ähnlichkeit der beiden Stoffe die Isolierung von reinem O erheblich erschweren muß. MORGAN und WATKINS hoffen jedoch, dieses Problem lösen zu können und durch Immunisierung mit dem reinen O ein kräftig wirkendes Reagens, d. h. ein Anti-O-Serum von hohem Titer zu gewinnen (s. S. 93), welches mehr leistet als die seltenen Anti-O-Sera von Menschen. Diese Erwartung wird aus der Hypothese abgeleitet, daß sich das H durch aufeinanderfolgende gleichsinnige Mutationen in O umsetzt; kann man Individuen finden, in welchen die Mutation komplett, d. h. alles H in O umgewandelt ist, so wäre das Ziel erreicht (s. S. 94).

ββ) *Die Varianten der A-Substanz und ihre biologische Deutung* (L. HIRSZFELD). Die Einheitlichkeit der A-Substanz hatten E. v. DUNGERN und L. HIRSZFELD schon im Jahre 1911 in Frage gestellt. Sie fanden, daß die Sera von Individuen der Gruppe B (α) durch die Absorption mit Erythrocyten der Gruppen A oder AB zwar immer ihre agglutinierende Wirkung auf die zur Absorption verwendeten Erythrocyten einbüßten, aber die Fähigkeit bewahren, die Erythrocyten anderer Menschen dieser zwei Gruppen zu verklumpen. Sie schlugen daher eine Unterteilung der Gruppe A in A und a vor, Bezeichnungen, die von K. LANDSTEINER und LEVINE (1929, 1930b) zweckmäßig in A_1 und A_2 abgeändert wurden. Das von LANDSTEINER und LEVINE 1927 inaugurierte und von diesen und anderen Autoren fortgesetzte Studium des Erbganges dieser Subgruppen veranlaßte O. THOMSEN, FRIEDENREICH und WORSAAE (1930 a, b), das BERNSTEINsche Schema (s. S. 76) zu erweitern, indem sie statt der 3 Gene BERNSTEINS 4 allelomorphe Gene A_1, A_2, B und O annehmen, wobei A_1, A_2 und B über O und A_1 über A_2 dominieren mußte. Die Geno- und Phänotypen, die sich aus dieser Hypothese ergeben, sind in Tab. 6 zusammengestellt.

Tab. 6. Vererbung der Blutgruppen und der Subgruppen A_1 und A_2 nach THOMSEN, FRIEDENREICH und WORSAAE.

Phänotypen	Genotypen	
	Homozygot	Heterozygot
O	O O	
A_1	$A_1 A_1$	A_1 O und $A_1 A_2$
A_2	$A_2 A_2$	A_2 O
B	B B	B O
A_1 B		A_1 B
A_2 B		A_2 B

Ob der tatsächliche Erbgang der Hypothese entspricht, kann natürlich wie bei jedem anderen Schema nur in der Weise ermittelt werden, daß man die Blutgruppen möglichst zahlreicher Elternpaare und ihrer Kinder, soweit deren legitime Abstammung mit hinreichender Sicherheit angenommen werden kann, feststellt, und prüft, ob sich in den Listen Kombinationen vorfinden, welche mit der Theorie unvereinbar sind und in welchem Verhältnis sie zur Zahl der Kombinationen stehen, welche die Theorie zu bestätigen scheinen. Nach den von A. S. WIENER (1945, S. 120) gesammelten Beobachtungen mehrerer Spezialisten, welche 1068 Familien umfaßten, hat die Hypothese von THOMSEN, FRIEDENREICH und WORSAAE diese Probe in solchem Ausmaß bestanden, daß die kleine Zahl von Berichten über Unstimmigkeiten auf die illegitime Abstammung der Kinder zurückgeführt werden durfte.

Mit der Aufspaltung des ursprünglich als einheitlich aufgefaßten Faktors A in A_1 und A_2 kam jedoch der Differenzierungsprozeß nicht zum Abschluß. Die nächste Etappe war die Aufstellung einer dritten Variante A_3 durch W. FISCHER und F. HAHN (1935) und durch V. FRIEDENREICH (1936, 1937a). A_3 ist dadurch charakterisiert, daß es auch mit Anti-A-Sera von hohem Titer nur schwach reagiert. Da sich auch diese Variante als erblich erwies, nahm FRIEDENREICH ein fünftes allelomorphes Gen A_3 an, das nach seinen Beobachtungen ebenso wie A_1 und A_2 über O dominierte, gegenüber A_1 und A_2 jedoch rezessiv war. Zu den 6 Phänotypen der Tab. 6 würden auf diese Weise A_3 und A_3B hinzutreten; sie sind zwar selten, konnten aber doch von FRIEDENREICH in großen, mehrere tausend Personen umfassenden Untersuchungsreihen einige Male beobachtet werden. Daß auch mit der Anerkennung von A_3 die Variabilität des A-Faktors nicht erschöpft ist, geht aus neueren Publikationen von V. FRIEDENREICH (1937b), L. HIRSZFELD und R. AMSEL (1940), A. GAMMELGAARD und P. V. MARCUSSEN (1940) u. a. hervor, welche für die Existenz der Varianten A_4 und A_5 sprechen. Bei der routinemäßigen Untersuchung von 60.000 Blutproben wurde A_4 nur in einem Falle (A_3 in 22 Fällen) nachgewiesen. GAMMELGAARD und MARCUSSEN konnten aber über eine Familie von 64 Mitgliedern berichten, von welchen 24 die Variante A_4 besaßen, und in dieser Familie war „der Erbgang genau so, wie man ihn theoretisch bei dem Vorkommen eines vierten allelomorphen A-Gens, das von A_1 und A_2 dominiert wird, erwarten würde".

In welchem biologischen Zusammenhang die Varianten der A-Substanz stehen, suchte L. HIRSZFELD durch eine Theorie zu erklären, welche er in einer Reihe von Arbeiten [L. HIRSZFELD und Z. KOSTUCH (1938), woselbst auch weitere Literaturangaben] entwickelt und in einer seiner letzten Publikationen [L. HIRSZFELD (1947)] nochmals übersichtlich dargestellt hat.

Anti-Shiga-Sera von der Ziege (s. S. 82) wirken nach den Beobachtungen von HIRSZFELD auf menschliche Erythrocyten, welche verschiedenen Gruppen und Subgruppen angehören, in verschiedenem Grade agglutinierend ein, so daß man eine Reihe von der Form

$$O > A_2 > B > A_1$$

anschreiben kann, in welcher die Agglutinabilität der Erythrocyten von links nach rechts abnimmt. HIRSZFELD schließt daraus, erstens, daß der als O bezeichnete Faktor nicht ein „Nullantigen“ sein kann, wie man sich früher auszudrücken pflegte, sondern ebenso wie A und B eine vom artspezifischen Antigen aller Menschenerythrocyten verschiedene Substanz sein müsse, und zweitens, daß das Anti-Shiga-Ziegenserum einen quantitativen Indikator für den O-Gehalt der Menschenerythrocyten darstellt, welcher also in der obigen Reihe von links nach rechts abnehmen würde, und zwar in folgendem Maßstab: wenn beispielsweise O-Erythrocyten noch durch eine 400fache Verdünnung des Anti-Shiga-Serums agglutiniert werden, A_1-Erythrocyten bloß bis zur Grenzverdünnung 1:50, würden diese achtmal weniger O-Substanz enthalten oder, da angenommen wird, daß das Antiserum eben nur auf O spezifisch eingestellt ist, 12,5% von den 100% der O-Erythrocyten. In Verfolgung der BERNSTEINschen Idee, daß O, A und B durch Mutation aus einem einzigen Gen hervorgegangen sind, nimmt nun HIRSZFELD an, daß dieser Vorgang nicht in einer einzigen Phase bis zu seinem idealen Ende ablaufen muß, sondern daß Übergangsformen entstehen. Wird O als Stammform angenommen, so würden die ersten Stadien der Umwandlung dadurch gekennzeichnet sein, daß sie O serologisch näherstehen als später gebildete Formen, daß sie also durch ein Anti-O-Serum stärker agglutiniert werden, somit mehr O-Substanz (s. oben) enthalten. Faßt man zunächst die Umwandlung von O in A ins Auge, so würden sich die festgestellten Varianten von A in eine Mutationsreihe von folgender Form einordnen lassen:

$$O \rightarrow A_5 \rightarrow A_4 \rightarrow A_3 \rightarrow A_2 \rightarrow A_1 \rightarrow A_c,$$

in welcher die O-Substanz von links nach rechts abnimmt, die A-Substanz in quantitativ gleichem Ausmaße zunimmt, bis endlich in der (hypothetischen) Endform die O-Substanz durch die A-Substanz komplett (A_c) verdrängt ist. Eine analoge Reihe konnte für den hypothetischen Übergang von O in B ermittelt werden, aber nur in der Weise, daß die verschiedene Agglutinabilität durch ein Anti-O-Serum als Indikator für die Existenz von Übergangsformen benutzt wurde; es fehlt jedoch in der Reihe O → B ein Moment, das in der A-Reihe — auch bei HIRSZFELD — eine große Rolle spielt, nämlich der Nachweis von scharf ausgeprägten Subgruppen, die sich auf genotypischer Grundlage vererben und anders zu bewerten sind als minder gut abgegrenzte Differenzen der Agglutinabilität, deren gesetzmäßige Vererbbarkeit nicht oder nicht ganz sicher nachgewiesen ist.

Daß im Serum der Menschen nur selten Agglutinine für Erythrocyten der Gruppe O auftreten, erklärt sich nach HIRSZFELD durch den Gehalt der fast immer vorhandenen Übergangsformen an O-Substanz; Antikörper, welche unter physiologischen Bedingungen mit zirkulierendem Antigen reagieren würden, werden nach einer allgemeinen Regel vermißt, weil sie entweder überhaupt nicht produziert oder sofort nach ihrer Entstehung absorbiert werden.

HIRSZFELD hat seine Theorie durch schematische Zeichnungen erläutert, von denen eine (seiner letzten Publikation entnommene) in etwas vereinfachter Form hier reproduziert wird (Abb. 6)

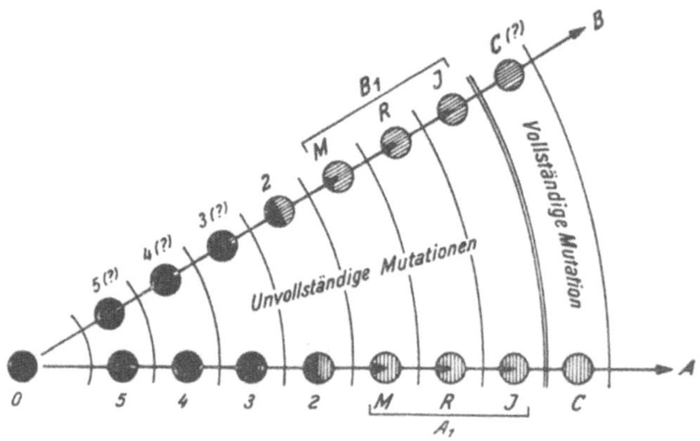

Abb. 6. Graphische Darstellung der Umwandlung von O in A und in B. Die Kreise stellen Erythrocyten dar, deren schwarz gefärbte Anteile der O-Substanz entsprechen; die senkrechte Schraffierung markiert die A-Substanz, die waagrechte die B-Substanz. Die Kreisbögen grenzen die von HIRSZFELD so genannten „Plejaden" ab, d. h. Blutkörperchen von gleichem O-Gehalt und von gleichem Verhältnis des O-Restes zur (durch Mutation neugebildeten) A-, bzw. B-Substanz. In dem abgebildeten Schema gehört beispielsweise die mit 2 bezeichnete Form auf der A-Linie in dieselbe Plejade wie die durch dieselbe Ziffer markierte Form auf der B-Linie.

Wenn es sich auch bloß um symbolische Darstellungen handelt, bringen sie doch die von HIRSZFELD in Worten ausgesprochene Vorstellung adäquat zum Ausdruck, daß sich die O-Agglutinabilität und die A-, bzw. B-Agglutinabilität, oder, was eben bei HIRSZFELD gleichbedeutend ist, *der Gehalt an O und A, bzw. an O und B zu einer konstanten Summe ergänzen.* Nach HIRSZFELD kann man den Gehalt der Erythrocyten an A- oder B-Substanz nicht nur negativ aus ihrer Agglutinabilität durch ein Anti-O-Serum erschließen, indem er — laut Hypothese — um so größer sein muß, je geringer die O-Agglutinabilität, d. h. der Gehalt an O-Substanz ist; *es steht vielmehr auch ein positives Kriterium in der*

Dominanz der späteren Übergangsformen über die vorausgehenden zur Verfügung. In der Mutationsreihe von O → A dominiert im Erbgang A_1 über A_2, A_2 über A_3 usf., in der Linie von O → B B_1 über B_2, wie auch sämtliche Übergangsformen über O dominieren. Legt man die Dominanzregel zugrunde, so wird man genötigt, eine größere Zahl von allelomorphen Genen anzuerkennen und die Unterteilung der Subgruppe A_1 in M, R und J beruht eben auf Beobachtungen, denen zufolge A_j über A_r, A_r über A_m und A_m über A_2 zu dominieren schien. In einem Anhang an die zitierte Publikation bemüht sich HIRSZFELD zu zeigen, daß sich manche Beobachtungen, welche auf Grund der anerkannten Vererbungstheorien unverständlich wären, auf einfache Weise durch die Dominanz höherer über niedrigere Plejaden erklären ließen, so eine Angabe von L. E. YOUNG und E. WITEBSKY (1945), daß aus einer Paarung eines Vaters der Gruppe B und einer Mutter der Gruppe A_2B ein Kind mit der Blutgruppenformel A_3B hervorging; HIRSZFELD denkt sich den Erbgang so, daß das B des Vaters einer höheren Plejade angehörte wie das der Mutter und daß es daher die A-Substanz des Kindes stärker unterdrückte. HIRSZFELD weist ferner darauf hin, daß sich seine Theorie auch auf das Verhalten des Rh-Faktors anwenden ließe.

Die Auffassung, daß ursprünglich beim Menschen nur der Faktor O vorhanden war und daß sich A und B erst später durch Mutation entwickelten [F. BERNSTEIN (1925, 1930), L. H. SNYDER (1926, 1930)], wird keineswegs von allen Autoren, welche sich mit diesem Problem befaßten, geteilt. Als Einwände wurden hauptsächlich geltend gemacht: erstens, daß sich die Agglutinogene A und B auch bei anthropoiden Affen nachweisen lassen und zweitens, daß die Gruppe O bei den Affenarten selten ist und daß von den Anthropoiden nur die Schimpansen O besitzen, während beim Menschen gerade die Gruppe O zahlenmäßig stark überwiegt, ein Gegensatz, der den Gedanken nahelegt, daß O durch Mutation erst entstand, als A und B bereits vorhanden waren, und dann sekundär das numerische Übergewicht erlangte, weil es infolge heterozygotischer Paarungen zu Isoimmunisierungen kam, welche zur allmählichen Ausmerzung von Nachkommen führte, deren Blutgruppen mit den Blutgruppen der Mütter inkompatibel waren. Indes sind die Meinungen über den Ursprung der Blutgruppen des Menschen so verschieden, daß die eben angeführten Einwände nicht mit der erforderlichen Sicherheit gegen die Theorie von HIRSZFELD geltend gemacht werden können. Auf Grund der von W. C. BOYD und L. G. BOYD (1937) an 5000 Jahre alten ägyptischen Mumien angestellten Untersuchungen kann man nur sagen, daß die A- und die B-Substanz schon in jener Zeit vorhanden war, und daß die mutative Umwandlung von O in A und B, wenn sie tatsächlich stattgefunden haben sollte, in prähistorische Epochen zurückverlegt werden müßte [vgl. hiezu A. S. WIENER (1945, S. 316 ff.)].

Die Schwäche der Theorie HIRSZFELDS beruht auf ihrer rein serologischen Begründung. Es stand allerdings kein anderer Weg zur Verfügung. Nach dem gegenwärtigen Stande unserer Kenntnisse sind die Isoagglutinogene der menschlichen Erythrocyten N-haltige Polysaccharide, welche sich der Hauptsache nach aus Galaktose und Hexosamin aufbauen; sie enthalten außerdem noch Stickstoff, der nicht auf Hexosamin bezogen werden kann, sondern von Aminosäuren herrührt, da die Ninhydrinprobe nach VAN SLYKE positiv ausfällt [K. LANDSTEINER und M. W. CHASE (1936), K. FREUDENBERG, O. WESTPHAL und P. GREENEWOUD (1936), W. F. GOEBEL (1938), K. LANDSTEINER und R. A. HARTE (1940, 1941)]. In den Erythrocyten und in den Organen stehen sie mit Lipoiden in Verbindung, welche ihre von F. SCHIFF und J. ADELSBERGER (1924) sowie von K. LANDSTEINER und J. VAN DER SCHEER (1925) festgestellte Extrahierbarkeit durch Alkohol bedingen.

LANDSTEINER und HARTE (1940, S. 560) sprachen die Vermutung aus, daß sich die Aminosäuren an den Spezifitätsdifferenzen beteiligen könnten. Man kenne sehr viele haptenoide Polysaccharide, welche hinsichtlich ihrer chemischen Struktur den Isoagglutinogenen, speziell der A-Substanz, nahestehen, und die große Zahl von Substanzen mit verschiedener serologischer Spezifität, welche für die Erythrocyten des Menschen sichergestellt ist, wäre verständlicher, wenn sich außer den Kohlehydraten auch Aminosäuren an der immunologischen Determinierung der Isoagglutinogene beteiligen würden. Ein wichtiges Experiment von W. T. J. MORGAN und S. M. PARTRIDGE (1940) läßt sich jedoch mit dieser Annahme nicht in Einklang bringen. Diese Autoren stellten nämlich aus einem nichtantigenen Polysaccharid, welches dieselbe Spezifität hatte wie die A-Substanz der Menschenerythrocyten, und dem somatischen Antigen der Shigaschen Dysenteriebazillen ein kräftig immunisierendes Komplexantigen her, welches ein Antiserum lieferte, das A-Erythrocyten in hohen Verdünnungen spezifisch agglutinierte. In diesem Falle war jedenfalls das Polysaccharid die spezifitätsbestimmende Determinante und das konjugierte bakterielle Protein wirkte sich nur insoferne aus, als es das Polysaccharid, welches im isolierten Zustande die Eigenschaften eines Haptens hatte, in ein Vollantigen verwandelte. Da mit Polysacchariden anderer Herkunft analoge Ergebnisse erzielt wurden, darf man mit großer Wahrscheinlichkeit annehmen, *daß die Unterschiede zwischen den Varianten der A-Isoagglutinogene auf Verschiedenheiten der ihnen zugrunde liegenden Polysaccharide beruhen.* Nun kennt man aber den chemischen Aufbau dieser Polysaccharide nicht genau; man hat zur Zeit keine zuverlässigen Anhaltspunkte, wodurch sich die Polysaccharide der Substanzen A, B und O voneinander unterscheiden, und von einer strukturchemischen Charakterisierung der Varianten A_1 bis A_5 kann daher erst recht nicht die Rede sein. Die spezifischen Differenzen können somit vorderhand nur serologisch erfaßt werden. *Man darf jedoch überlegen, ob die von* Hirszfeld *auf serologische Befunde aufgebaute Theorie einer schrittweisen mutativen Umwandlung von O in A, bzw. B mit der Notwendigkeit in Übereinstimmung gebracht werden könnte, diesen Prozeß strukturchemischen Änderungen der spezifitätsbestimmenden Polysaccharide zuzuschreiben.* Das ist nach der Meinung des Verfassers nicht vorstellbar. Es müßten sich ja im chemischen Bau des Polysaccharides der O-Substanz in außerordentlich großen Zeitabständen (s. S. 89) stets gleichgerichtete mutative Veränderungen wiederholen, die einen sukzessiven Abbau der immunchemischen Determinanten für O und einen dynamisch gleichwertigen Ersatz durch Determinanten für A, bzw. B zur Folge haben. In Anbetracht dieser Unwahrscheinlichkeit empfiehlt es sich, das experimentelle Fundament der Hypothese zu überprüfen.

Den Ausgangspunkt bildete die Feststellung, daß ein Antiserum, das man durch Immunisierung von Ziegen mit Shigella dysenteriae gewinnt, menschliche Erythrocyten verschiedener Blutgruppen (O, B, A_1, A_2, in geringerem Grade und nicht konstant auch A B) agglutiniert. Die Shigella dysenteriae enthält in der S-Form ein spezifitätsbestimmendes Polysaccharid, das von W. T. J. Morgan (1931, 1936, 1937, 1938) in sehr reiner Form dargestellt und analysiert wurde; es besteht aus Einheiten, welche aus je einem Molekül acetylierten Aminozucker und 4 Hexosemolekülen aufgebaut sind, und lieferte bei der Hydrolyse d-Galaktose und l-Rhamnose. Immunisiert man mit Shigella dysenteriae, so ist der entstehende Antikörper auf *dieses Polysaccharid* spezifisch eingestellt, und wenn er auch auf die Polysaccharide menschlicher Erythrocyten einwirkt, so bedeutet dies lediglich, daß das Polysaccharid der Shigella dysenteriae und die Polysaccharide der agglutinablen Erythrocyten einen ähnlichen chemischen Bau haben, welcher das Zustandekommen von Verwandtschaftsreaktionen ermöglicht, berechtigt aber nicht, eine entwicklungsgeschichtliche Beziehung zwischen den Dysenteriebazillen und den Erythrocyten des Menschen anzunehmen. *Ebensowenig müssen nun auch die verschiedenen Typen der Menschenerythrocyten, welche durch ein Anti-Shiga-Serum von der Ziege agglutiniert werden, untereinander in genetischer Beziehung stehen.* Allgemein formuliert liegt die Sache so, daß bestehende genetische Verwandtschaften in identischen oder übergreifenden serologischen Reaktionen ihren Ausdruck finden können, daß aber der umgekehrte Schluß von einer serologischen auf eine entwicklungsgeschichtliche Verwandtschaft nicht richtig zu sein braucht. Aus der Weil-Felix-Reaktion darf man nicht ohne weiteres folgern, daß die X-Stämme der Proteusbazillen Varianten der Fleckfieberrickettsien sind [vgl. hiezu R. Doerr (1948, S. 145)], ein Beispiel, das hier besonders instruktiv ist, weil die Spezifität der Vergleichsobjekte ebenfalls durch Polysaccharide determiniert wird. Anderseits können ja Antigene aus demselben Organismus absolute Spezifitätsdifferenzen aufweisen (Albumin und Globulin aus dem Blutserum derselben Säugetierspezies).

Die naheliegende Frage, ob nicht auch andere Tierarten Anti-Shiga-Sera bilden, welche auf menschliche Erythrocyten in gleicher Weise agglutinierend wirken, wie die Anti-Shiga-Sera von Ziegen, ist meines Wissens nicht gründlich untersucht worden. M. v. Eisler (1930) teilte nur mit, daß die Sera von mit Shigella dysenteriae immunisierten Kaninchen mit Menschenblutkörperchen nicht reagieren. Worauf dieser Gegensatz beruht, wurde nicht klargestellt. Eisler erwähnt lediglich, daß die Ziegensera den Forssmanschen Antikörper nicht enthalten, was insoferne begreiflich ist, weil das F-Antigen in den roten Blutzellen der Ziege in großen Mengen nachgewiesen werden kann; Kaninchenantisera vermögen dagegen infolge ihres Gehaltes an F-Antikörper Hammelerythrocyten zu lösen, da das Kaninchen als F-freie Tierspezies auf das F-Antigen der Shigella dysenteriae mit der Bildung des heterogenetischen Antikörpers antwortet. Wie das aber mit dem Vorhandensein und Fehlen der Agglutinine für Menschenerythrocyten zusammenhängt, kann vorläufig nicht beantwortet werden. Man kennt jedoch eine interessante Analogie. Antisera, welche durch Immunisierung von Pferden mit dem Pneumokokkentypus XIV gewonnen werden, agglutinieren menschliche Erythrocyten aller vier Hauptgruppen und geben einerseits mit dem Polysaccharid des Typus XIV sowie anderseits mit der A-Substanz, hergestellt aus käuflichem Pepton, spezifische Präzipitate [M. Finland und E. Curnen (1938), P. B. Beeson und Goebel (1939)]; immunisiert man Kaninchen mit dem gleichen Pneumokokkentyp, so erhält man ein Immunserum, welches zwar noch kräftig mit dem korrespondierenden bakteriellen Polysaccharid flockt, das jedoch weder Menschenerythrocyten agglutiniert noch auch mit der A-Substanz präzipitiert [Beeson und Goebel (1939)]. Auch in diesem Falle besteht eine auffallende Differenz zwischen einer F-positiven Tierart (Pferd) und dem F-negativen Kaninchen und die Pneumokokken gehören zu den Bakterien, welche den heterogenetischen (Forssmanschen) Antikörper zu erzeugen vermögen.

Die spezifischen Differenzen der Isoantigene der Erythrocyten können, wie schon betont wurde, nur durch eine serologische Reaktion, und zwar durch die Agglutination (unter Heranziehung der selektiven Absorption) erfaßt werden. Ob aber Erythrocyten durch ein bestimmtes Antiserum agglutiniert werden und bis zu welchem Grade der Verdünnung des Antiserums das Resultat positiv bleibt, hängt nicht nur vom Antikörpergehalt des Serums und von der Schärfe der Einstellung des Antikörpers auf die agglutinable Substanz der roten Blutzellen ab, sondern auch von der Beteiligung von Lipoiden, sowohl von seiten des Antiserums als auch von seiten der Zelloberfläche, ferner von der Verteilung der agglutinablen Substanz im Leib der Erythrocyten, insbesondere von der auf die Oberfläche entfallenden Quote, ein Faktor, dessen Bedeutung HIRSZFELD selbst [s. HIRSZFELD (1934, S. 97)] hervorgehoben und durch schematische Zeichnungen erläutert hat. Schon aus diesen Gründen kann die Bestimmung des Agglutinationstiters eines Anti-Shiga-Ziegenserums kein zuverlässiger Maßstab für die Menge der O-Substanz in den verschiedenen Varianten der Blutkörperchen der A-Gruppe sein, ganz abgesehen davon, daß ein derartiges Serum nicht durch Immunisierung mit gereinigter O-Substanz oder mit Menschenerythrocyten der Gruppe O gewonnen wird, sondern durch Behandlung mit polysaccharidhaltigen Bakterien. Nach einer Angabe von P. DAHR (1947, S. 847) soll es G. HOLL und H. SCHMIDT 1945 gelungen sein, die O-Substanz in Haptenform rein darzustellen; es soll versucht werden — wie DAHR ausführt —, dieses Hapten in ein Vollantigen umzuwandeln und mit Hilfe desselben hochwertige Anti-O-Immunsera herzustellen. Wie mir mitgeteilt wurde, sind auch anderwärts solche Arbeiten im Gange. Es ist möglich, daß sich dann die Verhältnisse abklären werden, vielleicht in einem nicht erwarteten Sinne.

In letzter Zeit wurde eine Modifikation der HIRSZFELDschen Theorie von W. T. J. MORGAN und W. M. WATKINS (1948) vorgeschlagen, welche auf die Unterscheidung zwischen einer H-Substanz und dem auf der Auswirkung eines besonderen Gens beruhenden Blutfaktors O aufgebaut ist (s. S. 83). Die Konzeption HIRSZFELDS war für MORGAN und WATKINS unannehmbar, weil HIRSZFELD den relativen Gehalt der Erythrocyten an dem genotypisch bedingten Blutfaktor O nach Maßgabe ihrer Agglutinabilität durch ein Anti-Shiga-Ziegenimmunsera einschätzte und ein derartiges Antiserum überhaupt kein Anti-O, sondern nur Anti-H enthält. Aber E. WITEBSKY und N. C. KLENDSHOJ (1941) hatten festgestellt, daß eine aus dem Magensaft von zwei Individuen der Gruppe AB hergestellte Substanz nicht nur die Eigenschaften von A und von B, sondern auch von O zeigte. Die genannten Autoren erwogen die Möglichkeit, daß eine Art Grundsubstanz die Hauptmasse der Blutgruppenfaktoren bildet; dieser wahrscheinlich inkorrekterweise als O bezeichneten Grundsubstanz könnten die Eigenschaften A oder B als spezifische Gruppen assoziiert sein oder könnten auch fehlen. Dieser Gedanke harmonierte mit den Untersuchungsergebnissen von MORGAN und WATKINS und wurde von ihnen in dem Sinne weiter ausgebaut, daß die Gene für A, B und O auf Grund von Mutationen eines primären basalen Gens entstehen, welches für die Bildung von H verantwortlich ist. Zwischen die nicht mutierte Form von H, das die Rolle eines Vorstadiums (Praecursor) hat, und die reinen Genformen A, B und O würde sich (analog wie in der Theorie von HIRSZFELD) eine Reihe von Übergangsformen einschieben, welche einen verschiedenen Gehalt an A und H, B und H, O und H aufweisen; die Endprodukte wären A_c, B_c und O_c, in welchen das H gänzlich fehlt. Nach der Regel der steten Anwesenheit der kompatiblen Isoagglutinine sollten die Sera von Menschen, in deren Erythrocyten H fehlt, Anti-H enthalten. De facto wurde dieser Antikörper im Serum einer Frau vom Genotypus AO festgestellt; die Erythrocyten dieser Person reagierten nicht mit Anti-H-Sera, wurden aber durch wahres Anti-O-Serum kräftig agglutiniert. Der Theorie zufolge kann sich Anti-H nur im Serum von Individuen vorfinden, bei welchen beide Gene komplett mutiert sind, also in den seltenen Kombinationen A_cA_c, B_cB_c, O_cO_c, A_cO_c A_cB_c. Gleichzeitig wird es auch verständlich, daß der Antikörper Anti-H, wie er im normalen Rinderserum, im Anti-Shiga-Ziegenserum, in manchen menschlichen Sera vorkommt, auf die überwiegende Majorität der Erythrocyten agglutinierend wirken muß, gleichgültig, ob sie genotypisch homozygot oder heterozygot sind. Unter der Annahme, daß alle Mutationen von H ausgegangen sind, müssen alle O-Erythrocyten und alle heterozygoten AO- und BO-Erythrocyten das O enthalten und durch ein Anti-O-Serum agglutiniert werden, mit A_1B, A_1A_1 und BB dagegen nicht reagieren. Dies wurde von BOORMAN und Mitarbeitern sowie von MORGAN und WATKINS bestätigt. Außerdem stimmen die durch die modifizierte HIRSZFELDsche Theorie postulierten Beziehungen zwischen der H- und der O-Substanz mit den Erfahrungen über die neutralisierende Wirkung der H-Substanz tierischen oder humanen Ursprungs auf die beiden Arten der Anti-O-Sera überein. Die aus Schweinemagen, Ovarialcysten und aus dem Speichel von Ausscheidern dargestellten Präparate hemmen sämtlich die Anti-H-Sera, hemmen aber nicht oder nur schwach und ausnahmsweise die Agglutination von O-Erythrocyten durch Anti-O-Sera von Menschen. Schließlich wird von MORGAN und WATKINS noch festgestellt, daß Anti-O-Sera vom Menschen mit dem Blutfaktor A_2 ebenso stark reagieren wie mit O entsprechend der Annahme von A. S. WIENER (1944), daß Anti-O-Sera mit Blutkörperchenfaktoren reagieren, welche durch die Gene O und A_2 bestimmt werden.

Wollte man die von MORGAN und WATKINS vorgeschlagene Modifikation der HIRSZFELDschen Theorie graphisch darstellen, so müßte man in dem in Abb. 6 dargestellten Schema statt zwei drei Mutationsrichtungen eintragen, welche nicht von O, sondern von H ausstrahlen und über mehrfache Zwischenstufen den Endpunkten A_c, B_c und O_c zustreben. MORGAN und WATKINS erheben nicht den Anspruch, durch ihre Modifikation alle bisher bekannten Tatsachen befriedigend zu erklären; sie mache aber nach ihrer Meinung die Reaktionen aller Erythrocytenformen und serologisch aktiven Sekretionen mit den beiden Arten der Anti-O-Sera verständlich.

Man kann aber gegen die Modifikation fast alle Einwände geltend machen wie gegen die ursprüngliche Theorie HIRSZFELDS. Es kommt sogar noch ein Moment hinzu, mit dem man sich nicht leicht abfinden wird. MORGAN und WATKINS lassen nämlich die Gene für A, B und O durch gleichgerichtete Mutationen aus einem basalen Gen für H entstehen und stellen damit dieses rein hypothetische Gen für H vererbungstheoretisch auf eine Stufe mit den Blutgruppengenen. Es ist jedoch nicht bewiesen, ja nicht einmal wahrscheinlich, daß das Gen für H, wenn es überhaupt in der Form eines einheitlichen Erbfaktors existiert, in den Chromosomen lokalisiert ist, wie man dies für die Gene A, B und O in Anbetracht ihrer Vererbungsart anzunehmen genötigt ist. Die H-Substanz kommt im menschlichen und im tierischen Organismus, in Bakterien vor, sie ist heterogenetisch, was ja zur Wahl des Symbols H Anlaß gegeben hat, und solche heterogenetische Antigene vererben sich zweifellos nicht auf die Art und Weise wie die Blutgruppenfaktoren; sie sind zwar nicht im herkömmlichen Sinne artspezifisch, wohl aber, wie das Paradigma des FORSSMANschen Antigens lehrt, artgebunden und es gibt Anhaltspunkte dafür, daß die Erbanlagen für die Bildung solcher Stoffe nicht in das Genom, sondern in das Plasmon zu verlegen sind [vgl. hierzu unter anderen H. ROSS (1946)]. Jedenfalls erkennt man, auf welch unsicherer Grundlage die Modifikation der HIRSZFELDschen Theorie ruht.

Diese Modifikation hat sich übrigens sozusagen in statu nascendi eine weitere Umgestaltung gefallen lassen müssen, welche hier — in Ermangelung des Originals — nach den kurzen Angaben von MORGAN und WATKINS angeführt wird. K. BOORMAN, B. DODD und B. E. GILBEY (1948) betrachteten gleichfalls H als den Ausgangspunkt der Entstehung von A, B und O, nehmen aber statt drei nur zwei Mutationsreihen an, nämlich H-O und H-B. In der an erster Stelle genannten Mutationsreihe soll sich eines von den miteinander gekoppelten Genen OO infolge einer Mutation in AO verwandeln und so den Komplex A_2 bilden; das andere Gen in AO kann seinerseits mutieren und AA_1 bilden, welches dem Antigen A_1 entspräche und schließlich die endgültige Form A_cA_{1c} annehmen würde. Es würde so verständlich, daß auf die Subgruppe A_2 zwei Antikörper wirken müssen, nämlich Anti-A ($= \alpha$) und Anti-O, und auf die Subgruppe A_1 die Antikörper Anti-A ($= \alpha$) und Anti-A_1 ($= \alpha_1$). Die Differenz der beiden A-Gene, welche durch die aufeinanderfolgenden Mutationen von OO zu AO und von AO zu AA_1 entstehen sollen, wird vermutungsweise auf stereochemische Verhältnisse bezogen [vgl. hierzu das Schema der Reaktionen von α, α_1 und α_2 (Anti-O) mit A_1, A_2 und O in Abb. 7, S. 99].

Man erhält hier erst recht den Eindruck, daß es sich nicht so sehr um Theorien handelt, welche aus der Beobachtung und der serologischen Analyse abgeleitet sind, sondern um willkürliche Annahmen, die so ersonnen und kombiniert werden, daß sie mit einem Ausschnitt des Tatsachenmaterials zur Deckung gebracht werden können.

γγ) *Die Entstehungsweise der Isoagglutinine des A-B-Systems.* Die Blutgruppenforschung operiert auch heute noch so gut wie ausschließlich mit serologischen Methoden, d. h. mit Antigen-Antikörper-Reaktionen. Die beiden Reaktionskomponenten bilden daher *ein einheitliches Untersuchungsobjekt*, eine Tatsache, welcher jede Darstellung der einschlägigen Probleme naturgemäß Rechnung tragen muß. Das gilt auch für die hier in den Vordergrund gerückte Frage, ob die Isohämagglutinine spontan oder infolge immunisatorischer Reize entstehen; ohne enge Anlehnung an die experimentellen Forschungsergebnisse und Hypothesen, welche sich auf die Isohämagglutinogene beziehen, wäre eine Diskussion dieser Alternative kaum verständlich. Da nun diese Voraussetzung durch die vorangestellten Ausführungen hinreichend erfüllt ist, kann das, was über die *Entstehungsweise* der *Isohämagglutinine* geäußert wurde, herausgeschält werden.

Es zeigt sich, daß man jede der denkbaren Kombinationen für möglich gehalten hat:

1. Die Entstehung durch *Autoimmunisierung* [F. SCHIFF und L. ADELSBERGER, s. S. 78].

2. Die Entstehung *auf Grund von besonderen Erbfaktoren* (Genen), welche in Chromosomen lokalisiert sind (FURUHATA). Diese Hypothese führt das Fehlen unverträglicher Agglutinine darauf zurück, daß sie infolge der Dominanz der Gene für die korrespondierenden gruppenspezifischen Substanzen überhaupt nicht gebildet werden; A ist dominant über α, B über β. Es soll indes gleichzeitig auch erklärt werden, warum die kompatiblen Antigene stets vorhanden sind, und dieser Zweck wird theoretisch durch die Annahme erreicht, daß die Entstehung der Phänotypen auf der Weitergabe von unteilbaren Genepaaren beruht, welche aus dem Gen für die gruppenspezifische Substanz und für das kompatible Agglutinin bestehen, also den Formeln A β und B α entsprechen. Da aber in der Gruppe O α β *beide* Agglutinine konstant auftreten, mußte eine dritte Genekoppelung zugestanden werden, die aber nicht aus einem Gen für ein Agglutinogen und einem Gen für das kompatible Agglutinin, sondern aus den Genen für die beiden Agglutinine (α + β) zusammengesetzt ist. Das ist natürlich ein Sprung im Gefüge der Hypothese; daß sie auch aus anderen Gründen in der vorgeschlagenen Form unhaltbar ist, wurde bereits (s. S. 79) auseinandergesetzt. Verfasser hält es aber nicht für ausgeschlossen, daß, dem Grundgedanken von FURUHATA entsprechend, die Bildung der Isoagglutinine ebenso wie jene der Isoagglutinogene auf der Existenz von besonderen Genen beruht, und daß die Idee der Koppelung der Erbfaktoren für Antigen und (kompatiblen)

Antikörper im gleichen Chromosom der Schlüssel für das Verständnis des Erbganges sein könnte, welcher zur Entstehung der Phänotypen führt.

3. *Die Isoagglutinine α und β sollen von jedem Menschen ohne Ausnahme produziert werden, sie seien physiologische Erzeugnisse der Eiweißsynthesen, welche der menschliche Organismus kraft seiner Artzugehörigkeit ebenso bildet wie alle anderen Plasmaproteine;* die inkompatiblen Agglutinine sind nicht nachweisbar, weil sie durch die korrespondierenden gruppenspezifischen Substanzen der Erythrocyten adsorbiert werden (F. BERNSTEIN). Damit diese Adsorption zeitgerecht erfolgen kann, müssen die gruppenspezifischen Substanzen in den Blutkörperchen und in den Gewebszellen bereits vorhanden sein, wenn die inkompatiblen Agglutinine im Blutplasma erscheinen; das ist bekanntlich der Fall, indem die Agglutinogene in der Regel schon zur Zeit der Geburt oder schon im Fetus nachgewiesen werden können, während man die Agglutinine nur bei der Hälfte aller Neugeborenen findet und auch diese Befunde auf die transplazentare Passage mütterlicher Agglutinine in das Blut des Fetus zu beziehen sind [L. HIRSZFELD und H. ZBOROWSKY (1925), L. HIRSZFELD (1928), POLAYES, LEDERER und WIENER (1929), A. S. WIENER und SILVERMAN (1940)]. Wenn nun die *autochthonen* Isohämagglutinine stets erst in einem erheblichen Zeitabstand nach dem Auftreten der Isoagglutinogene gebildet werden, muß die Annahme, daß auch die inkompatiblen Agglutinine regelmäßig produziert und in statu nascendi adsorbiert werden, eine Hypothese bleiben.

Die zeitlich getrennte Entstehung von Isoantigen und Isoantikörper hat aber noch eine andere, von der Theorie BERNSTEINS unabhängige Bedeutung. Man kann sich fragen, ob die zeitliche Aufeinanderfolge nicht kausal bedingt ist in dem Sinne, daß das Vorhandensein der Agglutinogene die Agglutininproduktion auslöst. An einen immunisatorischen Reiz kann man natürlich nicht denken, da auf A oder B die heterologen Antikörper β, resp. α folgen. Vielleicht ist nur die Unfähigkeit des Organismus, im fetalen Zustande und in den ersten Monaten nach der Geburt Antikörper, d. h. Immunglobuline zu produzieren (s. S. 46 ff.) schuld und es bestünde dann kein ursächlicher Konnex. Daher kann man — in parenthesi bemerkt — auch aus der Theorie von FURUHATA nicht folgern, daß A und β oder B und α gleichzeitig erscheinen müssen, weil ihre Anlagen — nach der Annahme dieses Autors — miteinander verkoppelt sind.

Die Theorie BERNSTEINS stützt sich auf zwei Tatsachen: Erstens, daß in der Blutgruppe O α β stets beide Agglutinine vorhanden sind und zweitens, daß in jedem anderen Falle das kompatible Antigen immer nachgewiesen werden kann. Als Gegenargument könnte man die Existenz *defekter* (*unvollständiger*) *Blutgruppen* ins Treffen führen, in welchen die kompatiblen Agglutinine fehlen, also Fälle mit der Blut formel A θ (Fehlen von β) oder mit der Blutformel O α (Fehlen von β)

Selbstverständlich lassen sich solche Befunde nur verwenden, wenn sie nicht neugeborene Kinder betreffen, bei welchen sie die Regel darstellen (s. oben), sondern erwachsene Personen und bei diesen gehören sie zu den größten Raritäten [K. LANDSTEINER (1928, S. 899), O. THOMSEN (1928), A. S. WIENER (1945, S. 26)], wobei man sich noch zu fragen hat, ob die Technik der Untersuchung einwandfrei war, insbesondere, ob nicht sehr schwach wirkende Agglutinine der Aufmerksamkeit des Beobachters entgingen.

Bei Tieren sind aber „defekte" Blutgruppen häufig. Bei Schafen kann man drei Blutgruppen unterscheiden, die als R Θ, O Anti-R und O Θ bezeichnet wurden, wohl auch wegen der Verwandtschaft des R mit dem menschlichen A als A Θ, O α und O Θ; die Gruppen R Θ und O Θ kann man als defekt auffassen, da die kompatiblen Agglutinine Anti-O, das überhaupt nicht nachweisbar ist, und Anti-R, das in der Kombination O Anti-R existiert, fehlen [T. ANDERSEN (1938), B. KACZKOWSKI (1928)]. Auch beim Schweine bestehen ähnliche Verhältnisse [Z. SZYMANOWSKY, ST. STETKIEWICZ und B. WACHLER (1926), O. HARDT (1937), A. KAEMPFFER (1932)]. Bei Pferden konnte KAEMPFFER (1935) sechs Paare von Agglutinogenen und Agglutininen A α, B β, C γ, D δ, E ε und F φ feststellen, von denen aber nur die ersten zwei den von K. LANDSTEINER (1901) für die klassischen Blutgruppen des Menschen aufgestellten Regeln entsprachen; die anderen Agglutinine (γ, δ, ε, φ) waren nur bei wenigen Pferden nachweisbar, denen das korrespondierende Agglutinogen fehlte.

4. Wie andere natürliche Antikörper hat man auch die Isoagglutinine auf *exogene kryptogenetische Immunisierungen* zurückzuführen versucht. So behauptete DUPONT (1934), daß der Mensch per os durch Nahrungsmittel und möglicherweise durch Bakterien immunisiert wird, welche die Antigene A und B enthalten. A. S. WIENER (1945, S. 195) lehnt diese Hypothese ab, erstens, weil die Isoagglutinine bei Völkerschaften mit gänzlich verschiedener Ernährungsweise festgestellt wurden, zweitens, weil man Anti-A-Agglutinine regelmäßig im Serum bestimmter niederer Affenarten (Macacus rhesus) und Anti-B-Agglutinine im Serum anderer Affenspezies (Cercopithecus nictitans) nachgewiesen hat, drittens, weil die A- und B-Stoffe in Materien, welche nicht von Menschen stammen, von den menschlichen Blutgruppenfaktoren A und B in der Regel qualitativ abweichen, viertens, weil sich der Titer der Isoagglutinine im Serum desselben Individuums auf gleicher Höhe zu halten sucht, während die Titerwerte der Sera verschiedener Personen erheblich voneinander abweichen können und fünftens, weil nach den Angaben von E. BÜHLER (1935) bei eineiigen Zwillingen häufiger gleiche Agglutinintiter gefunden werden als bei zweieiigen, was allerdings von F. OTTENSOOSER und TOBLER (1937) nicht bestätigt werden konnte.

K. LANDSTEINER (1945, S. 130) verzichtet a. a. O. auf eine so ausführliche Widerlegung und bezeichnet die Entstehung der Isoagglutinine durch Immunisierung per os als eine haltlose Spekulation („suggestion entirely unsupported"). LANDSTEINER bewertet das konstante Vorhandensein der Isoagglutinine im Serum des Menschen in gesetzmäßiger Beziehung zu den unzweifelhaft ererbten Isoagglutinogenen als einen direkten Beweis für die genetisch bedingte Entstehung dieser Antikörper, der auch dann nicht entkräftet wird, wenn man sich der Hypothese der Autoimmunisierung anschließen wollte. Es ist in der Tat mit einer an Sicherheit grenzenden Wahrscheinlichkeit anzunehmen, daß die Agglutinine α und β aus physiologischen Gründen, d. h. infolge besonderer Erbanlagen, gebildet werden. Aber der Mechanismus des Erbganges ist bisher nicht einwandfrei festgestellt worden, ebensowenig wie die Ursache der regulären Beziehungen zu den jeweils vorhandenen Isoagglutinogenen. Die bestehende Ungewißheit kommt in den verschiedenen Hypothesen zum Ausdruck, von denen keine allgemein anerkannt ist [vgl. V. FRIEDENREICH (1931), A. S. WIENER (1945, S. 194 f.)] und die offensichtlich den Stempel tragen, daß die verfügbaren hypothetischen Elemente solange verschoben und verschieden zusammengesetzt wurden, bis eine erträgliche Übereinstimmung mit den vorliegenden Beobachtungen erzielt war. Dazu kommt die Existenz der *irregulären Isoagglutinine* [K. LANDSTEINER und PH. LEVINE (1926, 1929), O. THOMSEN (1928)].

δδ) *Die Varianten des α-Agglutinins α_1 und α_2.* Zum Teil handelt es sich bei den irregulären Isoagglutininen um Varianten des α-Agglutinins, welche mit A_1- und A_2-Erythrocyten, bzw. mit Erythrocyten der Subgruppen A_1B und A_2B reagieren, und dementsprechend mit α_1 und α_2 bezeichnet werden. α_2 reagiert aber mit Erythrocyten der Blutgruppe O stärker als mit A_2 und wird daher von O. THOMSEN als ein gegen die O-Substanz direkt gerichtetes Agglutinin (Anti-O) aufgefaßt [O. THOMSEN (1932)]. In dem nachstehenden Schema sind die Beziehungen der α-Varianten zu A_1-, A_2- und O-Erythrocyten angegeben; die Intensität der Reaktion ist durch die Stärke der Verbindungslinien markiert.

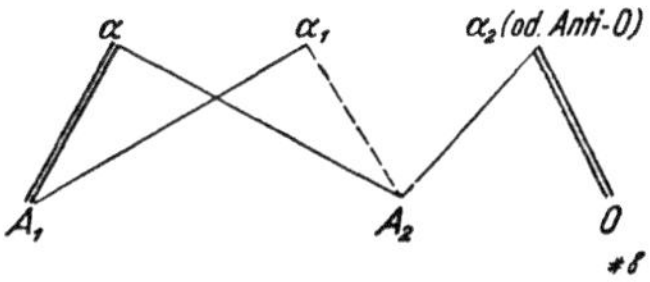

Abb. 7. Reaktionen von α, α_1 und α_2 mit A_1, A_2 und O (aus A. S. WIENER, 1945, S. 204; kombiniert nach V. FRIEDENREICH).

Nach LANDSTEINER und PH. LEVINE (1929) besteht ein reziprokes Verhältnis zwischen den Blutgruppensubstanzen und den α-Varianten insoferne, als die Anwesenheit von A_1 in den Blutzellen (Subgruppen A_1 und A_1B) mit der Anwesenheit von α_2 und das Vorhandensein von A_2 in den Erythrocyten mit der Variante α_1 im Serum gepaart ist; aber, und das ist der springende Punkt, diese Assoziationen sind nicht zwangläufig, *vielmehr werden α_1 und α_2 nur ausnahmsweise gefunden.* Auffällig ist auch, daß A_2 und α_1 nebeneinander vorkommen sollen, obzwar α_1, wenn auch nur schwach mit A_2 reagiert, also in untergeordnetem Grade inkompatibel sein sollte.

Die Varianten α_1 und α_2 sind sogenannte „*Kälteagglutinine*", d. h. sie agglutinieren nur bei niedrigen Temperaturen; das Maximum der Temperatur, bei welchem die Erythrocyten gefällt und verklumpt werden, hängt nach K. KETTEL (1930) von der Wirkungsstärke der Sera ab, indem es sich mit steigendem Titer nach oben verschiebt. Das reguläre α-Agglutinin wirkt bei allen Temperaturen zwischen 0° und 37° C, enthält aber, wie FRIEDENREICH (1931a) zeigen konnte, Kältekomponenten; absorbiert man ein Anti-A-Serum bei 37° C mit A-Erythrocyten, so vermag es bei dieser Temperatur nicht mehr zu agglutinieren, wohl aber noch bei ni drigeren Temperaturen, und zwar um so stärker, d. h. in um so höherer Verdünnung, je niedriger die Temperatur ist, bei welcher man die Reaktion ablaufen läßt, also beispielsweise bei 20° C in der Verdünnung 1 : 16, bei 0° C in der Verdünnung 1 : 64. Dasselbe Versuchsergebnis erzielte O. THOMSEN (1932 a) und W. BIALOSUKNIA und L. HIRSZFELD hatten schon 1923 ein analoges Resultat mit den normalen Heteroagglutininen des Kaninchenserums für Pferdeerythrocyten erhalten. V. FRIEDENREICH (1931a) zog aus dieser Fraktionierung den Schluß, „*daß es sich bei dem, was wir ‚ein Isoagglutinin' nennen, nicht um einen einzelnen gleichartigen Stoff handelt, sondern um eine Summe von Bestandteilen, die in bezug auf Spezifität, Avidität und Beeinflußbarkeit durch die Temperatur verschieden sind, die aber die gemeinsame Eigenschaft besitzen, mit den Rezeptoren A oder B zu reagieren*". FRIEDENREICH sah ein, daß man das Phänomen auch so erklären könnte, daß die Agglutininbindung bei höherer Temperatur unvollständig ist und daß daher ein Rest des Agglutinins übrig bleibt, der bei einer die Reaktion begünstigenden niedrigeren Temperatur in Aktion treten kann. Diese Erklärung wurde aber aus zwei Gründen verworfen. Erstens konnte FRIEDENREICH zeigen, daß durch die Absorption bei verschiedenen Temperaturen verschiedene Quoten des Agglutinins gebunden werden; wird zum Beispiel durch die Absorption bei 37° C der Serumtiter auf ein Sechzehntel herabgesetzt, so wird durch Absorptionen bei 20° oder 3° C keineswegs eine gleich starke Reduktion des Titers erzielt, sondern nur eine geringere Herabsetzung, bei 3° zum Beispiel auf die Hälfte. Wenn man zweitens die bei 37° und bei 3° C gebundenen Antikörper durch Erhitzen der Erythrocyten auf 53° C wieder absprengt, erhält man zwei Agglutininfraktionen, welche zwar bei 0° C ein und denselben Titer haben, bei höheren Temperaturen jedoch insoferne differieren, als die in der Kälte gebundene und wieder abgesprengte Fraktion bei höheren Temperaturen (13° bis 37° C) nicht oder nur schwach agglutiniert, während die bei 37° C gebundene Fraktion ebenso wie die bei 21° adsorbierte nach der Absprengung wirksam sind.

Leider wird die Beweiskraft der Versuche von FRIEDENREICH dadurch eingeschränkt, daß die Isoagglutinine wie im allgemeinen so auch besonders in den Experimenten dieses Autors einen niedrigen Titer haben, und daß die Abstufungen der Reaktionsstärke, die selbst von einem geübten Beobachter nicht ganz exakt beurteilt werden können, in der Wiedergabe der Resultate eine große Rolle spielen. Auch gilt hier der Ausspruch von K. LANDSTEINER (1945, S. 129), daß die gewöhnliche Methode der Titrierung der Agglutinine durch Ermittlung der höchsten noch wirksamen Serumverdünnung nicht sehr genau (not very accurate) ist. Hält man aber die Zusammensetzung der Isoagglutinine aus „einer Summe von Bestandteilen" für erwiesen, so nimmt das Problem ihrer Entstehung einen komplizierteren Charakter an, als wenn man es mit einem einzigen Spezialglobulin zu tun hätte.

β) Die Isoagglutinine des M-N-Systems.

Die obligaten reziproken Beziehungen zwischen Isoagglutinogenen und Isoagglutininen haben jedoch beim Menschen nur innerhalb der klassischen Blutgruppen und ihrer Spielarten Gültigkeit, werden aber unter scheinbar ganz analogen Verhältnissen vermißt, nämlich bei den Blutfaktoren M und N. Alle Menschen besitzen diese Substanzen, welche durch zwei allele Gene M und N vererbt werden; es sind daher nur die drei Genotypen M M, N N und M N möglich, welchen die Phänotypen M, N und M N entsprechen. Bestünden die gleichen Beziehungen wie im Bereiche der klassischen Blutgruppen, so müßte im Serum von M ein Agglutinin Anti-N, im Serum von N ein Anti-M vorhanden sein und im Serum von M N müßten beide Agglutinine fehlen. Wie aber aus einer sehr großen Zahl von Untersuchungen hervorgeht, wurde Anti-N im Serum von Menschen bisher nicht nachgewiesen[1] und Anti-M nur in ganz vereinzelten Fällen [E. WOLFF und B. JONSSON (1933), V. FRIEDENREICH (1937), P. MOUREAU und J. LAMBERT (1939), DAVIDSOHN und SCHIRMER (1941), J. L. H. PATERSON, R. R. RACE und G. L. TAYLOR (1942)]. Hier bedingt somit die Anwesenheit eines der beiden gruppenspezifischen Faktoren in den Erythrocyten keineswegs das Vorhandensein des kompatiblen Agglutinins im Serum, vielmehr wird eines der Agglutinine fast nie, das andere nur ausnahmsweise gefunden. Es wird dadurch bis zu einem gewissen Grade wahrscheinlich, daß auch bei den klassischen Blutgruppen das Auftreten der kompatiblen Agglutinine α, β oder α + β nicht durch den Gehalt der Erythrocyten an B, A, bzw. das Fehlen von B und A „verursacht" wird, *sondern auf einem selbständigen Mechanismus beruht.*

Warum sich die klassischen Blutgruppen von den Faktoren M und N hinsichtlich des Agglutiningehaltes der Sera so stark unterscheiden, läßt sich zurzeit nicht sicher beantworten. Es sei hier nur auf einen

[1] Nachträglich gelangte eine Ausnahme zur Kenntnis des Verf. L. DE KROMME und L. A. M. VAN DER SPECK (1947a) konnten im Serum einer Frau Anti-N-Agglutinin nachweisen; vgl. hiezu S. 223.

Umstand hingewiesen, dem vielleicht einige Bedeutung zugesprochen werden darf. A und B sind kräftige Antigene für jene Menschen, in deren Organismus sie nicht vorkommen. Menschen der Blutgruppe O reagieren auf die parenterale Zufuhr von A- und B-Substanz mit einer starken Steigerung der Agglutinine für A- sowie für B-Zellen, während das Gemisch bei Individuen der Gruppe A die Agglutinine für B-Zellen, bei Versuchspersonen der Gruppe B die Agglutinine für A-Zellen im Titer erhöht [E. F. AUBERT, K. E. BOORMAN und B. E. DODD (1942), E. WITEBSKY, KLENDSHOJ und MCNEIL (1944)]. Auch nach Transfusionen von inkompatiblem Blut hat man die Agglutininproduktion infolge von Isoimmunisierung wiederholt beobachtet [L. BIANCALANA und ST. TENEFF (1930), ST. HOOKER (1941), A. S. WIENER (1941, 1945)]. Auf die Transfusion von M-Blutkörperchen dagegen antwortet der Mensch in der Regel[1] nicht mit der Bildung von Anti-M [J. CLAUSEN (1934)], auf die Transfusion von N-Erythrocyten, soweit ich dies aus der schwer zu übersehenden Literatur entnehmen kann, fast nie mit der Produktion von Anti-N. *Das Fehlen von Anti-N und die außerordentliche Seltenheit von Anti-M im menschlichen Serum unter natürlichen Verhältnissen könnte somit darauf beruhen, daß der Organismus des Menschen diese Agglutinine nicht oder nur ausnahmsweise zu synthetisieren vermag.*

Im Verhalten der verschiedenen Tierspezies gegen die Immunisierung mit M- und N-Erythrocyten stößt man auf einige Anhaltspunkte für die Richtigkeit dieser Erklärung. Die vorliegenden Angaben beziehen sich auf Kaninchen [K. LANDSTEINER und LEVINE (1927, 1928)], auf Ziegen K. LANDSTEINER zit. nach A. S. WIENER (1945, S. 220)], auf Katzen [A. S. WIENER (1945, S. 220)] und auf Ratten [S. OLBRICH (1937)]. Es fällt zunächst auf, daß die Fähigkeit zur Bildung von Anti-M und Anti-N, gemessen am Titer der produzierten Immunsera, sehr verschieden entwickelt ist. Für forensische Zwecke brauchbare Testsera liefern nur Kaninchen; Sera von Katzen und Ratten agglutinieren nur in den höchsten Konzentrationen. Auch die Kaninchen zeigen übrigens individuelle Differenzen und reagieren, was in dem erörterten Zusammenhang besondere Beachtung verdient, auf M und N ungleich. Anti-N-Agglutinine bilden fast alle Kaninchen, aber der Titer ist nur bei zwei Dritteln der Tiere genügend hoch für die Verwendung in der gerichtsmedizinischen Praxis; auf M sprechen nur zirka 75 Prozent der Kaninchen an, dagegen finden sich unter den positiv reagierenden häufig Exemplare, welche Sera mit einem Titer von 1 : 128 und mehr liefern [K. M. WHEELER, P. B. SAWIN und C. A. STUART (1939)]. Eigenartig und weiterer Untersuchung wert sind die von S. OLBRICH (1937) an Ratten erhobenen Befunde. Nach OLBRICH gibt die Immunisierung von Ratten mit NO-Erythrocyten des Menschen Antisera, welche unmittelbar oder nach vorausgegangener Absorption mit M-Blut deutlich N-spezifisch sind. Dagegen erhält man durch Immunisierung mit MO-Blut keine spezifischen Agglutinine für M, auch

[1] Über zwei Fälle, in welchen die Transfusion von M-Erythrocyten zur Entstehung von Anti-M führte, konnten A. S. WIENER und S. FORER (1941) und A. S. WIENER (1942) berichten.

nicht durch Absorption mit NO oder NA-Erythrocyten; absorbiert man jedoch solche Antisera mit M-Blut, so erweisen sie sich — nach den Angaben von Olbrich, die nachgeprüft werden sollten — merkwürdigerweise als N-spezifisch, obzwar das den Tieren injizierte Material keine N-Substanz enthalten hatte. Bei der Ratte war somit N immunisatorisch wirksam, M nicht, während beim Menschen M schwach und N fast gar nicht als Antigen zur Geltung kommt.

γ) Die Isoagglutinine im P-Q-System.

Zu den irregulären Isoagglutininen gehört auch jenes Agglutinin, das ursprünglich von K. Landsteiner und Ph. Levine (1929) als Extraagglutinin I bezeichnet wurde; es wirkt auf Erythrocyten, welche den von diesen Autoren 1928 entdeckten Faktor P enthalten, hat einen niedrigen Titer und kann in den Sera von Individuen aller vier Blutgruppen nachgewiesen werden, sofern in den Erythrocyten P fehlt, ist aber ein seltener Befund [K. Landsteiner und Ph. Levine (1929), Clara Nigg (1930), A. S. Wiener (1945, S. 257)]. Der Faktor P ist vererbbar und der Erbgang wird durch ein Genepaar P und p reguliert, von welchen P (Entstehung des Faktors) über p (Fehlen des Faktors) dominiert. An einer sehr großen Anzahl von Elternpaaren und ihren Kindern ausgeführte Untersuchungen ergaben, daß die Befunde dieser Theorie entsprechen und daß, falls illegitime Nachkommen sicher ausgeschlossen werden konnten, aus Paarungen von zwei P-freien Individuen nie P-positive Kinder hervorgehen; auch in den Kombinationen P + × P + und P + × P — entsprach das Verhältnis der P-positiven zu den P-negativen Kindern weitgehend den errechneten Werten [K. Landsteiner und Ph. Levine (1930, 1931), Peter Dahr (1939b), P. Dahr, Offe und Weber (1940), P. Dahr und Zehner (1941)]. Einen weiteren überzeugenden Beweis für die Vererbung des P-Faktors erbrachten P. Dahr, Offe und Weber (1940) durch die Untersuchung von 134 eineiigen und 188 zweieiigen Zwillingspaaren. Bei den eineiigen Paaren stimmten die Ergebnisse der Prüfung auf das Vorhandensein oder Fehlen des P-Faktors ausnahmslos überein, während von den 188 zweieiigen Zwillingspaaren 43 diskordante Resultate gaben.

Was nun das natürliche Anti-P-Agglutinin betrifft, ist sein Fehlen im Serum P-positiver Individuen vom Standpunkte der Inkompatibilität verständlich; es findet sich aber auch im Serum der P-negativen Menschen nur sehr selten, so daß die Inkompatibilitätsregel strenge genommen auch auf die P-positiven Individuen nicht angewendet werden kann. P. Dahr (1939 a) sah hierin ein Analogon zur Seltenheit von Anti-M und zum Fehlen von Anti-N im Menschenserum. Das ist auch insoferne richtig, als eine Steigerung des Isoagglutinins Anti-P nach wiederholten Transfusionen von P-haltigem Blut bei P-freien Individuen nur selten vorzukommen scheint [A. S. WIENER und PETERS (1940), A. S. WIENER (1942)]. Daß aber einzelne Menschen doch die Fähigkeit besitzen, Anti-P zu bilden, könnte nach CLARA NIGG (1930) auf einer erblichen Anlage beruhen. NIGG hat nämlich eine Familie (Vater, Mutter und drei Kinder) beobachtet; der Vater und zwei Söhne gehörten zur Blutgruppe O, die Mutter und das dritte Kind zur Blutgruppe B und das Anti-P ließ sich nur im Serum der Mutter und des dritten Kindes nachweisen. Wie dies bei der Seltenheit von Anti-P begreiflich ist, liegt kein zweiter Bericht dieser Art vor, wodurch die Beweiskraft der interessanten Befunde von CL. NIGG eingeschränkt wird. Wenn aber Anti-P tatsächlich als phänotypische Auswirkung eines besonderen dominanten Gens aufgefaßt werden müßte, stünde dieses in keinem Zusammenhang mit dem Gen für den Blutfaktor P, seinen serologischen Antagonisten, ein Schluß, der auch für die Beziehungen zwischen gruppenspezifischen Substanzen und Isoagglutininen im Bereiche der klassischen vier Blutgruppen Bedeutung besäße (vgl. hiezu S. 101).

Die Unabhängigkeit des Anti-P vom Faktor P besteht auch für normale Tiersera, in welchen das Agglutinin nachgewiesen werden konnte [K. LANDSTEINER und PH. LEVINE (1931), P. DAHR (1939)]. Es sind hauptsächlich Schweine und Pferde, deren Sera häufiger, aber nicht konstant Anti-P enthalten. Der Anti-P-Titer normaler Schweinesera kann gelegentlich sehr hohe Werte erreichen, so daß mit Hilfe solcher Sera P-freie und P-positive Menschen leicht voneinander unterschieden werden können; P. DAHR und seine Mitarbeiter (s. die auf S. 103 zitierten Publikationen) machten von dieser Möglichkeit bei ihren Untersuchungen über die Erblichkeit des P-Faktors beim Menschen erfolgreichen Gebrauch. Ob das Auftreten von Anti-P in normalen *tierischen* Sera erblich bedingt ist, scheint nicht untersucht worden zu sein, ebensowenig wie die Frage beantwortet wurde, ob im Organismus von Pferden oder Schweinen, in deren Serum Anti-P *nicht* vorhanden ist, der Faktor P nachgewiesen werden kann.

Hier wie in allen Fällen, in welchen normale Tiersera auf menschliche Blutkörperchen von bestimmter Blutgruppenzugehörigkeit agglutinierend einwirken, handelt es sich, wenn man die Herkunft der Sera berücksichtigt, um *Heterohämagglutinine*, und wenn man ihre Einstellung auf bestimmte gruppenspezifische Substanzen der menschlichen Erythrocyten ins Auge faßt, um *Isohämagglutinine*. Was in dieser Formulierung zunächst als bloßes Manipulieren mit serologischen Fachausdrücken und daher als belanglos erscheinen könnte, enthüllt die Konflikte, in die man bei dem Versuch gerät, die Entstehung der Isoagglutinine zu ergründen. Die Aussage, daß erbliche Anlagen maßgebend sind, hilft über diese Konflikte nicht hinweg; das zeigt sich schon im Bereiche der klassischen vier Blutgruppen, wo das alternierende

Vorkommen von bestimmten Isoagglutinogenen und korrespondierenden Agglutininen einen wertvollen Anhaltspunkt bietet, in erhöhtem Ausmaße aber dann, wenn analoge Konstellationen nicht vorhanden oder nicht sicher nachgewiesen sind.

Dem Faktor P steht zum Beispiel ein Faktor Q gegenüber; beide scheinen nach angestellten Berechnungen voneinander nicht unabhängig zu sein, sondern dürften in Wechselbeziehungen stehen. P sowohl als Q vererben sich anscheinend wie einfache dominante Gene. Mit Hilfe von entsprechend absorbierten normalen Schweinesera konnten vier Gruppen von Individuen unterschieden werden, nämlich

P+ Q+
P+ Q—
P— Q+
P— Q—

In Übereinstimmung mit S. Imamura (1935) und A. S. Wiener stellten Dahr, Offe und Weber (1940) fest, daß P und Q relativ häufig zusammen vorkommen (P + Q +) oder gemeinsam fehlen (P — Q —), während unter 83 Fällen nur 9 eruiert werden konnten, in welchen der eine Faktor vorhanden war und der andere fehlte (P + Q — oder P — Q +). Man erhielt also ein ähnliches Schema wie bei den Blutgruppen A B, A, B und O. Während aber bei diesen die kompatiblen Agglutinine stets vorhanden sind (A B θ, A β, B α, O a β), ist dies im Schema P Q nicht der Fall. Unter den 3530 von Dahr und seinen Mitarbeitern untersuchten Individuen waren 846 = 23,97 % P-negativ, das Agglutinin Anti-P gehört dagegen, soweit das menschliche Serum in Betracht kommt, zu den Seltenheiten, und eine Angabe über ein Anti-Q[1] ist dem Verfasser nicht zu Gesicht gekommen. Die von Dahr unterstrichene Ähnlichkeit mit dem System M N (s. S. 103) ist nur unvollkommen, da Individuen, bei welchen sowohl M als auch N fehlt (in der Analogie zu P — Q —), nicht existieren. Nun ist noch zu bedenken, daß jeder Mensch allen drei Systemen angehören kann, A — B, M — N und P — Q, und daß die Isoagglutinine im System A — B (von α_1 und α_2 abgesehen) konstante Beziehungen zu den Isoagglutinogenen aufweisen, während bei M — N und P — Q kompatible Agglutinine seltene Vorkommnisse sind oder ganz fehlen; wenn in allen drei Systemen erbliche Anlagen über das Fehlen oder Vorhandensein der Isoantikörper entscheiden sollen, ist nicht abzusehen, wie das disparate Verhalten der drei Systeme damit in Einklang gebracht werden könnte. Man muß sich wohl oder übel darauf beschränken, einzelne Beobachtungen zu registrieren und auf eine Koordination vorderhand verzichten.

[1] Zur Erblichkeit von Q siehe T. Furuhata und S. Imamura (1935), S. Imamura (1935) und Imamura und Suzuki (1936); vgl. auch S. Wellisch (1938).

Zu den Beobachtungen, welche für den hereditären Charakter normaler Isoagglutinine sprechen, gehört auch eine Angabe von K. LANDSTEINER und PH. LEVINE (1931), daß bei den Nachkommen von Kaninchen, in deren Blut das Agglutinin Anti-P vorkommt, dieses Agglutinin in bedeutend höherem Prozentsatz nachzuweisen ist, als bei Kaninchen, welche aus zufälligen Paarungen hervorgehen. Ferner konnten C. A. STUART, SAWIN, WHEELER und BATTEY (1936) im Serum normaler Kaninchen in 39% der Fälle ein Agglutinin für menschliche Erythrocyten der Gruppe A und in 16% für B-Zellen feststellen; für die spezifischen A-Agglutinine konnte die Vererbung durch ein rezessives Gen wahrscheinlich gemacht werden.

Die Zahl der spezifischen Isoagglutinogene im Blute normaler Menschen ist größer als die Zahl der Isoagglutinine, d. h. man kennt eine Reihe von agglutinablen Substanzen, die nur durch tierische Normal- oder Immunsera, die zu diesem Zwecke entsprechenden Absorptionen unterworfen werden, nachzuweisen sind, während im Blute der Menschen, in welchem die Substanzen nicht vorkommen, auch das (in diesem Falle kompatible) Isoagglutinin fehlt. Im Faktor N haben wir bereits ein typisches Beispiel dieser Art kennengelernt, Q gehört wohl auch dazu, vermutlich auch der Faktor X, der allerdings so häufig ist (94%), daß das Vorkommen von Anti-X bei X-negativen Menschen nicht geprüft wurde [P.H. ANDRESEN (1935)], der von K. LANDSTEINER, W.R. STRUTTON und W. M. CHASE (1934) festgestellte, seltene und bisher nur im Blute von Personen der Gruppen N und MN nachgewiesene Faktor, und eine Zahl von anderen Agglutinogenen, die hier nicht einzeln angeführt zu werden brauchen[1].

δ) Das Agglutinin des Rh-Faktors.

Serologische Untersuchungen ergaben, daß das sog. Rhesus-Antigen (Rh) entgegen der ursprünglichen Annahme nicht einheitlich ist, sondern daß zumindest drei Varitäten desselben existieren, welche durch verschiedene Symbole, in der neueren Literatur meist durch Rh_0, Rh′ und Rh″ bezeichnet werden; sie können isoliert im Blute der Menschen vorhanden sein oder, was weit häufiger der Fall ist, in verschiedenen Kombinationen, Rh_0 plus Rh′, Rh_0 plus Rh″, oder sehr selten auch in der Form Rh′ plus Rh″ (ohne Rh_0). Ferner hat es sich herausgestellt, daß den drei Rh-Varianten drei Varianten eines verwandten Antigens „Hr“ gegenüberstehen; in Erythrocyten, welche keines von den drei Rh-Antigenen enthalten, können alle drei Varianten von Hr nachgewiesen werden. Da sich Rh und Hr nach bestimmten, allerdings noch nicht in allen Beziehungen klargestellten Gesetzen durch besondere allele Gene [nach den letzten Publikationen von A. S. WIENER (1945 c), welche sich mit diesem Thema befassen, sollen acht allele Gene existieren] vererben und phänotypisch miteinander in regulären Wechselbeziehungen stehen, kann man hier, ähnlich wie bei den Faktoren A—B, M—N oder

[1] Vgl. S. WELLISCH (1938) und A. S. WIENER (1945, S. 264).

P—Q, von einem *Rh-Hr-System* sprechen. Die Variabilität des Rh-Faktors kommt serologisch dadurch zum Ausdruck, daß den drei Varianten Rh_0, Rh′ und Rh″ drei Antikörper, bzw. Antisera entsprechen, nämlich Anti-Rh_0, Anti-Rh′ und Anti-Rh″, so daß die Überschrift dieses Abschnittes „Das Agglutinin des Rh-Faktors" einen Tatbestand zu präjudizieren scheint, welcher mit den hier kurz zusammengefaßten serologischen Forschungsergebnissen in Widerspruch steht. Was indes in den folgenden Ausführungen erörtert wird, bezieht sich lediglich auf das natürliche Vorkommen von Isoagglutininen und seinen Gegensatz zur Möglichkeit einer immunisatorischen Erzeugung derselben und dieses Verhältnis ist von der Vielheit des Rh-Faktors und der korrespondierenden Agglutinine unabhängig. Die sehr komplizierten serologischen und genetischen Details und die in chronischer Reform begriffene Nomenklatur des Rh-Systems sollen in einem anderen Bande der Immunitätsforschung behandelt werden; eine Orientierung in diesem Gebiete ermöglicht die Monographie von E. L. POTTER (1947).

Im Zusammenhang mit den Fällen, in welchen das kompatible Isoagglutinin entgegen der auf Analogie gestützten Erwartung fehlt, erscheint die Tatsache besonders bemerkenswert, daß im Serum von Rh-negativen Individuen kein normales Anti-Rh gefunden wird[1]; das Anti-Rh entsteht nur immunisatorisch, sei es durch Immunisierung von einem Rh-positiven Fetus aus, sei es durch Transfusion von Rh-haltigem Blut bei einer Rh-negativen Person. Auf S. 102 und 103 wurde auseinandergesetzt, daß man das Fehlen oder die große Seltenheit von Anti-N, Anti-M und Anti-P im normalen Menschenserum darauf zurückführen könnte, daß der menschliche Organismus diese Isoagglutinine nicht zu bilden vermag, da auch die Immunisierung mit den korrespondierenden Antigenen beim Menschen nie oder nur äußerst selten zur Antikörperproduktion führt. Auf das Rh-Antigen kann diese Erklärung nicht angewendet werden, da im Serum von Rh-negativen Individuen

Tab. 7. Häufigkeit von Anti-Rh-Agglutininen im Serum von 141 Rh-negativen Müttern, welche Kinder mit Erythroblastosis geboren hatten, nach P. LEVINE, BURNHAM, KATZIN und VOGEL (1941).

Seit der letzten Geburt eines kranken Kindes verstrichene Zeit	Agglutinine vorhanden	Agglutinine nicht vorhanden
2 Monate post partum	33	37
2 Monate bis 1 Jahr post partum	5	15
1 Jahr oder mehr post partum	2	39
Während der nächsten Gravidität	2	5
Keine Daten	0	3
Total	42	99

[1] Diese Aussage stützt sich auf die Angaben zahlreicher Autoren; P. DAHR und H. KNÜPPEL (1944) hatten unter 1587 Einzeluntersuchungen kein einziges positives Resultat zu verzeichnen.

ein normales Anti-Rh nicht vorhanden ist, während die immunisatorische Erzeugung zwar nicht immer, aber doch relativ oft zur Bildung von zirkulierendem Anti-Rh führt (vgl. Tab. 7).

Wenn die Erythroblastosis der herrschenden Auffassung zufolge darauf beruht, daß die Rh-negative Mutter durch das Rh des Fetus immunisiert wird und daß die entstehenden mütterlichen Antikörper, durch die Placenta in das Blut des Fetus eindringend, eine pathogene Antigen-Antikörper-Reaktion auslösen, muß in dieser Statistik die große Zahl (mehr als 50%) der Fälle auffallen, in welchen das Blut der Mutter schon 2 Monate nach der Geburt des kranken Kindes frei von Anti-Rh war. Als Erklärung dieses Widerspruches wurde angenommen, daß die Anti-Rh-Agglutinine die Neigung haben, sich spontan an Gewebszellen zu fixieren, so daß die Menge des zirkulierenden Agglutinins kein verläßlicher Maßstab für die im Körper vorhandene Gesamtmenge sein muß[1]. Diese Annahme kann sich auf ein Analogon berufen. Aus dem Blute eines mit einer minimalen Menge Pferdeserum aktiv sensibilisierten Meerschweinchens verschwindet der anaphylaktische Antikörper am 60. bis 90. Tage nach der Präparierung; das Tier bleibt aber anaphylaktisch und seine isolierten Organe (Uterushorn, Darm) bewahren die Reaktivität auf Antigenkontakt im SCHULTZ-DALEschen Versuch; und wenn es sich um ein weibliches Tier handelt, kann es ein Jahr oder mehr nach der Sensibilisierung passiv anaphylaktische Junge gebären, was nur durch den Übergang des (im Serum nicht nachweisbaren) Antikörpers der Mutter auf den Fetus erklärt werden kann [R. DOERR und S. SEIDENBERG (1931)].

ε) Zusammenfassung der Daten über das Vorkommen der verschiedenen Isoagglutinine im Serum des Menschen unter physiologischen Bedingungen und nach immunisatorischen Eingriffen.

In der Tab. 8 sind einige der sichergestellten Daten über die Beziehungen gruppenspezifischer Substanzen des Menschen zu den auf sie wirkenden Isoagglutininen des menschlichen Serums unter physiologischen und immunisatorischen Bedingungen zusammengestellt, um ersichtlich zu machen, daß die kombinatorisch möglichen Konstellationen auch tatsächlich vorkommen. Man hat aber zuverlässige Beobachtungen gemacht, welche jeden Rahmen sprengen. So berichtet A. S. WIENER (1942), daß

[1] Es wäre aber auch möglich, daß sich die Anti-Rh-Agglutinine im Blutserum der vom Fetus aus sensibilisierten Mütter nicht in dem Zustande erhalten, welcher ihren Nachweis durch die direkte Agglutinationsprobe gestattet, sondern als unvollkommene Antikörper („low grade antibodies"), welche sich nur mehr an Rh-Erythrocyten binden, dieselben aber nicht agglutinieren (vgl. hiezu das Kapitel „Conglutinin").

Tab. 8. Die Beziehungen der wichtigeren Isoagglutinine des Menschen zu den korrespondierenden agglutinablen Substanzen unter physiologischen Bedingungen und nach der Einwirkung immunisatorischer Eingriffe.

Bezeichnung des Isoagglutinins	Im normalen Serum des Menschen bei Abwesenheit des Antigens nachweisbar			Möglichkeit der immunisatorischen Erzeugung oder Steigerung beim Menschen		
	konstant	ausnahmsweise	nie	ausgeprägt	ausnahmsweise	nicht vorhanden
Anti-A	+			+		
Anti-B	+			+		
Anti-M		+			+	
Anti-N			+			+
Anti-P		+			+	
Anti-Rh			+	+		

eine kräftige Agglutination zustande kam, wenn das Serum eines Blutspenders der Gruppe B mit den Erythrocyten eines Patienten gemischt wurde, der gleichfalls der Blutgruppe B angehörte. Das Serum des Spenders enthielt ein hochwertiges Agglutinin für A-Zellen und gab mit mehreren hundert Blutproben aller Gruppen keine einzige abnormale Reaktion; die Blutzellen des Empfängers wurden in Kontrollversuchen immer nur durch A-Sera, aber nie durch B-Sera agglutiniert und das Serum des Empfängers enthielt ein typisches Anti-A-Agglutinin. Also, schließt Wiener, mußten die Erythrocyten des Empfängers ein ungewöhnliches Agglutinogen und das Serum des Spenders ein außerordentlich seltenes korrespondierendes Agglutinin enthalten. Die Beobachtung war zweifellos richtig und die Formulierung des Resultates entsprach der serologischen Terminologie. Schwierigkeiten erwachsen aber, wenn man sich unter den Agglutinogenen selbständige, voneinander unabhängige, in den Erythrocyten vorhandene Substanzen im Sinne der organischen Chemie vorzustellen sucht. In dem von Wiener beschriebenen Fall mußten ja die Erythrocyten des Empfängers außer B und dem Ausnahmsantigen auch M oder N oder sogar M und N enthalten, sehr wahrscheinlich kam der Rh-Faktor hinzu, es konnten P oder Q oder beide in Kombination vorhanden sein, und da sich die Menschenerythrocyten von den Blutkörperchen anderer Säugetiere unterscheiden, wäre ein artspezifisches, in allen Menschenerythrocyten gegenwärtiges Agglutinogen als Faktor von größerer Reaktionsbreite zuzugeben. Alle diese Hämagglutinogene müssen in Anbetracht des Volumens der Erythrocyten und des Mechanismus der Agglutinationsreaktion an der Oberfläche der Blutkörperchen lokalisiert sein oder an dieselbe heranreichen. Nun wurde allerdings festgestellt, daß bei größeren Antigenpartikeln (Bakterien, Teilchen aus Rinderherzextrakt oder von Hammelblut körperchen) nur ein Teil der Oberfläche mit den Antikörpermolekülen in Kontakt kommen muß, um eine sichtbare Flockung zu ermöglichen [F. S. JONES (1928), F. S. JONES und R. B. LITTLE (1933), H. EAGLE (1935a, b), M. HEIDELBERGER (1942), HEIDELBERGER und E. A. KABAT (1934, 1941), A. PIJPER (1938), D. PRESSMAN, CAMPBELL und L. PAULING (1942)]; aber es sind nicht so sehr die räumlichen Beziehungen zwischen Antigen und Antikörper, welche mit unseren Vorstellungen von der Organisation einer Zelle in Widerspruch stehen, wie die Auffassung der Zelloberfläche unter dem Bilde einer „Antigentapete".

ζ) Fehlerquellen bei der Bestimmung der Blutgruppen und der Isoagglutinine.

Bei allen serologischen Untersuchungen muß man sich bewußt bleiben, daß man nur Reaktionen, d. h. Wechselbeziehungen zwischen zwei Komponenten feststellen kann, von welchen die eine (der Antikörper) ihrer Natur nach unbekannt ist, während von der anderen (dem Antigen) nur jener Teil serologisch erfaßt wird, der sich im Antikörper manifestiert [vgl. R. DOERR (1947, S. 84f.)]. In zunehmendem Umfange sucht man zwar die Isoagglutinogene mit chemisch-physikalischen Methoden zu isolieren und zu reinigen. Von diesen Bestrebungen sind gewiß Fortschritte zu erwarten, die sich aber bisher nur in bescheidenem Ausmaße realisieren ließen. Die chemische Natur der gesuchten Substanzen ist nicht, bzw. nicht so genau bekannt, als dies für das Verständnis der Spezifitätsdifferenzen notwendig wäre, und der Reinheitsgrad der „isolierten" Isoagglutinogene kann daher nicht exakt bewertet werden; man ist somit bei der Verwendung solcher Präparate doch wieder auf den serologischen Weg verwiesen. Was man ferner mit Hilfe der Reinigungsprozeduren erhält, ist so gut wie immer kein Vollantigen, sondern ein Hapten, und wenn sich auch solche Haptene durch die Bindung des Antikörpers und durch den Hemmungsversuch als Träger der Spezifität legitimieren können, sind sie doch aus dem natürlichen Gefüge des Zellplasmas herausgebrochen und in diesem in anderer Form und in Verbindung mit anderen Stoffen vorhanden.

Schließlich muß an dieser Stelle daran erinnert werden, daß das Zustandekommen einer Agglutination nicht ausschließlich davon abhängt, daß in den Erythrocyten ein Agglutinogen und im zugesetzten Serum ein Agglutinin vorhanden ist. Gerade bei der Hämagglutination kann ein Umstand den Ausschlag geben, der bei anderen serologischen Reaktionen (Präzipitation, Bakterienagglutination, Toxin-Antitoxin-Reaktion) nicht in Betracht kommt. Seit den Arbeiten von G. HÜBENER (1926), F. SCHIFF und W. HALBERSTAEDTER (1926), O. THOMSEN (1927), V. FRIEDENREICH (1930) ist es bekannt, daß Blutproben infolge von bakteriellen Verunreinigungen (Corynespezies, gewisse Vibrionenarten) *panagglutinabel* werden können, *so daß sie von jedem menschlichen Serum, auch vom Serum der Person, von welcher das Blut stammt, verklumpt werden.*

Nach FRIEDENREICH produzieren die Bakterien ein Enzym, welches ein latentes Agglutinogen der Erythrocyten aktiviert; dieses aktivierte sogenannte T-Agglutinogen soll mit einem in jedem Serum erwachsener Menschen vorhandenen T-Agglutinin reagieren. Daß diese Pan-Agglutination oder T-Agglutination auf einer Antigen-Antikörper-Reaktion beruht, suchte FRIEDENREICH durch verschiedene Versuchsanordnungen zu beweisen. So zeigen transformierte Erythrocyten ihre Gruppenzugehörigkeit, wenn man sie mit einem Testserum versetzt, aus welchem man die T-Agglutinine durch Absorption mit transformierten O-Zellen entfernt hat. Ferner sollen Meerschweinchen, die man mit transformierten Blutkörperchen sensibilisiert hat, nur auf die Reininjektion transformierter, aber nicht normaler Erythrocyten anaphylaktisch reagieren[1].

Daß die Erythrocyten nicht nur in vitro, sondern anscheinend auch in vivo panagglutinabel werden können, geht aus einer höchst interessanten Beobachtung von PH. LEVINE und E. M. KATZIN (1938) hervor. Ein vierjähriger Knabe, welcher zur Blutgruppe O gehörte, erkrankte an Masern mit einer komplizierenden Pneumonie (Pneumococcus I) und wurde mit Antipneumokokkenserum vom Pferde (Typus I und III) und mit Sulfanilamid behandelt. Am 25. Tage des Spitalaufenthaltes wurde eine Blutprobe entnommen, deren Untersuchung die Zugehörigkeit zur Gruppe O ergab; aber die Blutkörperchen des Patienten wurden durch die Sera von 15% aller Individuen agglutiniert, welche allen möglichen Blutgruppen, auch der Gruppe O, angehörten, waren also „panagglutinabel". Aus den Sera, welche die Blutkörperchen des Patienten zu agglutinieren vermochten, konnte das an der Reaktion beteiligte Agglutinin durch Adsorption an die agglutinablen Blutkörperchen eliminiert werden. In Anbetracht des spezifischen Charakters dieser Reaktion wurde geprüft, ob sich das irreguläre Agglutinogen auf hereditärer Basis entwickelt hatte. Das war aber nicht der Fall, da weder der Vater noch die Mutter Erythrocyten mit den beim Sohn gefundenen Eigenschaften besaßen; es mußte sich also um eine erworbene abnorme Agglutinabilität der Erythrocyten handeln, wofür auch der Umstand sprach, daß sie sich nach vier Monaten vollständig zurückgebildet hatte. Es ist hervorzuheben, daß im Blute des Patienten der Pneumococcus Typus I durch die Kultur festgestellt werden konnte; die Erythrocyten waren somit der Einwirkung von Bakterien und löslichen Derivaten derselben

---

[1] Wenn dies nicht schon geschehen sein sollte, müßten diese Versuche, insbesondere die anaphylaktischen Experimente, nachgeprüft werden.

ausgesetzt, wenn es sich auch nicht um jene Bakterienarten handelte, welche die Panagglutinabilität in vitro bewirken. LEVINE und KATZIN halten es für wahrscheinlicher, daß Pferdeserum, Sulfanilamid, vielleicht auch andere Medikationen oder „Krankheitsprodukte" die Erythrocyten so verändern können, daß sie für ein weitverbreitetes physiologisches Agglutinin empfindlich werden. Durch wiederholtes Waschen der Blutkörperchen in großen Mengen physiologischer NaCl-Lösung konnte die veränderte Reaktionsfähigkeit der Erythrocyten nicht aufgehoben werden; daß sie nach vier Monaten verschwand, wird auf den Ersatz der transformierten Erythrocyten durch normale zurückgeführt. Wie aus dieser ausführlichen Inhaltsangabe der zitierten Mitteilung hervorgeht, wird die Beobachtung rein serologisch erfaßt und formuliert, d. h. so, als ob das in mehrfacher Hinsicht sonderbare Verhalten der Erythrocyten des Patienten auch auf nichts anderem beruhen könnte, wie auf der Reaktion eines besonderen Agglutinogens mit einem besonderen Agglutinin. Ob das richtig ist, muß im Hinblick auf ein Phänomen anderer Art als fraglich bezeichnet werden.

Man kennt nämlich auch den Fall, daß eine Hämagglutination, obzwar die serologischen Bedingungen erfüllt sind, durch den Zustand der Erythrocyten vereitelt wird. Immunisiert man Kaninchen mit Organen, welche das FORSSMANSCHE Antigen enthalten, zum Beispiel mit Meerschweinchenniere, so erhält man die heterogenetischen Antisera, welche auf Meerschweinchen toxisch und auf Hammelerythrocyten lytisch wirken; will man aber Hammelblutkörperchen *agglutinieren*, so bleibt das Resultat negativ, solange die Blutkörperchen frisch sind, und wird erst positiv, wenn die Erythrocytensuspensionen einige Tage aufbewahrt wurden [TROU-HIA-HSÜ (1922)]. Die Agglutinabilität nimmt mit der Dauer der Aufbewahrung zu, wie folgender Versuch von TROU-HIA-HSÜ lehrt:

Tab. 9. Agglutinierende Wirkung eines heterogenetischen Antiserums vom Kaninchen auf Hammelblutkörperchen, die 1 bis 6 Tage bei Zimmertemperatur gestanden hatten.

Verdünnung des Serums	Dauer der Aufbewahrung					
	1 Tag	2 Tage	3 Tage	4 Tage	5 Tage	6 Tage
1 : 10	—	—	+	++	+++	+++
1 : 20	—	—	(+)	+	+++	+++
1 : 40	—	—	—	+	+++	+++
1 : 80	—	—	—	—	+++	+++
1 : 160	—	—	—	—	++	+++
1 : 320	—	—	—	—	++	+++
Nullkontrolle .	—	—	—	—	—	(+)

Auch andere Autoren haben analoge Erfahrungen gemacht. Prof. J. TOMCSIK[1] überzeugte sich in Versuchen mit H. SCHWARZWEISS, daß Hämagglutinationen mit frischen, d. h. vor kurzer Zeit entnommenen Blutproben oder sofort aus denselben hergestellten Erythrocytensuspensionen erheblich niedrigere Titerwerte ergeben können, als wenn man die Auswertungsreihen mit denselben Erythrocyten, aber erst 24 Stunden nach der Blutentnahme, ausführt. Daß es sich um Veränderungen handeln muß, welche die Erythrocyten während der Aufbewahrung der Blutproben oder Zellsuspensionen erleiden, kann dadurch bewiesen werden, daß frische und alte Blutkörperchen beim Waschen mit physiologischer NaCl-Lösung ihre fehlende, bzw. gesteigerte Agglutinabilität unverändert beibehalten. Nach Versuchen von TROU-HIA-HSÜ binden frische Blutkörperchen das Agglutinin ebenso wie abgelagerte; verwendet man daher frische Erythrocyten, so findet zwar die Antigen-Antikörper-Reaktion statt, aber ihre sichtbare Auswirkung unterbleibt. Durchaus kein singulärer Fall [vgl. R. DOERR (1947, S. 79)], der aber als Fehlerquelle eine besondere Bedeutung hat, da man mit einer derartigen Veränderlichkeit eines geformten Antigens nicht rechnet.

Das Erscheinen, resp. die Steigerung der Agglutinabilität als Folge des Stehenlassens der Blutproben oder Erythrocytensuspensionen scheint, soweit sich dies jetzt behaupten läßt, nur bei bestimmten, d. h. durch besondere Agglutinogene und Agglutinine verursachten Hämagglutinationen vorzukommen und hängt auch vielleicht von der Herkunft der Blutproben (Hammelerythrocyten) ab. Für die Bestimmung der Blutgruppenzugehörigkeit der Menschen wird von erfahrenen Spezialisten [s. A. S. WIENER (1945, S. 20)] die Verwendung von ganz frischen Erythrocytensuspensionen ausdrücklich empfohlen, mit der Begründung, daß die Empfindlichkeit der Blutkörperchen selbst bei der Aufbewahrung im Kühlschrank allmählich abnimmt. Wie man sich den Widerspruch erklären soll, daß die Aufbewahrung der Erythrocyten sowohl eine Steigerung wie eine Verminderung der Agglutinabilität bewirken kann, läßt sich vorläufig nicht sicher entscheiden. Wohl aber weiß man, daß bei der Feststellung der Blutgruppe eines Individuums ein anderer Umstand von größter Bedeutung ist, nämlich *die individuellen Schwankungen der Agglutinabilität der Erythrocyten innerhalb einer und derselben Blutgruppe.* F. SCHIFF *und* G. HÜBENER (1926) *prüften mit je einem Testserum* α *und* β die Agglutinierbarkeit von A- und von B-Erythrocyten verschiedener Personen und fanden ganz erhebliche Differenzen. In den Reaktionen der A-Zellen mit einem bestimmten α-Agglutinin schwankten die Titerwerte zwischen 1 : 25 und 1 : 800, in den Reaktionen der B-Zellen mit einem identischen β-Agglutinin zwischen 1 : 25 und

[1] Mündliche Mitteilung.

1 : 400; der häufigste Titerwert lag in beiden Reihen bei einer Serumverdünnung von 1 : 100. Die Zahl der untersuchten Blutproben war klein (93 Proben A, 29 B) und die Proben hatten 24 Stunden im Eisschrank gestanden; aber die Tatsache der individuellen Schwankungen der Agglutinabilität wurde durch spätere Autoren außer Zweifel gestellt. Das Alter des Menschen beeinflußt diese Eigenschaft, indem nach Untersuchungen von T. Kemp (1930) die Empfindlichkeit der Erythrocyten bis zum 20. Lebensjahr in dem Maße zunimmt, daß ein bestimmtes Testserum, wenn es die Erythrocyten eines neugeborenen Kindes in einer Verdünnung von 1 : 100 agglutiniert, für die Erythrocyten des erwachsenen Individuums einen Titer von 1 : 500 aufweisen würde[1]. Doch kann man die individuellen Differenzen auch bei gleichaltrigen Individuen konstatieren, womit die Vorschrift begründet ist, hochwertige Testsera für Blutgruppenbestimmungen zu benützen. Unter diesen Umständen ist es klar, daß man Blutkörperchen mit den Eigenschaften A, B, M, N, P usw. nur im qualitativen Sinn als konstante Antigene betrachten kann, im quantitativen bloß innerhalb von Versuchsreihen, die man innerhalb einer relativ kurzen Zeit durchführt.

Daß nicht alle Hämagglutinationen, selbst wenn sie einen gewissen Grad von Spezifität besitzen, auf Antigen-Antikörper-Reaktionen beruhen müssen, lehren die auf S. 40 erwähnten hämagglutinierenden Wirkungen der sogenannten Phytagglutinine und der verschiedenen Virusarten. Äußerlich präsentieren sich diese Wirkungen unter demselben Bilde wie eine durch einen Antikörper hervorgerufene Flockung und Verklumpung roter Blutzellen, und es ist auch festgestellt, daß verschiedene Phytagglutinine auf Blutkörperchen verschiedener zoologischer Herkunft verschieden wirken, wie auch jeder Virusart eine Schar agglutinabler Erythrocytenarten zugeordnet ist. Zur Zeit haben wir aber keine Kenntnis, warum das Phasin aus Linsen Kaninchenblutkörperchen agglutiniert und Taubenblutkörperchen nicht, während das Phasin aus Bohnen auf Kaninchenblutkörperchen sechzehnmal schwächer wirkt als auf Taubenblutkörperchen. Ebensowenig bekannt ist es, warum beispielsweise das Influenzavirus A eine große Zahl kernhaltiger und kernloser Erythrocyten ausfällt, während die Erythrocyten vom Rind, Schwein, Pferd und von der Katze überhaupt nicht beeinflußt werden [weitere Angaben bei E. Clark und P. P. O. Nagler (1943); s. auch R. Doerr (1947, S. 226)]. Solange diese bizarren Verhältnisse völlig

[1] Kemp selbst wie auch alle anderen Autoren bezeichnen diese Zunahme der Agglutinabilität bis zum 20. Lebensjahr als „Entwicklung der Isoagglutinogene“. In dieser Formuliernng steckt die Vorstellung einer Massenzunahme der „gruppenspezifischen Rezeptoren“; es könnte sich jedoch nach den Ausführungen auf S. 110 ff. auch um einen anderen Vorgang handeln, der außerhalb der serologischen Begriffswelt liegt.

unverständlich sind, ist es ohne Frage unberechtigt, einen aus Pflanzensamen hergestellten Stoff oder ein Virus als „Agglutinin" zu bezeichnen. Dieser Name wurde eingeführt, um die flockenden Wirkungen von immunisatorisch erzeugten Antikörpern auf geformte Antigene zweckentsprechend zu benennen, und kann nun nicht auf jeden Stoff angewendet werden, der sich, abgesehen von unaufgeklärten äußeren Ähnlichkeiten, in jeder Hinsicht von einem Antikörper unterscheidet. Durch eine unkritische Verwendung solcher Termini schafft man Vorurteile, die sich erfahrungsgemäß nicht immer leicht beseitigen lassen.

Zum Abschluß dieses Abschnittes sei noch auf einen Punkt hingewiesen, der möglicherweise eine größere Bedeutung gewinnen könnte, als das bisher der Fall ist. Es ist seit langer Zeit bekannt, daß die Erythrocyten im Verlaufe fieberhafter Krankheiten, während der Schwangerschaft, infolge der Entwicklung maligner Tumoren und bei einigen anderen pathologischen Zuständen die Neigung annehmen, sich rasch zu sedimentieren, Beobachtungen, welche die Grundlage der von R. Fahraeus in die klinische Medizin eingeführten Senkungsreaktion bildeten. Die mikroskopische Untersuchung lehrt, daß die rasche Sedimentierung darauf beruht, daß sich die Erythrocyten flächenhaft aneinanderlagern, so daß geldrollenartige Aggregate entstehen. Ein Streit, ob S. G. Shattock (1899, 1900) das Phänomen der Isoagglutination entdeckt oder nur diese Rollenbildung beobachtet hatte, veranlaßte A. F. Coca (1931), die Agglutinate bei der Rollenbildung (der in diesem Konnex sogenannten „Pseudoagglutination") und der wahren Isoagglutination mikroskopisch zu untersuchen und die Bilder in photographischen Aufnahmen a. a. O. zu veröffentlichen. In den Aggregaten bei der Pseudoagglutination sieht man Klumpen von Erythrocyten und Rollen, besonders auch am Rande der Klumpen; das Bild der Isoagglutination ist dadurch ausgezeichnet, daß die verklumpten Blutkörperchen miteinander verschmelzen und daß die Rollen fehlen. In den Abb. 8 und 9 sind zwei Illustrationen aus der Mitteilung von Coca wiedergegeben, aus denen zu entnehmen ist, daß die Blutkörperchen bei der Isoagglutination schwer geschädigt werden und daß die Veränderungen in erster Linie die Oberflächen betreffen müssen; leider wird nicht angegeben, ob sich die Reaktionen unter gleichen Bedingungen abspielten, insbesondere ob bei der Isoagglutination die Zentrifuge mitwirkte; bei der Pseudoagglutination war das nicht der Fall (s. die Erklärung zu Abb. 8).

Die mikroskopische Untersuchung der Agglutinate könnte vielleicht, wenn sie weiter ausgebaut und auf die einzelnen Stadien der Hämagglutinationen ausgedehnt würde, manche Beobachtungen aufklären, wie zum Beispiel die Erscheinung, daß Hühnererythrocyten Influenzavirus rasch adsorbieren und dadurch agglutiniert werden, daß sie aber das gebundene Virus fast komplett innerhalb von 4 bis 6 Stunden abgeben

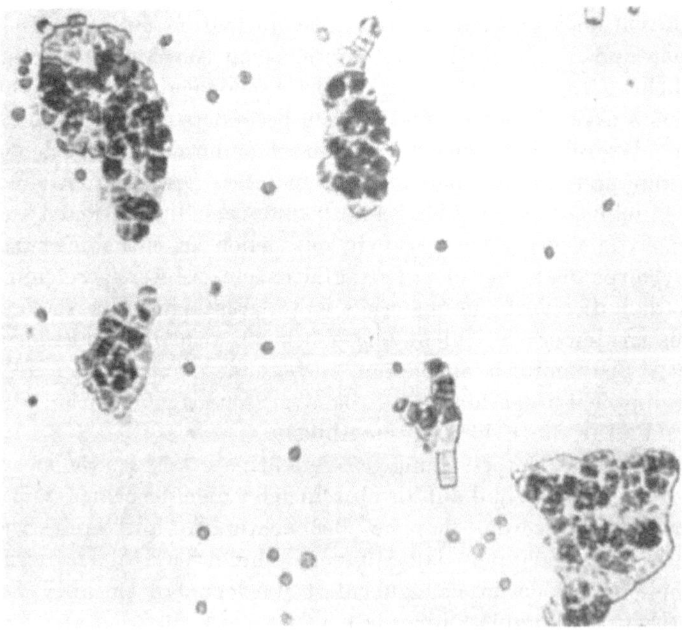

Abb. 8. Pseudoagglutination. Das Bild entspricht den Abbildungen in der Publikation von S. G. SHATTOCK. Es handelt sich um das Blut einer schwangeren Frau, welches rasch sedimentierte. Die Reaktion kam zustande, wenn das Serum der Frau mit ihren eigenen Erythrocyten auf einem Objektträger vermischt und mit einem Deckglas bedeckt wurde. Die Klumpen enthalten Rollen (mit Erlaubnis von A. F. COCA reproduziert).

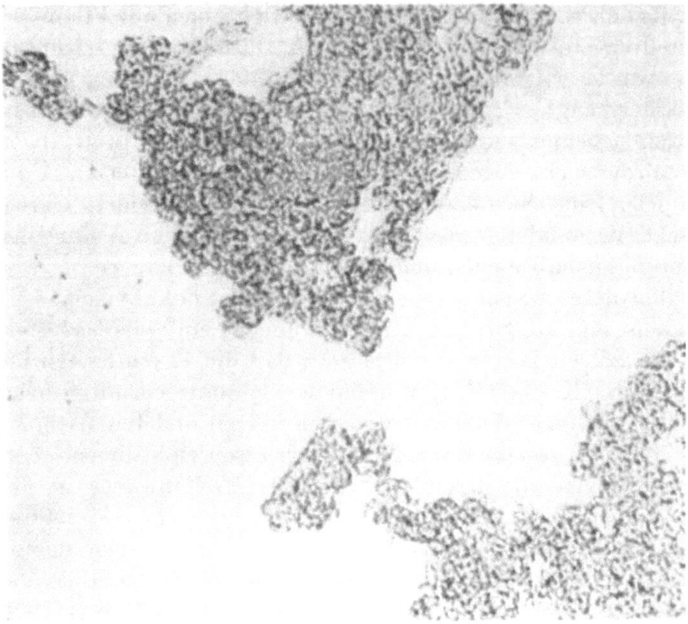

Abb. 9. Isoagglutination. Die Zellen sind dicht gepackt und miteinander verschmolzen. Keine Rollen (mit Erlaubnis von A. F. COCA reproduziert).

und sich hierauf gegen erneute Einwirkung des Virus als unempfindlich, d. h. als inagglutinabel erweisen [G. K. Hirst (1942)].

b) *Die Isoagglutinine der Tiere.*

α) Affen.

αα) *Anthropoide. Schimpansen.* Von 92 untersuchten Schimpansen gehörten 81 zur Blutgruppe A und 11 zur Gruppe O; bis 1945 lag keine Angabe über Schimpansen der Gruppe B oder A B vor. Das Agglutinogen A der Schimpansen ließ sich von dem gleichnamigen Faktor im Menschenblut nach den Untersuchungen von K. Landsteiner und C. Ph. Miller (1925) nicht unterscheiden. Im Hinblick auf die von Landsteiner für die vier klassischen Blutgruppen des Menschen aufgestellten Regeln und die Frage nach der Entstehung der Isoagglutinine ist es nun sehr interessant, daß das Serum von Schimpansen der Gruppe A ein β-Agglutinin und das der Schimpansen der Gruppe O sowohl ein β- wie ein α-Agglutinin enthält[1]. Man hat darin eine Bestätigung der Landsteinerschen Regeln erblickt. Das stimmt aber nur zum Teil, solange es dabei bleibt, daß Schimpansen der Gruppen B und A B nicht existieren. Stellt man die Formeln der vier Hauptgruppen des Menschen und der bisher bekannten Schimpansengruppen einander gegenüber, so erhält man folgendes Bild:

Mensch:	*Schimpanse:*
O, α, β	O, α, β
A, β	A, β
B, α	fehlt
A B θ	fehlt

Beim Menschen besteht eine vollkommene Symmetrie, die einen Hinweis auf den Grund zu enthalten scheint, warum die kompatiblen Agglutinine stets vorhanden sind; beim Schimpansen ist das β-Agglutinin in den Gruppen O, α, β und A, β sozusagen „unmotiviert“, weil ihm kein B gegenübersteht. Man könnte in Erweiterung der Hypothese von F. Bernstein (s. S. 97) annehmen, daß der Schimpanse ebenso wie der Mensch stets beide Agglutinine kraft seiner Artzugehörigkeit und unabhängig von den gruppenspezifischen Substanzen produziert und daß die inkompatiblen Agglutinine durch Absorption eliminiert werden; aber dieser Ausweg befriedigt hier noch weniger als bei den menschlichen Agglutininen.

Orangutans. Nach den Angaben von P. Dahr (1937) wurden bis 1938 18 Exemplare dieser Anthropoiden auf ihre Blutgruppen untersucht,

[1] Vgl. auch P. Dahr (1938 a), woselbst Angaben über die Reaktion des O-Faktors der Schimpansen mit tierischem Anti-O-Agglutinin.

wozu sich später noch ein Tier hinzugesellte, das von A. S. WIENER und P. B. CANDELA geprüft wurde. Von diesen 19 Orangutans entfielen 7 auf die Gruppe A, 8 auf B und 4 auf AB; die Beziehungen dieser Isoagglutinine zu den Isoagglutininen waren dieselben wie beim Menschen, d. h. A- und B-Blutproben gaben im gekreuzten Versuch Agglutinationen. Die Gruppe O, α, β wurde bisher nicht nachgewiesen, was nach der Ansicht des Verfassers als ein weiterer Beweis betrachtet werden darf, daß O kein „Nullantigen" ist (s. S. 80 f.).

Gibbons zeigen ähnliche Verhältnisse wie die Orangutans. K. LANDSTEINER (1928a) konnte 7 Tiere untersuchen, welche verschiedenen Arten angehörten und fand bei 2 Hylobates lar einmal die Gruppe A und einmal die Gruppe B, bei 3 Hylobates leuciscus dreimal B und bei 2 Symphalangus syndactylus zweimal B. Wie bei den Orangutans fehlte O.

Gorillas. K. LANDSTEINER (1928a) untersuchte das Blut eines 1 bis 2 Jahre alten Gorillas; es war ihm jedoch unmöglich, den Befund in eine der vier Blutgruppen des Menschen einzureihen. 3 Gorillas wurden von H. WEINERT (1938) der A-Gruppe zugeteilt; die Bestimmung erfolgte aber mit Hilfe von nicht absorbierten menschlichen Anti-A- und Anti-B-Sera und da solche Sera artspezifische Agglutinine für die Erythrocyten des Gorillas enthalten können, wurden die Angaben von P. DAHR (1938 a) nicht anerkannt. Es bleiben dann noch die Resultate von P. B. CANDELA, welche hier nur auf Grund der Mitteilungen von A. S. WIENER (1945, S. 334) referiert werden können, und die grundsätzlich wichtigen Untersuchungen von A. S. WIENER, P. B. CANDELA und L. J. GOSS (1942).

Die Bestimmungen von CANDELA erstreckten sich auf 15 Gorillas, welche den 2 Arten Gorilla gorilla (Tieflandgorilla) und G. berengei (Berggorilla) angehörten, und wurden an Urinproben, in einzelnen Fällen auch an Organextrakten, vorgenommen. Gegenstand der Untersuchung waren somit die gruppenspezifischen Substanzen; Aussagen über das Verhalten der Isoagglutinine konnten naturgemäß nicht gemacht werden. 13 Tieflandgorillas gehörten durchwegs der Gruppe B an, 2 Berggorillas der Gruppe A.

WIENER, CANDELA und GOSS prüften die Reaktionen der Erythrocyten eines Tieflandgorillas mit Anti-A-, Anti-B-, Anti-M- und Anti-N-Immunsera vom Kaninchen. Das Ergebnis war in mehrfacher Hinsicht bemerkenswert. Die Erythrocyten enthielten einen Faktor, welcher mit dem Isoagglutinogen M des Menschen verwandt, aber nicht identisch war, möglicherweise auch eine N-ähnliche Komponente. Dagegen war in den Erythrocyten weder A noch B nachweisbar. Im Serum des untersuchten Tieres war jedoch ein Anti-A-Agglutinin, aber kein Anti-B-Agglutinin vorhanden, so daß man, nur auf die Erythrocyten und das Serum abstellend, die widerspruchsvolle Formel Null α (nicht „O α") bekommen hätte. Mit Rücksicht auf die Tatsache, daß sich gruppenspezifische Substanzen beim Menschen nicht nur in den Blutkörperchen, sondern auch in den Organen und in Körperflüssigkeiten, bzw. in Sekreten (Speichel, Urin usw.) feststellen lassen, wurden jedoch Extrakte aus den Speicheldrüsen hergestellt und diese vermochten die Reaktionen der B-Substanz mit menschlichem oder von Kaninchen immunisatorisch gewonnenem Anti-B-Serum spezifisch zu hemmen; die Speicheldrüsen und wahrscheinlich auch die anderen Gewebe des Gorillas enthielten somit eine Substanz, welche mit dem B-Faktor des Menschen identisch oder sehr nahe verwandt war und das Fehlen des β-Agglutinins schien auf diese Weise im Sinne der LANDSTEINERschen Regel erklärt, d. h. man durfte als Gruppenformel B α anschreiben. WIENER und seine Mitarbeiter konnten mit Hilfe einer standardisierten Methode des Hemmungsversuches [A. S. WIENER und J. KOSOFSKY (1941)] die B-Substanz auch bei zwei weiteren Tieflandgorillas im Speichel und im Urin finden.

Nun hat die LANDSTEINERsche Regel von dem konstanten Vorhandensein kompatibler Agglutinine nur dann eine Bedeutung, wenn man sie auf *alle* Fälle des O-, A-, B-Systems, also auf das *ganze* System, anwenden kann. Wenn aber beim Tieflandgorilla, wie es den Anschein hat, nur die Kombination B α existiert, so ist hier ein einziger Fall aus dem System herausgebrochen und es ist infolgedessen das α im Serum weniger verständlich als die reziproken Beziehungen im vollständigen System des Menschen. Wir kommen auf die Deutung von solchen rassenmäßig begrenzten *singulären Kombinationen eines einzigen Isoagglutinogens mit einem kompatiblen Agglutinin* im nächsten Abschnitt zurück.

Da sich ferner der B-Faktor beim Gorilla nicht in den Erythrocyten, sondern nur in den Organen (und Körperflüssigkeiten) befindet, der M-Faktor, vielleicht auch ein N-ähnlicher Faktor in den Erythrocyten, taucht hier ein neues Problem auf. Beim Menschen lassen sich die Faktoren A und B sowohl in den Erythrocyten als auch in den Geweben und Körperflüssigkeiten feststellen, M und N nur in den roten Blutkörperchen [W. C. BOYD und L. G. BOYD (1934), A. S. WIENER und S. FORER (1941), PH. LEVINE und E. M. KATZIN (1941) u. a.]; stellt man diese Beobachtungen einander gegenüber, so tauchen offensichtlich Probleme auf, welche sich auf die *Bildungsstätten der Isoagglutinogene* beziehen.

ββ) *Niedere Affenarten.* In den Angaben über die Beziehungen von gruppenspezifischen Substanzen und Isoagglutininen im Blute von Macacus rhesus stößt man, sofern man die älteren Angaben von E. v. DUNGERN und L. HIRSCHFELD (1911), K. LANDSTEINER und MILLER (1925), O. THOMSEN und T. KEMP (1930), S. VORONOFF und G. ALEXANDRESCO (1930) durchmustert, auf Lücken und vereinzelte Widersprüche. Eine sorgfältige Nachprüfung von L. BUCHBINDER (1933) bestätigte zunächst die Feststellung von K. LANDSTEINER und MILLER (1925), daß sich in den Erythrocyten von Macacus rhesus keine Substanz nachweisen läßt, welche mit den Faktoren A oder B des Menschen identifiziert werden könnte, sowie die späteren Angaben von K. LANDSTEINER (1928b) sowie von O. THOMSEN und T. KEMP (1930), daß im Rhesusserum gleichwohl ein Agglutinin existiert, welches auf die A-Zellen des Menschen agglutinierend wirkt und vom α-Agglutinin der Menschensera nicht unterschieden werden kann, während ein β-Agglutinin nicht vorhanden ist. Es schien also wieder der durch die Formel Null α charakterisierte Tatbestand vorzuliegen. Mit Rücksicht auf die Ergebnisse der Analyse einer identischen Konstellation bei einem Tieflandgorilla (s. S. 118) untersuchten P. B. CANDELA, WIENER und GOSS (1940) den Speichel von vier Rhesusaffen und fanden in allen vier Fällen die B-Substanz, so daß auch in diesem Falle die Beobachtung im gleichen Sinne aufgeklärt schien.

Das Fehlen von A oder B in den Erythrocyten, gepaart mit dem Vorhandensein von Anti-A- oder Anti-B-Agglutinin im Serum, wurde auch bei anderen niederen Affenarten festgestellt. So berichtete H. HIRANO (1932), daß bei Cynomolgus philippinensis weder A noch B in den Erythrocyten nachweisbar ist, während das Serum Menschenerythrocyten der Gruppen A und AB, aber nicht O oder B agglutiniert; der Befund war somit identisch mit den für Macacus rhesus ermittelten Daten. Umgekehrt enthält das Serum von Cercopithecus nictitans nur ein β-Agglutinin [LANDSTEINER (1928b)], ebenso wie das Serum des Spinnenaffen Ateles ater [WIENER, CANDELA und GOSS (1942)], in beiden Fällen assoziiert mit dem Fehlen von Isoagglutinogenen, welche mit A oder B identisch oder verwandt sind, in den Erythrocyten.

Einer dieser Fälle (Ateles ater) konnte wieder so aufgeklärt werden, daß das dem fehlenden Isoagglutinin entsprechende Antigen zwar nicht in den Erythrocyten, wohl aber im Speichel zu finden war. Das Serum der sechs untersuchten Exemplare von Ateles ater agglutinierte durchwegs menschliche B-Zellen, aber nicht A-Zellen; das Fehlen des α-Agglutinins stimmt damit überein, daß im Speichel sämtlicher Affen dieser Art die A-Substanz vorhanden war, so daß α als inkompatibles Agglutinin fehlen mußte [WIENER, CANDELA und GOSS (1942)].

Schreibt man der Übersichtlichkeit halber die zwei in den voranstehenden Ausführungen erörterten Kombinationen in serologischen Zeichen an, so bekommt man folgende zwei Schemata:

Erythrocyten:	Organe:	Serum:
A —, B —	A +, B —	α —, β +
A —, B —	A —, B +	α +, β —

Der Unterschied gegenüber den Blutgruppen des Menschen und der Anthropoiden (Gorillas scheinen eine Ausnahme zu bilden) bestünde nur darin, daß die Isoagglutinogene nicht in den Erythrocyten, sondern in den Geweben lokalisiert sind. So wird der Sachverhalt von A. S. WIENER (1945, S. 336) auch gekennzeichnet, obwohl darin nur eine Umschreibung der Beobachtung zu sehen ist, welche das Problem der verschiedenen Lokalisation unerledigt läßt. BERNSTEINS Hypothese, daß jeder Mensch α- und β-Agglutinin produziert und daß die inkompatiblen Agglutinine im Serum nur deshalb fehlen, weil ihre potentiell vorhandene Bildungsfähigkeit unterdrückt wird, oder weil sie, so rasch als sie entstehen, absorbiert werden, dehnt A. S. WIENER auf Grund des Nachweises organgebundener Isoagglutinogene auf alle Primaten aus.

Daß aber alle Primaten ohne Ausnahme α- und β-Agglutinine nicht nur produzieren können, sondern, wenn keine Hemmung besteht, auch tatsächlich bilden, steht mit dem Verhalten der A- und B-Substanz bei anthropoiden und niederen Affenarten in merkwürdigem Widerspruch, wie sich aus nachstehender Tab. 10 ersehen läßt. Schimpansen entwickeln kein B, Orangutans und Gibbons kein O, von zwei Gorillaspezies bildet die eine B, die andere A, der Macacus rhesus führt in seinem Organismus nur B, der Macacus irus besitzt (in seinen Geweben) A, B und O, kurz, es können sich naheverwandte Arten ganz verschieden verhalten. WIENER (1945, S. 340) hebt zwar hervor, daß nach den Untersuchungen von LANDSTEINER und MILLER (1925), welche sich auf 20 Affen der neuen und 57 Affen der alten Welt erstreckten und zahlreiche Spezies beider Kategorien umfaßten, das Isoagglutinogen B bei den Platyrrhinen der neuen Welt stets zu finden war, während es bei den Cercopithecidae der alten Welt fehlte. Indes prüften die genannten Autoren nur die Erythrocyten; untersucht man die Gewebe, bzw. die Sekrete (Speichel, Urin), so ist diese Regel, wie das Verhalten der Makaken und des Ateles ater zeigt, nicht mehr richtig. Die Faktoren A, B und O kommen somit bei allen Primaten vor, aber zum Teil insgesamt in ver-

Tab. 10. Vorkommen der Isoagglutinogene A, B und O beim Menschen und einigen Affen.

	A	B	O
Mensch	+	+	+
Schimpanse	+	—	+
Orangutan	+	+	—
Gibbon	+	+	—
Gorilla gorilla	—	+	—
Gorilla berengei	+	—	—
Macacus rhesus	—	+	—
Macacus irus	+	+	+
Ateles ater	+	—	—
Ateles cucullatus	—	+	+
Cercopithecus nictitans	+	—	—
Cynomolgus philippin.	—	+	—

schiedener Auswahl (A O, A B, B O, A, B) und diese Verteilung hängt nicht von der zoologischen Verwandtschaft der Arten ab (vgl. die beiden Gorillaarten und den Gegensatz zwischen Macacus rhesus und Macacus irus), es können alle Exemplare einer Art denselben Faktor haben oder die Verteilung ist in Form von Gruppen individualisiert. Man hat aus den angeführten Daten phylogenetische Schlüsse ableiten wollen. Daß zum Beispiel bei den Schimpansen nur die Faktoren A und O, bei den Orangutans und Gibbons nur A und B beobachtet wurden, könnte nach LANDSTEINER und MILLER so erklärt werden, daß Primaten mit allen drei Faktoren durch Kreuzungen entstanden sind. Daß O bei Affen selten ist und unter den Anthropoiden nur beim Schimpansen vorkommt, während O beim Menschen vorherrscht, soll dafür sprechen, daß sich O später entwickelt hat als A und B [WIENER (1945, S. 337)]. Es wurde aber auch die Ansicht vertreten, daß nur O ursprünglich beim Menschen vorhanden war und daß sich A und B erst später durch Mutation aus O abspalteten [F. BERNSTEIN (1925, 1930), L. H. SNYDER (1926, 1930), R. R. GATES (1939), L. HIRSZFELD (s. S. 66 f.)], weil beim Menschen O in allen Rassen vorherrscht und weil es bei den amerikanischen Indianern, soweit sie reinrassig sind, so gut wie ausschließlich vorkommt (97 bis 100 %). Diese an zahlreichen Individuen angestellten Untersuchungen beschränkten sich meist auf die Bestimmung der Gruppeneigenschaften der Erythrocyten; das genügt aber nicht, um das Fehlen eines Faktors im Organismus sicherzustellen, vielmehr müßte man zumindest auch die im Serum vorhandenen Agglutinine ermitteln, bei Affenarten auch den Gehalt der Organe oder Sekrete an A, B oder O. Tut man das, so werden alle auf einen ungeheuren Arbeitsaufwand aufgebauten Hypothesen über den Ursprung der Blutgruppen, von denen ja auch keine allgemein anerkannt ist, hinfällig. Unter den 12 Macacus irus (javanische Affenart), welche CANDELA, WIENER und GOSS (1940) in der Weise untersuchten, daß sie den Speichel auf die Blutfaktoren und das Serum auf seinen Gehalt an Isoagglutininen prüften, fanden sich fünf Tiere der Gruppe A β, drei der Gruppe A B θ und eines, welches der Gruppe O $\alpha\beta$ angehörte[1]. Diese Resultate sind zuverlässig, weil der Befund im Speichel durch das reziproke Verhalten der Isoagglutinine kontrolliert und beglaubigt wurde. Macacus irus, eine niedere Affenart, verhielt sich also, wenn man von der Lokalisation der gruppenspezifischen Faktoren absieht, so wie die Menschenrassen, bei welchen alle vier Blutgruppen nachgewiesen werden konnten; die kleine Zahl der untersuchten Tiere macht eine Aussage über die Häufigkeit der einzelnen Gruppen unmöglich, was aber belanglos erscheint, da bekanntlich die prozentuellen Verhält-

[1] Die restlichen drei Tiere werden nicht angeführt, weil nur der Speichel, aber nicht das Blutserum bestimmt wurde; im Speichel dieser drei Affen fand sich einmal A, einmal B und einmal A B.

nisse der Blutgruppen auch beim Menschen, je nach den untersuchten Rassen, sehr starke Schwankungen aufweisen [vgl. W. C. BOYD (1939)]. Dagegen tritt im Serum eines Menschen beliebiger Rasse, eines Schimpansen, eines Macacus irus oder Ateles cucullatus (s. w. u.), sofern sie zur Gruppe O zählen, das α- und das β-Agglutinin auf. Wollte man diese Tatsache als maßgebend betrachten, so käme man zu der Aussage, *daß es nicht die gruppenspezifischen Faktoren sind, welche die Primaten zu einer serologischen Einheit stempeln, sondern die α- und die β-Agglutinine, die überall aufscheinen, wo sie nicht durch ihre Inkompatibilität verhindert oder verdrängt werden*, und daß sie „folglich" auch genetisch als die ältesten serologischen Formationen der Primaten zu gelten haben. Der Verfasser braucht wohl nicht zu betonen, daß eine derartige Aussage nicht seiner eigenen Auffassung entspräche; sie soll nur den Urteilen über das relative Alter der Blutgruppen gegenübergestellt werden. Eine der vorsichtigsten Formulierungen findet man bei WIENER, CANDELA und GOSS (1942, S. 234), welche schreiben: "If it is at all permissible to draw conclusions concerning the relative antiquity of the blood-group factors, then the only that seems justified is that group O is the most recent." Wenn aber O ein Faktor, eine gruppenspezifische Substanz ist, kann auch dieser Schluß nicht gerechtfertigt werden, und ist es ein Nullantigen, dann würde der Schluß darauf hinauslaufen, daß die Agglutinine α und β im Anfange der gruppenspezifischen Differenzierung standen.

Daß noch manches in den Beziehungen zwischen den Isoagglutinogenen und den Isoagglutininen des A-B-Systems in der Primatenordnung der Aufklärung bedarf, lehren die Ergebnisse, welche WIENER, CANDELA und GOSS (1942) an fünf Spinnenaffen der Spezies Ateles cucullatus erzielten (Tab. 11).

Tab. 11. Blutgruppenfaktoren und Isoagglutinine bei Ateles cucullatus (nach WIENER, CANDELA und GOSS, 1942).

Nr. des Tieres	Hemmender Titer des Speichels für Erythrocyten der Gruppe A	B	Gruppenreaktion des Speichels	Reaktionen der Erythrocyten	Gruppenspezifische Agglutinine im Serum	Bestimmte Gruppe
2	—	2^8	B	O	Anti-A, schwaches Anti-B	B^1
4	2^2	2^2	O	O	Anti-A, Anti-B	O
8	2^4	2^9	B^1	O	Anti-A, schwaches Anti-B	B^1
9	2^2	2^9	B^1	O	,, ,, ,,	B^1
11	2^3	2^6	B^1	O	,, ,, ,,	B^1

Kontrollen (Speichel):
A v. Menschen 2^{11} 0
B ,, ,, 0 2^{10}

B^1 bedeutet, daß der B-Faktor im Speichel vom B-Faktor des Menschen verschieden war (siehe Text).

Der Speichel der mit 2, 8, 9 und 11 bezeichneten Affen gab also starke Hemmung für B-Zellen und schwache oder keine Hemmung für A-Zellen, aber das Serum enthielt nicht nur Anti-A-, sondern auch Anti-B-Agglutinine, so daß die Reziprozität zwischen Antigen und Agglutinin in diesen Fällen durchbrochen schien. Da aber das Anti-B einen niedrigeren Titer hatte und der Speichel in zwei Fällen (Nr. 8 und 11) nicht nur die Reaktion mit B-Zellen, sondern auch in schwächerem Grade jene mit A-Zellen hemmte, vermuteten die Autoren, daß das B im Speichel dieser Ateles vom menschlichen B-Faktor qualitativ differierte, und wollten sogar in dem Umstande, daß dieser B^1-Variante nur ein schwaches α-Agglutinin im Serum entsprach, eine „Art Bestätigung der Reziprozitätsregel" erblicken. Es ist möglich, daß sich die Dinge wirklich so verhielten, d. h., daß das hemmende B im Speichel vom menschlichen B-Faktor qualitativ verschieden war. Aber das ändert schließlich nichts an der Tatsache, daß das Anti-B im Serum mit dem starkhemmenden B im Speichel assoziiert war, so daß eine Inkompatibilität geringeren Grades bestehen konnte (vgl. jedoch S. 99). Jedenfalls entsprach der Befund bei Nr. 4 der Formel O α β und das β-Agglutinin hatte, soweit das reproduzierte Protokoll darüber Auskunft gibt, kein „schwaches Anti-B", sondern ein β-Agglutinin von gewohntem Titer. Nr. 2 war nach dem Ergebnis des Hemmungsversuches ein reines B und die Bezeichnung des Faktors in der letzten Kolonne als B^1 erscheint willkürlich; die Begründung, daß eine qualitative Differenz vorliegen mußte, weil im Serum des Tieres ein schwaches Anti-B nachweisbar war, macht die zu erklärende Beobachtung zur Erklärung. Die Versuche an dieser Ateles-Art müßten also fortgesetzt werden, um in diesem theoretisch nicht unwichtigen Fall Klarheit zu schaffen.

β) Andere Säugetiere.

Auf S. 98 wurden kurz die Angaben zusammengestellt, welche über die Blutgruppen der *Schafe, Schweine* und *Pferde* vorliegen. Es wurde insbesondere auf die Untersuchungen an Pferden hingewiesen, über welche A. KAEMPFFER (1935) berichtete, demzufolge bei Pferden sechs streng spezifische Kombinationen von Isoagglutinogenen mit Isoagglutininen festgestellt werden können, wobei aber nur zwei Gruppen (mit A α und B β bezeichnet) stets vollständig sind, während in den vier anderen der Fall häufig ist, daß nur das Isoagglutinogen nachweisbar ist, während das kompatible Agglutinin im Serum fehlt (*„defekte" oder „unvollständige" Blutgruppen*).

Auf weit kompliziertere Verhältnisse stieß man beim *Rinde.* Zwar hat R. B. LITTLE (1929) im Blute von Rindern Isoagglutinine gefunden und wollte mit ihrer Hilfe drei Hauptgruppen unterscheiden; LITTLE gab aber zu, daß manche Sera Reaktionen geben, welche sich nicht in diese Gruppen einfügen lassen und die Aufstellung zusätzlicher Gruppen erfordern könnten. Schon im Jahre 1910 hatten indes C. TODD und R. G. WHITE folgende Beobachtungen veröffentlicht. Um ein Rinderpestantiserum zu gewinnen, wurden Rindern große Mengen Blut von anderen Rindern (2 bis 4 Liter) injiziert; das Serum dieser Rinder vermochte nun die Erythrocyten anderer Rinder nach Zusatz von Meerschweinchenkomplement zu lösen, enthielt somit isolytische Ambozeptoren. Wurden mehrere solche isolysierende Sera miteinander vermengt, so löste das auf diese Weise erhaltene Mischserum die Erythrocyten jedes beliebigen Rindes; mit den Erythrocyten eines bestimmten Rindes absorbiert, verlor es seine Wirkung auf diese Erythrocyten, behielt aber seine lytischen Fähigkeiten für die Blutkörperchen anderer Rinder, so daß es möglich war, mit Hilfe eines solchen „individuell absorbierten" Mischserums das Rind, welches die absorbierenden Erythrocyten geliefert hatte, aus 110 Rindern herauszufinden. TODD und WHITE zogen aus ihren Beobachtungen den Schluß, daß das Blut jedes Rindes spezifische Eigenschaften besitzen muß, welche es von dem Blut anderer nicht verwandter Individuen unterscheidet.

30 Jahre später kamen L. C. FERGUSON (1941) und FERGUSON, STORMONT und IRWIN (1942) zu demselben Ergebnis. Für die Bestimmung der individuellen Differenzen wurden Immunsera verwendet, welche zum Teil durch Immunisierung eines Rindes mit dem Blute eines anderen Rindes gewonnen worden waren; diese Isoimmunsera wurden mit den Erythrocyten anderer Rinder und Komplement zur Reaktion gebracht, und zwar nicht absorbiert sowohl als auch nach der Absorption mit den einzelnen Arten der Testblutkörperchen. Außer diesen Isoimmunsera wurden auch Antisera von Kaninchen verwendet, welche mit dem Blute bestimmter Rinder behandelt worden waren. Die Versuchsresultate berechtigten zu dem Schlusse, daß in den Blutkörperchen der Rinder mindestens 30 Agglutinogene anzunehmen sind, die für den Fall ihrer gegenseitigen Unabhängigkeit 2^{30} verschiedene Kombinationen ergeben würden, was praktisch darauf hinausläuft, *daß tatsächlich* — wie schon TODD und WHITE behauptet hatten — *jedes Rind eine serologische Individualität repräsentiert und von anderen Rindern differenziert werden kann.* Studien über die Vererbung dieser Isoagglutinogene, welche an 500 Paarungen durchgeführt wurden, ergaben, daß nie bei einem Kalbe ein Isoagglutinogen gefunden wurde, welches bei beiden Eltern fehlte; daraus folgte, daß keines der Gene, welche allen diesen Eigenschaften zugrunde lagen, rezessiven Charakter haben konnte. Ferner konnte die Möglichkeit ausgeschlossen werden, daß sich eines der 30 Isoagglutinogene infolge des Zusammenwirkens komplementärer Erbfaktoren entwickelt hatte. Auch konnten unter den 30 Agglutinogenen keine Paare gefunden werden, welche sich wie die Faktoren M und N alternierend vererben, so daß jedes Individuum entweder einen oder beide Faktoren des Paares besitzen muß. In weitere Details einzugehen, liegt hier keine Veranlassung vor. FERGUSON und seine Mitarbeiter beschäftigten sich nur mit den Isoantigenen der Erythrocyten und sind auf die Beziehungen derselben zu *natürlichen* Isoagglutininen und Isolysinen nicht eingegangen. So sind wir (durch R. B. LITTLE) nur von der Existenz natürlicher Iso-

agglutinine unterrichtet. Es würde aber großes Interesse bieten, wenn man wüßte, ob die Isoagglutinine die Mannigfaltigkeit der Isoantigene beim Rinde widerspiegeln und ob das inkompatible Spezialagglutinin stets fehlt, während die ganze Schar der möglichen, aber kompatiblen Spezialagglutinine vorhanden ist. So wertvoll die Untersuchungen von TODD und WHITE sowie FERGUSON und Mitarbeiter in theoretischer und (da sie die Feststellung der fraglichen Abstammung von Rindern ermöglichen) auch in praktischer Beziehung sind, erledigen sie das Problem der überraschenden serologischen Individualisierung der Rinder doch nur zur Hälfte. Wichtig wären auch Untersuchungen, ob die Zahl der Isoagglutinogene nur bei den hochdomestizierten Rinderrassen so groß ist oder ob sich auch andere Rassen und Arten der Bovideen identisch verhalten.

B. Die natürlichen Heterohämagglutinine und Heterohämolysine.

α) Mensch (normale und pathologische Heterohämagglutinine mit besonderer Berücksichtigung der Agglutinine für Schaferythrocyten).

Wie die normalen Sera zahlreicher Tierarten, besitzt auch das normale Menschenserum die Fähigkeit, eine Reihe von artfremden Erythrocyten zu agglutinieren, so die Blutkörperchen des Kaninchens, des Pferdes, des Rindes, der Schafe [M. KINDERMANN (1935), F. SCHIFF (1937) u. a.], sowie die Erythrocyten der Maus [E. MACDOWELL und J. HUBBARD(1922/23), H. HARPOTH (1935)]. Daß sich die Serologie aus dieser bunten Reihe der durch normales Menschenserum agglutinablen Erythrocytenarten gerade die Blutkörperchen des Schafes zum bevorzugten Forschungsobjekt ausersehen hat, hängt mit der Entdeckung der sogenannten *heterogenetischen oder heterophilen Antigene* durch J. FORSSMAN (1911) zusammen. Bekanntlich erhält man von Tieren, in deren Organismus das F-Antigen nicht existiert, durch Immunisierung mit Pferdeniere oder Meerschweinchenorganen Antisera, welche auf Hammelerythrocyten lytisch einwirken. Da der Mensch zu den Säugetieren gehört, welche das F-Antigen weder in den Organen noch in den Erythrocyten oder Körperflüssigkeiten besitzen, wurde von mehreren Autoren angenommen, daß das im normalen Menschenserum häufig, nach M. KINDERMANN bei 89% der Individuen, vorhandene Agglutinin für Schafblut ein „FORSSMAN*scher Antikörper*" sei. Das Agglutinin hat stets einen niedrigen Titer (1 : 2 bis 1 : 32 nach KINDERMANN, bis 1 : 25 nach F. SCHIFF). Entsteht es spontan oder infolge kryptogenetischer Einwirkungen des FORSSMANschen Antigens?

Die an zweiter Stelle genannte Möglichkeit läßt sich nicht a priori in Abrede stellen, da man mit *Infektionen durch Bakterien* zu rechnen hat, welche das F-Antigen enthalten, und mit *enteralen Sensibilisierungen*, sei es durch F-haltige Nahrungsmittel, sei es durch die bakterielle Darmflora. So fand G. H. BAILEY (1927, 1928), daß Kaninchen höherwertige Hämolysine für Hammelerythrocyten produzierten, wenn sie durch einen Stamm von B. lepisepticus (wahrscheinlich auch durch Neisseria catarrhalis) infiziert waren oder wenn sie diese Bakterien in der Nasenhöhle als Epiphyten beherbergten. Eine enterale Sensibilisierung nahm J. FORSSMAN (1946) als Entstehungsursache der „normalen" Schafbluthämolysine desselben Tieres (des Kaninchens) an, weil einerseits gewisse Pflanzenbestandteile (Hagebutten, frische Schößlinge von Pinus abies) das F-Antigen enthielten und weil es — nach FORSSMAN — gelingt, durch Immunisierung von Kaninchen mit alkoholischen Extrakten des Blinddarminhaltes anderer Kaninchen in einzelnen Versuchen die Produktion von schwachen Hammelhämolysinen anzuregen. FORSSMANS Versuchsergebnisse können jedoch nicht als beweisend betrachtet werden [vgl. R. DOERR (1948, S. 278)], und die Möglichkeit einer Immunisierung durch F-haltige Bakterien schließt die spontane Entwicklung nicht aus, weder beim Kaninchen noch beim Menschen. Es muß jedenfalls berücksichtigt werden, daß sowohl das normale Serum des Menschen wie auch des Kaninchens Antikörper für Hammelerythrocyten enthalten, und daß sie sowohl beim Menschen wie beim Kaninchen mit dem Alter, ähnlich wie die Isoagglutinine des Menschen, zunehmen [FRIEDBERGER, BECK und FÜRSTENHEIM (1929), FRIEDBERGER und GAJZAGO (1930)]. Daß mit dem Alter auch die Wahrscheinlichkeit und Häufigkeit immunisatorischer Impulse wachsen muß, ist natürlich, *absolut genommen*, richtig; aber Mensch und Kaninchen haben eine sehr ungleiche Lebensdauer, ernähren sich auf verschiedene Weise und sind verschiedenen Infektionen ausgesetzt, so daß dieses Argument hier nicht am Platze ist. Entsteht aber, was unzweifelhaft wahrscheinlicher ist, das Agglutinin für Hammelblut im Serum des Menschen ohne exogenen Reiz, so liegt kein zwingender Grund vor, dasselbe als einen „FORSSMANschen Antikörper" zu qualifizieren bloß aus dem Grunde, weil es eben auf Hammelblut wirkt; das wäre schon deshalb nicht gerechtfertigt, weil das normale Menschenserum nicht nur diese Erythrocytenart agglutiniert, sondern auch andere Blutkörperchen, darunter auch solche, welche das FORSSMANsche Antigen gar nicht enthalten, wie die Blutkörperchen des Kaninchens und des Rindes. Es existiert allerdings ein serologischer Beweis für die FORSSMANsche Natur des Hammelblutagglutinins im normalen Menschenserum, nämlich seine Absorbierbarkeit durch Pferdeniere und vor allem durch Meerschweinchenniere. Absorptionen mit zerkleinerten Organen, welche in der Mehrzahl der Versuche als Adsorbens verwendet wurden, können aber variable, bzw. unspezifische Resultate geben, *besonders wenn der Antikörper, welcher in dem zu adsorbierenden Serum vorhanden ist, einen sehr niedrigen Titer hat,* wie dies bei den Hammelblutagglutininen des normalen Menschenserums der Fall ist. Als Beispiel, wie vorsichtig man bei der Beurteilung von Absorptionsversuchen sein muß, seien die von R. DOERR und R. PICK (1913) veröffentlichten Ergebnisse der Absorptionen toxischer Normalsera mit den Organen verschiedener Tierspezies angeführt. Die Toxizität des normalen Rinderserums für Meerschweinchen (intravenöse Injektion) konnte durch Absorption mit den Organen des Meerschweinchens, Pferdes, Huhnes, aber auch des Kaninchens aufgehoben, bzw. reduziert werden, die Toxizität des Aalserums durch Meerschweinchenniere und Katzenniere, aber nicht durch Kaninchenniere. Hätte man den Versuchen nur den durch eine bestimmte Fragestellung bedingten Umfang gegeben, so wäre man zu dem merkwürdigen Schluß gekommen, daß das toxische Prinzip im Rinder- sowohl als auch im Aalserum der FORSSMANsche Antikörper sei. Das Verhalten der Kaninchenniere machte diesen Schluß hinfällig. Zum Teil wurden ferner zu den Untersuchungen über die Antikörper des normalen Menschenserums sogenannte Wassermann-Sera verwendet, die in den Laboratorien, in denen die serologische Luesdiagnose ausgeführt wird, in beliebiger Zahl zur Verfügung stehen; sie sind aber, wie man zugeben muß, kein einwandfreies Material. Unter diesen Umständen muß man sich nach anderen Argumenten umsehen, welche Gewißheit über die Natur der normalen Hammelblutagglutinine des Menschen schaffen könnten.

Der niedrige Titer des natürlichen Agglutinins für Schaferythrocyten im normalen Serum des Menschen kann nun durch pathologische Zustände gesteigert werden, soweit dies bis jetzt bekannt ist, durch die *Serumkrankheit*, die *Mononucleosis infectiosa* und möglicherweise auch durch *allergische Reaktionen.*

Die Titersteigerung im Gefolge der Serumkrankheit wurde zuerst von M. HANGANUTZIU (1924) beobachtet und zunächst von H. DEICHER (1926), dann auch von anderen Autoren bestätigt, wobei sich ergab, daß der Titer nach Injektionen von artfremdem Serum, insbesondere von Pferdeserum, auch dann eintritt, wenn sich keine Symptome von Serumkrankheit einstellen [J. DAVIDSOHN (1929), H. DEICHER (1926), M. KINDERMANN (1935)]. Daß der Agglutinintiter in der Regel höher ist, wenn sich eine Serumkrankheit entwickelt [J. DAVIDSOHN (1928, 1929), H. DEICHER, N. W. KAGAN (1931)], ist nicht von grundsätzlicher Bedeutung, um so weniger, als die Technik der Titrierung nicht immer die gleiche und vielfach auch unzulänglich war [vgl. J. DAVIDSOHN (1933 a) und O. KETELSEN (1938)]. Jedenfalls kann die Produktion, resp. Überproduktion von Hammelagglutininen nicht als eine für die Serumkrankheit spezifische Reaktion bezeichnet werden, was ja auch aus dem Grunde unzulässig wäre, weil sie in äußerlich identischer Form auch bei der Mononucleosis infectiosa auftritt. Objektiv betrachtet liegt die Sache einfach so, daß nach einer Injektion von artfremdem Serum Hammelblutagglutinin im Blute des Menschen erscheint, und da das Intervall zwischen der Injektion und dem Auftreten des Agglutinins dem Termin der Antikörperbildung nach einer einmaligen parenteralen Antigenzufuhr entspricht [H. DEICHER, M. KINDERMANN, J. DAVIDSOHN (1928)], muß man sich fragen, *welches Antigen im artfremden Serum vorhanden sein könnte, das für die Agglutininbildung verantwortlich ist.*

Betrachten wir vorerst den am häufigsten beobachteten und am genauesten studierten Fall der Injektion von *Pferdeserum.* In den Geweben des Pferdes ist das FORSSMANsche Antigen bekanntlich in hoher Konzentration nachweisbar und die Niere von Pferden wurde fast von allen Autoren, welche diese Substanz zu isolieren, bzw. zu reinigen versuchten, als Ausgangsmaterial verwendet. Das Antigen findet sich ferner im Harn der Pferde [R. DOERR und R. PICK (1914)] und in ihrem Serum [D. ORUDSCHIEW (1912), T. TANIGUCHI (1921), A. J. WEIL (1926)]. Schließlich zeigten J. DAVIDSOHN und S. G. RAMSDELL (1929), daß Kaninchen auf die intraperitoneale oder intravenöse Injektion[1] von normalem Pferdeserum oder Antistreptokokkenserum vom Pferde mit einer Steigerung des normalen Titers des Hammelhämolysins reagieren und daß ihr Serum für Meerschweinchen toxisch wird. Ein aus Antidiphtherieserum vom Pferde isoliertes antitoxisches Globulin war hingegen wirkungslos. Das Antigen im Pferdeserum *könnte* somit das FORSSMANsche Antigen und das Agglutinin im Serum des mit Pferdeserum behandelten Menschen der FORSSMANsche Antikörper sein. Diese Aussage wird indes durch andere Beobachtungen entwertet.

F. SCHIFF (1937) stellte zunächst den Agglutinintiter des normalen Menschenserums für verschiedene Arten von Erythrocyten in einigen Vorversuchen fest und fand als Höchstwert für Schaf- und Rindererythrocyten 1 : 25, für Pferdeblutkörperchen 1 : 100, für Kaninchenblutkörperchen 1 : 400. Acht Patienten, welchen man zu therapeutischen Zwecken größere Mengen *Kaninchenimmunserum* injiziert hatte, erkrankten nach dem Berichte von F. SCHIFF zum Teil an mäßig schwerer bis ausgeprägter Serumkrankheit und die Agglutinintiter erhoben sich in zwei von sechs genauer untersuchten Fällen auf ein hohes Niveau (s. Tab. 12).

---

[1] Die Einzeldosis wurde mit 3 cm^3 Pferdeserum bemessen und wurde in Abständen von 5 bis 7 Tagen fünfmal wiederholt; 3 Tiere erhielten sogar 13 Injektionen. Die Gesamtmenge Pferdeserum, die auf jedes Kaninchen entfiel, war somit sehr groß. Um so merkwürdiger ist es, *daß subkutane Injektionen stets erfolglos waren.*

Tab. 12. Verhalten der Heterohämagglutinine des Menschen nach Injektionen von Kaninchenserum
(nach F. Schiff, 1937, S. 307).

Nr. des Falles	Serumdosen in cm³	Serumkrankheit		Intervall zwischen Seruminjektion und Blutentnahme	Agglutination für Erythrocyten von				
		Tage nach der Injektion	Grad		Kaninchen	Schaf	Rind	Pferd	Rhesus
1	40	11	ausgeprägt	8 Tage	50				
2	60			8 „	100			100	
3	120			12 „	400	25	50	200	25
4	120			13 „	800	1600	200	800	400
5	5	11	mäßig	15 „	3200	800	1600	3200	3200
6	30	9	„	15 „	200	25	100	100	
7	42	9	„	15 „	100	100	50	400	25
8	65			16 „	200	50	50	200	

Anmerkung: Fall 4 erhielt am 1. Tag 80, am 5. Tag 40 cm³, Fall 6 am 1. Tag 10, am 5. Tag 20 cm³ und Fall 7 am 1. Tag 22, am 5. Tag 20 cm³; allen übrigen Fällen wurde die in der Tabelle angegebene Serummenge in Form *einer* Injektion verabreicht.

Aus der Tab. 12 ist zu entnehmen:

1. Daß nach Injektionen von *Kaninchenserum* die Serumkrankheit auftreten kann. Diese Beobachtung ist insoferne nicht neu, als Serumkrankheit auch nach Injektionen von Rinder-, Hammel- und Hühnerserum festgestellt wurde [M. Péhu und P. Durand (1920), J. Penna (1918), K. Ochsenius (1917), A. Schittenhelm (1925), P. Kyes und E. S. Carey (1927) u. a.]; ferner hat man das typische Syndrom der Serumkrankheit, allerdings nur in vereinzelten Fällen, auch nach intravenöser, intraspinaler oder subkutaner Injektion von menschlichem Serum gesehen [A. Netter (1915), P. L. Marie (1916), P. Dooley (1932), R. Debré und H. Bonnet (1925), Heller (1937)]. Kaninchen-, Rinder- und Menschenserum enthalten kein Forssmansches Antigen; also kann es nicht dieser Faktor sein, welcher an der Pathogenese der Serumkrankheit essentiell beteiligt ist.

Die Erfahrungen über das Auftreten der Serumkrankheit nach Injektionen artfremder Sera beschränken sich auf die oben genannten tierischen Sera, weil man Menschen nicht zu bloßen Versuchszwecken normale Sera injiziert. Man müßte überdies eine größere Zahl von Personen zu solchen Experimenten heranziehen, um eines konstant negativen Ergebnisses sicher zu sein, da auch Einspritzungen von Pferdeserum bekanntlich nicht immer Serumkrankheit hervorrufen. Außerdem wäre es notwendig, größere Serummengen einzuspritzen, da die Häufigkeit der Serumkrankheit nach Erstinjektionen von Pferdeserum mit der

Menge des injizierten Serums wächst; selbst wenn man sich über die Bedenken gegen rein theoretische Versuche an Menschen hinwegsetzen wollte, könnte die Beschaffung genügender Serummengen von Kleintieren auf große Schwierigkeiten stoßen. *Es ist also keineswegs sicher, ja sogar unwahrscheinlich, daß überhaupt ein artfremdes Serum existiert, welches durchaus unfähig ist, eine Serumkrankheit hervorzurufen*[1].

2. In den Beobachtungen von F. SCHIFF wurde durch die Injektion von Kaninchenserum keineswegs nur das Agglutinin für Schaferythrocyten erhöht, sondern auch die Agglutinine für Kaninchen-, Rinder-, Pferde- und Affenerythrocyten und von diesen Zellen enthalten nicht alle das FORSSMANsche Antigen; das im Serum der Patienten erschienene Agglutinin zeigte somit nicht das Verhalten eines „FORSSMANschen Antikörpers". Gleiches gilt auch für die Agglutinine, die im Serum des Menschen nach Injektionen von Pferdeserum oder Hammelserum auftreten; so konstatierte H. DEICHER (1926), daß in solchen Fällen die roten Blutkörperchen von Schafen, Rindern, Pferden, Kaninchen, Meerschweinchen und Schweinen weit stärker agglutiniert werden als von menschlichem Normalserum.

3. Ob nach der Injektion von Kaninchenserum eine Serumkrankheit folgte, hing nicht von der Stärke des Agglutininanstieges ab, auch dann nicht, wenn nur die Erhöhung des Titers für Hammelerythrocyten berücksichtigt wird.

F. SCHIFF zog aus den zitierten Beobachtungen den Schluß, daß das Pferde- und das Kaninchenserum einerseits und die Erythrocyten von Pferden, Kaninchen, Schafen, Affen und Rindern anderseits ähnliche, mit Antigenfunktionen ausgestattete Substanzen enthalten, welche er als das „*spezifische Serumkrankheitsantigen*" bezeichnet. Es soll nach SCHIFF thermostabil und zum Teil alkohollöslich, zum Teil wasserlöslich sein; auf Grund von Absorptionsversuchen mit verschiedenen Erythrocyten neigt SCHIFF der Auffassung zu, daß das Serumkrankheitsantigen aus Partialantigenen zusammengesetzt ist, welche sich in verschiedener Weise auf die Blutkörperchen verschiedener Tierarten verteilen, etwa nach dem bekannten Schema:

Hammelerythrocyten	a
Kaninchenerythrocyten	a b
Rindererythrocyten	a c

Diese Hypothese hat jedoch den Fehler, daß sie den vorliegenden Beobachtungen nicht gerecht wird. Serumkrankheit kann auch durch Rinder-, Hammel-, Hühner- und Menschenserum, vielleicht sogar durch eine

[1] Vorläufig gilt jedenfalls der Satz: „Es gibt keine Tierart, deren Serum, vorausgesetzt, es werden nicht zu große Dosen genommen, in 100 % Serumkrankheit macht oder umgekehrt nicht macht." (H. SCHMIDT, 1940, S. 106.)

Reihe anderer, nicht erprobter Serumarten hervorgerufen werden, und außer den von SCHIFF geprüften Blutzellen werden auch andere Erythrocyten (von Meerschweinchen und Schweinen nach DEICHER) vom Serum der Menschen, die artfremde Sera erhalten haben, agglutiniert. Das hypothetische „Antigen der Serumkrankheit" wäre somit, falls es überhaupt existiert, ein Stoff, der, ungeachtet seiner Antigenfunktion, im Serum und in den Erythrocyten der verschiedensten Tiere vorkommt und auch insoferne nicht artspezifisch ist, als er auf die Spezies wirkt, in deren Serum er vorkommt (Serumkrankheit nach Injektion von Menschenserum); er könnte mit dem FORSSMANschen Antigen nicht verglichen werden, da dieses zwar eine ähnliche weite Verbreitung aufweist, aber auf Tiere, in deren Körper es vorhanden ist, nicht als Antigen wirkt.

Das Problem der Pathogenese der Serumkrankheit soll hier nur in dem Umfange erörtert werden, als dies zum Verständnis der Beziehungen zur Reaktion von HANGANUTZIU-DEICHER zweckdienlich erscheint. CL. v. PIRQUET und B. SCHICK (1905) nahmen bekanntlich als Ursache der Serumkrankheit eine Reaktion zwischen dem als Antigen fungierenden Pferdeserum und einem im Organismus produzierten Antikörper an. Den Beweis für die Existenz dieses Antikörpers erbrachte E. A. VOSS (1937/38) durch folgendes Experiment: Wenn man einem Menschen Pferdeserum subkutan und acht Stunden bis einige Tage später das Serum eines Rekonvaleszenten nach Serumkrankheit intravenös einspritzt, treten sofort lokalisierte oder bei einem mehr als 4tägigen Intervall generalisierte Erscheinungen auf, welche immer von der Injektionsstelle des Pferdeserums ausgehen und den Symptomen der Serumkrankheit gleichen. VOSS [s. auch VOSS und E. HUNDT (1938)] erkannte, daß es sich hier um ein Analogon der *inversen passiven Anaphylaxie* handelt, und R. DOERR (1946) wies insbesondere darauf hin, daß eine (die Notwendigkeit eines Intervalles einschließende) Übereinstimmung mit den Beobachtungen von E. L. OPIE und J. FURTH (1926) bestehe, welche normalen Kaninchen Pferdeserum subkutan und vier Stunden später Antipferdeserum intravenös injizierten und auf diese Weise lokale Anaphylaxie und tödlichen Schock erzielten. Das Tierexperiment wurde widerspruchslos als *inverse passive Anaphylaxie* aufgefaßt, d. h. als ein passiv anaphylaktisches Experiment mit Vertauschung der Reihenfolge der Zufuhr der Reaktionskomponenten. Den Versuch, den VOSS am Menschen ausgeführt hatte und der mehrere Jahre später von S. KARELITZ und S. S. STEMPIEN (1942) bestätigt wurde, suchte man dagegen aus der Kategorie der anaphylaktischen Phänomene mit der Begründung auszuscheiden, daß der anaphylaktische Antikörper ein „Präzipitin" sei, der Antikörper, der für die Serumkrankheit verantwortlich ist, dagegen ein Antikörper sui generis, der weder mit einem Präzipitin noch mit den sogenannten Reaginen der Idiosynkrasiker identifiziert werden dürfe [S. KARELITZ und A. GLORIG (1943)]. Wie R. DOERR (1946 a, b) auseinandersetzt, ist jedoch dieser aus früheren Epochen der Serologie herübergenommene Standpunkt durch die Erkenntnis überholt, daß alle Antikörper modifizierte Serumproteine (Immunglobuline) sind, von denen nur eine Eigenschaft, die spezifische Affinität zu einem Antigen, bekannt ist, während die in vitro sichtbar werdenden Folgen der Antigen-Antikörper-Reaktionen (Niederschlagsbildung, Verklumpungen von Zellen) nicht durch die besondere Beschaffenheit der Antikörper, sondern durch die Natur und Form des Antigens oder durch Eingriffe an den antikörperhaltigen Immunsera bedingt sind. Hat man sich diese Denkweise zu eigen gemacht, *so hat es keinen Sinn, darüber zu debattieren, ob der an der Serumkrankheit beteiligte Antikörper ein Präzipitin, ein Reagin oder ein noch nicht getauftes „Phaenomenin"*[1] ist; *berechtigt wäre nur die Frage nach der Natur des Antigens.* Lange Zeit hindurch wurde nicht bezweifelt, daß nur die Serumproteine (Globuline und Albumine) in Betracht kommen, wofür ja auch die Beobachtungen über die fraktionierte Serumkrankheit und die Verschiedenheit der Intrakutanreaktionen auf Euglobulin, Pseudoglobulin und Albumin sprachen [vgl. R. DOERR (1929, S. 925) und B. RATNER (1943, S. 422)]. Aber E. A. VOSS, dem man die außerordentlich wichtige Entdeckung der passiv inversen Serumkrankheit verdankt, zweifelte an der Richtigkeit dieser Ansicht und meinte, „man könnte versucht sein anzunehmen, daß in den verschiedenen Serumarten ein gemeinsames ‚*Serumkrankheitsantigen*' enthalten ist". Er hatte nämlich den oben präzisierten Versuch in der Weise modifiziert, daß er einer Person an drei verschiedenen Stellen der Bauchhaut Pferdeserum, Rinderserum und Hammelserum subkutan injizierte; es reagierten alle drei Injektionsstellen, wenn nach dem notwendigen Zeitintervall das Serum eines Rekonvaleszenten intravenös eingespritzt wurde, der eine Serumkrankheit nach Pferdeserumzufuhr überstanden hatte. Das Serumeiweiß erzeugt spezifische, nämlich artspezifische Antikörper und der Antikörper im Serum eines Serumkranken war anscheinend nicht artspezifisch, da er nicht nur mit Pferdeserum, sondern auch mit Rinder- und Hammelserum reagierte; man könnte daher die Vermutung von VOSS, daß das Serumeiweiß als Antigen nicht beteiligt sein dürfte, als begründet ansehen. Es ist aber nicht zu bezweifeln, daß die Experimente von OPIE und FURTH dieselben Resultate ergeben hätten, wenn sie nicht nur mit dem homologen (dem Antikörper entsprechenden), sondern auch mit heterologen Sera ausgeführt worden wären. Die passive Serumanaphylaxie ist nie in dem Grade

---

[1] Der Ausdruck stammt von F. LE DANTEC (1912) und ersetzt eine ausführliche Kritik der Ideologie der klassischen Serologie.

artspezifisch wie die aktive, weil die forcierte Immunisierung, welche zur Erzeugung eines hochwertigen Antiserums erforderlich ist, die Spezifität reduziert [R. Doerr und V. Russ (1909), R. Doerr (1947a, S. 89)]. Daß übrigens die passiv inverse Serumkrankheit keineswegs einen unspezifischen Charakter hat, wie man dies im Falle der Existenz eines allen Serumarten gemeinsamen Serumkrankheitsantigens notwendigerweise erwarten müßte, geht aus den Versuchen von S. Karelitz und A. Glorig (1943) hervor, welche 5 Kindern je 0,1 ccm Schweine-, Schaf-, Katzen-, Hunde-, Meerschweinchen-, Menschen-, Affen- und Kaninchenserum sowie Pferdeserum subkutan und 24 Stunden später das Serum eines Rekonvaleszenten nach Serumkrankheit (Antipferdeserum) intravenös injizierten; es reagierten immer nur die Stellen, an welchen Pferdeserum subkutan appliziert worden war, mit Ausnahme einer leichten Mitreaktion einer Hammelseruminjektionsstelle; zur Kontrolle wurde statt des Rekonvaleszentenserums verdünntes Pferdeserum, normales Menschenserum und Scharlachrekonvaleszentenserum intravenös injiziert, stets mit negativem Erfolg. Als Einwand gegen die alte Lehre, daß die Serumkrankheit auf die Antigenfunktion artfremden Serums, bzw. der in demselben enthaltenen Proteine beruht, könnte noch die Erfahrung geltend gemacht werden, daß die Serumkrankheit auch nach der Injektion von arteigenem Serum in vereinzelten Fällen aufgetreten ist. Es wurde aber nicht „normales Menschenserum" eingespritzt, sondern Rekonvaleszentensera, was nicht dasselbe ist; ferner ist es durch R. W. Cumley und M. R. Irwin (1943) festgestellt worden, daß zwischen den Sera verschiedener Menschen serologisch nachweisbare Differenzen bestehen können. Schließlich kann noch geltend gemacht werden, daß Pferdeserum, bzw. antitoxisches Diphtherieserum vom Pferde durch die Einwirkung proteolytischer Fermente die Fähigkeit verliert, Meerschweinchen aktiv zu sensibilisieren oder beim sensibilisierten Meerschweinchen den anaphylaktischen Schock auszulösen und daß die Serumkrankheit bei der Verwendung derart gereinigter Heilsera ausbleibt oder doch seltener wird [Patent von J. A. Parfentjew, vgl. R. Doerr (1947a, S. 80 bis 84)].

Es liegt somit kein Grund vor, von der ursprünglichen Auffassung der Serumkrankheit als einer pathogenen Auswirkung der Reaktion zwischen den Eiweißantigenen der injizierten Sera und der durch sie erzeugten Antikörper abzugehen. Ist dies nicht nur eine wahrscheinliche Lösung, sondern eine optimale Annäherung an den wahren Sachverhalt, so würde sich das Forschen nach dem hypothetischen „Serumkrankheitsantigen" als eine Fragestellung erweisen, auf welche Beobachtung und Experiment die Antwort schuldig bleiben müssen. Und die Reaktion nach Hanganutziu-Deicher? Würde die Serumkrankheit oder die Injektion eines artfremden Serums *nur* das Auftreten oder die Mehrproduktion von Agglutininen für

Hammelerythrocyten bewirken, so könnte man an einen direkten Zusammenhang denken. Aber das ist ja nach dem übereinstimmenden Zeugnis aller Autoren nicht der Fall, vielmehr werden sehr verschiedene Erythrocytenarten agglutiniert, darunter auch solche, welche schon das normale Serum des Menschen zu verklumpen vermag. Verfasser hält, besonders mit Rücksicht darauf, daß die Agglutinine zum Teil schon in der Norm produziert werden, einen indirekten Konnex für wahrscheinlicher, etwa *im Sinne einer unspezifischen Reizung der globulinproduzierenden Zellen oder einer Ausschüttung vorhandener Globulindepots* (vgl. hiezu die Ausführungen über die experimentelle Begründung der anamnestischen Reaktion, S. 62 f.).

Als Stütze dieser Ansicht kann die *Serumkrankheit des Kaninchens* dienen. Injiziert man weißen Kaninchen eine große Dosis normalen Pferdeserums, so tritt in 68,9 % der Einzelversuche nach einer Inkubation von 3 bis 8 Tagen eine Rötung und ödematöse Schwellung der Ohren auf. Diese Reaktion zeigt immer die gleiche Lokalisation, gleichgültig, auf welche Art das Serum den Tieren eingespritzt wird [M. S. FLEISHER und LLOYD JONES (1931)]. Läßt man auf die Erstinjektion eine zweite folgen, so treten, falls das Zeitintervall weder zu kurz noch zu lang ist (3 Wochen bis 6 Monate), beschleunigte und unmittelbare Reaktionen auf, und zwar so, daß sie innerhalb des genannten Zeitintervalles prozentuell zunehmen; 3 bis 4½ Monate nach der Erstinjektion wurden überhaupt nur noch unmittelbare Reaktionen verzeichnet [FLEISHER und JONES (1933b)]. Es sind dies dieselben Beziehungen, wie sie 1905 von CL. v. PIRQUET und B. SCHICK bei der Serumkrankheit des Menschen festgestellt worden waren. Die Serumkrankheit des Kaninchens kann, wie die des Menschen, auch durch andere artfremde Sera hervorgerufen werden und wie beim Menschen ist die Häufigkeit ihres Auftretens von der Art des Serums abhängig, wobei wieder das Pferdeserum an erster Stelle und das Rinderserum an zweiter Stelle steht; doch wurden positive Resultate auch mit Hammel- und Schweineserum erzielt [FLEISHER und JONES (1933a)]. Es ist nun gewiß interessant, daß auch beim Kaninchen der Titer des Agglutinins für Hammelerythrocyten steigt, nicht so hoch wie beim Menschen, aber immerhin bis zu 1 : 32 bis 64 und daß die Steigerung am 8. Tage nach der Seruminjektion einsetzt und nach 3 Wochen das Maximum erreicht [H. A. KEMP und B. O. BAKER (1936b)]. Was dies bedeutet, wird klar, wenn man bedenkt, daß Mensch und Kaninchen in ihrem Körper kein FORSSMANsches Antigen besitzen und daß bei beiden Spezies schon im normalen Serum Hammelblutagglutinine vorhanden sind. Ergänzend sei noch bemerkt, daß die Entlipoidierung des Pferdeserums seine Fähigkeit, Serumkrankheit hervorzurufen, nicht zu beseitigen vermochte [JONES und FLEISHER (1936)] und daß von drei durch fraktionierte Fällung mit Ammonsulfat gewonnenen Fraktionen des Pferdeserums (Albumin, Euglobulin, Pseudoglobulin) das Pseudoglobulin häufiger und in kleineren Mengen die Serumkrankheit des Kaninchens erzeugte, Euglobulin nur in größeren Dosen und Albumin nur, wenn eine Erstinjektion vorgeschaltet wurde [Jones und Fleisher (1934)]. Auch diese Beobachtungen sprechen, entgegen der Meinung von Jones und Fleisher, dafür, daß es die Eiweißantigene der Sera sind, welche die Serumkrankheit verursachen; die geringe antigene Aktivität der Serumalbumine ist durch die Konkurrenzversuche von R. Doerr und W. Berger (1922) erwiesen.

M. W. Sinclair und J. W. Thomas (1939) stellten bei einer großen Zahl von allergischen Individuen, welche zur Zeit der Untersuchung meist frei von Symptomen waren, den *Titer des Agglutinins für Hammelerythrocyten* fest und verglichen die Resultate mit den Befunden bei nichtallergischen Personen. Als niedrige Titer wurden Reaktionen bis zu einer Serumverdünnung von 1 : 16 bezeichnet, als hohe Titer positive Ergebnisse mit Serumverdünnungen von 1 : 32 bis 1 : 128. Das Agglutinin — die Autoren nennen dasselbe „heterophiler Antikörper", was natürlich nicht gerechtfertigt ist — wurde bei allergischen Individuen häufiger nachgewiesen. Wurde jedoch in einer zweiten Serie der Untersuchungen das Blut ausschließlich während des Bestehens allergischer Krankheitserscheinungen entnommen, so waren die hohen Titerwerte nicht nur seltener als bei den symptomfreien Allergikern, sondern auch weniger häufig als bei nichtallergischen Menschen. Diese Angaben erlauben, wie ohne weiteres einzusehen ist, überhaupt keinen Schluß. Die Arbeit ist aber insoferne nicht unwichtig, weil die gefundenen Agglutinintiter durchschnittlich höher waren als bei den meisten anderen Autoren, und Sinclair und Thomas auf verschiedene Umstände aufmerksam machten, welchen diese Differenzen zur Last gelegt werden könnten. So soll nach Sinclair und Thomas das Hammelblut sofort nach der Entnahme defibriniert, die Erythrocyten sollen sogleich gewaschen und innerhalb von 24, aber keinesfalls später als 48 Stunden für die Reaktionen verwendet werden, es wird empfohlen, stets das Blut desselben Hammels zu benutzen, bei der Ablesung der Resultate ein bestimmtes Vorgehen einzuhalten usw. Es wird ferner auf die detaillierten Vorschriften anderer Untersucher, wie A. C. van Ravenswaay (1934), R. Straus (1936), Paul und Bunnell (1932) verwiesen, wie denn überhaupt die Debatten über die Bedeutung der Technik für die registrierten Resultate dieses ganze Forschungsgebiet geradezu beherrschen. Abgesehen von vermeidbaren Fehlerquellen, spielt die schwierige Abgrenzung der positiven von den negativen Resultaten und die subjektive Beurteilung der Zwischenstufen eine Rolle. Auch werden die zu untersuchenden Sera in Potenzen von 2 verdünnt und die Titer werden meist nicht in Verdünnungen (2-, 4-, 8fach usw.) angegeben, sondern durch eine absolute

Zahl (2, 4, 8 usw.) charakterisiert; der Unterschied zwischen 32 und 64 imponiert als groß, während es sich nur um eine Verdünnung des Serums auf das doppelte Volum handelt, und zwar fast immer im Bereich der niedrigen Serumverdünnungen, d. h. der hohen Serumkonzentrationen. Es ist oft schwer, sich aus dem, was auf dem Papier gedruckt ist, ein Urteil zu bilden, auch wenn man nicht nur die „Diskussion" und die „Zusammenfassung" liest, sondern die Versuchsprotokolle studiert.

Auf etwas festerem Boden bewegt man sich bei den Untersuchungen über die *Hammelblutagglutinine, welche im Serum von Menschen, welche an Drüsenfieber (Mononucleosis infectiosa) leiden,* zuerst von J. R. PAUL und W. W. BUNNELL (1932) nachgewiesen wurden. Da eine ätiologische Diagnose dieser Infektionskrankheit nicht möglich war (woran sich bis jetzt nichts geändert hat), wandte sich das Interesse der Kliniker dieser serologischen Reaktion zu, die als wertvoller diagnostischer Behelf geschätzt, vielfach auch überschätzt wurde. Wie bei der WASSERMANNschen Reaktion war man auch bei der Reaktion von PAUL und BUNNELL in erster Linie bestrebt, die nosologische Spezifität, d. h. die Zuverlässigkeit positiver und negativer Resultate sicherzustellen (N. ROSENTHAL und G. WENCKEBACH (1933), H. FRIEDEMANN und BEER (1933), H. FRIEDEMANN (1933), R. BOVERI (1933), A. C. VAN RAVENSWAY (1934) u. a.]. Die Bewältigung dieser Aufgabe war bei der infektiösen Mononukleose dadurch erschwert, daß die klinische Abgrenzung der Krankheit von anderen pathologischen, mit lymphocytären Veränderungen einhergehenden Prozessen Gegenstand von Diskussionen war; noch 10 Jahre nach der Publikation von PAUL und BUNNELL erschien beispielsweise ein Aufsatz von R. SOHIER (1942), in welchem eine provisorische Klassifikation der akuten gutartigen, mit Vermehrung der mononukleären Leukocyten verbundenen Lymphadenitiden vorgeschlagen wurde. Wie bei der WASSERMANNschen Reaktion entschied man sich in dem Sinne, daß die Reaktion von PAUL-BUNNELL zwar für die infektiöse Mononukleose „charakteristisch, aber nicht spezifisch" sei [J. DAVIDSOHN (1937)]. Mit diesem Urteil war nicht so sehr gemeint, daß es Fälle von Mononukleose mit negativer Reaktion gibt und daß die Reaktion positiv sein kann, wenn das Krankheitsbild nicht den Typus dieser Infektion zeigt[1]; DAVIDSOHN wollte vielmehr die Spezifität nicht anerkennen, weil die Agglutinine für Hammelerythrocyten auch bei der Serumkrankheit oder nach Injektionen von Pferdeserum einen erhöhten Titer aufweisen. In der Tat hieß es in den ersten Publikationen, daß die „Probe von HANGANUTZIU-DEICHER" bei der infektiösen Mononukleose positive

[1] Tatsächlich wurden negative Reaktionen bei klinisch ausgeprägter Mononukleose und irreführende positive Reaktionen beobachtet [FR. WOLF (1937), E. GLANZMANN und F. OTTENSOOSER (1935), W. W. BUNNELL (1933), ROSENTHAL und WINCKELBACH (1933), A. M. JOHANN (1941)].

Resultate gebe und in der 5. Auflage des bei *Springer* erschienenen Lehrbuches der inneren Medizin (1942, 2. Band, S. 323) findet sich noch immer diese, wie sich schon früher herausstellte, irrige Formulierung.

Das Serum der an infektiöser Mononukleose leidenden Patienten enthält einen „heterophilen" Antikörper, welcher die Erythrocyten von Pferden, Ziegen, Hammeln und Rindern agglutiniert. Durch Kaninchenerythrocyten kann dieser Antikörper nicht absorbiert werden, *dagegen werden die Agglutinine für Hammel- und Pferdeblutkörperchen durch Rindererythrocyten gebunden.* Das umgekehrte Verhalten zeigen die Hammel- und Pferdeblutagglutinine im Serum normaler Individuen oder von Personen, welchen Pferdeserum injiziert wurde [P. Beer (1936)]. Auf der anderen Seite wurde aber auch die Annahme widerlegt, die vorher als wahrscheinlich gegolten hatte, daß der auf Hammelerythrocyten wirkende Antikörper im Mononukleoseserum der Forssmansche Antikörper sein könnte; wie von C. A. Stuart, Burgess, Lawson und Wellman (1935) sowie von C. A. Stuart (1935) festgestellt wurde, wird nämlich der Mononukleoseantikörper durch Meerschweinchenniere *nicht* gebunden, während der Antikörper, den man durch Immunisierung von Kaninchen mit Meerschweinchenniere erhält, bekanntlich leicht und komplett abgesättigt werden kann. Zur gleichen Zeit äußerten auch G. H. Bailey und S. Raffel (1935) sowie J. Davidsohn und Phoebe H. Walker (1935) Zweifel an der Identität des Forssmanschen und des Mononukleoseantikörpers, berichteten aber, daß beide durch Pferdeniere adsorbiert werden, und da die Pferdeniere reichlich Forssmansches Antigen enthält, mußte nach weiteren Unterscheidungsmerkmalen gefahndet werden. Dies gelang zunächst durch den Nachweis, daß der Mononukleoseantikörper, im Gegensatz zum Forssmanschen Antikörper, mit den alkoholischen Extrakten aus Hammel- oder Rindererythrocyten nicht reagiert, d. h. daß das zugehörige Antigen nicht alkohollöslich ist [C. A. Stuart, A. M. Griffin, MacDonald Fulton und E. G. E. Anderson (1936)]. Ferner hatten Bailey und Raffel (1935) in den Sera von 3 Mononukleosepatienten außer Agglutininen auch Lysine für Rindererythrocyten gefunden und Stuart, Griffin, Wheeler und Battey (1936) bestätigten diese Angabe in 22 weiteren Fällen, mit der Ergänzung, daß die Lysintiter zwischen 1 : 1280 bis 1 : 20.480 schwankten und höher waren als die Titer für Hammelhämolysine. Wie Bailey und Raffel konstatierten auch Stuart und seine Mitarbeiter, daß rohe und gekochte oder mit Alkohol behandelte Rindererythrocyten den Mononukleoseantikörper absorbieren, daß dieser aber mit alkoholischem Extrakt aus Rindererythrocyten nicht reagiert. *In den Rindererythrocyten war somit ein thermostabiles, gegen die Einwirkung von Alkohol resistentes, in Alkohol unlösliches, mit dem Mononukleoseantikörper* reagierendes Antigen vorhanden, welches mit dem Symbol BT („beef thermostabil") bezeichnet wurde. Die angeführten Kriterien sind aber offenbar für das Mononukleoseantigen im ätiologischen Sinne nicht spezifisch, da Substanzen, welche ihnen entsprechen, auch im Organismus normaler Tiere in verschiedener Verteilung nachweisbar waren. STUART, GRIFFIN, WHEELER und BATTEY (1936) geben eine Zusammenstellung der besser gesicherten Befunde in Form der Tab. 13.

Tab. 13. Verteilung des BT.-Antigens in einigen Tierarten.

	Erythrocyten	Serum	Gewebe
Rind	+	+	—
Schaf	+	+	—
Pferd	+[1]	+	+
Kaninchen	—	+	—
Meerschweinchen	—	—	—
Mensch	—	—	—

Wie man aus Tab. 13 entnehmen kann, vermag sich der Mononukleoseantikörper im Menschen zu bilden und zu erhalten, weil im Menschen kein BT-Antigen vorhanden ist.

Die Absorptionsverhältnisse der im Mononukleoseserum, im Serum von Serumkranken, bzw. von Personen, welchen Pferdeserum injiziert wurde, und im normalen Menschenserum vorhandenen Hammelblutagglutinine wurde von STUART, WELCH, CUNNINGHAM und WEBER (1936) sowie von STUART, FULTON, ASH und GREGORY (1936) tabellarisch zusammengestellt, um die Differenzen der drei Arten von Hammelblutagglutininen zu veranschaulichen. In Tab. 14 ist eine solche Tabelle aus STUART, FULTON und Mitarbeitern (a. a. O., S. 67) in etwas vereinfachter Form reproduziert. Die ersten (nicht eingeklammerten) Zahlen geben den Titer der Agglutinine, die eingeklammerten den Titer der Hammelhämolysine an.

Aus diesen Ergebnissen schlossen STUART und seine Mitarbeiter, erstens, daß das Hammelagglutinin im normalen Menschenserum ein FORSSMANscher Antikörper zu sein scheint, weil es durch Meerschweinchenniere komplett oder fast komplett absorbiert wird, und zweitens, daß sich die Agglutinine im Mononukleoseserum und im Serum der Serumkranken voneinander sowohl als auch vom Normalagglutinin unterscheiden. Wenn das richtig ist, könnte man die Hammelblutagglutinine, die bei der Mononukleose oder bei der Serumkrankheit auftreten, nicht durch eine bloße Steigerung der normalen Produktion von Hammelblutagglutinin erklären, sondern müßte annehmen, daß Agglutinine anderer Art entstehen, die mit den normalen trotz ihrer identischen Wirkung auf Hammelerythrocyten nichts zu schaffen haben. Es müßte unter dieser Voraussetzung möglich sein, das pathologische Agglutinin

[1] Pferdeerythrocyten absorbieren das Rinderbluthämolysin aus Mononukleoseserum nur unvollständig.

Tab. 14. Absorption von Hammelblutagglutininen und Hammelhämolysinen durch Rindererythrocyten, Kaninchenerythrocyten und Meerschweinchenniere.

Serumart	Durchschnittlicher Titer *vor* und *nach* der Absorption	Absorbiert mit		
		Rindererythrocyten	Kaninchenerythrocyten	Meerschweinchenniere
Normales Menschenserum ...	vor	80 (220)	60 (220)	50 (200), 75 (320)
	nach	40 (170)	45 (110)	0 (0), 10 (10)
Infektiöse Mononukleose	vor	3800 (5700)	3800 (5700)	3800 (7500)
	nach	5 (70)	2200 (2600)	2000 (2000)
Serumkrankheit .	vor	1600 (7400)	1600 (7400)	1600 (7400)
	nach	5 (2200)	5 (2600)	0 (0)

durch Adsorption an Rindererythrocyten elektiv aus den Sera zu entfernen und das verbleibende Normalagglutinin als solches — durch Adsorption an Meerschweinchenniere — nachzuweisen. STUART, FULTON, ASH und GREGORY (1936) geben an, daß ihnen diese Trennung von pathologischem und normalem Agglutinin beim Mononukleoseserum tatsächlich gelungen sei. Für das Agglutinin der Serumkranken liegt meines Wissens keine derartige Angabe vor und es ist von vornherein nicht wahrscheinlich, daß die elektive Adsorption auch in diesem Falle ein eindeutig positives Ergebnis liefern könnte.

Überprüft man nämlich die Daten der Tab. 14, so erkennt man, daß zwischen dem Agglutinin im Mononukleoseserum einerseits und in den beiden anderen Serumarten anderseits eine grundsätzliche Differenz besteht, indem nur das erstgenannte durch Meerschweinchenniere, die das FORSSMANsche Antigen enthält, *nicht* adsorbiert werden kann. Die Agglutinine im normalen Menschenserum und im Serum der Serumkranken besitzen diese Eigenschaft *in gleichem Grade.* Zwar sind diese Antikörper voneinander durch ihr Verhalten gegen Rindererythrocyten und Kaninchenerythrocyten unterscheidbar, aber nur, wenn man die Proben mit Hilfe der Agglutinationsreaktion vornimmt; im hämolytischen Versuch sind diese Unterschiede völlig verwischt, nicht etwa, weil das Agglutinin im Sinne der klassischen Serologie ein „anderer Antikörper" ist wie der hämolytische Amboceptor, sondern weil für das Zustandekommen der Verklumpung der Blutkörperchen und ihrer „Lyse" durch Antikörper + Komplement verschiedene Faktoren maßgebend sind. Dafür spricht ja auch die Tatsache, *daß die Differenz zwischen normalem Agglutinin und Agglutinin des Serumkranken sowohl bei der Adsorption an Rinder- als auch an Kaninchenerythrocyten zutage tritt und daß sie im hämolytischen Versuch gleichermaßen für beide Erythrocytenarten ver-*

schwindet[1]. Verfasser hält daher, solange nicht einwandfreie Gegenbeweise vorgebracht werden, an seiner Auffassung fest, daß die Hammelblutagglutinine im Serum der Serumkranken und im normalen Menschenserum identisch sind, d. h. daß im erstgenannten Falle eine rein quantitative Steigerung der Produktion des natürlichen Antikörpers vorliegt (vgl. hiezu S. 135).

Die Sonderstellung der Hammelagglutinine im Mononukleoseserum ist nicht bloß serologisch schärfer akzentuiert (Nicht-Identität mit dem FORSSMANschen Antikörper), sondern läßt sich auch erhärten, wenn man die physikalisch-chemischen Eigenschaften des Antigens festzustellen sucht, welches mit dem Antikörper im Mononukleoseserum reagiert. Obwohl schon bei STUART und seinen Mitarbeitern erfolgreiche Bestrebungen zu konstatieren sind, auf diesem Wege weiter vorzudringen (s. S. 138), brachten doch die Arbeiten von J. TOMCSIK und H. SCHWARZWEISS (1947) noch einen weiteren Fortschritt.

Diese Autoren verwendeten die *Stromata* von Hammelerythrocyten und konnten in denselben sowohl das FORSSMANsche als auch das Mononukleoseantigen nachweisen. Eine partielle Trennung der beiden Antigene wurde durch die einstündige Extraktion der Stromata mit n/30 NaOH bei 37° C erzielt; das Mononukleoseantigen wurde bei dieser Behandlung vollständig aus den Stromata entfernt, während die extrahierten Stromatareste noch das FORSSMANsche Antigen enthielten. Eine vollständige Scheidung war durch Alkohol, worauf schon STUART und Mitarbeiter (s. S. 138) hingewiesen hatten, oder durch Pyridin (bei 65° C) möglich; das FORSSMANsche Antigen ging in Lösung, während das Mononukleoseantigen in den Stromata zurückblieb. Rindererythrocytenstromata enthielten das Mononukleoseantigen in erheblich höherer Konzentration als die Stromata von Hammelerythrocyten und eignen sich daher, zumal sie frei vom FORSSMAN-Antigen sind, besser zur Isolierung dieses Stoffes.

Mit dieser substantiellen Trennung von FORSSMAN-Antigen und Mononukleoseantigen ist jedoch das Problem der Reaktion von PAUL und BUNNELL keineswegs gelöst, nicht vom serologischen und nicht vom ätiologischen Standpunkt aus.

Serologisch betrachtet steht man vor der Tatsache, daß im Serum der an Mononukleose leidenden Kranken nicht nur das Hammelblutagglutinin vermehrt ist, sondern daß — ähnlich wie im Serum der Serumkranken — auch andere Agglutinine erhebliche Titersteigerungen aufweisen, nämlich die Agglutinine für Pferde- und Ziegenerythrocyten, und daß außerdem auch die Lysine für Rinderblutkörperchen gesteigert

[1] Der Antikörper im Mononukleoseserum zeigt bei der Adsorption an Rindererythrocyten dasselbe Verhalten, gleichgültig, ob man den Titer der Agglutinine oder der hämolytischen Amboceptoren prüft (s. Tab. 14); das ist natürlich für die Beurteilung obiger Daten wichtig.

sind [P. Beer (1936)]. Die Reaktion auf die Mononukleoseinfektion ist somit nicht mono-, sondern polyspezifisch oder, wie sich R. Sohier, Ch. Jaulmes und M. Tissier (1945) ausdrücken, es treten „paraspezifische“ Reaktionen auf. Ferner ist das Mononukleoseantigen nach den bereits zitierten Untersuchungen als koktostabile Substanz in den Rindererythrocyten nachweisbar; auf 100° C erhitzte Rinderblutkörperchen adsorbieren stets das Hammelblutagglutinin, den diagnostisch maßgebenden Antikörper, aus den Mononukleosesera. Wenn man aber Versuchspersonen subkutan oder intramuskulär gekochte Rindererythrocyten einspritzt, bilden sie kein Hammelblutagglutinin, auch dann nicht, wenn sie vorher eine Mononukleose durchgemacht und im Laufe ihrer Erkrankung diesen Antikörper produziert hatten. Man könnte dies auf eine durch die Erhitzung bewirkte Umsetzung des natürlichen Vollantigens in ein Hapten zurückführen. Damit steht aber die Beobachtung in Widerspruch, daß Kaninchen auf die intraperitoneale oder intravenöse Injektion gekochter Rindererythrocyten mit der Produktion eines Hammelhämagglutinins reagieren können, welches alle Eigenschaften des gleichbenannten Antikörpers im Mononukleoseserum zeigt, aber zum Unterschied von diesem nicht durch beliebige Proben gekochter Rindererythrocyten absorbiert wird, sondern nur durch bestimmte, sozusagen „privilegierte“ Sorten. R. Sohier und M. Tissier (1946), welche 87 Proben von Rindererythrocyten in dieser Hinsicht geprüft haben, fassen ihre Ergebnisse in die bemerkenswerten Sätze zusammen: 1. 2,3 % der Rindererythrocyten vermögen, wenn sie gekocht werden, die dem Mononukleoseantikörper ähnlichen Hammelblutagglutinine beim Kaninchen zu erzeugen. 2. 4,6 % adsorbieren diese Agglutinine aus dem Kaninchenserum, vermögen sie aber nicht zu produzieren („Haptenform“) und 3. 93,1 % besitzen weder die Fähigkeit der Antikörperbildung noch das spezifische Bindungsvermögen. Der Einwand, daß es sich hier nicht um Unterschiede der Rindererythrocyten, sondern um individuelle Differenzen der Kaninchen handelt, ist mit Rücksicht auf Punkt 2 und 3 nicht stichhaltig, und wird überdies dadurch widerlegt, daß sich das Meerschweinchen ebenso verhält wie das Kaninchen [Sohier und Tissier (1946, S. 225)].

Wenn man, wie das in den vorstehenden Ausführungen wiederholt geschah, von einem „Mononukleoseantigen“ spricht, ist dies vorderhand als eine sprachlich bequeme Abkürzung zu betrachten. Bis jetzt handelt es sich nur um ein Antigen, welches an einer Reaktion mit dem Serum von Mononukleosepatienten beteiligt ist, und nicht oder noch nicht um eine Reaktion des „Erregerantigens“ mit einem durch dasselbe erzeugten Antikörper. Warum im Mononukleoseserum ein Antikörper auftritt, der in Hammel- und Rindererythrocyten ein reaktionsfähiges Antigen findet, ist ebensowenig aufgeklärt wie die Tatsache, daß das Serum eines

Luetikers mit alkoholischen Extrakten aus Rinderherz Flockungen und Komplementbindung gibt. In ätiologischer Beziehung weiß man nicht mehr, als daß die Mononukleose eine Infektionskrankheit ist, welche durch das Blut oder Verreibungen von Lymphknoten erkrankter Menschen auf Macacus rhesus übertragen werden kann [VAN DEN BERGHE und P. LIESSENS (1939), P. J. WISING (1939), R. SOHIER, P. LÉPINE und V. SAUTTER (1940), STANNUS und FINDLAY (1939)]. Das Hammelblutagglutinin im Serum der infizierten Affen ist im Vergleich zum normalen Serum der Rhesusaffen entweder überhaupt nicht oder nur in so unbedeutendem Grade gesteigert, daß es zweifelhaft bleibt, ob man von einer positiven PAUL-BUNNELLschen Reaktion sprechen darf. Rückübertragungen des Blutes oder der Lymphknoten der inokulierten Rhesusaffen auf den Menschen rufen jedoch entweder eine typische Erkrankung hervor [P. F. WISING (1939)] oder bewirken eine klinisch latente Infektion, die sich durch einen starken Anstieg des charakteristischen Hammelblutagglutinins (absorbierbar durch Rindererythrocyten, nicht oder nur ganz schwach absorbierbar durch Meerschweinchenniere) kundgibt; Titersteigerungen von 1 : 64 auf 1 : 256 oder von 1 : 20 auf 1 : 224 wurden in solchen Fällen direkt festgestellt [WISING (1939), R. SOHIER, LÉPINE und SAUTTER (1940)]. Aber der Erreger der infektiösen Mononukleose konnte bisher nicht festgestellt werden und wenn dies einmal gelingen sollte, so wäre damit der Mechanismus der Reaktion von PAUL und BUNNELL noch nicht unbedingt erschlossen. Die Gewißheit, daß die Spirochaeta pallida der konstante und alleinige Keim ist, welcher die syphilitische Infektion hervorruft, hat uns nicht den Schlüssel zum Verständnis der WASSERMANNschen Reaktion in die Hand gedrückt. Das könnte sich bei der Reaktion von PAUL-BUNNELL wiederholen[1]. BT-Antigene, welche mit den Hammelagglutininen der Mononukleosesera reagieren, finden sich ja nicht nur in Hammel- und Rindererythrocyten, sondern auch in den Erythrocyten, dem Serum und den Geweben des Pferdes [BAILEY und RAFFEL (1935), DAVIDSOHN und WALKER (1935)], im Serum der Kaninchen [STUART, GRIFFIN, WHEELER und BATTEY (1936)], in gewissen Mikroben wie im Clostridium welchii [BAILLEY und RAFFEL (1935)], in Pasteurellaarten [R. SOHIER und M. TISSIER (1946)], und überdies existiert bereits eine Kasuistik über „falsche“ positive WASSERMANNsche Reaktionen bei der Mononukleosis infectiosa [s. J. F. SADUSK (1929)]. In scheinbarer Vereinfachung dieses serologischen Wirrsals nehmen SOHIER und TISSIER (1946, S. 230) zu den vorliegenden Forschungsergebnissen mit folgenden Worten Stellung: „Wenn

[1] Das wäre insbesondere dann möglich, wenn als kausales Agens der infektiösen Mononukleose ein Virus festgestellt werden könnte, das, wie fast alle Virusarten, den HIRST-Test geben, d. h. eine heterogene Schar von Erythrocyten agglutinieren würde.

man unseren experimentellen Ergebnissen Rechnung trägt, vollzieht sich alles, als ob das pathogene Agens der Mononukleose je nach der Besonderheit des Falles (selon les cas) direkt oder indirekt eine mehr oder weniger umfangreiche Schar von Antikörpern mobilisieren würde, welche gegen die den gekochten Rindererythrocyten und den Hammelblutkörperchen gemeinsamen thermostabilen Antigene gerichtet sind." Dieser Satz hat aber nur deskriptiven Charakter und umfaßt in komprimierter Fassung die vielen Schwierigkeiten — „je nach der Besonderheit des Falles", „direkt oder indirekt", „Schar von Antikörpern" — welche sich einer einheitlichen Lösung der Aufgabe in den Weg stellen.

Wenn es also auch im allgemeinen zutrifft, daß aus pathologischen Verhältnissen ein tieferer Einblick in Phänomene des gesunden Organismus gewonnen werden kann, hat der Umweg über die Reaktionen nach HANGANUTZIU-DEICHER und PAUL-BUNNELL dieser Erwartung nicht entsprochen, sondern nur neue Probleme aufgeworfen, die noch auf eine befriedigende Erklärung warten. Was speziell das normale Hammelblutagglutinin im Serum des Menschen anlangt, das durch die genannten Reaktionen in den Vordergrund des wissenschaftlichen Interesses gerückt wurde, ist es dabei geblieben, daß wir diesen serologischen Faktor als einen FORSSMANschen Antikörper betrachten und hiefür nur einen Beweis haben, nämlich seine Adsorbierbarkeit durch Meerschweinchenniere. Ob dieses normale oder natürliche Hammelagglutinin aus physiologischer Ursache spontan oder infolge von kryptogenetischer Immunisierung entsteht, ist nach wie vor unentschieden. Nimmt man aber eine immunisatorische Entstehung an, so wäre es einerseits nicht verständlich, warum der Titer dieses Agglutinins stets — den Isoagglutininen des Menschenserums vergleichbar — auf einem niedrigen Niveau verharrt, anderseits müßte man wohl allen anderen Heterohämagglutininen und Heterohämolysinen des normalen Menschenserums denselben Ursprung zuschreiben, da sich eine Ausnahmsstellung des normalen Hammelblutagglutinins nicht begründen ließe. Zudem besteht zwischen den verschiedenen Antikörpern des Menschenserums ein eigenartiger, noch unaufgeklärter Zusammenhang. Bei der Serumkrankheit oder nach Injektionen artfremder Sera wird nicht nur der Titer des Hammelblutagglutinins in die Höhe getrieben, sondern die anderen Antikörper (auch solche, welche sich nicht gegen das FORSSMANsche Antigen richten) schließen sich der Bewegung an (s. S. 131). Man erhält den Eindruck, daß der globulinproduzierende Apparat einen Impuls erhält, der sich unspezifisch — im serologischen Sinne — auswirkt (s. S. 135). Man ist den heterologen Reaktionen der Immunsera zu wenig nachgegangen und hat meist nur die Reaktion mit dem homologen Antigen geprüft, sonst wären die Erfahrungen reichhaltiger. Es gibt aber andere Argumente, welche durchaus für die spontane (endogene) Entstehung der natürlichen Antikörper sprechen.

β) Die Tiere.

Es sollen hier nicht alle Daten, welche die serologische Forschung besonders in den ersten zwei Dezennien ihrer Entwicklung zutage gefördert hat, angeführt werden. Das Buch von D. Brocq-Rousseu und G. Roussel „Le sérum normal" (1939) gibt einen an Einzelheiten reichen Überblick und erleichtert das Nachschlagen der Originalarbeiten durch eine exakte „Bibliographie". Ein oder das andere markante Beispiel soll indes hier zitiert werden.

Wie K. Landsteiner und A. Sturli (1902) fanden, agglutiniert *normales Pferdeserum* die Blutkörperchen der Taube sehr stark, die vom Menschen, Meerschweinchen, Kaninchen und von der Gans stark, die vom Schweine deutlich. P. Rissling (1907) erhielt mit den Erythrocyten vom Menschen, Meerschweinchen, Schwein, Taube, Gans und Ente ebenfalls positive Resultate, mit Kaninchenerythrocyten jedoch negative Ergebnisse; vermutlich bestehen in diesem Falle individuelle Verschiedenheiten, da H. Lüdke (1906) eine zwar schwache, aber rasch eintretende Agglutination von Kaninchenerythrocyten beobachten konnte. *Normales Rinderserum* agglutiniert nach Rissling die Blutkörperchen von Mensch, Pferd, Schwein, Kaninchen, Meerschweinchen, Gans, Ente, Huhn und Taube, *normales Hühnerserum* die Erythrocyten von Mensch, Pferd, Schwein, Kaninchen, Meerschweinchen, Gans, Ente, Taube. Das normale Serum gewisser Schildkrötenarten kann die Blutkörperchen verschiedener warmblütiger Tiere agglutinieren oder lösen [M. Takenouchi (1918a)].

Was an diesen und zahlreichen analogen Angaben auffällt, ist die große Zahl verschiedener Zellarten, gegen welche sich die agglutinierenden und hämolysierenden Antikörper der normalen Sera richten können. Ob jeder dieser Zellarten ein spezifischer und unabhängiger Antikörper entspricht oder ob in einem Normalserum nur wenige Agglutinine, bzw. Lysine vorhanden sind, welche eine relativ geringe Spezifität besitzen, welche sie zur Reaktion mit mehreren Zellarten befähigt, wurde bereits ausführlich in dem Abschnitt über „Die Spezifität normaler Antikörper" (S. 37 bis 46) erörtert. Hier sei nur folgender Tatbestand unterstrichen. Auch immunisatorisch erzeugte Antikörper können eine bloß relative Spezifität aufweisen, und durch Hyperimmunisierung läßt sich mit Hilfe eines einzigen artspezifischen Antigens annäherungsweise eine Reaktionsbreite erreichen, welche die Annahme gerechtfertigt erscheinen läßt, daß beispielsweise die Eiweißantigene der Blutsera Determinanten enthalten, welche allen Säugetieren gemeinsam sind [sog. „Säugetierspezifität", vgl. R. Doerr (1947a, S. 94)]; aber solche Antisera greifen nicht auf die Serumproteine der Vögel oder Kaltblüter über, wie dies auch von F. A. Simon (1941, 1942) für die Empfindlichkeit der Haut von allergischen Individuen gegen artfremde Sera bestätigt wurde; die Kutanreaktionen solcher Personen gaben mit den verschiedensten Säugetiersera positive, mit Hühner- oder Froschserum negative Resultate. Von einer solchen Beschränkung der Spezifität auf die Tierklassen des natürlichen Systems (Säugetiere, Vögel, Kaltblüter) ist jedoch in den Reaktionen der normalen Sera mit artfremden Erythrocyten nichts zu sehen. Die obenzitierten Beispiele lehren, daß ein normales Säugetierserum Erythrocyten von anderen Säugetieren, aber auch von Vögeln agglutinieren kann und umgekehrt wirkt Vogelserum auch auf Säugetierblutkörperchen, Schildkrötenserum auf die Erythrocyten von Warmblütern. Was die durch ein bestimmtes Normalserum agglutinablen von den nichtagglutinablen Erythrocytenarten unterscheidet, ist nicht bekannt. L. SCHWARZMANN (1927) untersuchte den Antikörpergehalt des *normalen Froschserums* und kam zu dem Ergebnis, daß für die Agglutination von Erythrocyten verschiedener Tierarten durch Froschserum *keine Gesetzmäßigkeiten* bestehen, und daß keine Unterschiede zwischen den Erythrocyten von Kalt- und Warmblütern, von Vögeln und Säugetieren oder zwischen Tieren, in welchen das FORSSMANsche Antigen vorhanden ist und jenen, denen es fehlt, zu konstatieren ist. Wenn man sich heute solche Listen betrachtet, wird man unwillkürlich an die hämagglutinierende Wirkung der Virusarten, den sog. „HIRST-Test“ [vgl. R. DOERR (1947a, S. 223)] erinnert; doch ist dieseAnalogie vielleicht rein äußerlich. Auf die Heterohämagglutinine und die Heterohämolysine der Normalsera angewendet, scheint der Schluß unvermeidlich, daß diese Antikörper nicht immunisatorisch entstanden sein können. Wenn man sich auch mit F. A. SIMON vorstellen könnte, daß besonders disponierte Menschen auf die Einwirkung eines einzigen „Säugetierantigens“ mit der Produktion eines „säugetierspezifischen“ Antikörpers reagieren, so würde das offenbar nicht genügen, um die Reaktionen eines normalen Serums mit Antigenen, die von Säugetieren, Vögeln und Kaltblütern stammen, zu erklären. Es müßten somit mehrfache verschiedenartige immunisatorische Impulse als notwendig zugegeben werden, und daß sich diese bei Tieren, welche unter den verschiedensten Bedingungen leben, in gleich launenhafter Auswahl ereignen, darf wohl als ausgeschlossen bezeichnet werden. Es bleibt daher nur *die endogene (spontane) Entstehung dieser natürlichen Antikörper* übrig, die zwar irgendwie phylogenetisch bedingt sein könnte, in der ontogenetischen Entwicklung der Individuen jedoch keines exogenen spezifischen Impulses bedarf. Dieser Satz ist aber nur auf Schlüsse aufgebaut, die sich aus den Untersuchungen als wahrscheinlichstes allgemeingültiges Resultat ergeben; der ergänzende Beweis, daß Kontakte mit den Antigenen, auf welche diese Antikörper wirken, nicht stattgefunden haben oder richtiger nicht stattfinden konnten, läßt sich jedoch kaum erbringen. Diese Situation ändert sich, wenn zwischen den Antigenen und den natürlichen Antikörpern eine besondere Beziehung besteht, welche eine Aussage darüber erlaubt, ob ein immunisierender Kontakt möglich war; eine Beziehung dieser Art existiert zwischen den Antigenen der infektiösen Mikroben (Bakterien) und der Empfänglichkeit oder Unempfänglichkeit der Tierspezies, bei welchen Antikörper gegen diese Mikroben nachgewiesen werden können. Wir kommen damit zu einem der wichtigsten Abschnitte dieses vielverzweigten Gebietes, zu den antibakteriellen natürlichen Antikörpern.

C. Die antibakteriellen Antikörper der normalen Tiersera.

Nicht nur vom Standpunkte der Priorität, sondern namentlich im Hinblick auf die erzielten Ergebnisse stehen die Untersuchungen von E. BÜRGI (1907) an erster Stelle. BÜRGI prüfte die agglutinierenden Wirkungen der normalen Sera von Mensch, Meerschweinchen, Kaninchen, Hammel, Ziege, Pferd, Rind, Hund, Gans und Huhn auf verschiedene Bakterienarten, Vibrio cholerae, Vibrio Metschnikoff, Dysenteriebazillen, Salmonella typhi und paratyphi B, Bact. coli, Proteus vulgaris, Hühnercholerabazillen (Past. aviseptica), Staphylococcus aureus, und fand, daß sich die verschiedenen Normalsera mit Rücksicht auf die Stärke ihrer agglutinierenden Wirksamkeit in eine Reihe einordnen ließen, *welche für die verschiedensten Bakterienarten gültig, also von der Bakterienspezies unabhängig war.* Am stärksten agglutinierte *Rinderserum*, dann folgten, nach absteigendem Agglutinationsvermögen geordnet, die Sera von *Pferd, Ziege, Hammel, Huhn, Gans, Hund, Kaninchen, Mensch* und *Meerschweinchen.* „Pathogene" Bakterien wirken immunisierend, wenn sie einen empfänglichen Wirt infizieren, wobei es im Prinzip irrelevant ist, ob die Infektion latent oder unter Krankheitserscheinungen abläuft. In den Versuchen von BÜRGI erwies es sich aber als ganz nebensächlich, ob das agglutinable Bakterium für die Tierspezies, durch deren Serum es agglutiniert wurde, infektiös war oder nicht, oder ob es überhaupt zu den im engeren Sinne des Wortes infektiösen Bakterien gehörte; *ausschlaggebend war nicht die parasitische oder saprophytische Natur der Keime, sondern die Tierspezies, von welcher das untersuchte Serum stammte.* Der Mensch wird unter natürlichen Verhältnissen in manchen Gegenden durch Choleravibrionen manifest und noch weiter häufiger latent infiziert, und für Typhus-, Paratyphus-B- und Dysenteriebazillen gilt diese Aussage auch in den europäischen Ländern, in welchen BÜRGI seine Untersuchungen ausgeführt hat. Aber die agglutinierende Wirkung des normalen Menschenserums für diese Keime ist weit schwächer als jene der Sera von Rind, Pferd, Ziege, Hammel, Gans oder Huhn, Tierarten, welche für die Infektion mit den genannten Bakterien nicht empfänglich sind. Immunisierungen durch infizierende Kontakte können daher als

Entstehungsursache der Agglutinine für Bakterien, gegen welche der Produzent der Agglutinine refraktär ist, keine wie immer geartete Rolle spielen. Nun wäre es allerdings möglich, daß immunisierende Kontakte auch ohne manifeste oder latente Infektion stattfinden, indem Bakterien auf die Schleimhaut der oberen Luftwege oder in den Darmkanal kommen, dort der Auflösung verfallen und antigen wirkende Produkte freigeben, welche resorbiert werden können.

Für diese Möglichkeit liegen auch einige experimentelle Argumente vor. So fand R. Lovell (1934) in den mesenterialen Lymphknoten junger Schweine coliartige Bakterien, welche, wenn sie Kaninchen injiziert wurden, die Entstehung von Agglutininen für verschiedene Salmonellaarten hervorriefen; da Lovell im Serum normaler Schweine solche Salmonellaagglutinine nachweisen konnte, hielt er es für wahrscheinlich, daß sie auf den Antigenreiz von Bakterien zurückzuführen sind, welche im normalen Gewebe oder im Darm vorhanden sind. Es würde also ein apathogenes Bakterium Agglutinine gegen die infektiösen Salmonellaarten erzeugen, wenn es mit diesen immunologisch verwandt ist. Eine analoge Beobachtung machte M. S. Ingalls (1937). Aus dem Darme von normalen Kaninchen züchtete sie einen Enterococcus („E. I"), welcher vom Serum der Kaninchen häufiger und stärker agglutiniert wurde als andere aus dem Darme von Kaninchen kultivierte Bakterien. Wurden normale Kaninchensera mit diesem Enterococcus absorbiert, so büßten sie die agglutinierende Wirkung für Enterokokken ein, gleichzeitig aber auch für Shigasche Dysenteriebazillen. Ferner rief die Immunisierung erwachsener Kaninchen mit dem Enterococcus die Entstehung von Agglutininen für Shigabazillen hervor, deren Titer an die Wirkungsstärke der Agglutinine heranreichte, welche Kaninchen bei der direkten Immunisierung mit Shigabazillen liefern, und die Absorption solcher Enterokokken-Immunsera mit Enterokokken eliminierte wieder nicht nur den homologen Antikörper, sondern auch das Shigaagglutinin. Ingalls führte diese Versuchsresultate darauf zurück, daß die Enterokokken und die Shigabazillen eine gemeinsame Gruppe (Determinante) enthalten, welche wahrscheinlich die Anwesenheit von Shigaagglutininen im normalen Kaninchenserum verursacht; soweit ein solches zufälliges Beispiel ein Urteil erlaubt, würde es die Anwesenheit von Antikörpern gegen verschiedene pathogene Mikroorganismen in normalen Sera erklären, ohne daß man in jedem derartigen Falle subklinische (latente) Infektionen annehmen müßte. Auf die Experimente von J. Forssman (1946), welcher die Schafbluthämolysine im normalen Kaninchenserum auf eine enterale Sensibilisierung durch Nahrungsmittel zurückführen wollte, welche das nach ihm benannte Antigen enthalten, wurde bereits an anderer Stelle hingewiesen (s. S. 127).

Man darf aber diese „zufälligen Beispiele", wie sich Ingalls ausdrückt, nicht durch willkürliche Verallgemeinerung überwerten. Sie erklären nicht die BÜRGIsche Skala der Agglutinationsstärken normaler Sera, welche von der Art der agglutinablen Bakterien unabhängig ist, ebensowenig, warum in dieser Skala Rind und Pferd an erster, der Mensch zusammen mit Kaninchen, die als besonders geeignete Antikörperproduzenten jedem Experimentator bekannt sind, an letzter Stelle stehen. Rind und Pferd, deren Sera Choleravibrionen agglutinieren, können außerhalb der endemischen Verbreitungsbezirke der Cholera mit Choleravibrionen überhaupt nicht in Berührung kommen, wenn sie nicht im Stalle eines Seruminstitutes stehen.

Sind aber die Beobachtungen von BÜRGI richtig? Daran ist wohl nicht zu zweifeln. 23 Jahre später wurden von H. J. GIBSON (1930) Untersuchungsergebnisse veröffentlicht, welche die Resultate BÜRGIS in vollem Umfange bestätigten. Wie sein Vorgänger konnte auch GIBSON die Normalsera nach fallendem Agglutinationsvermögen unabhängig von der Spezies der agglutinierten Bakterien in eine Reihe von der Form *Rind*, *Pferd* (und Schwein), *Schaf*, *Mensch*, *Katze*, *Kaninchen*, *Meerschweinchen* und Ratte ordnen; in den durch anderen Druck markierten Positionen, welche auch BÜRGI geprüft hatte, stimmt diese Reihe mit der Skala dieses Autors überein.

Vergleicht man die Agglutinationstiter der einzelnen Normalsera für verschiedene Bakterienarten, so läßt sich eine zweite Gesetzmäßigkeit nachweisen, die ebenfalls schon von BÜRGI erkannt und von GIBSON betont wurde. Gewisse Bakterienarten, wie die Dysenteriebazillen, Proteus, Pyocyaneus, werden von allen Normalsera stärker agglutiniert, andere, wie die Salmonellaarten, Past. aviseptica, manche Colistämme, schwächer oder, wenn es sich um schwache Normalagglutinine (Mensch, Meerschweinchen) handelt, überhaupt nicht. Doch bleibt die Reihenfolge der Normalsera immer die gleiche, sie wird durch die verschiedene Agglutinabilität der Testbakterien nicht beeinflußt. Auch diese Gesetzmäßigkeit läßt sich mit einer immunisatorischen Entstehung der Normalagglutinine nicht in Zusammenhang bringen, da die beobachteten Differenzen nicht in Erscheinung treten, wenn man Tiere mit den genannten Bakterienarten immunisiert.

In begeißelten Bakterien können zwei serologisch und physikalisch verschiedene Antigene nachgewiesen werden, das thermostabile H- oder Geißelantigen und das thermolabile O-Antigen oder somatische Antigen des Bakterienleibes. W. A. TIMMERMAN (1930), H. J. GIBSON (1932) und R. LOVELL (1932, 1934) untersuchten die Normalsera verschiedener Tiere, um festzustellen, ob die Duplizität der Antigene begeißelter Bakterien in den Antikörpern solcher Sera zum Ausdruck kommt. Das war tatsächlich der Fall. Es konnten sowohl H- als auch O-Agglutinine in normalen Sera nachgewiesen werden, zum Teil im gleichen Serum, zum

Teil isoliert, d. h. O- ohne H- oder H- ohne O-Agglutinin. Da sich in der Existenz eines in den Bewegungsorganellen lokalisierten Spezialantigens die Morphologie und Physiologie der begeißelten Bakterien widerzuspiegeln scheint, sprechen solche Befunde mehr als andere experimentelle Argumente für die immunisatorische Entstehung der normalen bakteriellen Antikörper; sie verlieren aber ihre suggestive Bedeutung, wenn man auf die Einzelheiten eingeht. TIMMERMAN fand Agglutinine für Salm. typhi in den Sera von Mensch, Meerschweinchen, Kaninchen, Pferd, Schaf, Ziege und Büffel; der Titer entsprach der Skala von BÜRGI. Die Identifizierung von H- und O-Agglutininen ergab, daß beim Meerschweinchen nie H-Agglutinine vorhanden sind und O-Agglutinine nur bei 2 von 20 Tieren. Kaninchensera enthielten in 75 % der Untersuchungen O-Agglutinine und nur ganz ausnahmsweise H-Agglutinine, von 14 Pferden hatten alle O-Agglutinin im Serum, 5 auch H-Agglutinin, bei Ziegen, Schafen und Büffeln waren fast immer beide Agglutinine nachweisbar und in der Serie der Büffel hatten beide Agglutinine den gleichen Titer. Von 16 Menschen mit negativer Typhusanamnese, die nicht gegen Typhus schutzgeimpft worden waren, hatten 5 keines der beiden Agglutinine, 4 nur O-, 2 nur H- und 5 beide Agglutinine. Wie TIMMERMAN betont, entsprachen die Resultate der Skala von BÜRGI, wenn man nur das Auftreten von Typhusagglutininen im allgemeinen in Betracht zog; soweit man auf die Verteilung von H- und O-Agglutininen abstellt, unterliegt es aber keinem Zweifel, daß das H-Agglutinin bei den letzten Gliedern der Reihe (Kaninchen, Meerschweinchen) sehr selten war oder ganz fehlte und daß die Häufigkeit seines Auftretens bei den Bovideen (Büffeln) ihr Maximum erreichte. Rechnet man hinzu, daß H- und O-Agglutinine im normalen Serum verschiedener Tiere von GIBSON (1932) und von R. LOVELL (1934) nachgewiesen wurden, welche auch auf andere begeißelte pathogene und apathogene Bakterienarten (V. cholerae, Salm. paratyphi A und B, Salm. cholerae suis, Salm. newport, Salm. enteritidis Gärtner, Proteus X_{19}, Pyocyaneus) wirkten, so wird es klar, daß man aus dem Vorhandensein von H-Agglutininen nicht schließen kann, daß solche Antikörper ihre Entstehung einem spezifischen Antigenreiz verdanken müssen.

Von den bisher noch nicht erwähnten Untersuchungsergebnissen seien schließlich noch folgende Angaben nachgetragen:

R. LOVELL (1934) konnte feststellen, daß die Agglutinine gegen Salmonellaarten im normalen Sera von Schweinen und Rindern mit dem Alter der Tiere zunehmen oder präziser formuliert — da es sich nicht um fortlaufende Untersuchungen an einem und demselben Tiere handelte — daß man bei älteren Schweinen oder Rindern häufiger höhere Titerwerte findet. Das macht naturgemäß den Eindruck, daß die Antikörperproduktion infolge andauernder oder wiederholter Antigenreize gesteigert wird. Bei den Rindern betraf jedoch die vom Alter scheinbar abhängige erhöhte Frequenz der höheren Titerwerte die H-Agglutinine, was nicht verständlich wäre, wenn nur die exogenen Antigenimpulse maßgebend sein würden. Die von LOVELL an den Salmonellaagglutininen der Schweine und Rinder beobachtete Erscheinung wurde ferner schon früher bei den Isoagglutininen des Menschen beschrieben, wo die Möglichkeit einer Stimulierung durch anhaltende oder iterative Antigenreize überhaupt nicht in Betracht kommt.

Im Serum verschiedener Schildkrötenspezies (Arten von Chrysemys, Chelydra, Melacoclemmys) lassen sich Agglutinine für Salm. typhi, Salm. paratyphi A und B, Dysenteriebazillen, Staphylokokken, Pyocyaneus, B. coli nachweisen, deren Titer zumeist niedrig ist, aber in einzelnen Fällen, namentlich bei Chelydra serpentina, Werte erreicht, welche bei den normalen Agglutininen der Warmblüter zu den Seltenheiten gehören [M. TAKENOUCHI (1918b)]. Alle die Kombinationen, die ersonnen wurden, um die Entstehung von Antikörpern ohne spezifischen Antigenreiz zu umgehen, scheinen in diesem Falle zu versagen.

TAKENOUCHI (1918c) fand ferner, daß die Normalsera verschiedener warm- und kaltblütiger Tiere Infusorien (Paramaecium, Colpoda) in vitro lähmen, zur Aufquellung und schließlichen Auflösung bringen können und daß diese Wirkungen identisch sind mit den morphologischen und physiologischen Veränderungen, welche man durch Immunsera hervorrufen kann, die von Kaninchen durch Behandlung mit Infusorien gewonnen werden. Der Titer der Normalsera ist weit niedriger als jener der Immunsera, aber ihre paralysierende und cytolytische Wirksamkeit wurde von mehreren Autoren bestätigt [W. SCHUCKMANN (1920), M. MASUGI (1927/28), M. E. ELMORE (1928), CH. TANZER (1941)]. Werden Normalsera durch Erhitzen auf 56° C inaktiviert, so erzeugen sie nur noch Motilitätsstörungen, die aber transitorisch sind und bald in Erholung übergehen. Ob die stärkere Wirksamkeit der frischen Normalsera und insbesondere die cytolytischen Effekte auf dem Zusammenwirken eines thermostabilen (spezifischen) Antikörpers mit thermolabilem unspezifischem Komplement beruhen, ist nicht entschieden; nach TAKENOUCHI lassen sich inaktivierte Normalsera von Warmblütern durch Meerschweinchenkomplement reaktivieren, während die Komplettierung inaktivierter Sera von Kaltblütern (Frosch, Schildkröte) weder durch frisches Meerschweinchenserum noch durch frisches Froschserum erzielt werden kann (vgl. hierzu S. 43).

In dem bekannten Werke „Principles of Bacteriology and Immunity" [TOPLEY und WILSON, 3. Ed. rev. by G. S. WILSON und A. A. MILES (1946)] wird der ganze Fragenkomplex der natürlichen Antikörper in einer durch die klare Darstellung und die gewissenhafte Berücksichtigung von Tatsachen und Meinungen ausgezeichneten Form behandelt. In dem

Kapitel, welches sich mit dem Ursprung der natürlichen antibakteriellen Antikörper beschäftigt, lautet der Schluß (l. c., S. 1095) in deutscher Übersetzung: „Wir müssen uns daher der Auffassung anschließen, daß die unter natürlichen Bedingungen vorkommenden, antibakteriellen Antikörper, und vielleicht auch die natürlichen Antitoxine, ihre Entstehung einem der vier folgenden Mechanismen verdanken können: einer tatsächlichen Infektion („actual infection") mit den korrespondierenden Bakterien; einer Infektion mit einem anderen Organismus, der eine Antigenkomponente gemein hat; dem Eindringen von unbelebtem antigenem Material vom Darmkanal aus, möglicherweise auch auf anderen Wegen, welches die Produktion eines Antikörpers mit der beobachteten aktiven Gruppe auszulösen vermag; oder der Bildung solcher Antikörper als Nebenprodukt des normalen Funktionierens des antikörperproduzierenden Apparates ganz unabhängig von jedem spezifischen exogenen („external") Reiz."

Daß unter den vier möglichen Mechanismen der Entstehung von Antikörpern, welche in „normalen" Sera nachgewiesen werden können, die von jedem exogenen Reiz unabhängige Produktion an letzter Stelle genannt wird, charakterisiert die Tendenz, diese Genese nur dann ins Auge zu fassen, wenn alle Kombinationen, welche die Annahme eines spezifischen Antigenreizes gestatten würden, abgelehnt werden müssen. Ob ausdrücklich zugestanden oder nicht, ist diese Tendenz auf jene Epoche der Immunitätsforschung zurückzuführen, welche die Antikörper als rätselhafte, jeder chemischen Aussage unzugängliche Serumstoffe betrachtete, die sich eben nur genetisch, d. h. als Reaktionsprodukte, die der Organismus infolge der Einwirkung eines Antigens bildet, definieren ließen; dieser Einstellung mußten Antikörper, die ohne vorausgehenden Antigenimpuls im Serum auftreten und gleichwohl mit gelösten oder zellulären Antigenen spezifisch reagieren, als Widerspruch imponieren, sozusagen als Verstoß gegen das „Ex nihilo nihil fit". Wenn man aber, der herrschenden Lehre folgend, die Antikörper als Serumglobuline auffaßt, welche hinsichtlich ihrer elektrophoretischen Wanderungsgeschwindigkeit den normalen γ-Globulinen entsprechen und von diesen nur durch Konfigurationen differieren, welche die Affinität zu bestimmten Substanzen bedingen, büßt der Antikörper, der ohne Antigenreiz erscheint, den Charakter einer Absurdität ein. Vom Standpunkte einer rationalen Analyse der Naturphänomene läßt sich natürlich nichts dagegen einwenden, daß man systematisch die Möglichkeiten der immunisatorischen Entstehung der in normalen Sera vorhandenen Antikörper überprüft. Nur muß dies ohne Voreingenommenheit geschehen und unter dieser kritischen Voraussetzung kommt man auf Grund der Arbeiten von Bürgi, Gibson u. a. zu dem Schluß, *daß die „antigenfreie" Produktion der weitaus häufigste Fall ist.*

In dieser Überzeugung wird man nicht nur durch die große Zahl und Verschiedenheit der Bakterien bestärkt, auf welche ein Normalserum bakterizid wirken kann, sondern auch durch die Zwecklosigkeit dieses bakteriziden Vermögens für die Tierart, von welcher das Serum stammt. Es ist nicht nur nicht möglich, daß Rinder in unseren Gegenden mit Choleravibrionen in Berührung kommen, sondern auch — namentlich auch für die unentwegten Anhänger der Lehre, daß die Infektion ein Kampf zwischen dem infizierenden Keim und seinem Wirt ist — unverständlich, welchen Vorteil das Rind von der abtötenden Wirkung seines Serums auf Choleravibrionen haben soll. Die bakterizide Wirkung des normalen Menschenserums auf Gonokokken ist im Vergleich mit jener des Meerschweinchens und Kaninchens schwach oder fehlt auch ganz [J. Gordon und K. I. Johnstone (1940), Y. B. Abdoosh (1936)] — das gerade Gegenteil von dem Sachverhalt, den man vom genetischen wie auch vom Standpunkte der „Abwehr" erwarten würde. Beispiele dieser Art können in beliebiger Zahl angeführt werden, sie stellen recht eigentlich die Regel dar.

Ganz anders verhalten sich die mikrobiziden Antikörper, die im Gefolge einer immunisierenden Infektion auftreten. Als das am besten bekannte und in mehrfacher Beziehung lehrreiche Paradigma seien die *Antikörper gegen Masern* gewählt; der Erreger, gegen den sie sich richten, ist zwar kein Bakterium, sondern ein Virus, was aber für die hier erörterten Fragen keine grundsätzliche Bedeutung hat. Wenn ein Mensch die Masern überstanden hat, ist er für die Dauer seines Lebens gegen eine Neuinfektion immun. Diese Immunität ist humoral, da es bekanntlich gelingt, ein noch nicht durchmasertes Individuum gegen den Ausbruch der Krankheit durch Zufuhr von Rekonvaleszentenserum zu schützen, gleichgültig, ob das Serum vor der Ansteckung oder in den ersten Tagen des Inkubationsstadiums injiziert wird. Da der durchmaserte Mensch lebenslänglich gegen eine Reinfektion refraktär bleibt, müßte der Antikörper in seinem Serum beständig in hinreichender Konzentration vorhanden sein; dies ist auch tatsächlich der Fall, da die Masernschutzimpfung nicht nur mit dem Serum von Rekonvaleszenten, sondern auch mit dem Serum von Erwachsenen, die vor beliebig langer Zeit die Krankheit überstanden haben, vorgenommen werden kann, wenn man die Serumdosis etwa auf das Doppelte erhöht. Durch Fraktionierung der Mischsera von gesunden Erwachsenen und Konzentrierung einer bestimmten Fraktion der γ-Globuline ist es sogar gelungen, Präparate herzustellen, welche noch in einer Menge von 0,1 cm^3 pro Pfund Körpergewicht (intramuskulär injiziert) die überwiegende Mehrzahl der geimpften Kinder (71 %) gegen Masern bis zum 5. Tag nach erfolgter Ansteckung komplett schützten und in vierfach kleinerer Dosis den Krankheitsverlauf abschwächten [J. Stokes, E. P. Maris und S. S. Gellis (1944), C. W. Ordman, C. G. Jennings und C. A. JANEWAY (1944)]. Man hat diese Persistenz der viruliziden Antikörper gegen Masern darauf zurückführen wollen, daß der Mensch in Gegenden, in welchen die Masern endemisch sind, wiederholten Infektionen ausgesetzt ist, welche infolge der Durchseuchung in den Kinderjahren zwar völlig latent verlaufen, aber die Produktion der Antikörper stets aufs neue anfachen. Diese Erklärung ist aber an sich unwahrscheinlich, da die Reinfektionen stets so dicht aufeinanderfolgen müßten, daß keine antikörperfreien Intervalle entstehen; der Mensch, welcher die Masern in der Kindheit durchgemacht hat, ist ja in keinem Augenblick seines späteren Lebens für die pathogene Auswirkung der Infektion voll oder auch nur partiell empfänglich. Die lebenslängliche „Persistenz“ der Antikörper im Serum durchmaserter Individuen beruht vielmehr darauf, daß das im Eiweißstoffwechsel verbrauchte Immunglobulin beständig durch neugebildetes ersetzt wird, d. h., daß die einmal in Gang gebrachte Antikörperproduktion überhaupt nicht sistiert, sondern in etwas gemindertem Grade das ganze Leben hindurch anhält [R. DOERR (1947a, S. 43 ff.)]. Der Beweis kann epidemiologisch geführt werden. Wenn in einer abgeschlossenen Bevölkerungsgruppe die Masern für lange Zeit völlig erlöschen, fehlen die Möglichkeiten für die hypothetischen latenten Reinfektionen, welche der Antikörperproduktion immer wieder neue Impulse erteilen sollen; findet schließlich eine Wiedereinschleppung statt, so müßten die vor dem Aussetzen der Masernerkrankungen infizierten Individuen verschont bleiben, falls es eben richtig ist, daß die Persistenz des viruliziden Antikörpers gegen Masern auf einer nicht erlöschenden Neuproduktion desselben nach einem einmaligen Antigenstoß beruht. Das ist nun tatsächlich so, wie sich bei der Wiedereinschleppung der Masern auf die Färoer-Inseln zeigte, deren Bewohner von 1781 bis 1846 von den Masern vollkommen verschont waren (PANUM); die Antikörper hatten sich im Serum der vor 1781 durchmaserten Individuen 65 Jahre lang erhalten. Daß es tatsächlich der Antikörpergehalt des Serums war, welcher den vor so langer Zeit infizierten Menschen Schutz gegen eine Neuerkrankung gewährte, wurde zwar nicht festgestellt; aber diese Lücke konnte bei einer anderen Viruskrankheit, nämlich beim Gelbfieber, ausgefüllt werden, wo es sich zeigte, daß im Serum von Personen, welche 30 bis 78 Jahre vorher eine Gelbfieberinfektion durchgemacht und das verseuchte Gebiet vor sehr langer Zeit verlassen hatten, virusneutralisierende Antikörper nachzuweisen waren [J. BAUER und N. HUDSON (1930), E. A. SAWYER (1931), F. L. SOPER und DE ANDRADE (1933)]. Natürliche, d. h. spontan ohne spezifischen Reiz entstehende Antikörper gegen das Masernvirus kommen offenbar nicht vor, da der Mensch für die Ansteckung in jedem Lebensalter ausnahmslos empfänglich ist. Daß bei an der Brust ernährten Säuglingen eine temporäre Masernfestigkeit beobachtet wurde [K. FRIEDJUNG (1919)] und daß die Masern in den ersten fünf Lebensmonaten nach verschiedenen Statistiken relativ selten sind, ist so zu erklären, daß immunisatorisch entstandene Antikörper von der Mutter auf die Kinder übertragen werden, entweder durch diaplazentare Passage während des intrauterinen Lebens oder nach der Geburt durch das globulinreiche Colostrum [J. L. Lewis und H. G. Wells (1922)]; da passiv übernommene Antikörper abgebaut werden und naturgemäß nicht ersetzt werden können, tritt an die Stelle dieser — übrigens nicht allgemeinen, sondern nur auf einzelne Kinder beschränkten — Unempfänglichkeit alsbald die dem Menschen als Artmerkmal eigene allgemeine Disposition. Angaben über das Vorkommen von Masernantikörpern in normalen Tiersera liegen nicht vor, und einige ältere Berichte, daß die Sera von Ziegen oder Pferden, die mit bakteriellen Substanzen immunisiert wurden, Schutz gegen die Erkrankung an Masern gewähren, erwiesen sich als haltlos. Mit der in solchen Fragen erreichbaren Sicherheit darf man somit behaupten, daß der Antikörper gegen das Masernvirus der Typus eines Immunglobulins ist, welches ausschließlich durch die Reaktion auf das zugehörige Antigen produziert wird.

In den meisten Fällen ist es aber schwer zu entscheiden, ob Antikörper, welche im Serum von gesunden Individuen und in langem oder nicht bestimmbarem Zeitabstand von einem immunisierenden Ereignis (Infektion, Schutzimpfung) nachgewiesen werden, erworben oder aus endogenen Ursachen entstanden sind. J. F. Enders (1944) und seine Mitarbeiter konnten in γ-Globulinkonzentraten aus Mischungen der Blutplasmen von Erwachsenen zirka 20 verschiedene Antikörper feststellen, darunter Antikörper gegen Masern, Mumps, Vaccine, Influenzavirus A, Poliomyelitis, lymphocytäre Choriomeningitis, Hepatitis epidemica, Herpes simplex, Pertussis, gegen Diphtherie- und Streptokokkentoxin, gegen das H-Antigen der Typhusbazillen u. a. Da die Plasmaproben nicht einzeln untersucht, sondern vorher miteinander vermischt wurden, ist natürlich keine Aussage möglich, ob diese ganze Antikörperschar im Serum jedes einzelnen Spenders vorhanden war oder ob nur einzelne Personen zum Antikörpergehalt der Mischplasmata beigesteuert hatten. Immerhin fällt es auf, daß in der obigen Liste einige relativ seltene Virusinfektionen, wie die Poliomyelitis, die lymphocytäre Choriomeningitis, die Hepatitis epidemica vertreten sind; es ist nicht wahrscheinlich, daß sich unter den an einem Plasmagemisch beteiligten Spendern stets Individuen befanden, welche die genannten Infektionen überstanden hatten, ganz abgesehen davon, daß ein einziges antikörperhaltiges Plasma durch Verdünnung mit anderen Leerproben so stark verdünnt werden konnte, daß die Antikörperkonzentration im Gemisch unter die Schwelle der Nachweisbarkeit gedrückt worden wäre.

Das amerikanische „Blood Substitutes Sub-Commitee of the National

Research Council" hatte sich die Aufgabe gestellt, die aus dem Mischplasma von Erwachsenen hergestellten Fraktionen auf ihre therapeutische Verwendbarkeit in der Humanmedizin zu untersuchen. Dementsprechend wurden die γ-Globulinkonzentrate aus diesen Mischplasmen auf ihren Gehalt an Antikörpern geprüft, welche sich gegen die Infektionen des Menschen richten, wie dies aus der Aufzählung der positiven Befunde hervorgeht. Daß im Mischserum von gesunden Menschen eine so große Zahl von Antikörpern gegen menschenpathogene Mikroben und Bakteriengifte festgestellt werden konnte, erlaubt jedoch nicht den Schluß, daß diese Antikörper ausschließlich oder überwiegend immunisatorischen Ursprunges sind, d. h. daß ihre Entstehung auf frühere Infektionskrankheiten oder, sofern dies unwahrscheinlich ist, auf latente Infekte bezogen werden muß. Dieser Schluß wäre nicht berechtigt, erstens, weil diese Forschungen, wie bereits angedeutet, einseitig waren, indem sie sich nur auf Antikörper gegen menschenpathogene Infektionsstoffe erstreckten und die Möglichkeit unberücksichtigt ließen, daß im normalen Menschenserum auch Antikörper gegen ausschließlich tierpathogene Agenzien vorhanden sein könnten; zweitens, weil die Vorgeschichte der Blutspender unbekannt war; drittens, weil sich nicht alle immunisatorisch entstandenen Antikörper so lange im Blute halten, daß sie bei einer zu beliebiger Zeit an gesunden Erwachsenen ausgeführten Untersuchung gefunden werden müssen, selbst wenn man in Rechnung stellt, daß Plasmaproben von mehreren Spendern miteinander vermengt wurden, und viertens, weil in einzelnen Fällen gezeigt werden konnte, daß sich die im Mischplasma von ENDERS (1944), E. J. COHN, ONCLEY, STRONG, HUGHES und ARMSTRONG (1944), J. STOKES und NEEFE (1945) nachgewiesenen Antikörper auch im Serum von unempfänglichen Tierspezies vorfinden.

Antikörper, welche Poliomyelitisvirus neutralisieren, wurden zum Beispiel im Serum trächtiger Stuten festgestellt [C. W. JUNGEBLUT (1935/36), JUNGEBLUT, K. MEYER und ENGLE (1934)], ferner im Serum von normalen Cebus- und Rhesusaffen[1] [JUNGEBLUT und ENGLE (1931/32), F. D. STIMPERT und J. F. KESSEL (1939)]. Wenn daher im Serum von

[1] Rhesusaffen können bekanntlich experimentell infiziert werden und es liegen sogar Beobachtungen vor [H. A. HOWE und J. CRAIGIE (1943)], aus denen man schließen könnte, daß Rhesusaffen in Laboratorien auch ohne absichtliche Infektion an Poliomyelitis erkranken oder latent infiziert werden können. H. A. HOWE und D. BODIAN (1945), welche diese Fälle eingehender untersuchten, erklären jedoch ausdrücklich, daß die Möglichkeit einer Verwendung dieser Tiere zu Versuchen in anderen Laboratorien nicht mit absoluter Sicherheit ausgeschlossen werden konnte; da sich ferner das Virus in den Stühlen der Affen überhaupt nicht und im Zentralnervensystem nicht mit den gewöhnlichen Methoden feststellen ließ, halten es HOWE und BODIAN für unwahrscheinlich, daß die Infektion in Laboratorien

Menschen, welche nie Symptome einer poliomyelitischen Infektion gezeigt haben, spezifisch neutralisierende Antikörper ebenso oft oder noch häufiger vorhanden sind als bei Rekonvaleszenten nach typischen oder abortiven Krankheitsfällen [S. D. KRAMER und M. L. AYCOCK (1931/32), P. H. HARMON und H. N. HARKINS (1936)], und wenn man sogar in den Mischsera von beliebigen gesunden Erwachsenen solche Antikörper findet, ist nicht einzusehen, warum man derartige Befunde grundsätzlich anders bewerten muß als das Vorkommen von bakteriziden Antikörpern gegen Choleravibrionen im normalen Serum von Rind und Pferd, oder von bakteriziden Antikörpern gegen Gonokokken im Serum von Meerschweinchen. F. M. BURNET (1940) und F. W. JACKSON (1937) haben sich ohne Einschränkung auf Grund eingehender, mit vervollkommneten Methoden durchgeführter Untersuchungen [s. auch BURNET, JACKSON und ROBERTSON (1939)] auf den Standpunkt gestellt, daß die das Poliomyelitisvirus neutralisierenden Antikörper im normalen Serum des Menschen weder durch eine Infektion noch durch bloßen Kontakt hervorgerufen werden und daß sie daher auch nicht der serologische Ausdruck einer latenten Massendurchseuchung sein können.

E. J. COHN (1945) verlangt, daß in allen Fällen γ-Globulinkonzentrate aus den Mischsera von normalen (gesunden) Erwachsenen hergestellt und auf ihre therapeutische Wirksamkeit geprüft werden sollen, in welchen eine solide postinfektiöse Immunität vorhanden und die Anwendung von Rekonvaleszentenserum bewährt ist, da die Titer einiger Antikörper in den Konzentraten gleich oder höher waren als in den Rekonvaleszentensera. Da man aber als Ausgangsmaterial nicht die Mischsera von Rekonvaleszenten, sondern von gesunden Erwachsenen benützt, so wären große Erfolge nur zu erwarten, wenn es sich um Infektionen handeln würde, die jeder Erwachsene durchgemacht hat, und wenn der entstehende Antikörper im Serum lebenslänglich persistieren würde. Die Masern sind in jeder Beziehung ein idealer Ausnahmsfall, weil jeder erwachsene Blutspender Antikörper liefert: Daher die ausgezeichneten Resultate, die bei der Masernprophylaxe mit den γ-Globulin-

von einem infizierten Affen leicht auf einen anderen übertragen werden könnte. Für die hier diskutierte Frage, ob der Antikörper gegen Poliomyelitisvirus bei Rhesusaffen durch latente Durchseuchung, wenn auch nur in Laboratorien, entstehen könnte, ist wohl eine neuere Arbeit von I. M. MORGAN, H. A. HOWE und D. BODIAN (1947) im negativen Sinne entscheidend. Diese Autoren fanden, daß Rhesusaffen, denen man 0,2 bis 2,0 g aktives Poliomyelitisvirus (Rückenmark infizierter Affen) intravenös oder subkutan injiziert, keinen oder wenig Antikörper produzieren und gegen die intracerebrale Inokulation auch nicht refraktär werden. Reguläre Antikörperbildung war nur durch intramuskuläre Injektionen größerer Dosen zu erreichen; diese Art der Virusübertragung kommt unter natürlichen Verhältnissen nicht in Frage.

konzentraten erzielt werden konnten [F. J. Enders (1944), J. Stokes, E. P. Maris und S. S. Gellis (1944), C. W. Ordman, C. G. Jennings und C. A. Janeway (1944)]. Nach E. J. Cohn (1945) sowie J. Stokes und Neefe (1945) u. a. sollen die Konzentrate schon in Dosen von 0,15 cm^3 das Ausbleiben der Gelbsucht bei der Hepatitis epidemica bewirken, was in Anbetracht der relativen Seltenheit dieser Infektionskrankheit nicht recht verständlich ist und weiterer Aufklärung bedarf.

In theoretischer Beziehung wäre zu wünschen, daß die Sera einzelner Individuen, deren klinische Vorgeschichte bekannt ist und die in einer Umgebung von konstantem Verseuchungszustand — zumindest während der letzten drei Jahre vor der Blutentnahme — gelebt haben, auf ihren Antikörperbestand mit erreichbarer Vollständigkeit geprüft werden. Größere Serumquantitäten würden sich wohl von freiwilligen Spendern beschaffen lassen und die Methoden des Antikörpernachweises sind so weit verbessert, daß unnötige Vorversuche entfallen können. Zahl und Art der im normalen Serum eines Menschen gleichzeitig vorhandenen Antikörper würden schon an sich wertvolle Aufschlüsse bieten. Je mannigfaltiger die im Serum eines Individuums koexistierenden Antikörper sind, desto unwahrscheinlicher wird die spezifisch induzierte Entstehung aller Komponenten der ganzen Schar, besonders wenn sich unter ihnen auch Antikörper gegen Mikroben finden, welche für den Menschen nicht pathogen sind und mit welchen er auch nicht in Kontakt kommen konnte, ein Moment, welches bereits bei der Beurteilung der Antikörper in normalen Tiersera geltend gemacht wurde.

D. Die Antitoxine der Normalsera.

Mensch und Tier reagieren auf die parenterale Zufuhr minimaler Mengen gewisser Bakteriengifte, die man unter dem Namen „*Exotoxine*“ zusammenfaßt, mit pathologischen Erscheinungen, welche für jedes dieser Gifte charakteristisch, im dynamischen Sinne also spezifisch sind. Als E. von Behring mit seinen Mitarbeitern Kitasato und Wernicke festgestellt hatte, daß man Tiere durch steigende Dosen Tetanus- und Diphtherietoxin giftfest machen kann, so daß sie hohe Multipla der sonst unbedingt tödlichen Dosis vertragen, und daß das Serum solcher Tiere die Eigenschaft hat, große Quanten der Giftlösungen durch bloßes Vermischen ihrer toxischen Wirkungen völlig zu berauben, mußte man die Überzeugung gewinnen, daß hier Phänomene besonderer Art vorliegen, welche vom Typus aller anderen Antigen-Antikörper-Reaktionen abweichen. In der Bezeichnung „*Antitoxine*“ (*Gegengifte*) wurde diese Einstellung verankert, mit welcher es nicht vereinbar schien, daß ein Serumstoff, der intensive und pharmakodynamisch spezifische Gifte glatt zu neutralisieren vermag, auch spontan, d. h. *ohne vorausgehende*

Giftgewöhnung oder, wie wir das wissenschaftlich nennen, *ohne aktive Immunisierung mit dem toxischen Antigen* entstehen könnte. G. RAMON (1922) konnte jedoch zeigen, daß in Mischungen von Diphtherietoxin und antitoxischem Serum Flockungen eintreten und daß das Flockungsoptimum mit der vollkommenen Neutralisierung des Toxins zusammenfällt; ferner wußte man, daß man durch die Immunisierung mit Toxoiden, d. h. mit entgifteten Bakterientoxinen, ebenfalls Antitoxine von hohem Titer herstellen kann, *daß somit der Prozeß der Giftgewöhnung nicht notwendig, sondern sogar störend ist* (*Toxinüberempfindlichkeit*). Trotz diesen beweiskräftigen Argumenten hat sich aber in der Gedankenwelt der meisten Immunitätsforscher der Glaube an den Satz erhalten, daß ein genetisch voraussetzungsloses Antitoxin eine contradictio in se sei. Und so ist es zu einem Widerstreit der Meinungen gekommen, der in einem imponierenden Druckvolum dokumentarisch niedergelegt und bis heute nicht entschieden ist. Unter diesen Umständen darf die folgende Darstellung auf eine auch nur annähernd vollständige Übersicht über die vorliegende Literatur verzichten und sich auf einige wichtigere Arbeiten beschränken.

a) *Diphtherieantitoxin im normalen Serum.*

α) Tiersera.

Pferde. 1894 teilten E. ROUX und L. MARTIN mit, das gewisse Pferde auf die Injektion von Diphtherietoxin nicht reagieren; sie vermuteten, daß das Serum dieser Pferde schon vor der Immunisierung Antitoxin enthielt, und konnten tatsächlich im Meerschweinchenversuch eine gewisse Schutzwirknng mit dem Serum eines solchen Pferdes erzielen. Kurz darauf berichtete M. H. BOLTON (1896), daß die Sera von 3 nicht vorbehandelten Pferden Diphtherietoxin zu neutralisieren vermochten, während 9 andere Sera wirkungslos waren. Analoge Beobachtungen wurden in der Folge von FERRÉ (1896), L. COBBETT (1899), W. KASTENMEYER (1919), R. KRAUS und A. SORDELLI (1920), H. W. SCHÖNING (1922), D. M. COWIE und R. M. GREENTHAL (1920/21) publiziert und A. T. GLENNY und ALLEN (1921) bestimmten die Konzentration des Antitoxins im normalen Pferdeserum mit 0,001 bis 5 Einheiten. 1925 faßte A. T. GLENNY seine eigenen reichhaltigen Erfahrungen in folgenden Sätzen zusammen: 1. Während manche Pferde schon durch 0,01 cm^3 eines starken Diphtherietoxins schwer geschädigt oder sogar getötet werden, vertragen andere 10 cm^3 ohne auffallende Zeichen einer Erkrankung. 2. Von 1350 Pferden, welche im Laufe von 17 Jahren zur Immunisierung zugelassen wurden, besaß ungefähr die Hälfte Antitoxin im Serum in der Konzentration von 0,1 Antitoxineinheit pro Kubikzentimeter oder mehr. 3. Pferde, in deren Serum natürliches Antitoxin vorhanden ist, reagieren auf die Injektion von Toxin mit einem rapiden Anstieg des Antitoxintiters, während die Antitoxinproduktion bei Tieren ohne natürliches Antitoxin nicht in diesem Tempo vor sich geht [A. T. GLENNY und H. J. SÜDMERSEN (1921)]. 4. Die Ursache der natürlichen Immunität der Pferde wurde nicht befriedigend aufgeklärt (s. w. u.). 5. Der Prozentsatz der natürlich immunen Pferde hat in den letzten Jahren (vor 1925) beträchtlich abgenommen. 6. Der Antitoxintiter von Pferden, welche eine natürliche Immunität besitzen, ist starken Schwankungen unterworfen, auch wenn die Tiere während der Beobachtungszeit keine Toxininjektionen erhalten; die Ursache dieser Schwankungen konnte nicht ermittelt werden.

Hervorzuheben ist, *daß der Gehalt des normalen Pferdeserums an Diphtherieantitoxin vom Alter der Tiere abhängig ist.* Im Serum von Pferden, welche 2 bis 4 Jahre alt sind, fehlt das natürliche Antitoxin so gut wie immer, während es später häufig nachgewiesen werden kann und zwischen dem 8. und 10. Lebensjahr bei mehr als der Hälfte der Pferde vorhanden ist. Dieses Verhalten wurde von A. SORDELLI (1921), A. T. GLENNY (1925), G. RAMON und F. LEMÉTAYER (1931), W. STUCKI (1933), G. RAMON (1936) beobachtet und ist wohl als eine gesetzmäßige Erscheinung zu betrachten, wie man sie auch bei anderen natürlichen Antikörpern konstatiert hat, so bei den Isoagglutininen, den Hammelbluthämolysinen und Kaninchenblutagglutininen im Serum des Menschen oder bei den Hämagglutininen der Hühner (s. S. 164).

Gegen die spontane Entstehung des Diphtherieantitoxins im Serum der alternden Pferde wurde jedoch Verwahrung eingelegt, weil es sich herausstellte, daß das Pferd für die natürliche Infektion mit Diphtheriebazillen nicht unempfänglich ist. F. C. MINNETT (1920) konnte das C. diphtheriae in Wunden von Pferden nachweisen, H. KLIEWE und M. WESTHUES (1925) sowie H. J. PARISH und C. C. OKELL (1926) bestätigten diese Befunde, ZURUKZOGLU und MÜNDEL (1935) und E. RICHTERS (1935) fanden Diphtheriebazillen im Nasenschleim von Pferden, RICHTERS auch im Eiter von submaxillaren und retropharyngealen Lymphknoten. G. RAMON (1936) zog daraus den Schluß, daß es der spezifische toxigene Keim ist, welcher die natürliche antitoxische Immunität erzeugt; das infektiöse Agens sei auch das immunisierende Agens (l. c., S. 331). Zu dieser apodiktischen Behauptung ist man jedoch durch die angeführten Beobachtungen keineswegs berechtigt. Man müßte die Befunde von Diphtheriebazillen bei Pferden, die natürliche Immunität gewisser Pferde gegen Toxininjektion und den Antitoxingehalt des Blutes zumindest statistisch koordinieren können, um den Beweis zu erbringen, daß die Infektion die notwendige Bedingung der Immunität und der Antitoxinproduktion ist. Versucht man dies, so gelangt man zu Ergebnissen, welche geradezu als Gegenbeweis gegen die

These der infektiösen Entstehung des natürlichen Diphtherieantitoxins im Blute der Pferde betrachtet werden müssen. Schon der Umstand, daß man bei Pferden unter 5 Jahren immer negative Antitoxinbefunde, bei Tieren von 10 bis 15 Jahren 50 bis 75% positive verzeichnet, spricht gegen einen kausalen Zusammenhang zwischen Infektion und Antitoxingehalt des Serums. Nicht minder aber auch die Zahl der Fälle, in welchen Diphtheriebazillen nachgewiesen werden konnten. ZURUKZOGLU und MÜNDEL untersuchten das Nasensekret von 250 Pferden und konnten nur in zwei Proben Diphtheriebazillen von schwach toxigenem Vermögen („Typus mitis") finden; RICHTERS wollte in 152 Proben 15 positive Befunde erzielt haben, von denen aber nur 8 durch die Kultur verifiziert wurden und von diesen 8 Stämmen besaßen nur 6 eine erheblichere Pathogenität für Meerschweinchen. A. T. GLENNY (1925, S. 249), welchem die Angaben von MINNETT über das Vorkommen von Diphtheriebazillen in Wunden von Pferden bekannt waren, beauftragte die Tierärzte der großen Wellcome Physiological Research Laboratories in Beckenham (Kent), auf Wundinfektionen bei den zahlreichen Pferden zu achten und ließ die Wundsekrete sowie auch Schleimhautabstriche von nicht verletzten Pferden von Bakteriologen untersuchen. Ferner wurden von allen Personen, welche mit den Pferden in Berührung kamen, wiederholt Abschwemmungen der Rachenorgane untersucht. Nie wurde bei den Pferden das C. diphtheriae gefunden, und unter der Mannschaft konnte kein einziger Träger entdeckt werden. Aber etwa die Hälfte der 1350 Pferde, welche im Verlaufe von 17 Jahren in den Betrieb eingestellt wurden, hatten Antitoxin (0,1 und mehr Einheiten pro Kubikzentimeter) im Serum. Diese Beobachtungen dürften wohl genügen, um die Überzeugung zu festigen, daß das natürliche Diphtherieantitoxin im Pferdeserum nicht auf manifester oder larvierter Durchseuchung der Tiere beruhen kann.

Es sei hier noch kurz einer Mitteilung von E. LEMÉTAYER und DIETRICH (1936) gedacht. Diese Autoren untersuchten das Serum der Pferde eines relativ isolierten Gestütes in Tiaret (Algier) und konnten in keinem Falle auch nur eine Spur von Antitoxin nachweisen, obwohl die 40 untersuchten Tiere Altersklassen angehörten (5 bis 20 Jahre), in welchen ein gewisser Prozentsatz positiver Resultate zu erwarten war. Unter 33 Kontrollsera von Pferden, welche in derselben Gegend, aber nicht im Gestüt lebten, enthielten ebenfalls nur 5 meßbare Mengen Antitoxin (0,03 bis 0,1 A.-E.), also in einem weit geringeren Prozentsatz, als ihn RAMON und LEMÉTAYER bei den Militärpferden in Frankreich und A. T. GLENNY in England festgestellt hatten. Die Zahl der Untersuchungen war aber klein und die Antitoxinbestimmungen wurden nur einmal vorgenommen, so daß es fraglich ist, ob nicht der Zufall mitgespielt hat. GLENNY hatte ja konstatiert, daß der Titer des natürlichen Diphtherieantitoxins im Serum der Pferde stark schwankt (s. S. 160). Auch wurde für das natürliche Diphtherieantitoxin im Serum des Menschen die Möglichkeit der Ausscheidung durch den Schweiß und Urin nachgewiesen [J. M. NEILL, E. L. GASPARI und R. A. MOSLEY (1931), NEILL, GASPARI, MOSLEY und J. Y. SUGG (1931)], so daß LEMÉTAYER und DIETRICH vielleicht mit ihrer Vermutung Recht haben könnten, daß die Lebensweise der Pferde in Algier irgendwie mit den spärlichen Antitoxinbefunden zusammenhängt.

Affen. Im Serum bestimmter Affenarten (Cynocephalen, Hamadryas) konnten G. RAMON und B. ERBER (1935) häufig einen Antitoxingehalt nachweisen, welcher gleich oder zum Teil erheblich größer war als 1/30 A.-E.; unter 139 untersuchten Cynocephalen gaben nicht weniger als 64% einen positiven Befund in dem angegebenen quantitativen Ausmaß. Auch hier wurde wieder konstatiert, daß der Antitoxingehalt mit dem Alter der Tiere zunahm und, was ausdrücklich hervorgehoben wird, *daß die positiven Resultate sowohl bei frisch gefangenen Affen wie bei Tieren erhoben werden konnten, welche schon längere Zeit in der Gefangenschaft gelebt und mit Menschen in Kontakt gestanden hatten.* Wie schon angedeutet, verhielten sich verschiedene Affenarten verschieden. Von 17 Hamadryassera enthielten 9 mehr als 1/10 A.-E., 13 Macacus cynomolgus und 2 Macacus rhesus lieferten Sera, in welchen mit der angewendeten Technik überhaupt kein Antitoxin nachweisbar war, und unter 12 Sera von Schimpansen überschritt keines die Grenze von 1/30 A.-E., welche man als maßgebend für den Umschlag des positiven in den negativen Schick-Test anzusehen pflegt; eines der Sera, welches sich bei *wiederholten Untersuchungen* des Tieres als völlig antitoxinfrei erwiesen hatte, stammte von einem Schimpansen, welcher mehr als 2 Jahre im Institut Pasteur gefangengehalten worden war. Es war sonach klar, daß der Antitoxingehalt des Blutes durch die Artzugehörigkeit der Affen, innerhalb der antitoxinbildenden Arten durch ihr Alter und nicht durch ihre Berührungen mit Menschen bestimmt wurde; alles sprach also für die physiologische, von dem spezifischen Reiz einer Infektion unabhängige Entstehung dieser antitoxischen Antikörper. Gerade das Gegenteil wurde jedoch von RAMON und ERBER angenommen. Es wurden nämlich von 30 Cynocephalen, welche keine Zeichen irgendeiner Erkrankung boten, Rachenabstriche entnommen und bakteriologisch untersucht. In *zwei* Proben konnten Stäbchen gefunden werden, welche morphologisch, durch ihre Pathogenität für normale und ihre Apathogenität für spezifisch geschützte Meerschweinchen sowie durch ihre Fähigkeit, in Bouillon ein schwach wirksames Toxin (Dos. let. zirka 0,1 cm^3) zu bilden, den Charakteren des C. diphtheriae, bzw. den Varianten von geringerer Pathogenität entsprachen; in allen anderen Proben konnten nur zahlreiche „diphtherieähnliche“ Keime festgestellt werden. Im Serum der beiden Cynocephalen mit dem erwünschten bakteriologischen Befund war Antitoxin (0,01 A.-E.) nachweisbar. Da Makaken nach den Untersuchungen von RAMON und ERBER kein Antitoxin in ihrem Blute haben, wurde eine kleinere Zahl von Rachenabstrichen von Macacus cynomolgus auf das Vorhandensein von Diphtheriebazillen untersucht; in 3 von 15 Proben fand sich zwar ein diphtherieähnliches, für Meerschweinchen pathogenes Stäbchen, dessen Toxizität jedoch durch Diphtherieantitoxin nicht neutralisiert werden konnte, so daß diese Befunde als negativ[1] — im Sinne der Fragestellung — bewertet wurden. G. RAMON (1936) hielt diese Untersuchungsergebnisse, die hier nicht ohne Absicht mit ungewöhnlicher Ausführlichkeit wiedergegeben wurden, für ausreichend, um seine Auffassung in folgender Form zu präzisieren: „*So koinzidiert also, auch bei den Affen, das Vorhandensein oder das Fehlen des Diphtherieantitoxins mit dem Bestehen oder Nichtbestehen einer Diphtherieinfektion.*" Diese Behauptung steht jedoch in krassem Mißverhältnis zum experimentellen Tatbestand. Auch wenn man zugibt, daß die aus zwei Rachenabstrichen von gesunden Cynocephalen isolierten Stämme typische toxigene Diphtheriebazillen waren, darf man diese Befunde nicht dahin erweitern, daß alle Cynocephalus- und Hamadryasaffen, welche größere Mengen Antitoxin in ihrem Blute haben, Diphtheriebazillen auf ihrer Rachenschleimhaut beherbergen, und zwar nicht nur dann, wenn sie Kontaktinfektionen ausgesetzt worden waren, sondern auch, wenn sie in Freiheit leben. Selbst in den zwei Fällen, in welchen Antitoxingehalt des Blutes und Trägertum zusammenfielen, war der kausale Konnex unklar. Der Zeitpunkt der latenten Infektion war unbekannt und es wäre daher willkürlich, anzunehmen, daß der festgestellte Antitoxintiter eine Folge der Infektion war. RAMON und ERBER betonen, daß Cynocephalusaffen auf die subkutane Injektion von lebenden Diphtheriebazillen nur mit lokalen und unbedeutenden allgemeinen Symptomen reagieren, daß aber durch solche Eingriffe die Produktion von Antitoxin, bzw. eine

[1] H. DOLD und F. WEIGMANN (1935 b) konnten aus dem Rachen und der Nase von dreizehn gesunden Affen (Macacus und Cercopithecus) teils typische, teils atypische, aber für Meerschweinchen pathogene diphtheroide Stäbchen züchten. Der Obduktionsbefund bei den durch Subkutaninjektion einer Öse Agarkultur innerhalb von 1 bis 4 Tagen getöteten Meerschweinchen war mit den Veränderungen nach Injektionen echter Diphtheriebazillen identisch; eine Neutralisierung der Pathogenität durch Diphtherieantitoxin wurde nicht versucht. Antitoxin konnte im Serum der Affen nachgewiesen werden, aber in sehr geringer Konzentration, meist weniger als 0,01 und nur in wenigen Fällen knapp 0,02 A.-E. DOLD und WEIGMANN (s. auch 1935 a, c) nahmen an, daß es sich bei allen Affen um Infektionen durch echte Diphtheriebazillen gehandelt habe, deren zum Teil atypische Eigenschaften durch die Einwirkung des Speichels auf die typischen Formen verursacht wurden. RAMON und ERBER vermuteten jedoch, daß die von DOLD und WEIGMANN kultivierten Bakterien keine Diphtheriebazillen waren, sondern dem Bac. PREISZ-NOCARD verwandt gewesen sein dürften, ebenso wie die von ihnen selbst bei Makaken gefundenen Stämme.

Steigerung des schon früher vorhandenen Antitoxintiters verursacht wird; sie sehen darin einen weiteren Beweis, daß das natürliche Antitoxin beim Affen infolge einer latenten Infektion entsteht. Das ist indes unrichtig. Alle Kaninchen haben im normalen Zustande Hammelhämolysine im Serum; injiziert man ihnen Hammelerythrocyten, so steigt der Titer dieser Lysine bis zu hohen Titerwerten. Die Isoagglutinine des Menschen, die Paradigmata der physiologischen Antikörper, können durch die immunisierende Wirkung von Transfusionen mit inkompatiblem Blut auf ein hohes, unter natürlichen Verhältnissen nicht beobachtetes Niveau emporgetrieben werden usf. Es hat mit anderen Worten als allgemeine Regel zu gelten, daß die Produktion jedes natürlichen Antikörpers durch Immunisierung mit dem Antigen, welches ihm entspricht, beträchtlich gesteigert werden kann; doch folgt daraus, wie aus dem Beispiel der Isoagglutinine erhellt, nicht, daß der natürliche Antikörper auf dieselbe Art entsteht, wie der gleichartig wirkende immunisatorisch erzeugte, nämlich als Reaktion auf einen spezifischen Antigenreiz. Ob ein Antikörper, welcher mit einer gewissen Regelmäßigkeit im Serum einer Tierart nachweisbar ist, als natürliches oder immunisatorisch provoziertes Immunglobulin zu betrachten ist, kann daher nur so entschieden werden, daß man die Einwirkung des korrespondierenden Antigens mit Sicherheit oder zureichender Wahrscheinlichkeit ausschließt oder feststellt. Daß für den Gehalt des Serums gewisser Affenarten an Diphtherieantitoxin die erste Möglichkeit nicht in Betracht kommt und die zweite als gesichert anzusehen ist, kann aus den von Ramon und Erber vorgebrachten Argumenten nicht geschlossen werden.

Andere Tierarten. Offenbar würde das Problem des natürlichen Diphtherieantitoxins eindeutiger werden, wenn Tierarten ausfindig gemacht werden könnten, welche Antitoxin im Serum besitzen und für die Infektion mit Diphtheriebazillen völlig unempfänglich sind. Soweit ich mich hierüber informieren konnte, scheint hierüber fast nichts bekannt zu sein, obwohl in den ersten Perioden der Erzeugung von Diphtherieheilserum verschiedene Tiere (Kaninchen, Hammel, Hunde, Ziegen) mit Diphtherietoxin immunisiert wurden. Bei E. Wernicke und H. Schmidt (1928, S. 566) findet sich die Notiz: „Bei Pferden, Rindern und Schafen ist es, besonders bei Pferden, eine alte Erfahrung, daß sich Tiere mit natürlichem Antitoxingehalt besonders gut zur Immunisierung eignen" und weiter heißt es: „Über spontane Diphtherieerkrankung von Rindern, Schafen und Ziegen ist nichts bekannt." Die Angaben sind natürlich zu unbestimmt, um daraus Schlüsse zu ziehen. Auf die gleichzeitige Anwesenheit von Diphtherieantitoxin und anderen antitoxischen Antikörpern im normalen Pferdeserum [Ramon, Richou, Nicol und Lupu (1936)] werden wir im Zusammenhang mit anderen analogen Beobachtungen an anderer Stelle zurückkommen.

β) Menschensera.

Im gleichen Jahre, in welchem ROUX und MARTIN auf das Vorhandensein von Diphtherieantitoxin im Serum von nicht immunisierten Pferden aufmerksam gemacht hatten, erschien die erste Mitteilung von R. ABEL (1894) über identische Befunde im Serum gesunder Menschen. Die Angaben ABELS wurden alsbald von A. WASSERMANN (1895), W. ORLOWSKI (1895), J. LOOS (1896), R. FISCHL und v. WUNSCHHEIM (1895), P. RÖMER und T. SAMOS (1909) u. a. bestätigt, und es tauchten auch sofort Differenzen der Auffassung über den Ursprung dieser natürlichen Antitoxine auf. WASSERMANN (1895) nahm an, daß sie auf eine Immunisierung durch vorausgegangene Diphtherieerkrankungen zurückzuführen sind, während ORLOWSKI diese Ansicht als nicht erwiesen bezeichnete, da er das Antitoxin wohl bei einem Rekonvaleszenten nach Diphtherie, aber auch im Serum von 5 Kindern fand, die angeblich noch nie an Diphtherie erkrankt waren. Die Voraussetzung, von welcher WASSERMANN ausging, war offenbar, *daß die Erkrankung an Diphtherie beim Menschen zur Produktion von Antitoxin führen muß*. Das ist jedoch nicht richtig. W. H. PARK und A. ZINGHER berichteten schon 1916, daß Kinder mit einer positiven Schick-Reaktion, wenn sie eine milde akute Erkrankung durchmachen, ihre positive Reaktion während der ganzen Dauer derselben sowie auch in der Rekonvaleszenz beibehalten, und zwar nicht ausnahmsweise, sondern in einer relativ großen Zahl von Fällen. Das Ausbleiben der Antitoxinbildung nach Erkrankungen wurde später mit exakteren Methoden durch Untersuchungen an Kindern, welche nicht mit Heilserum behandelt worden waren, von FR. HAMBURGER und HAIDVOGEL (1927), J. SIEGL (1929), FR. HAMBURGER und SIEGL (192) und von E. MADSEN (1939) bestätigt. Die 26 Diphtheriefälle, bei welchen MADSEN den Antitoxintiter während und nach der Erkrankung bestimmte, waren nicht mit Serum behandelt worden und nahmen durchwegs einen leichten Verlauf. Die Antitoxinbildung bewegte sich aber innerhalb weiter Grenzen, wie die Zusammenstellung in Tab. 15 zeigt, in welche nur

Tab. 15. Antitoxinanstieg im Verlaufe milder Diphtherieerkrankungen (nach E. MADSEN).

Nr. des Falles	1. Antitoxinbestimmung (Krankheitstag)	Antitoxintiter pro cm³ Serum	
		im Beginne	in den späteren Stadien
14	3.	0,00009 A.-E.	0,11 A.-E.
1	1.	0,0002 „ „	0,013 „ „
2	3.	0,006 „ „	25,0 „ „
28	1.	0,10 „ „	0,10 „ „
3	1.	0,44 „ „	22,0 „ „

jene Fälle aufgenommen wurden, bei welchen die erste Antitoxinbestimmung schon in den ersten Krankheitstagen stattfand.

Im Falle Nr. 28 und 12 anderen (nicht in die Tabelle aufgenommenen) Fällen war eine Neuproduktion von Antitoxin überhaupt nicht nachzuweisen, im Falle Nr. 1 war sie unbedeutend, in den Fällen 2 und 3 beträchtlich. Die Schwere der Erkrankung hatte keine Rolle gespielt. Dagegen konstatierte MADSEN, daß der Antikörperanstieg bei 3 Patienten, die schon im Beginne der Erkrankung relativ viel Antitoxin im Blute hatten, weit stärker war als bei 3 anderen Kranken mit niedrigem initialem Antitoxinspiegel; doch war die Zahl der Beobachtungen zu klein, um ein Urteil über die Gesetzmäßigkeit dieses Verhaltens abgeben zu können (vgl. hiezu Tab. 15 und S. 160). Ferner konnten F. HAMBURGER und HAIDVOGEL (1927) feststellen, daß Kinder mit positivem SCHICK-Test längere Zeit pathogene, d. h. toxigene Diphtheriebazillen im Nasenrachenraum beherbergen können, ohne an Diphtherie zu erkranken und ohne daß der SCHICK-Test negativ wird.

Diese Beobachtungen scheinen in Widerspruch mit der Sicherheit zu stehen, mit welcher man bei verschiedenen Tieren durch Immunisierung mit Diphtherietoxin und beim Menschen durch die Impfung mit Diphtherietoxoid die Antitoxinproduktion auszulösen vermag. Wenn man aber mit Toxin oder Toxoid immunisiert, kennt man die Dosierung sowie den Rhythmus der Antigenzufuhr und die Aufnahme in den Kreislauf steht außer Zweifel. Dagegen weiß man nicht, wieviel toxisches Antigen Diphtheriebazillen, die auf der Rachenschleimhaut des Menschen wuchern, abgeben und in welchem Tempo und quantitativem Ausmaß die Resorption erfolgt. *Groß sind die an der Ansiedelungsstätte gebildeten und resorbierten Toxinmengen bei der durchschnittlichen Verlaufsform der Diphtherie zweifellos nicht.* Die letale Toxindosis für ein Kind ist nach den verwertbaren Angaben wahrscheinlich etwas kleiner als 10 tödliche Minimaldosen für ein Meerschweinchen. Anderseits weiß man seit langem, daß der Tod von Meerschweinchen, welchen man nur wenige tödliche Dosen Toxin eingespritzt hat, durch die nachträgliche Zufuhr von Antitoxin nur verhindert werden kann, wenn kurze Zeit nach der Toxininjektion verstrichen ist, und daß man nach Ablauf von 2 bis 3 Stunden das Leben der Tiere auch durch die größten Antitoxinmengen nicht mehr zu retten vermag. Wenn nun klinisch milde Fälle von Diphtherie durch Heilserum prompt geheilt werden können, muß man wohl mit J. HOWARD MUELLER (1941) schließen, daß die resorbierten Toxinmengen außerordentlich klein sind, wahrscheinlich, weil die Diphtheriebazillen unter den Bedingungen, unter welchen sie sich auf der Rachenschleimhaut und im auflagernden Exsudat vermehren, nur wenig Gift bilden können oder weil wenig unverändertes Toxin resorbiert wird.

Immunisatorisch erzeugte Antikörper bleiben nicht auf der Höhe, welche sie nach einmaliger oder wiederholter Antigenzufuhr erreichen, sondern schwinden allmählich und schließlich völlig aus der Blutbahn, wenn die Antigenimpulse nicht erneuert werden. Es gibt, wie an anderer Stelle erörtert wurde, Ausnahmen von dieser Regel (Antikörper gegen Masern- oder Gelbfiebervirus), aber das Diphtherieantitoxin gehört, wie man weiß, nicht dazu. A. F. GLENNY und H. J. SÜDMERSEN (1921) konstatierten, daß ein vorher noch nicht behandeltes Pferd auf eine Erstinjektion von Diphtherietoxin sehr träge reagiert, indem erst nach 3 Wochen eine Zunahme des Antitoxins im Serum nachweisbar ist, und daß das Maximum erst 2 Monate nach der Toxininjektion erreicht wird; injiziert man die gleiche Dosis einem bereits vorbehandelten Pferd, so beträgt die Inkubation des Antitoxinanstieges nur 3 Tage und der maximale Titer kann hundertmal größer sein als nach einer Erstinjektion, aber so steil wie der Anstieg ist auch dann der Absturz, wie dies in Abb. 10 deutlich zum Ausdruck kommt. Dementsprechend liegen Beobachtungen vor, daß das Antitoxin, wenn es im Serum des Rekonvaleszenten nach Diphtherie im Serum auftritt, nach relativ kurzer Zeit wieder aus der Zirkulation verschwindet, nach den Erfahrungen von B. SCHICK (1911) nach etwa 12 bis 14 Monaten. *Auch das Antitoxin, das sich nach aktiven Schutzimpfungen mit Formoltoxoid bildet, ist nicht unbegrenzt im Serum haltbar.* Bekanntlich wird die SCHICKsche Probe, wenn sie vor der Impfung positiv war, nach der Impfung negativ; sie bleibt aber nicht immer andauernd negativ, sondern wird bei einem gewissen Prozentsatz der Impflinge, der von Jahr zu Jahr größer wird, wieder positiv, eine Erscheinung, die man mit dem komischen Namen „SCHICK-Rückfälle" (engl. SCHICK-Relapses) bezeichnet hat. Bei Kindern, welche in Kanada mit 3 Dosen Formoltoxoid geimpft und in der Folge Diphtherieinfektionen nicht ausgesetzt waren, stellten D. T. FRASER und K. F. BRANDON (1936) nach Ablauf von 5 Jahren 34% mit positiv gewordenem SCHICK-Test fest. Ungünstigere Resultate hatte J. SIGURJÓNSSON (1940) in Reykjavik (Island) zu verzeichnen. Von 867 mit Alauntoxoid zweimal geimpften Kindern gaben 8 Monate nach der Impfung 95,4%, 4 Jahre später aber nur 66,3% negative SCHICK-Reaktionen, und nach einer zweimaligen Impfung mit flüssigem Formoltoxoid (RAMONsches Anatoxin) wurden

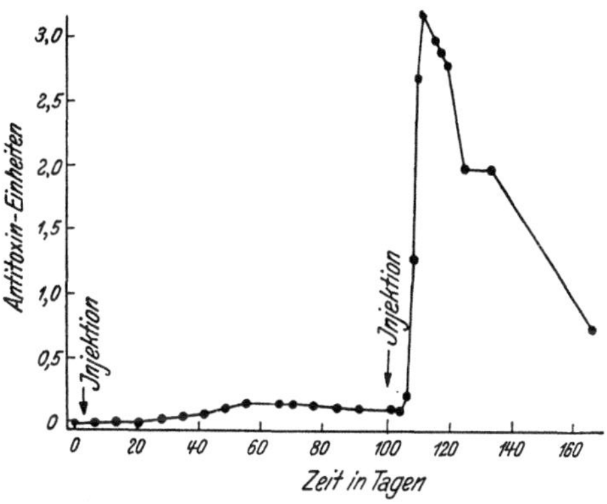

Abb. 10. Antitoxinproduktion beim Pferde: Unterschied der Wirkung der ersten und zweiten Toxininjektion; steiler Abfall des Antitoxintiters nach erreichtem Maximum (nach GLENNY und SÜDERMERSEN).

80,7 % Schick-negativ, nach 4 Jahren war aber diese Zahl auf 26,12 % abgesunken. H. J. PARISH und C. C. OKELL (1928) berichteten allerdings, daß von 533 Schulkindern, welche einen negativen SCHICK-Test gaben und im Verlaufe von 1 bis 7 Jahren *wiederholt* dieser Probe unterworfen wurden, nur 1,1 % positiv wurde; aber bei 440 Kindern, bei welchen die ursprünglich positive Reaktion erst infolge der Schutzimpfung negativ geworden war, betrug die Anzahl der „Rückfälle" 5 %. Es liegt noch eine Reihe anderer analoger Mitteilungen vor, so von A. B. SCHWARTZ und F. R. JANNEY (1938), V. K. VOLK und W. E. BUNNEY (1942), H. L. DUKE und W. B. SCOTT (1943) u. a., welche in dem bekannten Werk von W. W. C. TOPLEY und WILSON (1946, S. 1395) zu dem allgemeinen Urteil zusammengefaßt werden, daß man bei Kindern, die mit 2 Dosen eines erprobten Impfstoffes geimpft wurden, damit zu rechnen hat, daß die „SCHICK-Rückfälle" 5 % per Jahr nicht übersteigen. Tatsächlich hat man aber das allmähliche Verschwinden des Antitoxins, welches nach Schutzimpfungen auftritt, durch solche Erhebungen nicht exakt festgestellt und konnte es auch nicht feststellen. Die SCHICKsche Probe soll ja nur darüber Auskunft geben, ob im Blute des Probanden eine bestimmte Antitoxinkonzentration vorhanden ist oder nicht, läuft also lediglich auf die Feststellung eines Schwellenwertes hinaus. Es hat sich aber gezeigt, daß sie auch diesen Zweck nur in sehr unvollkommener Weise erfüllt. Die ursprüngliche Annahme von J. MICHIELS und B. SCHICK (1913) [s. auch B. SCHICK (1913)], daß eine negative Reaktion einen Antitoxingehalt von mehr als 0,03 A.-E. im Serum (= 0,02 A.-E. im Blute) anzeigt, und eine positive Reaktion einen Antitoxinspiegel, welcher unterhalb dieses Wertes liegt, mußte nämlich auf Grund zahlreicher Kontrollversuche [F. FARAGÓ (1930), CL. JENSEN (1931, 1932), CH. N. LEACH und G. PÖCH (1935 a, b), TH. REH (1935), A. HOTTINGER (1935, 1936), K. F. BRANDON und D. F. FRASER (1936), A. W. DOWNIE und Mitarbeiter (1941), R. REGAMEY (1943), REGAMEY und E. NOVEL (1943) u. a.] als unhaltbar aufgegeben werden. Es wurden negative Reaktionen bei einem sehr niedrigen Antitoxingehalt (< 0,001 A.-E.) registriert und anderseits, wenn auch seltener, positive bei einem Serumtiter von 0,01 bis 0,03 A.-E. und mehr.

Es ist aber nicht bloß dieser Umstand, welcher die SCHICKsche Probe als ungeeignet erscheinen läßt, den Abbau von aktiv produziertem Antitoxin zu verfolgen. Eine negative SCHICK-Reaktion kann durch verschiedene *unspezifische* Reize in eine positive verwandelt werden und einige Zeit nach dem Aussetzen des Reizes wird eine gegensinnige Änderung der Reaktionsfähigkeit beobachtet. Anstrengungen (weite Märsche, militärischer Drill), plötzliche Änderungen der Lebensweise oder der Ernährung (Vitaminmangel), starkes und anhaltendes Schwitzen, Injektionen von normalem (kein Antitoxin enthaltendem) Pferdeserum usw. sind imstande, das Umschlagen der negativen SCHICK-Probe in ein einwandfrei positives Ergebnis herbeizuführen [NEILL und Mitarbeiter (s. S. 162), S. I. ZLATOGOROFF und S. A. KOSTEREFF (1931), P. FEUILLE, THIRY und BLANCARDI (1934), F. H. LORENTZ (1933), A. HOTTINGER und E. LORENZ (1932), A. HOTTINGER (1936)].

Ein prinzipieller und nicht eliminierbarer Nachteil der SCHICKschen Probe besteht aber darin, daß sie am gleichen Individuum nicht zwei- oder gar mehrmals — wie in den Untersuchungen von H. J. PARISH und C. C. OKELL (1928) — wiederholt werden darf, wenn man nicht Gefahr laufen will, zu einem unrichtigen Urteil über die Persistenz des aktiv produzierten Antitoxins im Serum zu gelangen. Man injiziert bei dieser Probe Toxin, d. h. Antigen intrakutan, welches die Antikörperproduktion wieder in Gang bringen kann, um so mehr, als es auf einen bereits spezifisch vorbehandelten Organismus einwirkt. Auf diese Fehlerquelle wies H. OPITZ (1927) hin und berichtete über eigene Erfahrungen, aus welchen hervorgeht, daß schon eine einmalige Wiederholung der SCHICKschen Probe die positive in eine negative Reaktivität verwandeln kann. Diese Fehlerquelle wird vermieden, wenn man die Antitoxinkonzentration im Blute *direkt* bestimmt, was außerdem den Vorteil bietet, daß man sich von den Ungenauigkeiten der indirekten Antitoxinbestimmung durch den SCHICK-Test freimacht; Blutproben können wiederholt entnommen werden, ohne daß dadurch das Antitoxinniveau beeinflußt wird. Solche Untersuchungen wurden u. a. von CL. JENSEN (1931, S. 528 und 532) ausgeführt. In einer derartigen Versuchsserie erhielten 23 Kinder im Alter von 3 bis 8 Jahren eine Injektion von 1 cm³ eines gereinigten und konzentrierten Formoltoxoids in die Subscapulargegend. Unmittelbar vor und 15 Tage sowie 12 Monate nach

Tab. 16. Antitoxinkonzentrationen im Serum von Kindern vor und nach einer einmaligen Injektion von Formoltoxoid (nach CL. JENSEN, 1931).

Alter der Impflinge	Antitoxin-Einheiten im Serum		
	vor der Injektion	15 Tage nach der Injektion	12 Monate nach der Injektion
7 Jahre	0,022	75	2,5
8 ,,	0,024	45	0,45
6 ,,	ca. 0,00035	20	1,9
8 ,,	0,45	9	0,13
6 ,,	ca. 0,00007	3,2	0,082
5 ,,	< 0,00005	0,91	0,04
8 ,,	< 0,00005	0,0063	0,0008
6 ,,	< 0,00005	0,004	0,0016
5 ,,	< 0,00005	0,0007	0,0013
6 ,,	< 0,00005	0,0063	0,0025

dieser Injektion wurde der Antitoxingehalt des Serums quantitativ bestimmt. Es seien hier nur einige Daten reproduziert, aus welchen das zu entnehmen ist, worauf es hier ankommt.

In anderen Fällen wurde die Titrierung des Antitoxins im Serum der mit Formoltoxoid inokulierten Kinder öfter und in kürzeren Zeitintervallen vorgenommen, worüber JENSEN zwei Belege (a. a. O., S. 534) publiziert hat, die hier ebenfalls, soweit sie die tatsächlichen Ergebnisse betreffen, wiedergegeben werden:

Tab. 17. Wiederholte Bestimmungen der A.-E. im Serum von Kindern in gestaffelten Intervallen nach einer Injektion von Formoltoxoid (nach CL. JENSEN, 1931).

Tage nach der Injektion	1. Fall (Kind v. 4 Jahren)	2. Fall (Kind v. 6 Jahren)
5	20 A.-E.	0,60 A.-E.
42	9,6 „ „	0,24 „ „
78	6,3 „ „	0,13 „ „
190	2,9 „ „	0,07 „ „
355	1,9 „ „	0,04 „ „

Aus diesen Tabellen ergibt sich: Erstens, daß der kurz nach der Injektion von Formoltoxoid erreichte maximale Titer des Antitoxins nur kurze Zeit besteht und alsbald kontinuierlich auf niedrigere Werte absinkt; zweitens, daß in der Regel Individuen, welche schon vor der Injektion des antigenen Toxoids nennenswerte Antitoxinmengen im Blute hatten, höhere Antitoxinmaxima erreichten, als solche, bei denen das nicht der Fall war (s. S. 166); dies entspricht der Erfahrung, daß Tiere, in deren Serum schon unter normalen Verhältnissen ein bestimmter Antikörper vorhanden ist, auf den Reiz des korrespondierenden Antigens besonders prompt und ausgiebig mit der Produktion von Immunglobulin reagieren, eine Erfahrung, die man auch bei der Immunisierung von Pferden mit Diphtherietoxin gemacht hat (s. S. 160); drittens, daß der Antitoxintiter bei einigen der geimpften Kinder 12 Monate nach der Toxoidinjektion auf Werte abgesunken war, die man auch bei Individuen feststellen kann, welche nie eine Injektion von Diphtherietoxoid erhalten haben. CL. JENSEN schließt aus extrapolierten Kurven, in welchen das Absinken des Antitoxins graphisch dargestellt wurde, daß solche niedrige Werte Nachwirkungen der Antigeninjektionen sind und daß es unter Umständen 30 bis 65 Jahre dauern kann, bevor der Titer des Antitoxins auf 0,05 A.-E. gefallen ist. Wann dieser Wert unterschritten wird, soll nach JENSEN nur von der maximalen Antitoxinkonzentration abhängen, welche der Proband infolge der Antigeninjektion erreicht, in dem hohe initiale Maxima (20 bis 100 A.-E.) eine jahrelange Persistenz verbürgen, während nach niedrigen Maxima (0,02 bis 3,2 A.-E.) nur mit Monaten zu rechnen sei. Es ist aber wahrscheinlich, daß sich die Dinge so verhalten wie bei den Isoagglutininen (s. S. 102). Injiziert man einem

Menschen der Blutgruppe B α die A-Substanz, so steigt der Titer des α-Agglutinins rasch auf ein hohes Niveau und sinkt dann wieder allmählich ab; er wird aber nicht gleich Null, d. h. es ist unmöglich, auf diese Weise ein Individuum B α in B θ zu verwandeln, weil die auf erblicher Grundlage beruhende und beständige α-Produktion bestehen bleibt und nach Ablauf des künstlich angewendeten Reizes auf das physiologisch fixierte Ausmaß zurückkehrt.

Genau so wie beim Pferd und bei gewissen Affenarten sind somit auch beim Menschen Gründe vorhanden, welche die Annahme der Existenz von natürlichen, d. h. ohne spezifischen Antigenreiz entstehendem Diphtherieantitoxin rechtfertigen, wenn man objektiv an die Interpretation der Beobachtungen herangeht. Die objektive Beurteilung wird aber bei vielen Autoren, welche zu diesem Problem Stellung genommen haben, dadurch beeinträchtigt, daß man die Antitoxinbefunde im Blute gesunder Personen, welche nachweislich nie an Diphtherie erkrankt waren, in die Lehre vom rein antitoxischen Charakter der Diphtherieimmunität und in die hiervon abhängigen Werturteile über die antitoxischen Schutzimpfungen einzuordnen und ihnen zu unterstellen trachtet. Das ist natürlich nur dann konsequent durchführbar, wenn man die mit dem Alter kontinuierlich absinkende Disposition für die Erkrankung an Diphtherie mit dem Ansteigen des Antitoxingehaltes im Blute in kausale Beziehung bringt und beide als Auswirkung einer Massendurchseuchung der Bevölkerungen durch antitoxinproduzierende Infektionen betrachtet; da manifeste Infektionen, d. h. Erkrankungen an Diphtherie, nicht in Betracht kommen, bleiben via exclusionis nur die latenten Infektionen, und zwar nur die *gesunden Bazillenträger* (die "healthy carriers" der engl. Terminologie), übrig. Die Dauerausscheider ("convalescent carriers") fallen weg, da sich bei ihnen das Trägertum an eine vorausgegangene Erkrankung anschließt und sie daher in der Frequenz der Erkrankungen inbegriffen sind. Vergleicht man die Abb. 12, welche die Häufigkeit der Diphtherieerkrankungen als Funktion des Lebensalters wiedergibt, mit Abb. 11, in welcher die Altersverteilung der Schick-positiven Individuen in drei verschiedenen Beobachtungsgruppen graphisch dargestellt ist, so deckt sich, soweit als dies überhaupt bei solchen statistischen Erhebungen erwartet werden darf, der Verlauf der Kurven fast vollständig. Diese Übereinstimmung beruht aber nicht darauf, daß der Antitoxinspiegel mit zunehmendem Alter kontinuierlich ansteigt. Es wächst bloß die Zahl der Individuen, welche auf die SCHICKsche Probe negativ reagieren, und diese Erscheinung ist, abgesehen von unspezifischen Faktoren, nur davon abhängig, daß ein gewisser Schwellenwert des Antitoxins erreicht wird, was aber wieder nur für den Durchschnitt gilt, da man Schick-negative Menschen mit niedrigen Antitoxinwerten oft genug beobachtet hat [CL. JENSEN (1933),

H. J. PARISH und J. WRIGHT (1938); vgl. auch S. 168]. De facto ist der durch bloßes Altern bedingte Antitoxinspiegel im Serum nicht hoch. C. P. BUNCH, R. C. MORROW, J. R. TIMMONS und D. F. SMITH (1940)

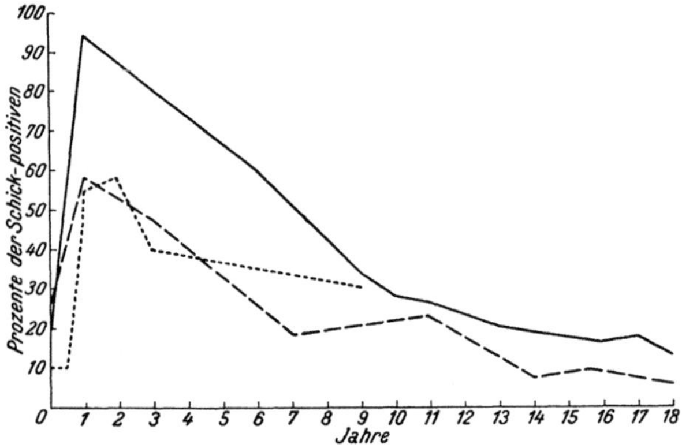

Abb. 11. Altersverteilung der Schick-positiven Individuen. Die ausgezogene Linie gilt für New York, nach Untersuchungen von PARK und ZINGHER und B. SCHICK an 154976 Kindern; die gestrichelte Linie umfaßt 1062 Probanden der Wiener Bevölkerung (v. GROER und KASSOWITZ); die punktierte gibt die Resultate von 314 italienischen Kindern wieder (BACCIECHETTI). Etwas vereinfacht wiedergegeben nach A. HOTTINGER und E. LORENZ (1932 b).

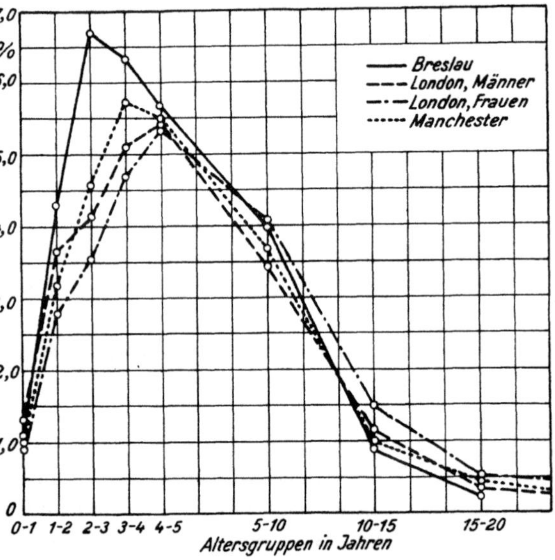

Abb. 12. Die Ordinaten geben die Häufigkeit der Diphtherie als Funktion des Lebensalters an, und zwar in Prozenten der Gesamtmorbidität an Diphtherie. Verwertet sind im Diagramm 3 Statistiken: 1. von *Breslau* (6394 Fälle in den Jahren 1886–1890); 2. von *Manchester* (946 Fälle in den Jahren 1911—1912) und 3. von *London* (9389 männliche und 10581 weibliche Fälle in den Jahren 1910—1912). Die Abbildung ist dem vom *Medical Research Council* herausgegebenen Werk „*Diphtheria*“ (1923) entlehnt.

stellten bei 20 Erwachsenen (Studenten der Medizin), welche auf den SCHICK-Test negativ reagierten, einen Antitoxintiter des Serums fest, der nicht einmal 0,03 A.-E. erreichte, und C. C. YOUNG, W. E. BUNNEY, M. CROOKS, G. D. CUMMINGS und F. C. FORSBECK (1934) fanden, daß der Prozentsatz der Schick-negativen Fälle mit zunehmendem Alter schneller steigt als die Zahl der Fälle, in denen eine Konzentration von 0,03 A.-E. vorhanden ist oder gar überschritten wird. Werte von 4 bis 8 A.-E., wie sie von J. M. NEILL, GASPARI, MOSLEY und SUGG (1931) bei 3 erwachsenen Personen gefunden wurden, welche sich nie einer Schutzimpfung unterzogen hatten, gehören jedenfalls zu den Raritäten, wobei noch zu bedenken wäre, daß es außer den absichtlichen Immunisierungen auch noch andere spezifisch immunisierende Ereignisse gibt, die sich anamnestisch nicht immer sicher ausschließen lassen. Nun ist es ein seit den grundlegenden Arbeiten von R. J. COLE (1904), E. v. DUNGERN (1903) und P. EHRLICH anerkanntes Gesetz, daß die Antikörperproduktion durch wiederholte Antigenzufuhr gesteigert wird, und daß das Diphtherieantitoxin keine Ausnahme macht, wissen alle Institute, welche sich mit der Herstellung hochwertiger Diphtherieheilsera befassen [s. u. a. R. KRETZ (1909), TH. MADSEN (1909), E. WERNICKE und H. SCHMIDT (1928), A. T. GLENNY und H. J. SÜDMERSEN (1921); vgl. hiezu auch Abb. 10]. Wenn also die Annahme richtig wäre, daß die Schick-negativen Individuen mit dem Alter zunehmen, weil wiederholte latente Infektionen ein Absinken des Antitoxinspiegels auf Null verhindern, sollte man erwarten, daß der Antitoxinspiegel im Blute mit dem Alter durchschnittlich auf ein hohes Niveau gehoben wird. Das ist jedoch, wie oben ausgeführt wurde, nicht der Fall, und die durchschnittlich niedrigen Antitoxinkonzentrationen im Serum von erwachsenen und älteren Menschen können auch nicht darauf beruhen, daß der alternde Mensch die Fähigkeit verliert, dieses Immunglobulin zu synthetisieren, da man nach Immunisierungen von erwachsenen Menschen mit Diphtherietoxoid ziemlich häufig Antitoxinwerte von 1 bis 6 A.-E. und mehr feststellen kann [BUNCH, MORROW, TIMMONS und SMITH (1940)]. Man gewinnt daher den Eindruck, *daß die Zunahme der Schick-negativen Individuen mit dem Alter sowie eine damit einhergehende, aber nicht konkordante, relativ geringe Zunahme des Antitoxins im Blutserum eigengesetzliche Vorgänge sind, welche unabhängig von exogenen Reizen ablaufen.* G. C. GUTHRIE, B. C. MARSHALL und W. L. MOSS (1920) impften zwar 8 Freiwillige, welche sich zu einem solchen Versuch hergegeben hatten und von welchen 4 auf die SCHICK-Probe positiv, 4 negativ oder mit Pseudorektionen reagierten, mit einer virulenten, bzw. toxigenen Kultur von Diphtheriebazillen im Rachen und konstatierten, daß nur die Schick-positiven an Diphtherie erkrankten, während die 4 negativen Versuchspersonen, von denen 3 zu Trägern wurden, gesund blieben. Aber diese vielzitierten Versuche beweisen nicht, daß die 4 Schick-negativen Personen, bzw die 3, welche zu Trägern wurden, nicht an Diphtherie erkrankten, weil sie eine hinreichende Antitoxinkonzentration im Blute hatten, und daß die Erkrankungen der 4 Schick-positiven durch einen niedrigeren Antitoxinbesitz bedingt waren; denn die Antitoxinkonzentration im Blute wurde nicht bestimmt und die SCHICKsche Probe gibt darüber keine zuverlässige Auskunft. Ferner hat man den Antitoxingehalt des Serums bei einer Reihe von Kranken möglichst früh nach dem Einsetzen der Symptome direkt gemessen und gefunden, *daß Antitoxinkonzentrationen von 0,01 bis 0,02, aber auch von 0,03, 0,05, 0,1, ja von 0,5, 1,0 und 2,0 A.-E. pro Kubikzentimeter Serum gegen das Zustandekommen und den weiteren Ablauf des Krankheitsprozesses keinen zuverlässigen Schutz bieten.*

A. ZIRONI (1941) hat die einschlägigen Angaben, welche bis Ende 1940 vorlagen, zusammengestellt und einer kritischen Besprechung unterzogen. Aus seiner Darstellung geht hervor, daß die Beobachtungen im Zeitraume von 25 Jahren, von verschiedenen Autoren und in verschiedenen Ländern gemacht wurden [L. BIDOLI (1936), F. CIANTINI und A. MAGGIO (1940), S. F. DUDLEY, P. M. MAY und J. O'FLYNN (1934), HAIDVOGEL (1926), R. H. HERDER (1934), F. KIRSTEIN (1922), E. MADSEN (1939), H. OPITZ (1915), G. PASCHLAU (1938), J. SCHÜRER (1919), G. RAMON, R. DEBRÉ und P. THIROLOIX (1930), H. STEINMAURER und E. SCHMID (1938), E. A. UNDERWOOD (1935), K. YOKOI (1932), H. J. PARISH und J. WRIGHT (1938), P. ZOELCH (1934)], so daß an ihrer Richtigkeit nicht gezweifelt werden kann. Man könnte zwar einwenden, daß die Titrierung des Antitoxins nicht *vor* dem Krankheitsbeginn vorgenommen wurde, so daß immerhin die Möglichkeit bestand, daß sich das Antitoxin in den ersten Tagen nach dem Krankheitsbeginn — vielleicht infolge eines dynamischen Immunitätszustandes (s. S. 164) — entwickelt hatte. In einer genügenden Zahl von Fällen (OPITZ, HAIDVOGL, KIRSTEIN, MADSEN, SCHÜRER) wurde jedoch die Antitoxinbestimmung vor dem Einsetzen krankhafter Erscheinungen oder am 1. bis 3. Krankheitstage ausgeführt, so daß das Zustandekommen einer manifesten Infektion trotz präexistentem Antitoxin anerkannt werden mußte; und wo die Ermittlung des Antitoxinspiegels auf einen späteren Termin fiel, blieb die Tatsache zu Recht bestehen, daß die Krankheit fortbestand und in einzelnen Fällen sogar einen schweren, ja tödlichen Verlauf nahm. Die Zahl dieser Beobachtungen ist zu gering, um die *Häufigkeit der Erkrankungen trotz dem Vorhandensein von Antitoxin im Blute* sicher einschätzen zu können. ZIRONI bemerkt hierzu jedoch, meines Erachtens mit vollem Recht, daß ein einziger Fall nach wissenschaftlicher Logik genügen müßte, um den Glauben zu erschüttern, daß an Diphtherie ausschließlich Individuen erkranken, die kein Antitoxin im Blute haben.

Da es die latenten Infektionen, und zwar die gesunden Bazillenträger sein sollen, welchen das im normalen Serum des Menschen nachweisbare Antitoxin seine Entstehung verdankt, soll dieser Zustand näher ins Auge gefaßt werden: Ein gesunder Träger wird nach den älteren Angaben von M. KOBER (1899), F. H. SLACK, B. L. ARMS, E. M. WADE und W. S. BLANCHARD (1910) sowie SH. F. DUDLEY rasch, durchschnittlich in 10 Tagen, entkeimt. Die Dauer des Trägertums wird aber vom Zeitpunkt ihrer bakteriologischen Feststellung an berechnet und der Beginn der Keimträgerzeit ist daher unbestimmt, da man nicht sagen kann, wie lange der Infektionszustand schon vor der ersten Untersuchung bestanden hat, es wäre denn, daß man in geschlossenen Gemeinschaften wiederholte Untersuchungen in kurzen und regelmäßigen Intervallen vornimmt. Die von SH. F. DUDLEY (1922, 1926, 1932) bei den Insassen der Marineschule in Greenwich angestellten Untersuchungen zum Beispiel genügten dieser strengeren Anforderung nur unvollkommen, da nur alle 8 Tage Proben entnommen wurden; die zehntägige Dauer der Keimträgerzeit konnte unter diesen Umständen nur daraus erschlossen werden, daß nur eine oder höchstens zwei Untersuchungen positiv ausfielen, nicht aber drei. In neuerer Zeit fand jedoch F. K. FISCHER (1944) unter 25 gesunden Bazillenträgern nur 4, welche nach 3 Wochen wieder bazillenfrei waren, während die weitaus überwiegende Zahl erst nach 5 bis 8 Wochen einen negativen bakteriologischen Befund gab. Doch war das Material von FISCHER klein (25 gesunde und 103 rekonvaleszente Träger), so daß weitere Berichte erforderlich wären, um so mehr, als nach den Angaben von FISCHER auch die rekonvaleszenten Träger in mehr als 60% der Fälle längere Zeit infiziert waren, als das nach den von P. HARTLEY und MARTIN (1919/20), F. SCHULZ (1942), F. H. THOMSON E. MANN und H. MARINER (1928/29) aus einem sehr großen Material errechneten Durchschnittswerten (14 bis 20 Tagen) zu erwarten wäre. Mehrere Monate oder gar Jahre währendes Trägertum beobachtet man jedoch nach meinen und anderen Erfahrungen fast ausschließlich bei Rekonvaleszenten nach Diphtherie; stößt man auf derartige Überschreitungen der durchschnittlichen Zeiten bei einem gesunden Bazillenträger, so hat man immer daran zu denken, ob nicht eine diphtherische Rhinitis oder Angina leichten Grades besteht oder, was sich oft noch anamnestisch ermitteln läßt, bestanden hat.

C. G. GUTHRIE, J. GELIEN und W. L. MOSS (1920) impften 5 gesunde Personen, welche sich innerhalb von 14 Tagen bei täglicher Untersuchung als frei von Diphtheriebazillen erwiesen hatten, mit einer atoxischen Kultur, welche morphologisch und färberisch von toxinbildenden Stämmen nicht zu unterscheiden war, im Rachen und stellten fest, daß ein Teil der Versuchspersonen zu Trägern wurde, ohne an Diphtherie zu erkranken. Da GUTHRIE, MARSHALL und MOSS (1921) mit virulenten (toxigenen)

Diphtheriebazillen ebenfalls Träger zu erzeugen vermochten, erhellt, daß die Ansiedelung auf der Schleimhaut des Isthmus faucium von dem Giftbildungsvermögen des C. diphtheriae unabhängig ist. In den Befunden, welche man an natürlichen Trägern erhoben hat, finden diese experimentellen Resultate einen gleichsinnigen Ausdruck. Man hat in den Rachenabstrichen von gesunden wie auch von rekonvaleszenten Trägern sowohl „virulente“, d. h. für Meerschweinchen pathogene als auch „avirulente“ Diphtheriebazillen gefunden und überdies konstatiert, *daß die Schutzimpfung mit Diphtherietoxoid das Zustandekommen der latenten Infektion und ihre Dauer nicht zu beeinflussen vermag, und daß sowohl Schick-positive wie Schick-negative Individuen Träger pathogener Diphtheriebazillen sein können.* Nachstehend einige Belege.

C. CHIAROTTI (1939) untersuchte Rachenabstriche von 1830 Kindern aus Elementarschulen und Kinderasylen; 856 waren mit Diphtherietoxoid geimpft, 974 waren nicht geimpft. Diphtheriebazillen konnten in beiden Gruppen in annähernd gleichem Prozentsatz (24,40 : 23,11) nachgewiesen werden und von den isolierten Stämmen erwiesen sich gleiche Anteile im Meerschweinchenversuch als pathogen („virulent“), wozu allerdings zu bemerken ist, daß nicht nur Stämme als virulent bezeichnet wurden, welche die Meerschweinchen in wenigen Tagen töteten, sondern auch solche, welche erst nach längerer Zeit letal wirkten, vorausgesetzt, daß der Obduktionsbefund charakteristisch war. — GARRIDO-MORALES und O. C. MANDRY (1931) untersuchten in San Juan, der Hauptstadt von Porto-Rico, drei Jahrgänge einer öffentlichen Schule bakteriologisch und unterzogen sie der SCHICKschen Probe. Es ergaben sich bei den 642 Schulkindern folgende bemerkenswerte Resultate:

Tabelle 18.

	Virulente Di-Bazillen	Avirulente Di-Bazillen	Bazillenfrei	Total
SCHICK-negative	5	17	426	448
SCHICK-positive......	5	20	169	194

Es fällt auf, daß unter den Schick-positiven Kindern ebensoviel (prozentuell sogar mehr) Träger virulenter Diphtheriebazillen festgestellt werden konnten als unter den Schick-negativen, und daß in beiden Gruppen das Verhältnis der Träger virulenter zu den Trägern avirulenter Bazillen fast identisch war. — SHELDON F. DUDLEY erstattete 1932 einen zusammenfassenden Bericht über fortlaufende Bazillenträgeruntersuchungen, welche an 1000 Knaben der Royal naval School in Greenwich im Zeitraume von 1922 bis 1930 vorgenommen wurden. Nur die Hälfte der gewonnenen Kulturen war virulent; es zeigte sich aber, daß sich Knaben, bei denen virulente Bazillen nachgewiesen worden waren, bei Nachuntersuchungen auffallend oft als Träger avirulenter Keime erwiesen, woraus DUDLEY schloß, daß sich virulente Diphtheriebazillen auf der Schleimhaut der Träger in avirulente umwandeln können, ein Vorgang, der nach den Forschungen von M. J. CROWELL (1926) als Standortselektion aufzufassen wäre. Träger avirulenter Diphtheriebazillen fanden sich doppelt so oft bei Schick-positiven als bei Schick-negativen Zöglingen, Träger virulenter Bazillen waren — von wenigen Ausnahmen abgesehen — Schick-negativ. Merkwürdig, aber meines Erachtens nicht unverständlich, erscheint die Angabe von DUDLEY, daß im Sommer die Fälle, in welchen meerschweinchenpathogene Diphtheriebazillen nachgewiesen werden konnten, vergleichsweise häufiger waren als im Winter. An demselben Material konnten sich SH. F. DUDLEY, P. M. MAY und J. O. FLYNN (1934) überzeugen, daß schutzgeimpfte Individuen Träger virulenter Diphtheriebazillen werden können. — Mit Rücksicht darauf, daß zahlreiche Autoren die Schwere der Diphtherieerkrankung im Anschluß an die Arbeiten von J. S. ANDERSON, HAPPOLD, McLEOD und THOMSON (1931) mit den Typen der Diphtheriebazillen (gravis, mitis, intermedius) in ursächliche Beziehung setzen wollten, hat man auch die Diphtheriebazillen der Träger auf ihre Typenzugehörigkeit geprüft. H. OTTO und G. MITTAG (1937) wiesen bei gesunden Trägern den Typus intermedius und T. gravis nach und F. K. FISCHER (1944) publizierte in neuerer Zeit eine nicht sehr umfangreiche, aber instruktive Statistik, welche nicht nur über die Typenzugehörigkeit, sondern auch über die Meerschweinchenpathogenität Auskunft gibt.

Tab. 19. Diphtheriebazillen gesunder Träger (nach F. K. FISCHER).

Typen	Zahl der Fälle	Tierversuch		Dauer		Geimpft
		+	—	3 Wochen	über 3 Wochen	
Gravis	7	7	0	0	7	2
Mitis	17	4	13	3	14	4
Intermedius . . .	1	1	0	1	0	0
Total . . .	25	12	13	4	21	6

Meerschweinchenpathogene Diphtheriebazillen wurden also bei den Trägern aller drei Typen gefunden und die Schutzimpfung bot keinen Schutz gegen die latente Infektion mit den für Meerschweinchen durchwegs virulenten Stämmen vom Typus gravis.

Daß Erkrankungen an Diphtherie häufig nicht bewirken, daß die vorher positive SCHICKsche Probe negativ wird und daß auch die direkte Titrierung des Antitoxins im Beginn und in den späteren Stadien der

Krankheit, bzw. nach beendeter Rekonvaleszenz lehrt, daß oft genug keine Antitoxinbildung stattfindet, wurde bereits auseinandergesetzt (s. S. 165 f.). Angesichts dieser Tatsachen muß man sich denn doch fragen, warum sich die latenten Infektionen im Massengeschehen um so viel sicherer und ausgiebiger auswirken sollen. Besteht nicht die Möglichkeit, daß man in der Deutung der epidemiologischen Phänomene Ursache und Wirkung miteinander vertauscht, d. h. daß, wie sich FR. v. GROER und K. KASSOWITZ (1919, S. 361) ausgedrückt haben, „nicht die Bazillenträger die natürliche Diphtherieimmunität erklären, sondern umgekehrt“?

Daß Diphtherieantitoxin spontan ohne immunisatorische Einwirkung von Toxin entsteht, wollten H. HIRSZFELD, L. HIRSZFELD und H. BROCKMAN (1924) sowie H. HIRSZFELD und L. HIRSZFELD (1927) durch den Nachweis der Erblichkeit dieses Antikörpers nach Art der Isoagglutinine des Menschenserums außer Zweifel stellen. Nach den Beobachtungen dieser Autoren sind Kinder, welche aus den Paarungen Schick-negativer Eltern hervorgehen, Schick-negativ, von der ersten Zeit nach der Geburt abgesehen; sind dagegen beide Eltern Schick-positiv, so sind auch die Kinder Schick-positiv und bleiben lebenslänglich positiv; ist schließlich ein Elter Schick-positiv, der andere Schick-negativ, so werden Schick-negative und Schick-positive Kinder geboren, und zwar gehören die negativen wie die positiven derjenigen Blutgruppe an, welche der negative, bzw. positive Elter besitzt. Es hatte somit den Anschein, daß sich das natürliche Diphtherieantitoxin tatsächlich auf hereditärer Basis entwickelt und daß die Gene für diesen Antikörper und für die Blutgruppen, bzw. für die Isoagglutinine gekoppelt vererbt werden. E. ROSLING (1928) konnte aber bei 50 für solche Vergleiche geeigneten Kindern keinen genetischen Zusammenhang zwischen der Blutgruppenzugehörigkeit und der SCHICKschen Reaktion nachweisen; unter den 50 Kindern zeigten nämlich nur 23 die gleiche SCHICK-Reaktion wie der Elter mit derselben Blutgruppe, während sich die übrigen 27 anders verhielten. ROSLING nahm daher an, „daß die Eigentümlichkeiten des HIRSZFELDschen Materials ganz zufällige waren“. Diese Widerlegung schließt jedoch nicht aus, daß erbliche Einflüsse an der Entstehung des natürlichen Diphtherieantitoxins beteiligt sind; sie müssen ja nicht mit den Genen für die Blutgruppen gekoppelt sein, und brauchen auch nicht notwendigerweise den Charakter mendelnder Gene zu haben.

Einen Vorstoß in der entgegengesetzten Richtung unternahm A. JUDE (1939). Er stellte den Antitoxingehalt des Blutserums von 11 gesunden, gegen Diphtherie nicht geimpften Trägern fest, und zwar am Tage ihrer bakteriologischen Feststellung und bei ihrer Entlassung aus dem Spital. Das Intervall schwankte zwischen 6 und 24 Tagen. Keiner der Träger hatte zur Zeit der ersten Blutentnahme einen niedrigeren Titer als

1/30 A.-E.; bei 7 blieb der Antitoxinspiegel unverändert, 5 zeigten eine Steigerung des Antitoxingehaltes im Blute. Die Länge des Intervalles zwischen der ersten und zweiten Untersuchung und die Antitoxinkonzentration bei der ersten Titrierung beeinflußten die Ergebnisse in keiner Weise. Ob die im Rachen der Träger nachgewiesenen Diphtheriebazillen überhaupt toxigen waren und bejahenden Falles in welchem Grade, wurde nicht geprüft, so daß man nicht einmal behaupten kann, daß die bei 5 Trägern konstatierte Antitoxinvermehrung durch die latente Infektion verursacht worden war.

Wenn die Arbeiten von HIRSZFELD und JUDE, obwohl sie zu keinem Ergebnis geführt haben, hier zitiert werden, geschieht dies, weil in ihrer Gegenüberstellung die alternative Problemstellung zum Ausdruck kommt. Selbst in der wohlabgewogenen Darstellung in dem Werk von W. W. C. TOPLEY und WILSON (1946, S. 1076 bis 1084) wird die Frage der Genese des Diphtherieantitoxins im Serum gesunder Menschen als ein „Entweder=Oder" formuliert, d. h. so, als ob dieser Antikörper entweder spezifischen exogenen oder unspezifischen endogenen Ursprunges sein müßte. Spezifische und unspezifische Entstehung schließen sich aber nicht aus. Die Isoagglutinine des Menschen entstehen auf erblicher Basis ohne die Einwirkung der korrespondierenden Isoagglutinogene, lassen sich aber, soweit sie mit der Blutgruppenzugehörigkeit kompatibel sind, sehr wohl immunisatorisch verstärken (s. S. 102). So könnten auch die Verhältnisse beim natürlichen Diphtherieantitoxin liegen. SH. F. DUDLEY (1923 bis 1926) hat Beobachtungen mitgeteilt, denen zufolge in relativ isolierten Gemeinschaften (Schulen), über welche mehrere Wellen von Diphtherie hinweggingen, der Prozentsatz der Schick-negativen Individuen im Anschluß an jede Welle zunahm; TOPLEY und WILSON (a. a. O., S. 1083) meinen, das sei „vielleicht der entscheidendste Beweis ("most conclusive evidence") für den Einfluß der Umgebung und der Infektion", also für die Auswirkung exogener Faktoren. Diese Ansicht kann man gelten lassen, aber nur mit der Einschränkung, daß der Antitoxingehalt des Blutes bei den Personen, bei denen sich die positive in eine negative SCHICK-Reaktion umwandelte, eine dem Grade nach unbestimmte Steigerung erfahren haben dürfte. Daß latente Infektionen, welche sich an jede Diphtheriewelle anschließen, die Ursache dieser Steigerung waren, ist, strenge genommen, bereits hypothetisch. Vor allem aber ist auch im Serum von Schick-negativen Individuen Antitoxin in variabler Konzentration vorhanden, *so daß die beobachtete Steigerung auf einer Addition immunisatorisch entstandenen Antitoxins zu bereits vorhandenem, physiologisch gebildetem beruhen konnte.* Und damit ist auch der Kernpunkt des Problems präzisiert: Man mußte den Beweis erbringen, *daß tatsächlich zwei, nur genetisch verschiedene Formen des Diphtherieantitoxins existieren.*

Um exakt vorzugehen, müßte man Individuen mit negativem Bazillenbefund und möglichst niedriger Antitoxinkonzentration im Serum (also nicht einfach Schick-negative Personen) auswählen und sie längere Zeit in einer Umgebung leben lassen, in welcher alle Kontakte mit Bazillenträgern ausgeschlossen sind. Während dieser ersten kontaktfreien Versuchsphase wäre der Antitoxingehalt des Blutes fortlaufend zu prüfen, um über die Möglichkeit einer Antitoxinbildung sine infectione Aufschluß zu erhalten, und, um jeden Irrtum in dieser Richtung auszuschalten, auch die Bazillenfreiheit zu überwachen. Nach Ablauf dieser ersten Epoche wären in diese ausgewählte und in isolierte Partien geteilte Kollektivität Bazillenträger, und zwar a) von toxigenen, b) von nichttoxigenen Keimen einzuführen und festzustellen, wie sich durch diese Einschleppung Bazillenbefund und Antitoxingehalt des Blutes bei den bisher unberührten Individuen ändern. Außerdem sollte man sich die Gewißheit verschaffen, daß die zu diesem epidemiologischen Experiment ausersehenen Menschen keine spezifische Vorgeschichte — zumindest nicht in Form einer Erkrankung an Diphtherie — haben. Schon dieser hier nur skizzierte Plan eines solchen Versuches läßt erkennen, daß er nicht nur mit ärztlicher Ethik unvereinbar, sondern auch im erforderlichen Umfange undurchführbar wäre. Man muß sich daher an das Surrogat des natürlichen epidemiologischen Geschehens halten. Die wichtigsten Ergebnisse seien hier kurz referiert; keines, welches die Entstehung von Diphtherieantitoxin ohne Infektion beweisen könnte, ist anerkannt worden.

So teilten P. Heinbecker und Irvine-Jones (1928) mit, daß von 49 Eskimos nur 12 auf den Schick-Test positiv reagierten; 37 gaben negative Reaktionen, obwohl die Diphtherie unter den Eskimos nicht vorkam. In drei Sera der negativ reagierenden Eskimos wurde Antitoxin nachgewiesen. Die Autoren zogen den Schluß, daß die Immunität der Eskimos gegen die Krankheit und die negative Schick-Reaktion auf dem Besitz von Antitoxin beruht, und daß dies durch eine *natürliche erbliche Immunität* bedingt sei, welche von irgendeinem *unspezifischen antitoxischen Mechanismus* abhänge. 1931 vertrat jedoch P. Heinbecker in Gemeinschaft mit J. R. Wells [s. Wells und Heinbecker (1931)] die gegenteilige Ansicht, daß die Immunität gegen Diphtherie bei den Eskimos auf dieselbe Art zustande kommt wie bei den Bewohnern anderer Breitegrade, nämlich durch eine spezifisch ausgelöste Antitoxinproduktion. Die Umkehr wurde damit motiviert, daß aus dem Rachen von 115 Eskimos aller Altersklassen in 48 Fällen Bakterien isoliert werden konnten, welche morphologisch den Diphtheriebazillen ähnelten. Aber nur ein einziger Stamm zeigte die fermentativen Reaktionen des C. diphtheriae; er besaß nur in sehr großer Dosis einen geringen Grad von Toxizität, indem ein mit 1 cm^3 einer 48stündigen

Bouillonkultur geimpftes Meerschweinchen erst nach 10 Tagen einging. In einer zweiten Serie [J. R. WELLS und P. HEINBECKER (1932)] wurden aus dem Rachen von Eskimos 214 Kulturen gezüchtet, von denen 34 diphtherieähnlich waren; aber in keinem dieser Fälle konnte die Fähigkeit, auf Nährböden das spezifische Diphtherietoxin zu erzeugen, durch den Tierversuch nachgewiesen werden. Es ist somit zweifellos nicht berechtigt, wenn WELLS und HEINBECKER annehmen, daß die wahrscheinliche Ursache der Antitoxinbildung bei den Eskimos latente Infektionen sind. Von den Eskimos, welche ein Alter von 3 bis 18 Jahren hatten, waren bereits nicht weniger als 62 % Schick-negativ; daß diese Zahl der jugendlichen Schick-negativen Individuen, die ja als ziffernmäßiger Ausdruck der latenten Durchseuchung gelten soll, in unvereinbarem Gegensatz zu dem einzigen zweifelhaften bakteriologischen Befund steht, wird nicht berücksichtigt (vgl. hiezu S. 160) ebensowenig wie die Tatsache, daß in einer gleich großen Gruppe von 18jährigen Eskimos derselbe Prozentsatz von Schick-Negativen (61 %) festgestellt wurde, was mit der Idee einer *fortschreitenden* Durchseuchung nicht übereinstimmt. Bei 39 Eskimos wurde der Antitoxingehalt des Serums direkt bestimmt. Die ermittelten Werte waren, wie dies bei den natürlichen Antikörpern die Regel ist, im allgemeinen niedrig (0,01 bis maximal 0,25 A.-E.); in 18 Fällen soll das Blut antitoxinfrei gewesen sein, was aber wahrscheinlich darauf zurückzuführen ist, daß die angewendete Titrierungsmethode nicht geeignet war, um Konzentrationen von weniger als 0,01 A.-E. nachzuweisen.

F. K. KLEINE und H. KROÓ (1930) unterzogen 101 afrikanische Eingeborene in der Umgebung des Tanganyika-Sees der SCHICKschen Probe; unter den Probanden befanden sich 95 Kinder im Alter von 6 bis 15 Jahren. „In keinem Falle ergab sich auch nur die Andeutung einer Reaktion.“ Da KLEINE über dieses vollkommen negative Resultat „äußerst erstaunt“ war, sandte er das verwendete Toxin per Luftpost nach Berlin, um dort feststellen zu lassen, ob es seine Aktivität nicht etwa in den Tropen eingebüßt hatte; es war aber in tadellosem Zustande. Nunmehr wurden von 11 Eingeborenen Blutproben genommen und die Sera nach Berlin zur Bestimmung ihres Antitoxingehaltes geschickt; 2 Sera enthielten mehr als 1 A.-E., eines 1 A.-E., 3 Sera 0,5, zwei 0,1 und drei 0,05 A.-E., also Mengen, welche für den negativen Ausfall der SCHICKschen Probe als völlig ausreichend erachtet werden. Die außerordentlich hohen Prozentsätze Schick-negativer Individuen unter den afrikanischen Negerstämmen wurden auch von anderen Autoren bestätigt, so von O. FISCHER (1932), G. NEUJEAN (1937), G. RAMON und P. NÉLIS (1935), E. JENSEN (1938), E. GRASSET, PERRET-GENTIL, J. FRIEDMAN und GROSS (1933), J. F. MURRAY (1942, 1943). Ebenso wurde übereinstimmend angegeben, daß die Erkrankungen an klinisch typischer Diphtherie bei den Negern

Afrikas zu den Seltenheiten gehören [H. F. KLEINE und KROÓ (1930), E. JENSEN (1938), SALEUN, BORDES, CECCALDI und PALINACCI (1938), G. KINNEARD (1935), GRASSET und Mitarbeiter (1933), F. K. KLEINE (1940), J. F. MURRAY (1942, 1943)]. Es scheint, daß die epidemiologischen Verhältnisse bei den afrikanischen Negern komplizierter sind als bei den Eskimos. Nach den Berichten von E. BAY-SMITH (1929) bleiben die Eskimos nur in ihren vom Verkehr abgeschlossenen Ansiedelungen völlig von der Diphtherie verschont; als aber zwei Einschleppungen der Infektion in grönländische Hafenorte erfolgten, zeigte es sich, daß die Kinder der Eskimos genau so an Diphtherie erkranken können wie die Kinder irgendeiner anderen Rasse. Die Kinder der afrikanischen Neger erkranken hingegen auch dann nur selten, wenn sie in Städten in beständigem Kontakt mit der weißen Bevölkerung leben, wie zum Beispiel die Kinder der Bantuneger in Johannesburg und Umgebung (J. F. MURRAY) oder die Neger in Brazzaville (SALEUN und Mitarbeiter). GRASSET und seine Mitarbeiter stellten an den Kindern der Bantuneger fortlaufend SCHICK-Proben an und konstatierten, daß die Ergebnisse bis zum Alter von 3 Jahren bis zu 47 % positiv waren; da aber klinische Erkrankungen auch in dieser ersten Lebensperiode nicht beobachtet werden, folgerte F. K. KLEINE (1940), daß die schwarze Rasse „eine natürliche Resistenz gegen die Krankheit hat, welche vom Antitoxingehalt des Blutes unabhängig ist". In Anbetracht der theoretischen und praktischen Bedeutung dieser Aussage, welche unsere Ansichten über das Wesen der antiinfektiösen Diphtherieimmunität in Frage stellt, sollten die ihr zugrundeliegenden Beobachtungen sorgfältig und in beweisendem Umfange nachgeprüft werden.

Daß man unter den Kindern der afrikanischen Neger einen so hohen Prozentsatz von Schick-negativen Individuen findet, wird fast von allen Autoren, welche hierüber Untersuchungen angestellt haben, auf eine Durchseuchung in Form von latenten (subklinischen) Infektionen bezogen. Die sachliche Grundlage für diese Hypothese bilden Berichte, denen zufolge unter Negerbevölkerungen Träger virulenter Diphtheriebazillen festgestellt werden konnten, zum Teil in einem Prozentsatz, der hinter den für nördliche Gebiete ermittelten Zahlen nicht zurückblieb. Bakteriologische Untersuchungen an Negerkindern in Baltimore ergaben 1,75 % positive Befunde [J. A. DOULL und W. T. TALES (1923)], in Porto Rico 1,4 % [E. GARRIDO-MORALES und O. C. MANDRY (1931)], in Nassau auf den Bahamas 1,3 % [G. KINNEARD (1935)], in den Schulen von Johannesburg zu Epidemiezeiten 1,8 bis 3,2 % [J. F. MURRAY (1943)] und P. S. HUNTER (1930) fand im Nasopharyngealsekret von 1100 Leichen von Negerkindern, die er in Singapur obduzierte, sogar 43mal Diphtheriebazillen (= 3,8 %). In diesen Fällen handelte es sich aber um gemischte Bevölkerungen, unter welchen die Neger nur mehr oder minder zahlreich vertreten waren, und selbst unter diesen Umständen ist das Trägertum nicht immer so häufig wie in den zitierten Untersuchungsreihen; bei den Negern in Brazzaville soll zum Beispiel der Befund von Diphtheriebazillen im Rachen von Farbigen nach dem Zeugnis von SALEUN und seinen Mitarbeitern sehr selten sein. Relativ isolierte und von Angehörigen weißer Rassen nicht oder nur wenig durchsetzte Negeransiedlungen wurden auf ihre spezifische Rachenflora nur in ungenügendem Ausmaße untersucht; es handelte sich ja nicht darum, ob Neger, wenn sie mit infizierten Menschen anderer Rassen in Kontakt kommen, den spezifischen Keim aufnehmen, sondern ob die Häufigkeit der Träger unter den Negern in allen Fällen, in welchen die Erkrankung unbekannt oder selten und der Antitoxingehalt allgemein verbreitet ist, nachgewiesen werden kann, selbst wenn die Berührungen mit anderen Rassen auf Null reduziert sind. Auch wenn diese Frage bejaht werden könnte, müßte aufgeklärt werden, wie die angebliche latente Durchseuchung vor sich geht. F. K. KLEINE sowie auch E. JENSEN geben zu, daß dieser wichtigste Punkt noch nicht erledigt ist. Diese Ungewißheit kommt im Schrifttum deutlich zum Vorschein. Wo die Beweisführung zu wünschen übrig ließ, wurden immer wieder neue Hypothesen herangezogen, von welchen ERIKA JENSEN (1938) eine instruktive Auswahl zusammengestellt hat. Da findet man die Behauptung, daß sich die „virulenten“ Formen der Diphtheriebazillen in den Tropen in „avirulente“ Typen verwandeln können und daß diese Transformation reversibel sei, daß auch die avirulenten Typen immunisatorisch wirken, daß die Immunität gegen Diphtherie in den Tropen auf heftigen, vor kurzer Zeit erfolgten Epidemiestößen beruhe, welche unbekannt blieben (Rapport epidem. mens., League of Nations, (1929) usf. In neuerer Zeit versuchte MURRAY (1942) für den hohen Prozentsatz der Schick-negativen Bantuneger in Südafrika die Umwelteinflüsse, d. h. aspezifische Faktoren, wenigstens zum Teil verantwortlich zu machen, und daß sich so wenig Erkrankungen trotz der relativ großen Zahl der Träger ereignen, könnte auf einer vielleicht rassenmäßig bedingten Fähigkeit beruhen, jeden spezifischen Reiz sofort mit der Produktion von Antitoxin zu beantworten.

Ein anderes Beispiel. Die Insel Kolgujew liegt unter dem 69. Grad nördlicher Breite und wird von einer Gruppe von Njenzen (Samojeden) bewohnt, welche mit der Bevölkerung des Festlandes nur wenig in Berührung kommen. Diphtherie- und Scharlach gab es, als W. N. ASBELEW und A. A. MARGO (1932) ihre Untersuchungen anstellten, nicht und sollen nach den eingezogenen Erkundigungen auch früher nie aufgetreten sein. Von 103 Personen im Alter von 8 Monaten bis zu 80 Jahren hatten 102 eine negative SCHICK-Reaktion und nur ein Mädchen von 8 Jahren reagierte positiv; die Dicksche Reaktion fiel bis auf ein zweifelhaftes Ergebnis ebenfalls negativ aus. Daß dieses Resultat nicht einer durch die Rasse bedingten Reaktionsunfähigkeit zuzuschreiben war, ging daraus hervor, daß bei den Samojeden auf Nowaja Semlja eine Anzahl positiver Reaktionen auf den SCHICK- und den DICK-Test festgestellt werden konnte. Von 168 Personen auf der Insel Kolgujew wurden Rachenabstriche und von 93 Proben des Nasensekretes bakteriologisch untersucht; Diphtheriebazillen konnten in keinem Falle nachgewiesen werden, hämolytische Streptokokken nur viermal (dreimal in Rachenabstrichen und einmal im Nasenschleim). Während TOPLEY und WILSON (1946, S. 1081) konstatieren, daß es schwer sei, diese Ergebnisse mit der Auffassung zu vereinbaren, daß das Antitoxin ausschließlich oder vorwiegend infolge einer Infektion entstehe, erklären ASBELEW und MARGO überraschenderweise, daß sie zwar keine definitive Stellung zu ihren Resultaten beziehen wollen, „daß sie aber am wenigsten an eine Spontanbildung der Antikörper glauben". Das heißt aber, daß man die Befunde nicht objektiv deuten, sondern an dem Prinzip „ohne Infektion keine Immunität" auch dann festhalten will, wenn die Tatsachen dagegen sprechen [vgl. die Kritik von E. FRIEDBERGER (1931)]. In der Tat hat RAMON (1936) die epidemiologisch-statistische Beweisführung im Grunde genommen für überflüssig erklärt, da sich die Antikörper mehr oder weniger direkt aus dem Antigen bilden und die Antitoxine stets einen Antigenrest (ein „Radikal" des Antigens) enthalten, so daß eine andere als eine spezifische Entstehung eo ipso ausgeschlossen sei. Die Lehre, daß der Antikörper aus dem Antigen entsteht, war aber schon vor 1936 durch R. DOERR und H. FRIEDLI (1925), E. BERGER und H. ERLENMEYER (1932a, b), S. B. HOOKER und W. C. BOYD (1932), E. WOLLMANN und M. BARDACH (1935) endgültig widerlegt worden, so daß auch der von RAMON aus dieser These gezogene Schluß dahinfällt. Auch G. KINNEARD (1935) hat sich, wenn auch in anderer Art, seine Stellungnahme durch eine apodiktische Formulierung erleichtert, indem er einfach von der unbewiesenen, bzw. unrichtigen Voraussetzung ausgeht, daß eine negative SCHICKsche Reaktion, wenn sie nicht künstlich durch eine Schutzimpfung erzeugt wurde, anzeigt, daß eine oder mehrere Infektionen vorausgegangen sein müssen, die, wenn eine frühere Erkrankung an Diphtherie anamnestisch nicht festgestellt werden kann, subklinischen Charakter gehabt haben müssen. Daher genüge der Nachweis, daß Gelegenheit zu subklinischen Infektionen vorhanden ist, d. h. die Ermittlung solcher Infektionen in Form von Trägern.

Das Vertrauen in die Angaben über die Seltenheit der Diphtherieerkrankungen und die damit kontrastierende große Quote der Schicknegativen Individuen in relativ isolierten Bevölkerungsgruppen wurde allerdings durch manche Nachprüfungen erschüttert. E. SMITS (1926) hatte zum Beispiel berichtet, daß die Javaner in Niederländisch-Indien nur äußerst selten an Diphtherie erkranken, während unter 600 Javanern nur 2 % Männer und 8 % Frauen auf die SCHICKsche Probe positiv reagierten; von den getesteten Kindern waren aber 41 % positiv, so daß man den Eindruck erhielt, daß die Zahl der Schick-negativen Individuen mit dem Alter im Sinne einer „serologischen Reifung“ ohne jeden spezifischen Reiz zunimmt. L. KIRSCHNER (1929), welcher das epidemiologische Verhalten der Diphtherie in dem Preangerdistrikt auf Java in der Zeit von 1921 bis 1929 verfolgte, stellte jedoch fest, daß die Diphtherie daselbst keineswegs selten ist, daß sie einen erheblichen Beitrag zur Kindersterblichkeit stellt und daß milde Formen besonders häufig vorkommen. Solche Richtigstellungen wurden jedoch nicht objektiv und lediglich mit Beziehung auf das untersuchte epidemiologische Geschehen bewertet, sondern kollektiv, d. h. so, als ob alle einschlägigen Beobachtungen, auch wenn sie nicht richtig gestellt worden waren, ihre Bedeutung für die Lehre von der unspezifischen Entstehung des Antitoxins in globo eingebüßt hätten. Auch hat man sich vielfach nicht darum gekümmert, ob die Zahl der nachgewiesenen Diphtherieerkrankungen und der latenten Infektionen genügend war, um eine Durchseuchungsimmunität glaubhaft zu machen, und ob die aus dem Rachen von Trägern isolierten diphtheroiden Stäbchen den Eigenschaften des C. diphtheriae in jeder Hinsicht entsprachen und ob sie vor allem toxigen waren. Und so ist das Fazit für alle, die sich nicht einer Partei verschrieben haben: Adhuc sub judice lis est.

Den Abschluß dieses Kapitels möge eine Bemerkung bilden, die, strenge genommen, nicht zum Thema der natürlichen Antikörper gehört, die aber zu den Diskussionen über die Existenz eines natürlichen Diphtherie-Antitoxins in engerer Beziehung steht. Die SCHICKsche Probe gilt als Kriterium des Immunitätszustandes des Individuums und nach dem Prozentsatz der Schick-negativen Individuen wird die Immunitätslage der verschiedenen Altersstufen, der Menschenrassen, relativ isolierter oder in regem Verkehr stehender Bevölkerungsgruppen beurteilt. Die SCHICKsche Probe ist aber nichts anderes als eine für Massenuntersuchungen geeignete indirekte Bestimmung der Antitoxinkonzentration im Blute und wird, obwohl sich die Ansichten über die Genauigkeit, mit welcher sie einen bestimmten Antitoxinspiegel anzeigt, erheblich geändert haben, noch immer so aufgefaßt und verwendet. Es wird aber durch den SCHICK-Test sowie durch die direkte Titrierung des Antitoxins im Serum eben nur das Antitoxin gemessen und die Aussage, daß der gefundene Titer ein adäquater Maßstab der Immunität sei, hat hypothetischen Charakter. Sie wurzelt in der Vorstellung, daß das ganze Krankheitsgeschehen bei der Diphtherie als eine durch Antitoxin mehr oder minder neutralisierte Auswirkung des spezifischen Toxins des C. diphtheriae sei, und die Therapie sowohl wie die Prophylaxe (passiv und aktiv antitoxische Schutzimpfungen) ruhen auf diesem Fundament. Die Diphtherie ist keine Vergiftung im engeren Wortsinne (man bezeichnete sie wohl auch als „bakterielle Toxikose"), sondern eine *übertragbare Infektionskrankheit.* Wie es mit der Immunität bei der Diphtherie bestellt ist, wird sofort klar, wenn wir sie mit einer anderen Kinderkrankheit, den Masern, vergleichen. Jeder Mensch, welcher die Masern noch nicht durchgemacht, kann an dieser Infektion erkranken, gleichgültig, in welchem Alter er steht; dagegen verleiht das Überstehen der Masern einen soliden lebenslänglichen Schutz gegen eine zweite Erkrankung. Die Ansteckung erfolgt außerordentlich leicht; erkrankt in einem Haushalt ein Kind, so werden unfehlbar alle noch nicht durchmaserten Kinder ergriffen. Wird bei einem bereits infizierten Kind die Masernschutzimpfung zwischen dem 3. bis 6. Tage nach der Ansteckung ausgeführt, so bleibt die Erkrankung entweder ganz aus oder sie tritt zwar in Erscheinung, verläuft aber abortiv (Masernäquivalent); solche in statu nascendi abgebremste Maserninfekte schützen gegen Neuinfektionen ebenso sicher und dauerhaft wie unbeeinflußte, klinisch typische Fälle. Die Diphtherie ist dagegen eine Krankheit, deren Frequenz auch in endemisch verseuchten Gebieten vom Lebensalter abhängig ist. Wie aus Abb. 12 zu entnehmen ist, fällt das Maximum der Morbidität auf das 3. bis 5. Lebensjahr (nach Angaben von A. Hottinger ist der Gipfel etwas nach rechts verschoben); im Alter von 5 bis 10 Jahren nimmt die Häufigkeit zuerst langsam, nach dem 10. bis zum 15. Lebensjahr rasch ab und nach dem 15. Lebensjahr ist die Wahrscheinlichkeit, an Diphtherie zu erkranken, nur noch minimal. In parenthesi bemerkt, reagieren nach den umfangreichen Angaben von A. Zingher (1923) von den 10 bis 11 Jahre alten Individuen noch immer 29,3 % und von den Kindern zwischen 15 und 16 Jahren 17,8 % auf die Schicksche Probe positiv, aber sie beteiligen sich an der Diphtheriemorbidität keineswegs in diesem Ausmaße. Es erkranken auch in der Periode der maximalen Morbidität nicht alle Menschen, welche der Ansteckung ausgesetzt sind. Es war wohl zuerst J. Moldovan, welcher in seiner Aufsehen erregenden Studie über „die Familienübertragung bei der Diphtherie" (1926) nachwies, wie selten es vorkommt, daß in kinderreichen Familien zwei oder mehrere Kinder an Diphtherie erkranken, auch wenn sie das Alter der maximalen Disposition haben, obwohl die Wahrscheinlichkeit, sich mit Diphtherie zu infizieren, sicher nirgends so groß ist wie in einem Haushalt, in welchem mehrere Kinder aufwachsen. Da diese Beobachtung mit den zu jener Zeit herrschenden Ansichten in Widerspruch stand, wurden statistische Nachprüfungen, welche ein Material von mehr als 50.000 Fällen umfaßten, veranstaltet; es ergab sich, daß nur bei 2,9 % der Diphtherieerkrankungen Familienkontakte als Infektionsquellen in Betracht kommen. Welche Rolle die individuelle Empfänglichkeit spielt, erhellt auch aus einer anderen Tatsache, die zwar allgemein bekannt ist, aber selbst in umfangreichen Darstellungen der epidemiologischen Diphtherieprobleme nicht oder nur flüchtig erwähnt wird: der Mensch kann zwei- oder mehrmals an Diphtherie erkranken und solche Ereignisse sind nicht einmal selten. K. ZUCKER (1905) hat festgestellt, daß von 2303 Kindern in den Jahren 1901 bis 1905 21 = 0,9 % mit bakteriologisch festgestellter zweitmaliger Diphtherieerkrankung in das Spital zurückkehrten; das Intervall betrug 1 bis 5½ Monate und der Verlauf der zweiten Erkrankung war nicht milder wie jener der Ersterkrankung. 0,13 % erkrankten ein drittes Mal und M. KARASAWA und B. SCHICK konnten sogar eine viermalige Erkrankung beobachten. Die von ZUCKER angegebenen Ziffern sind, wie R. DOERR (1932) auseinandersetzt, keineswegs niedrig, sondern auffallend hoch. Die Wahrscheinlichkeit einer zweiten Erkrankung ist bei allen Infektionen ohne Ausnahme weit geringer als die Wahrscheinlichkeit einer Ersterkrankung, und bei der Diphtherie kommt noch hinzu, daß die Disposition für die Erkrankung auf eine relativ kurze Spanne der gesamten Lebensdauer und auch in dieser Klasse auf einen gewissen Prozentsatz der Individuen beschränkt ist. H. ZISCHINSKY (1934), der sich ebenfalls überzeugte, daß sich ein Kind, das schon einmal Diphtherie durchgemacht hat, bei einer zweiten Erkrankung nicht anders verhält wie das erstemal, zieht die logische Konsequenz, daß das Überstehen der Diphtherie keine Immunität hinterläßt.

Im Hinblick auf den folgenden Abschnitt darf vielleicht noch erwähnt werden, daß man beim Tetanus traumaticus in manchen Beziehungen analoge Verhältnisse wie bei der Diphtherie festgestellt hat. Antitoxinbestimmungen im Blute von Kranken und Rekonvaleszenten ergaben sehr niedrige Werte, speziell wenn es sich um Individuen handelte, welche nicht der Behandlung mit antitoxischem Heilserum unterzogen worden waren [C. NOEGGERATH und E. SCHOTTELIUS (1915), O. LÖWY (1915), M. EISLER (1928)]. Daß die Menge des im Verlaufe der Krankheit und im Anschluß an dieselbe gebildeten Antitoxins in der Regel nur sehr gering sein kann, beweisen ja auch die nicht gerade seltenen Rückfälle, die manchmal abgeschwächt, zuweilen jedoch tödlich verlaufen [L. BÉRARD und A. LUMIÈRE (1925), M. GROSSMANN (1917), HAPPEL (1915) u. a.]; A. HART (1942) wies nach, daß solchen „Rückfällen" eine Neuinfektion zugrunde liegen kann. Wie bei der Diphtherie scheinen auch beim Tetanus nicht alle der Infektion exponierten Individuen zu erkranken, was hier so viel bedeutet, daß Tetanusbazillen oder Tetanussporen in Wunden gelangen können, ohne daß es zu dem pathognomonischen Syndrom der Toxinwirkung kommt. Die Beobachtung, daß Gärtner, welche der Verunreinigung von Verletzungen durch gedüngte Gartenerde in hohem Grade ausgesetzt sind, nur sehr selten an traumatischem Tetanus erkranken [A. HART (1942)], bietet einen epidemiologischen Anhaltspunkt für diese Annahme und die ruhenden oder schlummernden Tetanusinfektionen beweisen, daß diese Bakterien in die Gewebe eingebracht werden können, daselbst aber liegenbleiben ohne zu wachsen, bis eine nach Monaten oder Jahren vorgenommene aseptische Operation den unspezifischen Anstoß zur progredienten Entwicklung der deponierten Keime gibt und den Ausbruch eines schweren, meist letal ablaufendem Tetanus veranlaßt [vgl. hiezu R. Doerr (1942, S. 111)].

b) *Tetanusantitoxin im normalen Serum.*

α) Tiersera.

Tetanusantitoxin wurde zuerst von P. H. Römer (1908/09) im Serum von Rindern nachgewiesen. Dieser Befund wurde von G. Ramon und E. Lemétayer (1933/1934), E. Valcarenghi und R. Richou (1933), J. Pochon (1936) bestätigt und von Ramon und Lemétayer (1934,1935) auch auf andere Bovideen (Zebus, Büffel), schließlich auch auf verschiedene Wiederkäuer, Kamele, Dromedare, Schafe und Ziegen ausgedehnt. Stets war die Konzentration des Tetanusantitoxins bei den Rindern am höchsten, während sich im Serum von Schafen und Ziegen nur Spuren fanden. Im Blute zahlreicher anderer Tierarten konnte das Tetanusantitoxin nie festgestellt werden. Ramon und Lemétayer (1935) verzeichneten negative Befunde bei Affen, Kaninchen, Meerschweinchen, Ratten und Hühnern, R. Richou und G. Torrisi (1933) bei Hunden und Schweinen, und insbesondere scheiterten alle Bemühungen, im Serum von nichtimmunisierten Pferden Tetanusantitoxin nachzuweisen [R. Kraus (1923), J. B. Buxton und A. F. Glenny (1921), G. Ramon und R. Descombey (1927), Wigodtschikow, Gekker und Schufer (1936), P. Condrea, H. Poenaru und G. Dima (1937)], obzwar zum Teil Methoden angewendet wurden, welche noch den Nachweis von 1/20.000 A.-E. gestattet hätten [R. Ramon, R. Descombey und E. Lemétayer (1931)].

Tetanusbazillen wurden in den Faeces von Pferden, Rindern, Schafen, Hunden, Ratten und Hühnern nachgewiesen [S. Toledo und Veillon (1891), W. Noble (1915), P. Fildes (1925), J. C. Kerrin (1929)]; die isolierten Stämme waren in etwa der Hälfte der Untersuchungen von Kerrin nicht toxigen, meist aber konnte die Bildung des typischen Giftes festgestellt werden. Da das natürliche Antitoxin nur im Serum von Bovideen und einigen Wiederkäuern vorhanden war, ist es klar, daß seine Entstehung nicht auf die Anwesenheit von Tetanusbazillen im Intestinaltrakt zurückgeführt werden durfte.

G. Ramon (1936) vertrat jedoch auch hier wie bei allen natürlichen Antikörpern den intransigenten Standpunkt, daß Antikörper ohne spezifischen Antigenimpuls überhaupt nicht produziert werden können (s. S. 184); er veranlaßte J. Pochon (1936 a, b), Untersuchungen darüber anzustellen, wie der Besitz von Tetanusantitoxin beim Rinde mit dieser grundsätzlichen Einstellung vereinbart werden könnte. POCHON konnte nun im Pansen der Rinder lebensfähige Tetanusbazillen feststellen, fand aber im flüssigen Inhalt des Pansens kein Toxin; er nahm an, daß zwar Toxin gebildet, aber durch die fermentativen Eigenschaften des im Pansen stets anwesenden zellulosevergärenden Plectridium cellulolyticum seiner Toxizität beraubt wird. Diese Deteriorierung des Tetanustoxins soll nach POCHON nur bis zur Toxoidstufe fortschreiten und die Resorption des Toxoids die Antitoxinbildung anregen. Daß flüssiges Tetanustoxin durch Vermischung mit flüssigem Panseninhalt oder durch Beimpfung einer Tetanusbouillonkultur mit dem vergärenden Keim entgiftet wird, ließ sich tatsächlich leicht zeigen; aber das entgiftete Toxin hatte nicht die Eigenschaften eines Toxoides, da alle Versuche, Kaninchen, Mäuse oder Meerschweinchen mit Gemischen aus Tetanustoxin und Pansensekret zu immunisieren, negative Resultate gaben. So scheiterte die ganze Beweisführung im entscheidenden Punkte, ganz abgesehen davon, daß die Resorption eines Toxoides vom Pansen aus, wenn es daselbst wirklich entstünde, nicht nachgewiesen, sondern nur angenommen worden war.

β) Menschensera.

Daß das Vorhandensein von natürlichem Tetanusantitoxin im Blute des Menschen mit dem saprophytischen Vegetieren von Tetanusbazillen im Darmtrakt zusammenhängen könnte, wurde nur von C. TENBROECK und J. H. BAUER behauptet. TENBROECK und BAUER (1922) teilten zunächst mit, daß sie aus 34,7 % der Stuhlproben von Chinesen in Peking ein Bakterium isolieren konnten, welches morphologisch dem Tetanusbazillus glich und in Zuckerbouillon ein Gift produzierte, welches Mäuse noch in Mengen von 0,001 cm^3 unter den Erscheinungen des Starrkrampfes tötete und durch Tetanusantitoxin neutralisiert werden konnte. Daß sich der fragliche Bazillus im Darme vermehrte, wurde daraus geschlossen, daß er im Stuhle der Chinesen auch nach einer zirka einen Monat langen Ernährung mit einer praktisch sterilen Diät ausgeschieden wurde, obzwar die mit einer einzigen Stuhlentleerung eliminierte Menge von Tetanussporen auf mehrere Millionen geschätzt werden mußte. In einer zweiten Mitteilung (1923) berichteten TENBROECK und BAUER, daß in den Sera von 26 Chinesen mit positivem bakteriologischem Stuhlbefund stets Antitoxin nachweisbar war, dessen Konzentration zwar nicht genau titriert wurde, aber immerhin groß genug war, um in der Menge von 0,1 cm^3 Serum 10 minimale tödliche Mausdosen zu neutralisieren. Von 30 Chinesen mit negativem Stuhlbefund hatten jedoch zwei ebenfalls Antitoxin im Blute und von mehreren vermochte das Serum Tetanusbazillen zu agglutinieren; es wurde als wahrscheinlich angenommen, daß die Individuen mit agglutininhaltigem Serum früher einmal Träger von Tetanusbazillen waren und daß sich die Agglutinine länger im Blute gehalten hatten als die Antitoxine. TENBROECK und BAUER waren überzeugt, daß die Entstehung des Antitoxins auf die Vermehrung der Tetanusbazillen im Darme zurückgeführt werden muß, und daß die Träger von Tetanusbazillen eine aktive Immunität gegen die Infektion mit Tetanusbazillen erwerben, welche in der Seltenheit des Tetanus unter den Chinesen ihren epidemiologischen Ausdruck findet.

Merkwürdigerweise konnte jedoch die Anwesenheit von nennenswerten Mengen Tetanusantitoxin im Blute des Menschen von keinem der folgenden Autoren bestätigt werden. G. Ramon und C. Zoeller (1926, 1927a, b), welche nicht nur an weißen Menschen, sondern auch an Negern, Annamiten, Arabern usw. Untersuchungen anstellten, hatten nur völlig negative Resultate zu verzeichnen, desgleichen E. Coleman und K. Meyer (1926) und E. T. H. Tsen und H. T. Chang (1928), welche die Sera von 83 Chinesen prüften; ebenso konnten E. M. Lincoln und Ch. K. Greenwald (1933) sowie D. H. Bergey und S. Elis (1936) nie einen Antitoxinspiegel feststellen, der über 0,0001 amerikanische Einheiten pro Kubikzentimeter Serum hinausging. Eine so anhaltende und massive Infektion des menschlichen Darminhaltes mit Tetanusbazillen, wie sie in den Fällen von Tenbroeck und Bauer bestanden zu haben scheint, wurde später auch nicht mehr festgestellt, obzwar die zitierten, im Journal of experimental Medicine veröffentlichten Arbeiten dieser Autoren geeignet waren, die allgemeine Aufmerksamkeit zu erregen und zu Nachprüfungen aufzufordern. In den Faeces von Menschen hat man wohl gelegentlich Tetanusbazillen gefunden, was nicht befremden kann, da ja zweifellos diese Keime mit ungekochten Nahrungsmitteln häufig aufgenommen werden. Aber die positiven Befunde waren immer nur Ausnahmen, wie aus den Angaben von W. J. Tulloch (1919/20) und P. Fildes (1925) hervorgeht, und manche Autoren verzeichneten unter zahlreichen Untersuchungen kein einziges positives Ergebnis, wie K. Scheunemann (1931), der 50 Stuhlproben, oder J. C. Kerrin (1928, 1929), der sogar 304 Stuhlproben von erwachsenen Menschen bakteriologisch untersuchte. Auch J. B. Mayer (1937) betont, daß ihm der Nachweis von Tetanusbazillen im menschlichen Darminhalt nie gelungen ist, während er mit der von ihm verwendeten Methode den Nachweis im Darminhalt von Pferden oder Meerschweinchen in einem hohen Prozentsatz der untersuchten Fälle zu erbringen vermochte. Die Wahrscheinlichkeit, daß der Mensch Tetanusbazillen oder ihre Sporen häufig per os einnimmt, sei es mit rohen Nahrungsmitteln, sei es infolge der engeren Berührung mit Tieren (Pferden), welche diese Keime mit dem Kote ausscheiden, kontrastiert mit der Seltenheit des Befundes der Keime im Stuhl oder Darminhalt des Menschen, und dieser Gegensatz erlaubt den Schluß, daß sich der Tetanusbazillus im menschlichen Darmtrakt nicht zu vermehren vermag, sondern als „ruhender" Keim das Darmrohr passiert.

Dafür spricht auch ein Selbstversuch, über den TENBROECK und BAUER (1923) berichtet haben. Einer der beiden Autoren verschluckte eine große Menge reifer Tetanussporen, worauf eine Periode einer ausgeprägten Obstipation einsetzte. Vor dem Verschlucken der Sporen konnten Tetanusbazillen in den Faeces nicht nachgewiesen werden, während der Obstipation waren sie im Stuhle reichlich vorhanden. Nachdem die Stuhlverstopfung zehn Tage angehalten hatte, mußte ein drastisches Abführmittel verabreicht werden, und nachdem dieses gewirkt hatte, waren die Tetanusbazillen völlig aus den Stuhlentleerungen verschwunden.

Bei manchen Versuchstieren scheinen sich dagegen verfütterte Tetanusbazillen im Darmkanal verhältnismäßig leicht einzunisten, wie die Versuche von C. TENBROECK und J. H. BAUER (1923/24, 1926) an Meerschweinchen zeigten. Bei solchen in experimentelle Träger, bzw. Ausscheider verwandelten Meerschweinchen traten bald nach der Verfütterung der Tetanusbazillen Agglutinine im Blute auf, welche auf den verfütterten Typus der Tetanusbazillen spezifisch eingestellt waren; später ließ sich auch Antitoxin nachweisen, welches am Ende des sechsten Monates einen Titer von 0,05 amerikanischen Einheiten pro Kubikzentimeter Serum erreichte. Ferner erwiesen sich die Träger als immun gegen eine Infektion mit dem verfütterten Typus, waren aber nicht oder kaum resistent gegen Injektionen von Tetanustoxin. Hierzu ist zu bemerken, daß die bei normalen Kontrolltieren regelmäßig zu einem letalen Tetanus führenden Infektionen in der Weise erzielt wurden, daß man in die Muskulatur einer hinteren Extremität eine geringe Anzahl gewaschener Sporen (zirka 1000), gemischt mit Aleuronat, injizierte. Was in den Resultaten der Versuche zum Ausdruck kam, war somit nicht die antitoxische, sondern die antiinfektiöse Immunität der keimtragenden Meerschweinchen. Denn die Tiere waren nur gegen die Infektion mit dem verfütterten Typus der Tetanusbazillen geschützt, für die nicht verfütterten Typen dagegen gerade so empfänglich wie normale Kontrollen; um eine hochspezifische Immunität zu erzielen, mußten die Versuchstiere mit mehreren Typen der Tetanusbazillen gefüttert werden. Ganz einwandfrei waren die Versuche allerdings, im Lichte späterer Forschungen betrachtet, nicht; strenge genommen hätte man den Titer des Antitoxins mit Hilfe desjenigen Toxins prüfen müssen, welches der verfütterte Bazillentypus produzierte, und zum Zwecke der Feststellung der Giftresistenz der keimtragenden Meerschweinchen wäre ebenfalls dieses und nicht ein beliebiges Toxin zu verwenden gewesen. Auf Grund neuerer Untersuchungen über die Toxizität der mit verschiedenen Stämmen gewonnenen Tetanustoxine und ihrer Neutralisierbarkeit durch Antitoxine haben sich nämlich Zweifel an der Homogenität und an der qualitativen Identität der Toxinpräparationen ergeben [G. F. PETRIE (1942/43), U. FRIEDEMANN und A. HOLLÄNDER

(1943)][1]. Eine wesentliche Rolle dürfte dieser Umstand bei den Versuchen von TENBROECK und BAUER nicht gespielt haben. Es war ja jedenfalls festgestellt worden, daß das Serum der keimtragenden Meerschweinchen das zur Prüfung der Giftresistenz verwendete Toxin zu neutralisieren vermochte und daß zwischen der so ermittelten Antitoxinmenge und der Immunität „gegen Tetanus" kein ursächlicher Konnex bestand, so daß TENBROECK und BAUER berechtigt waren, für die Immunität andere, und zwar typenspezifische Antikörper verantwortlich zu machen. So hätten diese Meerschweinchenversuche eine doppelte Bedeutung, einmal, weil aus ihnen hervorzugehen scheint, daß das Vegetieren von toxigenen Bakterien im Darme zur Bildung von Antitoxin führen kann, zweitens, weil sie lehren, daß auch beim Tetanus, den man noch mehr als die Diphtherie als „bakterielle Toxikose" aufzufassen geneigt war, dem Infektionsprozeß und der antiinfektiösen Immunität eine gewisse Selbständigkeit eingeräumt werden muß und daß man nicht das ganze Geschehen auf die Wirkung eines Exotoxins und den Begriff der antitoxischen Immunität reduzieren darf. Doch stimmen die Ergebnisse der Experimente an Meerschweinchen mit dem Verhalten anderer Tierarten, insbesondere der Pferde, nicht überein. Im Darme von Pferden können sich Tetanusbazillen ansiedeln und vermehren und im Serum von 121 Pferden, welche P. CONDREA, H. POENARU und G. DIMA (1937) untersuchten, konnten (von ganz jungen, 30 bis 50 Tage alten Fohlen abgesehen) fast regelmäßig H-Agglutinine für die Typen I bis V der Tetanusbazillen nachgewiesen werden, deren Titer von 1 : 5 bis 1 : 200 variierte. Dagegen fanden sich nie Agglutinine, welche auf unbegeißelte Tetanusbazillen wirkten (somatische oder 0-Agglutinine) und auch keine Spur von Antitoxin. Das Fehlen des Antitoxins wollen P. CONDREA und seine Mitarbeiter darauf zurückführen, daß die Tetanusbazillen im Darminhalt des Pferdes kein Toxin bilden können oder daß das Toxin zwar produziert, aber sofort durch die Verdauungssekrete und Fermente seines antigenen Vermögens beraubt wird; ein Beweis, daß eine dieser beiden Annahmen den Tatsachen entspricht, wurde nicht erbracht. Übrigens ist ja für die antiinfektiöse Immunität des keimtragenden Meerschweinchens der schwache Antitoxingehalt seines Blutes nicht maßgebend, sondern antibakterielle Antikörper und diese besitzt das keimtragende Pferd — nach dem Verhalten der Agglutinine zu schließen — ebenso wie das keimtragende Meerschweinchen; das Pferd ist aber für die natürliche Infektion mit Tetanusbazillen empfindlicher als irgendeine andere Säugetierart.

[1] Ob sich die Angaben dieser Autoren auch in Versuchen mit den hochgradig gereinigten Toxinen von M. J. PICKETT, HOEPRICH und GERMAN (1945) und von L. PILLEMER, WITTLER und GROSSBERG (1946) bewähren werden, muß die Zukunft lehren.

Wie aus den vorstehenden Ausführungen erhellt, ist das Problem des natürlichen Tetanusantitoxins noch nicht entschieden, obwohl manches eher für eine spontane Entstehung ohne den antigenen Reiz des Toxins oder eines toxoiden Derivates spricht. Daß eine spontane Entstehung die immunisatorische Produktion, z. B. die kryptogenetische Immunisierung durch im Darminhalt vegetierende Bazillen, nicht ausschließen würde, wurde an anderer Stelle bereits betont.

c) Vielzahl der im normalen Serum einer Tierart vorhandenen Antitoxine.

Außer dem Diphtherieantitoxin, welches bereits an anderer Stelle ausführlich besprochen wurde (s. S. 159) konnten im normalen Pferdeserum schon von P. EHRLICH (1898) Stoffe nachgewiesen werden, welche Tetanolysin neutralisieren, später Antitoxine gegen Staphylokokkentoxin [G. RAMON, R. RICHOU und J. DESCAZEAUX (1935)], gegen das Toxin des Preisz-Nocardschen Bazillus [RAMON, RICHOU, NICOL und LUPU (1936)] und bei 82 % der untersuchten Tiere ein Antitoxin gegen die η-Komponente des vom Cl. welchii Type A erzeugten Toxins [M. GUILLAUME (1944)]; etwas seltener zeigte normales Pferdeserum eine schwache antitoxische Wirksamkeit gegen die Toxine der Typen B, C, und D des Cl. welchii sowie gegen die Gifte des Cl. histolyticum, Cl. oedematiens und Cl. septicum [M. GUILLAUME (1944)]. Auch für andere Tierarten liegen analoge Angaben vor. So fanden RAMON, ERBER und RICHOU (1936) im Serum von Affen Diphtherie- und Staphylokokken-Antitoxin, und zwar auch im Serum desselben Tieres, dieselbe Koexistenz der beiden Antitoxine wurde von RAMON, RICHOU und DESCAZEAUX (1935) beim Menschen festgestellt, Staphylokokken-Antitoxin konnte besonders reichlich im Blute von Meerschweinchen, Kaninchen, Ratten, weißen Mäusen und ausnahmsweise auch von Tauben und Hühnern nachgewiesen werden [E. CARLINFANTI (1935), G. RAMON und R. RICHOU (1936), R. RICHOU (1936), H. BONNET, S. TIEFFRY und MONTEFIORE (1936)] usf.

Schon diese Daten sind, obwohl sie nur einen Auszug aus der Literatur dieses Themas darstellen, geeignet, die These von der ausschließlich immunisatorischen Entstehung der Antitoxine, für welche sich G. RAMON und seine Mitarbeiter mit einem so erheblichen Arbeitsaufwand eingesetzt hatten, zu erschüttern. Es ist nicht wahrscheinlich, daß ein und dieselbe Tierart so viele und verschiedene Antitoxine infolge okkulter Antigenimpulse produziert, und es ist auch nicht wahrscheinlich, daß die verschiedensten Tierarten zum Teil regelmäßig, zum Teil ausnahmsweise einem identischen Antigenreiz exponiert sind. Dies wird noch weit klarer, wenn man die Beobachtungen und experimentellen Untersuchungen nicht auf die Antitoxine beschränkt, wie das G. RAMON und seine Mitarbeiter getan haben, obwohl es gerade RAMON (1922) war, der die

Antitoxine durch seine Arbeiten über die Toxin-Antitoxin-Flockung in denselben Rang serologisch-spezifischer Wirkungsqualitäten stellen half, den alle andersbenannten Antikörper einnahmen. Hält man sich von dieser unmotivierten Einseitigkeit frei, so erkennt man, daß die Schar der im normalen Serum einer Tierart vorkommenden Antikörper derart groß ist, daß an die immunisatorische Entstehung jedes einzelnen Gliedes der Schar nicht zu denken ist, zumal sich manche dieser Antikörper gegen Antigene richten, mit welchen die Tierspezies nicht in Kontakt kommen kann. Das Serum des Pferdes zum Beispiel ist reich an bakteriellen Antikörpern, unter welchen auch Agglutinine für Choleravibrionen figurieren, es enthält H-Agglutinine für verschiedene Salmonella- und Clostridiumarten und wirkt spezifisch verklumpend auf die Erythrocyten einiger Säugetiere und Vögel (Tauben, Gänse).

Infolge der Einschränkung des Problems der Entstehungsart der in normalen Sera nachweisbaren Antikörper auf die Antitoxine sind Ramon und seine Mitarbeiter auf eine Art „negativer" Beweisführung verfallen. Es wurde nicht darauf geachtet, ob im normalen Serum Antikörper gegen ein Antigen auftreten, mit welchen der Serumspender unter natürlichen Verhältnissen nicht in Kontakt kommen kann, sondern umgekehrt, ob Antitoxine im Serum von Tieren fehlen, wenn das korrespondierende Toxin in ihrer Umwelt nicht vorhanden ist. So stellten Ramon, Richou, Nicol und Lupu (1936) im Serum von nichtvorbehandelten Pferden Antitoxine gegen Diphtherie- und Staphylokokkentoxin sowie gegen das Gift des Preisz-Nocardschen Bazillus fest, fanden aber nie Antiabrin oder Antitoxin gegen Vipern- oder Kobragift. R. Richou und E. Eichhorn (1936) prüften die Sera von Menschen, Affen, Pferden, Hammeln, Kaninchen, Meerschweinchen, ferner je ein Schweine- und ein Igelserum, konnten aber nie Antiabrin nachweisen und sahen in diesen negativen Ergebnissen ein unterstützendes Argument für die These von Ramon, daß ein Antitoxin nur infolge der Einwirkung des spezifischen Antigens produziert werden kann. Selbstverständlich kann man jedoch diese negativen Feststellungen nicht als Beweis auffassen, daß Antitoxine nie spontan (ohne Antigenreiz) entstehen können, ja nicht einmal dafür, daß sich Antiabrin und die Antitoxine gegen Schlangengifte nicht auf diese Art zu entwickeln vermögen. Wenn G. Ramon und R. Richou (1936 a) durch Verfütterung normaler Mengen von Ricinpreßkuchen Hammel gegen Ricin zu immunisieren und die Produktion von Antiricin auszulösen vermochten, geht daraus natürlich auch nicht hervor, daß das Antiricin im Serum normaler Hammel nur deshalb vermißt wird, weil sie kein Ricin per os aufnehmen, sondern nur, *daß diese Tierspezies spontan kein Antiricin bildet.* Wer sich auf den Standpunkt stellt, daß Globuline mit spezifischen Affinitäten produziert werden können, ohne daß die Substanz, mit welcher sie reagieren, vorher auf den Organismus als

Antigen eingewirkt hat, behauptet keineswegs, daß jedes beliebige Tier jeden beliebigen Antikörper bilden kann oder bilden muß. Gerade von dieser Annahme gehen die zitierten Versuche von Ramon und seinen Mitarbeitern implicite aus. Übrigens könnte man einmal die Angabe von R. Kobert (1900) nachprüfen, daß im normalen Hundeserum Anticrotin und Antiricin nachweisbar sind.

Erwähnt seien hier auch noch die Experimente von E. v. Dungern (1902), der in den Eiern von Seesternen (Asterias glacialis und Astropecten aurantiacus) eine Substanz feststellte, welche in noch sehr geringen Mengen die Spermatozoen verschiedener Seeigelarten (Echinus microtuberculatus, Sphaerechinus granularis, Strongylocentrotus lividus, Arbacia pustulosa) abtötete. Normales Kaninchenserum vermochte die spermotoxische Wirkung der Extrakte aus Seesterneiern aufzuheben, wozu im allgemeinen kleine Serummengen ausreichten; doch mußte ein bestimmtes Verhältnis zwischen der giftigen Eisubstanz und der Menge des zugesetzten Kaninchenserums eingehalten werden. Die antispermotoxische Wirkung des Kaninchenserums war gegen das Erwärmen auf 56 bis 60° C durch 30 Minuten resistent; daß es sich um ein „natürliches Antitoxin" gehandelt hat, ist jedoch unwahrscheinlich, weil die Wirksamkeit des normalen Kaninchenserums durch Immunisierung der Kaninchen mit Seesterneiersubstanz nicht gesteigert werden konnte.

E. Autohämolysine. — Die Kältehämoglobinurie.

Es handelt sich um eine in Form von meist kurzen Anfällen auftretende (paroxysmale) Ausscheidung von reichlichem Oxy- und Methämoglobin im roten oder rötlichbraun gefärbten Harn. Die Anfälle werden durch Schüttelfrost, rapiden Temperaturanstieg, Kreuzschmerzen eingeleitet und bilden sich in der Regel ebenso schnell zurück, wie sie sich entwickeln; schon am nächsten Tage kann der Harn frei von Hämoglobin sein, die Temperatur kehrt zur Norm zurück und die völlige Erholung beansprucht nur kurze Zeit. Dieses flüchtige Erscheinen und Verschwinden eines gefahrdrohenden Syndroms und die Tatsache, daß sich solche kurzdauernde Schübe zu wiederholen pflegen, veranlaßten Popper (1868) für diese Krankheitsform die Bezeichnung *„paroxysmale Hämoglobinurie"* einzuführen. Von diesem weiteren nosologischen Begriff wurde dann von L. Lichtheim (1878, 1883) die *„Kältehämoglobinurie"* abgetrennt, welche durch die Besonderheit des die Fälle auslösenden Faktors ausgezeichnet war. Die Hämoglobinurie setzt bei dieser Spezialform nach Kälteeinwirkungen ein, sei es nach Abkühlungen der ganzen Körperoberfläche oder einzelner Körperteile (kalte Fußbäder, Eintauchen der Hand in kaltes Wasser), wobei beobachtet werden kann, daß die Intensität von der Temperatur des abkühlenden Wassers und von der

Größe der abgekühlten Hautfläche abhängt. Den ursächlichen Zusammenhang zwischen Kälteeinwirkung und Hämoglobinurie konnte zuerst B. Küssner (1879) klarstellen, indem er einem Patienten während eines Anfalles Blut mit einem Schröpfkopf abzapfte und konstatierte, daß sich aus dem Blut rubinrotes Serum abschied. L. Lichtheim wiederholte diesen Versuch bei einem typischen Fall von Kältehämoglobinurie, bei welchem ein Anfall durch ein kaltes Fußbad provoziert wurde; aus der durch Aspiration aus einer Medianvene gewonnenen Blutprobe wurde ebenfalls hämoglobinhaltiges Serum ausgepreßt. Es stand nun außer Zweifel, daß die Hämoglobinurie auf einer *intravasalen Hämolyse* beruhte, und es war nur noch die Frage zu lösen, warum die Kälteeinwirkung zur Auflösung der Erythrocyten im strömenden Blut führt. Eine Annäherung an die richtige Antwort stellte ein einfaches, aber in diesem Stadium des Problems wichtiges Experiment dar, welches P. Ehrlich 1881 und bald darauf Boas (1883) mitteilten. Es wurde nämlich bei Individuen, die an Kältehämoglobinurie litten, in der anfallsfreien Zeit ein Finger an seiner Basis durch ein elastisches Band abgebunden und zuerst 15 Minuten in Eiswasser und hierauf ebenso lange in lauwarmes Wasser getaucht; in dem aus dem Finger entnommenen Blut waren Zerfallsformen roter Blutkörperchen nachzuweisen und das Serum enthielt Hämoglobin. Durch diese Versuchsanordnung wurde einerseits gezeigt, daß die Hämolyse eintritt, wenn die niedrige Temperatur auf eine kleine, von der Zirkulation abgesperrte Blutmenge einwirkt, so daß man wohl sagen kann, daß bis zur Verlegung des Vorganges in die Eprouvette nur noch ein einziger Schritt zurückzulegen war; anderseits steckte, wie die Folgezeit lehrte, in der Aufeinanderfolge von Kälte und Wärme der Schlüssel für den entscheidenden Versuch in vitro.

Bald nach der Entdeckung der Immunhämolyse [J. Bordet (1898)] sprach P. Ehrlich (1899) den Gedanken aus, daß das die Auflösung der eigenen Erythrocyten bewirkende Agens in Form eines lytischen Antikörpers im Serum der Hämoglobinuriker vorhanden sein könnte, eine Vermutung, die auch von anderen Autoren [Luzatti und Sorgente (1901), Chiarutini (1900), R. Kretz (1903) u. a.)] geteilt wurde. Unter Beweis gestellt wurde diese Vermutung durch J. Donath und K. Landsteiner (1904).

Donath und Landsteiner entnahmen Hämoglobinurikern Blut in der anfallsfreien Zeit, sonderten aus demselben das Serum und die Blutkörperchen ab und vermischten 5 Teile Serum mit 1 Teil Blutkörperchensediment. Wurden diese Mischungen bei 0 bis 5° C oder bei 37° C stehengelassen, so blieben die Erythrocyten intakt; wurden sie aber zuerst durch einige Zeit auf 0 bis 5° C abgekühlt und dann auf 37° C erwärmt, so trat in der Regel intensive Hämolyse ein. Die Analyse dieser Reaktion ergab, daß sie auch dann vor sich geht, wenn man nicht die Blutkörperchen eines Hämoglobinurikers, sondern die Erythrocyten irgendeines anderen, nicht an dieser Krankheit leidenden Menschen verwendet. Notwendig ist somit nur das Serum des Hämoglobinurikers. Die in demselben vorhandene wirksame Substanz besitzt die Eigenschaften eines hämolytischen Ambozeptors, da das Serum durch halbstündiges Erhitzen auf 50 bis 55° C inaktiviert und durch Zusatz von frischem Normalserum (vom Menschen oder Meerschweinchen) reaktiviert werden kann. Daß der autolytische Ambozeptor von den Erythrocyten in der Kälte, und zwar nur in der Kälte gebunden wird, konnten DONATH und LANDSTEINER in der Weise demonstrieren, daß sie von 2 Proben einer Serum-Blutkörperchen-Mischung die eine 30 Minuten in Eis, die andere ebenso lange bei 37° C stehenließen; dann wurden die Sera abzentrifugiert, vertauscht und beide Proben auf 37° C erwärmt; Hämolyse trat dann nur in der Probe ein, welche die vorher im Hämoglobinurikerserum abgekühlten Erythrocyten enthielt. Oder man kann eine solche Mischung kalt abzentrifugieren und das abgehobene Serum neuerdings mit Erythrocyten versetzen, abkühlen und erwärmen; die Lyse bleibt dann entweder ganz aus oder erfolgt nur in geringem Grade, je nachdem das Lysin vollständig oder unvollständig absorbiert wurde; durch wiederholte Absorption kann das Lysin jedenfalls fast komplett eliminiert werden.

Die Grundversuche von DONATH und LANDSTEINER wurden von zahlreichen Autoren [s. die Abhandlung von DONATH und LANDSTEINER (1925)] wiederholt und vielfach variiert, wobei Tatsachen und Schlußfolgerungen bestätigt, aber auch einige neue Beobachtungen gemacht wurden. Es zeigte sich vor allem, daß sich nicht alle Sera von Hämoglobinurikern identisch verhielten. Sowohl der Grad als auch die Dauer der Abkühlung, welche für die Lyse beim nachfolgenden Erwärmen auf 37° C erforderlich waren, schwankten innerhalb gewisser Grenzen, und zwar merkwürdigerweise auch dann, wenn man das zu verschiedenen Zeiten entnommene Serum desselben Patienten verwendet [E. MEYER und EMMERICH (1909)]. So genügte in manchen Fällen eine halbstündige Abkühlung auf 10 bis 15° C, um eine Hämolyse zu bewirken [DONATH und LANDSTEINER (1925, S. 191)], während E. GRAFE und L. MÜLLER (1908), welche Temperaturen von 0, 5, 10 und 15° prüften, nur bei 0 bis 5° positive Resultate erzielten; in einzelnen Versuchen war die Temperaturempfindlichkeit so groß, daß schon eine Abkühlung auf „Zimmertemperatur" (17° R oder 20° C) eine mehr oder minder starke Lyse ermöglichte [DONATH und LANDSTEINER, E. GRAFE (1911), E. MORO und S. NODA (1909)], und da dies auch unabsichtlich geschehen kann, sind möglicherweise die Angaben einiger Autoren, daß eine Lyse auch ohne vorhergehende Abkühlung eintreten kann, auf diese Fehlerquelle zurückzuführen. Es wurde daher von FR. WEINBERG (1921) sowie von L. S. HANNEMA und J. R. RYTMA (1922) verlangt, den DONATH-LAND-

STEINERschen Grundversuch mit vorgewärmten Gläsern und Flüssigkeiten auszuführen, um unbeabsichtigte Abkühlungen auszuschalten. Auch die Dauer der Abkühlung ist für das Ergebnis des Grundversuches nicht gleichgültig. W. YORKE und J. W. S. MACFIE (1921) untersuchten den Einfluß dieses Faktors in abgestuften Versuchen und konstatierten, daß die Lyse nach einer 5 Minuten langen Abkühlung auf zirka 0° C zehnmal stärker war, als wenn der gleiche Kältegrad 30 Minuten lang eingewirkt hatte. Stundenlanges Stehen der Serum-Blut-Gemische bei niedriger Temperatur kann das Zustandekommen der Lyse beim folgenden Erwärmen auf 37° C hindern oder sogar völlig vereiteln [DONATH und LANDSTEINER (1925), WIDAL und ROSTAINE (1905), J. EASON (1906)], was wahrscheinlich darauf zurückzuführen ist, daß in der Kälte nicht nur der lytische Ambozeptor, sondern auch das Mittelstück des Komplementes (nach der neuen Nomenklatur C′ 1) an die Blutkörperchen gebunden wird, und zwar in um so größerem Ausmaße, je länger der Kontakt dauert; wird dann das Gemisch erwärmt, so steht nicht genug von dem für die Lyse erforderlichen Endstück (C′ 2) zur Verfügung, bzw. die auf jedes sensibilisierte Blutkörperchen entfallende Menge Endstück reicht für den lytischen Effekt nicht aus [YORK und MACFIE (1921)].

Sollte die ursprünglich angegebene Methode kein Resultat geben, so empfehlen DONATH und LANDSTEINER (1925, S. 222) in folgender Weise vorzugehen: Das Blut des Patienten ist in einem auf 37° C vorgewärmten Röhrchen aufzufangen und bei dieser Temperatur zur Gerinnung zu bringen; die Abtrennung des Serums vom Blutkuchen hat sofort nach erfolgter Gerinnung unter Vermeidung jeder Abkühlung stattzufinden. Die Erythrocyten können nach den Angaben von MORO und NODA sowie von MEYER und EMMERICH in warmer NaCl-Lösung gewaschen werden, doch ist dies nicht unbedingt notwendig. Sodann werden 5 Teile Serum mit 1 Teil Blutkörpersediment vermischt, wobei es ratsam ist, das Hämoglobinurikerserum sofort nach seiner Gewinnung zu verwenden und nicht vor dem Ansetzen der Probe längere Zeit aufzubewahren, da die Wirksamkeit abnehmen kann. Das Gemisch wird durch 30 Minuten — nach YORK und MACFIE sowie G. MACKENZIE genügen 5 bis 10 Minuten — bei 0 bis 5° C gehalten, dann kurz unter Schütteln auf 37° C erwärmt oder auch für 2 Stunden in einen Thermostaten (37° C) eingestellt. Als Kontrollen gelten Gemische, welche nicht abgekühlt und sonst so behandelt werden wie die Versuchsröhrchen. Da die Lyse auch von dem Verhältnis der Erythrocytenmenge zur Konzentration des Lysins im Patientenserum abhängen kann, wären im Falle eines negativen Ergebnisses andere quantitative Beziehungen zu prüfen.

Bleibt das Resultat negativ, so müßte man daran denken, daß an dem Mißerfolg die Armut des Patientenserums an Komplement schuld sein könnte. Man kann dann so vorgehen, daß man die Blutserummischung (im Verhältnis von 5 Tropfen Serum zu 1 Tropfen 20% Erythrocytensuspension hergestellt) 30 Minuten in Eis hält, bei zirka 0° C auszentrifugiert, die ausgeschleuderten Blutkörperchen zweimal mit eiskalter Kochsalzlösung wäscht und schließlich zu dem bei der letzten Waschprozedur erhaltenen Bodensatz entweder 5 Tropfen aktives normales (an sich nicht lösendes) Menschenserum oder frisches, 1 : 10 verdünntes Meerschweinchenserum in gleicher Menge zusetzt; sodann werden die Röhrchen in den Thermostaten gebracht.

Die Kältehämoglobinurie entwickelt sich fast immer im Gefolge einer syphilitischen Infektion, eine Ätiologie, welche den Schluß zuläßt, daß das der Krankheit zugrunde liegende Lysin ebensowenig als ein „natürlicher" Antikörper aufzufassen ist als das „Reagin" im Serum der Luetiker. Aus dieser Parallele ergibt sich zunächst die Frage, ob das Autolysin mit dem Luesreagin identisch ist. Diese Möglichkeit mußte jedoch abgelehnt werden, erstens, weil die Reaktion der Kältehämoglobinuriker weit seltener ist als die Wassermannsche Reaktion; zweitens, weil anderseits sichere Luesfälle beobachtet wurden, in denen die Wa-R negativ, die Lysinreaktion positiv war; drittens, weil sich durch eine antiluetische Behandlung von Hämoglobinurikern mit positiver Wa-R die beiden Reaktionen dissoziieren lassen, derart, daß die eine verschwindet oder schwächer wird, während die andere nicht beeinflußt wird; viertens, weil sich das Lysin aus dem Serum von Hämoglobinurikern durch wiederholte Kälteabsorption vollständig oder fast vollständig eliminieren läßt, ohne daß dadurch die Reaktionsfähigkeit des Serums im Wassermann-Test aufgehoben würde [Moro und Noda (1909), Matsuo (1912), P. Kaznelson (1922) u. a.].

Die Art der Entstehung ist weder für die syphilitischen Reagine noch für die Autolysine der Hämoglobinuriker sicher festgestellt. K. Landsteiner (1945, S. 102 f.) hat zu diesem Problem in folgender Art Stellung genommen: Für die Ansichten über die Produktion der syphilitischen Reagine seien zwei Ausgangspunkte maßgebend, nämlich einerseits die Tatsache, daß die Sera von Luetikern sowohl mit Extrakten aus spirochätenhaltigen Geweben als auch mit alkoholischen Extrakten beliebiger normaler Organe Komplementbindung oder Flockungsreaktionen geben, anderseits die Möglichkeit, durch Kombinationsimmunisierung von Kaninchen mit alkoholischen Organextrakten, denen man ein artfremdes Serum zusetzt, Antisera zu erhalten, welche ähnliche Eigenschaften aufweisen wie die Sera von syphilitischen Menschen [H. Sachs, Klopstock und Weil (1925)]. H. Sachs und seine Mitarbeiter nehmen daher an, daß die syphilitischen Reagine durch Autoimmunisierung mit pathologisch veränderten Gewebssubstanzen entstehen, während Landsteiner meint, die Spezifität der Wa-R für Syphilis, die zwar nicht absolut, aber doch stark ausgeprägt ist wäre verständlicher, wenn man die Reagine als Antikörper auffaßt, welche durch die immunisierende Wirkung der Spirochäten gebildet werden und Verwandtschaftsreaktionen mit Substanzen geben, welche in chemisch ähnlicher Beschaffenheit sowohl in den Spirochäten als auch in alkoholischen Gewebsextrakten vorhanden sind. Bei den Autolysinen erscheine die Hypothese plausibler, daß eine Autoimmunisierung durch veränderte körpereigene Zellen vorliegt, schon wegen der spezifischen Einstellung dieser Antikörper auf *menschliche* Erythrocyten. Damit ist indes das Problem der Genese der Autolysine, auch vom hypothetischen Standpunkt aus betrachtet, nicht erledigt, da noch eine Angabe oder Vermutung fehlt, warum sich diese Autoimmunisierung, resp. die durch dieselbe bedingte Krankheit, im Laufe der syphilitischen Infektion so selten ereignet.

Lösungen der schwebenden Fragen wurden auch auf experimentellem Wege versucht. M. NANBA (1925) gewann sowohl von syphilitischen wie von normalen Kaninchen durch Immunisierung mit dem „FORSSMANschen Antigen", d. h. mit Emulsionen der Niere von Meerschweinchen, Hunden, Pferden, stark wirkende Autolysine, welche sich in vitro und in vivo so verhielten wie die Autolysine der Kältehämoglobinuriker. Immunisierungen mit Rinderniere lieferten gleichfalls positive Resultate, obzwar in dem Organismus des Rindes die FORSSMANsche Substanz nicht nachweisbar ist; Niere von Kaninchen sowie vom Schweine, zwei F-freien Tierspezies, waren allerdings unwirksam, aber die Beziehung zum FORSSMANschen Antigen blieb unaufgeklärt. Nach der Ansicht von NANBA enthalten die Syphilisspirochäten und die Organe verschiedener Tiere gleiche oder ähnliche Stoffe, welche die Reagine der Wa-R und Autolysine erzeugen, die nur in der Kälte gebunden werden; diese Formulierung ist natürlich unbefriedigend. Ö. FISCHER (1928) ging von den Versuchen von H. SACHS, S. KLOPSTOCK und A. J. WEIL (1925) aus, denen es gelang, durch Immunisierung mit alkoholischen Extrakten aus Kaninchenorganen (in Mischung mit artfremdem Serum) von Kaninchen ein Antiserum zu erhalten, welches sich in der WASSERMANNschen Reaktion wie ein Luetikerserum verhielt. FISCHER stellte daher in Anlehnung an diese Resultate, welche äußerlich als „Autoimmunisierungen" aufgefaßt werden konnten, alkoholische Extrakte aus 20 bis 50 cm³ Vollblut von Kaninchen her, mischte die Extrakte mit Schweineserum und immunisierte Kaninchen mit dem kombinierten Antigen. 4 von 7 Kaninchen lieferten 20 Tage nach der letzten immunisierenden Injektion ein Antiserum, welches auf Kaninchenerythrocyten unter denselben Bedingungen lytisch wirkte wie das Serum eines Hämoglobinurikers auf menschliche Blutkörperchen. Der Wert dieses Ergebnisses wird aber eingeschränkt durch den Umstand, daß NANBA mit heterologen Organextrakten die gleichen Erfolge erzielt hatte sowie auch dadurch, daß man durch Kombinationsimmunisierung mit alkoholischen Extrakten aus artgleichen oder artfremden Organen nicht nur ein in der Kälte reagierendes Autolysin, sondern auch ein dem syphilitischen serologisch gleichwertiges Reagin erhält; wie bereits ausgeführt wurde, sind diese beiden Antikörper voneinander verschieden und der eine bildet sich im Laufe des syphilitischen Infektes beim Menschen regelmäßig, der andere nur ausnahmsweise; schließlich fehlt auch die immunchemische Begründung der Tatsache, daß die Autolysine spezifisch auf die Blutkörperchen des Menschen eingestellt sind, und zwar, was zweifellos wichtig ist, nicht auf die Blutzellen des Hämoglobinurikers, sondern auf menschliche Blutkörperchen überhaupt, d. h. auf einen die Artspezifität derselben bedingenden Rezeptor. Schließlich sei noch eine Arbeit von Sh. Sunami (1930) erwähnt, welcher durch Immunisierung von Kaninchen mit einem Gemisch von Lecithin und Schweineserum ebenfalls Autolysine erzeugt haben will. Interesse bietet nur die Angabe, daß es zwei Sorten von Kaninchen gibt, von denen nur die eine zur Lysinbildung befähigt ist, weil ihre Blutkörperchen das entsprechende Antigen besitzen. Soweit sich der Verfasser hierüber Gewißheit verschaffen konnte, fehlt in den angeführten experimentellen Untersuchungen die ausdrückliche Feststellung, daß die von Kaninchen gewonnenen Autolysine für Kanincheneryhthrocyten spezifisch waren.

F. Die Kältehämagglutinine.

Unter dem Titel „Über Beziehungen zwischen dem Blutserum und den Körperzellen“ teilte K. Landsteiner (1903) Beobachtungen mit, denen zufolge das Blutserum verschiedener Tierarten (Kaninchen, Hühner, Meerschweinchen, Pferde, Hunde und Rinder) die Fähigkeit besitzt, artgleiche oder individuumgleiche Erythrocyten bei niederer Temperatur (Temperatur des Eiskastens oder 0° C) kräftig zu agglutinieren. Landsteiner wies nach, daß diese Reaktion, welche er als „Autoagglutination“ bezeichnete, darauf beruht, daß im normalen Serum Stoffe („Autoagglutinine“) vorhanden sind, welche von den Blutkörperchen fixiert werden, und daß diese Bindung sowohl wie ihre sichtbare Folge, die Verklumpung der Erythrocyten, rückgängig gemacht werden können, wenn man die Temperatur der Reaktionsgemische auf 18 bis 20° C erhöht. Der wirksame Serumstoff wird also durch das Erwärmen wieder abdissoziiert und kann nach dem Abzentrifugieren der Blutkörperchen in der überstehenden Flüssigkeit nachgewiesen werden, wenn man diese mit Erythrocyten in der Kälte reagieren läßt. Wäscht man bei 0° C agglutinierte Blutkörperchen mit eisgekühlter NaCl-Lösung und erwärmt die Suspension der gewaschenen Blutzellen in NaCl-Lösung, so erhält man das Agglutinin in weitgehend gereinigtem

Zustande. LANDSTEINER erwähnt, daß solche gereinigte Agglutininlösungen nicht nur auf artgleiche, sondern auch auf artfremde Blutkörperchen wirken und führt als Beispiel an, daß ein aus Kaninchenserum isoliertes „Autoagglutinin" nicht nur Kaninchen-, sondern auch Taubenerythrocyten agglutiniert; er ging jedoch auf diesen Mangel an Spezifität nicht weiter ein und hebt auch nicht ausdrücklich hervor, daß auch die artfremden Erythrocyten nur bei hinreichend niedriger Temperatur ausgefällt werden, obgleich dieser Umstand als Beweis wichtig gewesen wäre, daß die an niedrige Temperaturen gebundene Reaktionsfähigkeit eine Eigenschaft der Serumstoffe und von der Art der zum Versuch verwendeten Blutkörperchen unabhängig ist. Die von ihm beobachteten „Autoagglutinationen" brachte LANDSTEINER in engste Beziehung zur Geldrollenbildung (Pseudoagglutination), weil er fand, daß sich die Erythrocyten bei höheren Graden der Wirkung zu großen, mit freiem Auge leicht erkennbaren Klumpen vereinigten, während in den Proben, die geringere Wirkung zeigten, „also bei reichlicherem Blutzusatz oder bei höherer Temperatur" Geldrollenbildung eintrat. Dann heißt es a. a. O.: „Die Neigung zur Ausbildung dieser Gruppierung bei der Agglutination durch das gut konservierende eigene Serum spricht sich auch darin aus, daß man gewöhnlich innerhalb der größeren Klümpchen die sogenannte Geldrollenbildung immerhin bemerken kann." LANDSTEINER hat also die durch Agglutination in der Kälte entstandenen Agglutinate mikroskopisch untersucht und dabei Bilder gesehen, welche der Abb. 8 entsprechen. In der Folge hat sich auch O. THOMSEN (1928) mit der mikroskopischen Struktur der in der Kälte entstandenen Agglutinate und mit den Beziehungen zwischen Geldrollenbildung und Agglutination beschäftigt; seine Beobachtungen sollen später ausführlicher erörtert werden. In der zitierten Arbeit von LANDSTEINER findet man ferner auch die Angabe, daß man den wirksamen Stoff aus Kaninchenserum auch durch Fällung mit Kohlensäure und Umfällen des abgeschiedenen Globulins isolieren, bzw. reinigen kann; das erhaltene Präparat agglutinierte außer Kaninchenerythrocyten auch Pferdeblut. Quantitative Bestimmungen des Agglutinins in den geprüften normalen Tiersera wurden nicht ausgeführt; LANDSTEINER variierte in Reihenversuchen lediglich das Verhältnis des Serums zum defibrinierten Blut (10 : 1, 10 : 0,1, 10 : 0,02, 10 : 0,01 usf.); sofern sich Verdünnungen als notwendig erwiesen, wurde dazu in der Regel das eigene Serum, seltener 1%-NaCl-Lösung verwendet.

Noch im gleichen Jahre stellte U. BIFFI (1903) fest, daß auch menschliches Serum die Blutkörperchen des Serumspenders agglutiniert und daß diese „Autoagglutination" bei gewissen Infektionskrankheiten (Pneumonie, Malaria, Oroyafieber) besonders stark ausgeprägt ist. BIFFI war nicht der Ansicht, daß diese Reaktionen mit der Geldrollenbildung identisch oder nahe verwandt sind; er nahm vielmehr an, daß diese beiden Phänomene durch verschiedene Serumstoffe („Agglutinine") hervorgerufen werden.

Auch in der letzten Auflage seines bekannten Werkes "The specificity of serological reactions" (1945) bezeichnet K. LANDSTEINER als die wesentlichste Eigenschaft der von ihm entdeckten Agglutinine die Fähigkeit, auf die roten Blutzellen desselben Individuums einzuwirken, und nennt sie daher geradezu *normale Autoagglutinine*. Andere Autoren schlossen sich LANDSTEINER an, aber PR. MINO (1924) nahm dagegen Stellung, weil der Ausdruck Autoagglutination eine Aussage über die Spezifität enthält, nämlich über die ausschließliche Reaktionsfähigkeit mit körpereigenen oder artgleichen Blutkörperchen, welche de facto nicht vorhanden ist; für die sogenannten Autoagglutinine sei es vielmehr charakteristisch, daß sie auf eine größere Zahl von untereinander verwandten oder nicht verwandten Erythrocytenarten fällend einwirken, und MINO schlug daher, ins andere Extrem verfallend, den Terminus *Panagglutinine* vor. Aus der Abhängigkeit der Reaktionen von der Temperatur ergab sich als drittes Synonymum der Name „*Kälteagglutinine*". Es ist klar, erstens daß jeder der drei angeführten Ausdrücke nur eine Seite des Phänomens hervorhebt und die anderen Eigenschaften unberücksichtigt läßt, zweitens daß das terminologisch ausgezeichnete Merkmal in keinem Falle scharf definiert ist. Es werden ja nicht nur die körpereigenen Blutkörperchen agglutiniert und ebensowenig beliebige Blutkörperchen; ferner ist auch die Beziehung der „ Kälteagglutination" zu der sie ermöglichenden Temperatur dem Grade nach unbestimmt; es ist immer ein Temperaturintervall, in welchem die Reaktion ablaufen kann, und dieses Intervall ist keineswegs bei allen Kälteagglutinationen identisch, und wird überdies nicht nur von der Natur des Antikörpers, sondern auch von seinem Titer [K. KETTEL (1930) u. a.] beeinflußt.

Ist es nun zur Zeit nicht möglich, durch ein einziges Wort alle Eigenschaften der in Rede stehenden Reaktionen und der sie bewirkenden Serumstoffe begrifflich zu erfassen, so kann man doch, wie sich dies in der Serologie schon oft als notwendig erwiesen hat, so vorgehen, daß man willkürlich einen Terminus zum Zwecke leichterer Verständigung auswählt und seine Bedeutung durch Aufzählung der essentiellen Merkmale festlegt. So sind D. STATS und L. R. WASSERMANN (1943) vorgegangen. Sie entschieden sich für die Bezeichnung „Kälteagglutinine", weil darin eine fundamentale Eigenschaft dieser Kategorie von Antikörpern zum Ausdruck kommt, welche experimentell und klinisch wichtig ist, und umschreiben den Inhalt dieses serologischen Begriffes wie folgt:

1. Eine Mischung von roten Blutzellen und Serum ergibt in der Kälte eine Agglutination, was am besten zwischen 0 und 5° C demon-

striert werden kann. Bei 37° C und in der Regel schon bei Temperaturen über 25° C tritt keine Agglutination ein.

2. Die in der Kälte erfolgte Agglutination kann durch Erwärmen auf 20 bis 30° C rückgängig gemacht und durch Abkühlen unter 10 bis 20° C wieder hervorgerufen werden.

3. Der Antikörper in einem solchen Serum, falls dieses vom Menschen stammt, agglutiniert alle menschlichen Blutkörperchen, gleichgültig welcher Gruppe dieselben angehören. Geringe Variationen in der Intensität der Agglutination kommen vor.

4. Das agglutinierende Serum wirkt auch in verschiedenem Grade auf die Erythrocyten mancher nicht-verwandten Spezies.

5. Ein Serum, welches Kältehämagglutinine enthält, kann durch eine geeignete Absorption mit Erythrocyten in der Kälte erschöpft (seiner Wirkung beraubt) werden.

6. Absorbierte Agglutinine werden von den agglutinierten Erythrocyten wieder abgegeben, wenn man die Temperatur auf 37° C erhöht.

7. Wie andere Agglutinine, hält sich das Kältehämagglutinin bei Aufbewahrung in der Kälte, wobei die Wirksamkeit nur in geringerem Grade abnimmt.

8. Kältehämagglutinine verlieren ihre Wirksamkeit nicht, wenn man sie 30 Minuten lang auf 56° C erhitzt.

Dem Punkt 5 dieser Liste kommt eine besondere Bedeutung zu. Jeder Antikörper wird durch ein entsprechend determiniertes Antigen gebunden; hat das Antigen die Form von Zellen (Erythrocyten, Bakterien), so kann man durch das Abzentrifugieren der mit dem Antikörper beladenen Zellen diesen aus dem zur Reaktion verwendeten Serum eliminieren. Gibt dieser Absorptionsversuch auch unter optimalen Bedingungen stets negative Resultate, so darf eine Antigen-Antikörper-Reaktion als Ursache von Vorgängen, die sich beim Vermischen von Serum mit Zellen abspielen, ausgeschlossen werden. Das ist nun der Fall bei der „*Pseudoagglutination*", die sich mikroskopisch als Geldrollenbildung darstellt. Das aktive Prinzip im Serum oder Plasma, welches die Geldrollenbildung hervorruft, ist „nicht adsorbierbar", wie sich die Serologen, nur das negative Resultat wertend, ausdrücken. Die Pseudoagglutination ist größtenteils bedingt durch den Gehalt des Serums, bzw. Plasmas an Globulin und Fibrinogen sowie durch Veränderungen an anderen Serumproteinen [R. Fahräus (1929), T. H. Ham und F. C. Curtis (1938) u. a.], d. h. durch Faktoren, welche die Viscosität bestimmen; die Reaktion *kann* daher nicht spezifisch sein, d. h. das Serum eines Menschen, welches mit den eigenen Blutkörperchen Geldrollenbildung gibt, wird mit irgendwelchen andern Erythrocyten in ähnlicher Weise reagieren, was auch tatsächlich festgestellt werden konnte. Daß die Viscosität des Mediums, in welchem die Zellen suspendiert sind, für die Pseudoagglutination maßgebend ist, geht daraus hervor, daß Modellversuche mit viscösen Substanzen wie Gummi acaciae, Tragant, Gelatine analoge Wirkungen hatten [H. WILTSHIRE (1912/13)] und daß die Sera, bzw. Plasmata unwirksam werden, wenn man sie auch nur in geringem Grade (1 : 2 oder 1 : 3) mit physiologischer NaCl-Lösung verdünnt [S. G. SHATTOCK (1900)]; erfolgt die Pseudoagglutination zwischen Deckglas und Objektträger, so genügt schon der Zusatz eines Tropfens NaCl-Lösung, um die meisten Zellaggregate zu dissoziieren. Diese außerordentliche Empfindlichkeit gegen das Verdünnen mit NaCl-Lösung erinnert an das Verhalten des Conglutinins und des X-Proteins von K. O. PEDERSEN (vgl. das folgende Kapitel); vielleicht besteht tatsächlich ein engerer Konnex.

Somit muß die Pseudoagglutination von den Agglutinationen durch „adsorbierbare Serumstoffe", wozu ja auch die Kälteagglutinationen gehören, scharf abgetrennt werden, trotz aller Versuche, gegenteilige Auffassungen zur Geltung zu bringen. O. THOMSEN (1928) stellte sich zwar auf den Standpunkt, daß Geldrollenbildung und Kälteagglutination („echte Agglutination") ganz verschiedene Prozesse sind, nahm aber doch an „daß kräftige Geldrollenbildung für die Betätigung des Agglutinins bei höherer Temperatur eine gute Basis abgibt", wobei unter „höherer Temperatur" 18 bis 20° C gemeint waren. Es sei hier nur ein durch Abbildungen mikroskopischer Präparate illustrierter Versuch erwähnt. THOMSEN vermischte auf einem Objektträger eine Blutkörperchensuspension mit einem Kälteagglutinin bei 18° C und legte ein Deckglas auf. Nachdem die Agglutination eingetreten war, wurde das Präparat 2- bis 4mal ganz kurz über der Sparflamme eines Bunsenbrenners auf etwa 35° C erwärmt und wieder abgekühlt; beim Erwärmen hörte die Agglutination augenblicklich auf, beim Abkühlen trat sie immer wieder hervor, aber im mikroskopischen Bilde wurde die Geldrollenbildung in zunehmendem Grade deutlicher, bis nach der viermaligen Erwärmung mit anschließender Abkühlung die typischen Geldrollen vorherrschten. Es ist anzunehmen, daß das verwendete Serum nicht bloß ein Kälteagglutinin enthielt, sondern auch die Eigenschaften besaß, welche für eine kräftige Geldrollenbildung erforderlich sind. Die Geldrollenbildung wurde vermutlich durch die Kälteagglutination anfänglich maskiert, und daß sie zum Schlusse das Bild beherrschte, konnte auf die Abschwächung des Kälteagglutinins bezogen werden. Daß aber nach der viermaligen Wiederholung des Erwärmens und Abkühlens im mikroskopischen Gesichtsfeld so viele, wohlerhaltene Erythrocyten in Geldrollen zu sehen waren, scheint dafür zu sprechen, daß die Erythrocyten unter der Kälteagglutination nur wenig leiden und nicht so beschädigt werden wie durch Agglutinationen bei 37° C (vgl. Abb. 9). Doch müßte dies durch geeignete Versuchsanordnungen außer Zweifel gestellt werden; m Versuch von THOMSEN waren die Erythrocyten in sehr schwach verdünntem Serum (1 Tropfen Serum + 1 Tropfen 1,2% Blutkörpersuspension) aufgeschwemmt, während sonst die Sera zwecks Titrierung ihrer Wirkungsstärke mit Kochsalzlösung fortlaufend verdünnt werden.

Von den Kälteagglutinationen konnte ferner das sogenannte „THOMSENsche Phänomen", d. h. die Erscheinung abgetrennt werden, daß Blutkörperchen durch gewisse Bakterien eine Veränderung erleiden, kraft welcher sie durch jedes beliebige menschliche Serum, auch durch das Serum der Person, von welcher sie stammen, sowie durch Sera von Individuen der Gruppe AB agglutiniert werden. Wie auf S. 23 auseinandergesetzt wurde, erklärte V. FRIEDENREICH (1930) in einer dem Studium dieses Phänomens gewidmeten Monographie den Reaktionsmechanismus durch die Hypothese, daß die Bakterien Fermente abgeben, welche ein in allen menschlichen Erythrocyten vorhandenes latentes T-Agglutinogen aktivieren, auf welches ein in jedem Menschenserum existierendes T-Agglutinin einwirkt. Daß tatsächlich eine Antigen-Antikörper-Reaktion vorliegt, suchte FRIEDENREICH durch eine interessante Variante des Absorptionsversuches zu beweisen. Er transformierte Erythrocyten der Gruppe 0 durch Bakterien und absorbierte mit denselben die T-Agglutinine aus einem Menschenserum; mit diesem absorbierten Serum geprüft, erwiesen sich transformierte Erythrocyten nicht mehr als „panagglutinabel", sondern wurden nur noch durch das Isoagglutinin geflockt, welches ihrer Gruppenzugehörigkeit entsprach. Das Agglutinin, von welchem das THOMSENsche Phänomen abhängt, wird an die Erythrocyten, welche es ausflockt, adsorbiert und wirkt auf menschliche Erythrocyten von beliebiger Gruppenzugehörigkeit; es verhält sich somit wie ein „Kälteagglutinin". Die Abhängigkeit von der Temperatur ist bei dem THOMSENschen Phänomen und bei der Kälteagglutination nicht in dem Grade verschieden, daß auf Grund dieses Kriteriums eine scharfe Grenze gezogen werden könnte; sowohl die T-Agglutinine als auch die Kälteagglutinine weisen bei niedriger Temperatur einen höheren Titer auf, und die Temperaturmaxima, bei welchen die Agglutination noch zustande kommt, zeigen keine durchgreifende Differenz, obwohl es im allgemeinen zutrifft, daß die Kälteagglutinine über 25° C nur selten wirksam sind, während das THOMSENsche Phänomen gelegentlich noch bei 37° C in abgeschwächter Form beobachtet wurde. Diese Analogien veranlaßten L. LATTES und C. CREMA (1928), die Identität des THOMSENschen Phänomens mit der Kälteagglutination anzunehmen, eine Auffassung, die aber bald darauf von V. FRIEDENREICH (1930) abgelehnt wurde, weil er die Unabhängigkeit der den beiden Reaktionen zugrundeliegenden Antikörper serologisch nachzuweisen vermochte; aus einem Serum, welches beide Antikörper enthält, konnte nämlich das Kälteagglutinin restlos absorbiert werden, ohne das T-Agglutinin zu beeinflussen. Diese Differenzierung durch Absorption könnte darauf beruhen, daß das T-Agglutinin an einem anderen Rezeptor der Erythrocyten angreift als die gewöhnlichen Kälteagglutinine; der rein serologische Tatbestand würde jedenfalls erlauben, das T-Agglutinin als ein „Kälteagglutinin mit besonderer Affinität" zu definieren. Es besteht jedoch noch ein anderer, und zwar ein grundsätzlicher Unterschied. Kälteagglutinine wirken auf Erythrocyten aus frischen und sicher sterilen Blutproben, während das THOMSENsche Phänomen nur mit älteren und meist bakteriell verunreinigten Erythrocytenaufschwemmungen reproduziert werden kann, also auf einer sekundären Veränderung der roten Blutzellen beruht, die sich unabhängig von der Blutgruppenzugehörigkeit des Blutspenders entwickelt.

Es sei an dieser Stelle bemerkt, daß die Spezifität hämagglutinierender, steril aufbewahrter Sera durch Aufbewahrung bei niedriger Temperatur (Eisschrank) reduziert werden kann. W. C. BOYD, L. G. BOYD und E. R. WARSHAVER (1945) sowie D. F. CAPPELL und M. N. MCFARLANE (1946) konnten diese spontane Abnahme der Spezifität an zu diagnostischen Zwecken konservierten Antisera feststellen, welche durch Absorption mit geeigneten Erythrocyten spezifisch auf den Faktor Rh eingestellt worden waren. An dem THOMSENschen Phänomen sind jedoch anscheinend nur Alterationen der Erythrocyten und nicht Veränderungen der wirksamen Sera beteiligt (s. oben) und dieser Umstand allein genügt, um dieser „Panagglutination" eine Sonderstellung zuzuerkennen und sie aus der Kategorie der Kälteagglutinationen auszuscheiden, für deren Zustandekommen offenbar die besondere Beschaffenheit der agglutinierenden Serumglobuline maßgebend ist.

Kältehämagglutinine, welche die von D. STATS und L. R. WASSERMAN angeführten Eigenschaften (s. S. 203 f.) aufweisen, wurden, wie bereits einleitend hervorgehoben wurde, zuerst von K. LANDSTEINER (1903) im normalen Serum verschiedener Tierarten nachgewiesen; die Befunde von LANDSTEINER konnten R. OTTENBERG und W. THALHIMER (1915), I. YU (1928), G. WALTHER (1929) und K. M. WHEELER (1938) bestätigen und durch Untersuchungen anderer Tiere ergänzen. Im Serum des Menschen scheinen sie regelmäßig vorzukommen, wenn man die von K. KETTEL (1930) als notwendig bezeichnete Technik einhält und das dem Probanden entnommene Blut bei 37° C gerinnen läßt, um die Adsorption der Agglutinine an die Erythrocyten, die bei vorzeitiger Abkühlung leicht eintreten könnte, zu verhindern (vgl. hierzu S. 198). Unter dieser Bedingung erzielte KETTEL bei 600 Personen 95% positive Ergebnisse. Obgleich sich die Untersuchungen von KETTEL sowie die vorangegangenen von R. AMZEL und L. HIRSZFELD (1925) auf Individuen erstreckten, welche wegen irgendwelcher Krankheiten in Spitalsbehandlung standen, darf man doch — schon in Anbetracht des Nachweises der Kälteagglutinine im Serum der verschiedenen normalen Tiere — mit großer Wahrscheinlichkeit annehmen, daß diese Antikörper auch im Serum gesunder Menschen häufiger zu finden sind. Anderseits besteht kein Zweifel, daß Kälteagglutinine bei pathologischen Zuständen festgestellt werden; eine den Zeitraum von 1840 bis 1943 umfassende tabellarische Übersicht der publizierten Fälle findet man in dem ausführlichen Artikel von STATS und WASSERMAN. Nach diesen Autoren können sich die pathologischen Kälteagglutinine nach dem Überstehen der Krankheit wieder zurückbilden oder persistieren. Rückbildungsfältige Kälteagglutinine wurden bei akuten Infektionskrankheiten[1], bei der Trypanosomiasis, bei der akuten hämolytischen Anämie und in manchen Fällen von chronischer hämolytischer Anämie beobachtet; die Berichte über persistierende Kälteagglutinine betreffen Erkrankungen an Lebercirrhose, RAYNAUDschem Symptomenkomplex, Gangrän der Finger und Zehen und zum Teile auch an chronischer hämolytischer Anämie. Wenn es nun richtig ist, daß Kältehämagglutinine auch im Serum gesunder Menschen nachgewiesen werden können, erhebt sich die Frage, ob sich diese normalen Agglutinine von den pathologischen, d. h. unter krankhaften Bedingungen auftretenden unterscheiden. Es ist dies ein Spezialfall des allgemeinen Problems, ob und wie sich natürliche (ohne nachweisbaren Antigenreiz entstandene) Antikörper von den immunisatorisch erzeugten abgrenzen lassen. Naturgemäß sucht man zunächst festzustellen, ob sich die beiden Arten der Antikörper durch besondere Eigenschaften auszeichnen. Auf S. 28 bis S. 75 wurde ausführlich auseinandergesetzt, daß dieser Weg nicht zum Ziele führt, und bei den Kältehämagglutininen hat man dieselbe Erfahrung gemacht. Es existieren zwar Differenzen hinsichtlich des Titers der Kälteagglutinine sowie in Beziehung auf ihre thermale Amplitude, sie sind aber nur graduell und auch nicht konstant. Die Kälteagglutinine der normalen Sera haben im allgemeinen einen niedrigen Titer. Von den Sera, welche K. KETTEL untersuchte, agglutinierten 86 % nur in Verdünnungen bis zu 1 : 16 oder in noch geringeren Dilutionen. Allerdings stammten, wie bereits erwähnt, die Proben von hospitalisierten Patienten, was zwar nicht so sehr für die Beurteilung

---

[1] Kälteagglutinine können besonders häufig (bis zu 35 bis 40 Prozent der Fälle) im Serum von Individuen nachgewiesen werden, welche an primärer Viruspneumonie leiden; Titer von 1:160 und mehr sind oft vorhanden und zuweilen wurden auch sehr hohe Werte (1:10 000) verzeichnet. Da die Kälteagglutinine bei Pneumonien anderer Ätiologie seltener sind und nur niedrige Titer aufweisen, z. B. auch bei den Pneumonien der Psittacosisgruppe, besitzt ihr Nachweis für die Abgrenzung der primären Viruspneumonien eine gewisse differenzialdiagnostische Bedeutung [M. FINLAND, J. clin. Investig. 24, 451 (1944), F. PESTALOZZI, Kälteagglutinine bei der Viruspneumonie, Basel. 1945, M. D. EATON, Virus Pneumonia and Pneumonitis viruses of man and animals, Handb. d. Virusfschg., 2. Erg.-Band (im Druck)].

der so überwiegenden niedrigen Werte, wohl aber für die Angabe ins Gewicht fällt, daß in diesem Material auch Proben mit einem Titer von mehr als 1 : 16, in manchen Fällen bis zu 1 : 1024 vertreten waren; man bleibt im Zweifel, ob diese höheren Werte noch als Ausnahmen innerhalb der Norm oder als Folgen bestehender Krankheit zu betrachten sind. STATS und WASSERMAN (1943) berichten über 20 Serumproben von gesunden Individuen; Kältehämagglutinine konnten nur in zehn Proben nachgewiesen werden und nur in einem Falle belief sich der Titer auf 1 : 4; aber die Technik war hier nicht einwandfrei, da die Sera vom Blutkuchen bei Zimmertemperatur getrennt wurden, so daß eine Adsorption der Agglutinine an die Erythrocyten des Coagulums nicht ausgeschlossen war. Der Titerbereich, innerhalb dessen die Kältehämagglutinine der Sera gesunder Menschen variieren können, läßt sich somit derzeit nicht mit Sicherheit bestimmen. Die vorliegenden Beobachtungen gestatten aber den Schluß, daß Kältehämagglutinine, welche bei 6 bis 4° C wirksam sind und bei dieser Temperatur einen Titer von 1 : 500 oder darüber aufweisen, selten sind und nur unter pathologischen Bedingungen auftreten.

Die Temperaturgrenzen, innerhalb welcher die Kältehämagglutinine wirken, oder, wie sich W. BIALOSUKNIA und L. HIRSZFELD (1924) ausdrücken, die „*thermale Amplitude*“ ist in erster Linie eine Funktion des Titers der Sera, indem das Temperaturmaximum, bei welchem noch eine Agglutination erfolgt, proportional mit der Höhe des Titers, nach aufwärts verschoben wird [P. MINO (1924), K. KETTEL (1930), V. FRIEDENREICH (1930)]. Wenn auch Abweichungen von dieser Regel vorkommen [K. KETTEL (1930)], ändern sie nichts daran, daß man die Verbreiterung der thermalen Amplitude nicht als ein zweites differentielles Kriterium der pathologischen Agglutinine gelten lassen kann, da sie eben durch den hohen Titerwert dieser Agglutinine mitbedingt ist. Da andere Unterschiede zwischen normalen und pathologischen Kältehämagglutininen nicht ermittelt werden konnten, reduziert sich, serologisch erfaßt, der Tatbestand auf die gleicherweise empirische Abgrenzung der diagnostisch verwertbaren Agglutinationen pathogener Bakterien durch Patientensera von den Agglutinationen gleicher Spezifität durch normale Sera auf Grund eines als sicher pathologisch legitimierten Schwellenwertes des Serumtiters. Die einfachste Annahme wäre demnach, daß unter gewissen krankhaften Bedingungen die Produktion der normalen Kältehämagglutinine gesteigert wird.

Der Vergleich mit den normalen und immunisatorisch induzierten Bakterienagglutininen paßt aber nicht in allen Punkten auf die beiden Arten des Vorkommens der Kältehämagglutinine. Zwar sind die normalen sowohl als auch die pathologischen Kältehämagglutinine wie alle antikörperartig wirkenden Serumproteine Globuline, was schon von K. LANDSTEINER (1903) festgestellt und in der Folge von M. C. CLOUGH und I. M. RICHTER (1918) sowie von F. KÖPPLIN (1936a, b) bestätigt wurde; nach den elektrophoretischen Untersuchungen von D. STATS, PERLMAN, BULLOWA und GOODKIND (1943), welche ein Serum vom Titer 1 : 2560 im nativen Zustand und nach sechsmaliger Absorption mit Erythrocytenstromata miteinander verglichen, handelt es sich um γ-Globuline, da das von dieser Fraktion okkupierte Areal im elektrophoretischen Diagramm des absorbierten Serums wesentlich kleiner war als im Diagramm des nativen. Warum die Kälteagglutinine im *normalen* Serum zu finden sind, läßt sich vorderhand nicht entscheiden. Diese Ungewißheit besteht indes bei allen „natürlichen" Antikörpern, sofern nicht hinreichende Anhaltspunkte vorliegen, daß sie sich infolge erblicher Anlagen entwickeln; es liegen aber keine Untersuchungen vor, welche diese Annahme im diskutierten Falle rechtfertigen würden, und wenn es tatsächlich zutrifft, daß Kältehämagglutinine in jedem menschlichen Serum nachgewiesen werden können, würde es sich nicht um ein hereditäres Rassenmerkmal, sondern um eine durch die Artzugehörigkeit bestimmte Eigenschaft handeln. Der Punkt, in welchem die Kältehämagglutinine von den anderen Problemen, welche sich um den Gegensatz zwischen natürlichen und immunisatorisch provozierten Antikörpern drehen, abweichen, ist jedoch durch die pathologische Steigerung gegeben. Denn diese Steigerungen sind, sofern sie höhere Grade erreichen, selten, sie werden bei verschiedenen Krankheitszuständen, aber bei keinem regelmäßig beobachtet, und über den Antigenreiz, der die Steigerungen verursachen könnte, ist zur Zeit keine bestimmte Aussage möglich. Die Kälteagglutinine wirken ja auf die Erythrocyten des Individuums, in dessen Serum sie in höherer Konzentration auftreten, sie wirken somit auf ein Antigen, das nicht von außen zugeführt wird, sondern endogen entstehen und zur immunisatorischen Auswirkung gelangen müßte. Nun gehen bekanntlich die roten Blutkörperchen regelmäßig nach einer relativ kurzen Lebensdauer zugrunde, ohne daß sich hochwertige Kältehämagglutinine bilden, und bei der Malaria sowie beim Schwarzwasserfieber sind positive Befunde, soweit sie überhaupt unzweifelhaft erhoben werden konnten, jedenfalls recht selten, obwohl hier Erythrocyten in pathologischem Ausmaße zerstört und noch verhältnismäßig intakt von Reticulocyten aufgenommen werden, welche man als Sitz oder zumindestens als Vermittler der Antikörperproduktion betrachtet. Bei der hämolytischen Anämie lag es nahe, die im Blute zirkulierenden Antikörper, die Kältehämagglutinine, mit dem Krankheitszustand, bzw. mit der gesteigerten Zerstörung der Erythrocyten in ätiologischen Konnex zu bringen. Kältehämagglutinine von hohem Titer sind aber bei hämolytischen Anämien nur selten vorhanden, und wenn sie vorhanden sind, wirken sie eben nur agglutinierend, aber nur in wenigen Fällen hämolytisch; ferner wurde in einzelnen Fällen festgestellt, daß die Anämie durch die Exstirpation der Milz geheilt wurde, daß aber die Kältehämagglutinine persistierten, wodurch jeder Zusammenhang zwischen dem serologischen Befund und der Anämie unwahrscheinlich gemacht wurde.

Berichte, wonach die Kältehämagglutinine erst nach einer einmaligen oder wiederholten Bluttransfusion nachweisbar würden, sowie die Experimente von O. H. ROBERTSON und P. ROUS (1918), welche bei Kaninchen das Auftreten von Kälteagglutininen nach wiederholten Bluttransfusionen oder Aderlässen gelegentlich beobachten konnten, brachten ebenfalls keine Aufklärung, da es sich nicht um konstante, sondern nur um ausnahmsweise Folgeerscheinungen handelte und da der ursächliche Konnex zwischen Eingriff und Serumveränderung nicht bloßgelegt werden konnte. P. MINO (1923) vermochte sich übrigens überhaupt nicht zu überzeugen, daß wiederholte Bluttransfusionen den Titer der Kälteagglutinine erhöhen.

Kälteagglutinine wurden in der Mehrzahl der Fälle bei verschiedenen Krankheiten als ein klinisch anscheinend bedeutungsloser Befund nachgewiesen. In zahlreichen Fällen hat man ferner bei Individuen, in deren Blut diese Agglutinine zirkulierten, Transfusionen ausgeführt, ohne daß sich irgendwelche Folgeerscheinungen einstellten. Da die Agglutination der Erythrocyten in der Regel nicht erfolgen kann, wenn die Temperatur 30^0 C übersteigt, sind diese Erfahrungen ohne weiteres verständlich. Es sind aber Ausnahmen nach zwei Richtungen möglich und auch de facto beobachtet worden.

Bei Patienten, welche an Raynaudscher Krankheit leiden, verengern sich im Anfall die peripheren Gefäße und die Finger und Zehen werden kälter. Dadurch wird die Blutströmung in den betroffenen Gebieten verzögert oder sogar unterbrochen und die Bluttemperatur herabgesetzt; unter diesen Umständen kann es zu einer lokalen Kälteagglutination in vivo kommen, speziell wenn die vorhandenen Agglutinine einen hohen Titer und infolgedessen eine breitere Wärmeamplitude haben. Wenn man den Conjunctivalsack solcher Individuen mit eisgekühltem Wasser ausspült, kann man in den Gefäßen der Conjunctiva bulbi die Stase und die intravasale Agglutination (kenntlich an der Fragmentierung der Blutsäule) direkt mikroskopisch beobachten [S. IWAI und M. SIN (1925, 1926), C. U. JESSEN und J. BING (1940), D. STATS und J. G. M. BULLOWA (1943)]. J. NAKAMURA (1931) konnte diese Versuche an den Ohren von Kaninchen, welche Kälteagglutinine von hohem Titer besaßen, mit dem gleichen Ergebnis anstellen. Wird die Temperatur im befallenen Bezirk erhöht, so geht die intravasale Agglutination rasch wieder zurück. Das Verhältnis der Kälteagglutinine zur Pathogenese der Symptome der Raynaudschen Krankheit läßt sich nicht scharf präzisieren, weil es Fälle gibt, in welchen das typische Syndrom besteht, obwohl im Serum keine Kälteagglutinine nachgewiesen werden können [STATS und WASSERMAN,

l. c. S. 390][1]. Obwohl der Verfasser weder über klinische Erfahrungen noch über eigene serologische Untersuchungen verfügt, möchte er aus der Tatsache, daß das Raynaudsche Syndrom nicht immer mit dem Vorhandensein höherwertiger Kälteagglutinine assoziiert ist, schließen, daß diese Antikörper einen akzidentellen Befund darstellen und daß sie die Folgen der primär entstehenden Gefäßkonstriktion und der peripheren Abkühlung nur verstärken, vielleicht auch zur Entwicklung der Gangrän der Finger und Zehen gelegentlich beitragen.

Die Kälteagglutinine hämolysieren *in vitro* nicht, von seltenen Ausnahmen abgesehen; die Erythrocyten erleiden auch infolge der Agglutination keine gröberen, mikroskopisch feststellbaren Veränderungen. Daß sie aber doch irgendwie geschädigt werden, geht aus Versuchen hervor, in welchen die agglutinierten Erythrocyten durch bloßes Aufschwemmen in NaCl-Lösung oder durch oftmaliges Waschen in NaCl-Lösung, oder auch durch bloßes Schütteln der Reaktionsgemische hämolysiert wurden [E. B. SALÉN (1935), M. BOULÉ, HILLEMAND und BONNARD (1933), STATS und WASSERMAN (l. c., S. 407)]. Verdünnt man dagegen das Agglutinin mit NaCl-Lösung und setzt es dann den Erythrocyten zu, so bleibt die Hämolyse aus. Nur Hämagglutinine von hohem Titer können auch in vitro hämolysieren; die Lyse erfolgt aber nur in der Kälte (4° C), das agglutinierende Serum oder Plasma darf nur wenig verdünnt und die Wirkung des Antikörpers muß durch eine mechanische Prozedur (Schütteln der Eprouvetten) unterstützt werden. [STATS und WASSERMAN (l. c., S. 402 ff.)]. Sera, welche Kälteagglutinine enthalten und im Reagensglase nur agglutinieren, können im Organismus des Menschen hämolytisch wirken, auch wenn sie keinen besonders hohen agglutinierenden Titer besitzen. Dieses gegensätzliche Verhalten hat man auch bei anderen Antikörpern beobachtet; die Inkompatibilität der Blutgruppenzugehörigkeit von Spender und Empfänger prüft man bei Transfusionen bekanntlich immer nur durch Agglutinationsreaktionen, aber wenn man inkompatible (vom Plasma des Empfängers agglutinable) Erythrocyten infundiert, besteht die in erster Linie zu fürchtende Folge nicht in einer intravasalen Agglutination, sondern in einer Hämolyse der fremden Blutkörperchen. Wenn aber das Kälteagglutinin, dessen Wirkung nicht bei der Temperatur des menschlichen Körpers eintreten kann, sondern an ein niedriges Temperaturintervall gebunden ist, eine intravasale Lyse verursachen soll, müssen äußere Einflüsse, nämlich hinreichend starke und ausgedehnte Abkühlungen der Körperoberfläche, die genügend lange

[1] Der zitierte Passus lautet im Original: "It has even been proposed that cold haemagglutination may be the cause of the ischemia in the large majority of cases of Raynaud's syndrome. This is highly questionable since serological study of 4 cases of Raynaud's syndrome by the authors did not reveal cold haemagglutination."

dauern, die unerläßliche Bedingung für die Reaktion zwischen den Kältehämagglutininen und den Erythrocyten schaffen. Das ist nun der Fall bei den nicht gerade häufigen *paroxysmalen Kältehämoglobinurien* und der ursächliche Konnex erscheint durch die Tatsache gesichert, daß man bei solchen Individuen die Hämoglobinurie willkürlich durch die Einwirkung von Kälte hervorrufen kann.

Mit Rücksicht auf die im vorangehenden Kapitel behandelten Forschungsergebnisse von DONATH und LANDSTEINER über den Mechanismus der paroxysmalen Kältehämoglobinurie könnte man annehmen, daß dieser pathologische Zustand in allen Fällen darauf beruht, daß ein im Blute vorhandener Antikörper in stark abgekühlten Gefäßgebieten an die körpereigenen Erythrocyten gebunden wird und daß die Lyse unter Mitwirkung von Komplement erfolgt, wenn die Blutkörperchen in die warme Blutströmung gelangen. Auf diesem Mechanismus basieren ja auch die Vorschriften, welche DONATH und LANDSTEINER für die Reaktion angegeben haben, durch welche man diese Autohämolysine nachweisen kann, welche in der Kälte gebunden werden müssen, damit die Hämolyse bei der folgenden Erwärmung eintreten kann (s. S. 196 und 198). Nach D. STATS und L. R. WASSERMAN gibt es jedoch eine Form der Kältehämoglobinurie, welche nicht durch die von DONATH und LANDSTEINER nachgewiesene Autohämolysine, sondern durch *Kältehämagglutinine* verursacht wird, und da diese Antikörper nur in der Kälte hämolysieren (s. S. 212), muß sich die Hämolyse, bzw. die Hämoglobinämie auf den abgekühlten Gefäßbezirk beschränken und sofort sistiert werden, wenn der abgekühlte Körperteil wieder erwärmt wird; bei dem von DONATH und LANDSTEINER untersuchten Krankheitszustand tritt dagegen die Lyse ein, wenn das abgekühlte Blut wieder erwärmt wird, die Hämoglobinurie ist infolgedessen weit stärker und wird von Allgemeinerscheinungen (Frost, Fieber, Absinken des Blutdruckes) begleitet, welche bei der durch Kälteagglutinine bedingten Form fehlen.

In der Kasuistik von STATS und WASSERMAN figurieren nur zehn Fälle von Hämoglobinurie, welche durch Kältehämagglutinine bedingt waren; sieben Patienten zeigten außerdem das Raynaudsche Syndrom, zwei litten an Gangrän. Syphilitische Antezedenzien, welche sich bei der DONATH-LANDSTEINERschen Form fast immer nachweisen lassen — die WASSERMANNsche Reaktion gibt 92 % positive Resultate [G. HÖGLUND (1927)] — scheinen, soweit sich dies aus dem kleinen Material folgern läßt, selten zu sein. Die DONATH-LANDSTEINERsche Probe hat ein negatives Ergebnis, die Sera wirken bei 4° C stark agglutinierend, was bei den Autolysinen von DONATH-LANDSTEINER nicht oder nur in geringem Grade der Fall ist, Komplement wird nicht gebunden und die Kälteagglutinine wirken auf die Erythrocyten verschiedener Spezies, während die

DONATH-LANDSTEINERschen Autohämolysine nach den bestimmten Angaben dieser Autoren spezifisch auf Menschenblut eingestellt sind. Auf Grund dieser Angaben müßte man folgern, daß die durch Kältehämagglutinine hervorgerufene Hämoglobinurie von der DONATH-LANDSTEINERschen Krankheitsform durchaus verschieden ist, und zwar nicht nur durch die beteiligten Antikörper, sondern auch durch den pathogenetischen Mechanismus und die davon abhängige Schwere der durch Abkühlung provozierten Anfälle. Ob die scharfe Abgrenzung zu Recht besteht, müßten wohl erst weitere Untersuchungen lehren. Die Tatsache, daß man eine mit dem Besitz von Kältehämagglutininen assoziierte Hämoglobinurie kennt, bei welcher die Auslösung durch Abkühlung nicht gelingt, scheint darauf hinzudeuten, daß der Sachverhalt nicht so einfach ist, wie ihn STATS und WASSERMAN hinstellen. Es fällt auch auf, daß Kälteagglutinine von höherem Titer nicht so außerordentlich selten sind wie die durch sie bedingten Hämoglobinurien. Jedenfalls besteht zwischen den Kälteagglutininen und den von DONATH und LANDSTEINER nachgewiesenen Autohämolysinen ein einigendes Band: die Abhängigkeit der Antigen-Antikörper-Reaktion von einem niedrigen Temperaturgrad.

Diese Eigenschaft zeigen viele Antikörper, bzw. antikörperhaltige Sera und die von STATS und WASSERMAN für typische Kälteagglutinine angegebenen Merkmale (s. S. 203) schneiden aus dieser Schar nur eine Gruppe heraus, die mit anderen Antikörpern der Schar trotz einzelner Abweichungen auch durch soviel gemeinsame Eigenschaften verbunden ist, daß ihre grundsätzliche Absonderung nicht am Platze wäre. Dazu gehören die von K. LANDSTEINER und P. LEVINE (1929) beschriebenen und in allen vier Blutgruppen des A-B-0-Systems als seltene Befunde festgestellten *irregulären Isoagglutinine des Menschenserums*. Die zwei wichtigsten Vertreter dieser Kategorie, die Varianten des regulären α-Agglutinins α_1 und α_2, wurden auf S. 99 ff. ausführlicher besprochen; sie zeigen zum Unterschiede von den typischen Kälteagglutininen gruppenspezifische Aviditäten, indem α_1 auf Erythrocyten mit dem Faktor A_1 und sehr schwach auch auf A_2 agglutinierend wirkt, während α_2 (oder Anti-0) stark mit 0-Erythrocyten und schwächer mit A_2 reagiert. Besteht bei diesen Isoagglutininen die Abweichung vom Typus der Kältehämagglutinine in einer gruppenspezifischen Orientierung der Reaktionsfähigkeit, so wurde in anderen Fällen festgestellt, daß die Hämagglutination auch noch bei 37° C möglich war [P. MINO (1923), C. AUBERTIN (1930), T. H. HAMM und W. B. CASTLE (1940), A. S. WIENER (1942), E. H. REISNER und M. KALKSTEIN (1942) u. a.] oder daß die Agglutination erst durch Erwärmung auf ungewöhnlich hohe Grade (45 bis 50° C) rückgängig gemacht werden konnte (L. d'ANTONA (1930)]. STATS und WASSERMAN fassen diese Abweichungen vom Typus der Kältehämagglutinine unter der Bezeichnung „*irreguläre Kältehämagglutinine*“ zusammen, was als das Zugeständnis zu betrachten ist, daß der Typus nicht scharf abgegrenzt ist und seine zugewiesene Sonderstellung hauptsächlich der Häufigkeit seines Vorkommens in tierischen und menschlichen Sera verdankt. Es gibt übrigens nicht nur Hämagglutinine, welche bei niedriger Temperatur wirken, sondern auch andersbenannte Antikörper. Wie P. B. BEESON und W. F. GOEBEL (1939) mitgeteilt haben, ergibt ein mit dem Pneumokokkentypus XIV gewonnenes Antiserum vom Pferde mit der aus käuflichem Pepton dargestellten A-Substanz der menschlichen Erythrocyten nur bei 0^0 C spezifische Präzipitate, und zwar noch mit Verdünnungen des Antigens im Verhältnis $1:10^6$; beim Erwärmen auf mehr als 20^0 C lösen sich die Niederschläge wieder auf.

G. Das Conglutinin.

P. EHRLICH und H. SACHS (1902) hatten beobachtet, daß die Erythrocyten des Meerschweinchens durch eine Mischung von an sich unwirksamem frischem Pferdeserum und inaktiviertem (auf 56^0 C erwärmtem) Rinderserum gelöst werden. Sie nahmen an, daß im Rinderserum ein lytischer Ambozeptor vorhanden ist, welcher durch das Komplement des frischen Pferdeserums zum Hämolysin ergänzt wird, eine Auffassung, welche aber mit der von ihnen festgestellten Tatsache in Widerspruch stand, daß die Meerschweincheneryihrocyten den hypothetischen Ambozeptor des Rinderserums nicht zu verankern vermochten. J. BORDET und F. P. GAY (1906) stellten zunächst fest, daß das Reaktionsgeschehen in der Versuchsanordnung von EHRLICH und SACHS nicht einer Hämolyse durch einen lytischen Ambozeptor und Komplement entsprach; bevor nämlich die Blutkörperchen gelöst wurden, ballten sie sich zu großen Klumpen zusammen, ein Vorgang, den man nicht beobachtet, wenn man auf die Meerschweincheneryihrocyten nur eines der beiden Normalsera — frisches Pferdeserum oder inaktiviertes Rinderserum — wirken läßt. Den wahren Sachverhalt klärten BORDET und GAY durch einen Versuch auf, den unabhängig von ihnen auch M. MUIR und C. H. BROWNING (1906) mit dem gleichen Resultat ausgeführt hatten. Trägt man normale Rindererythrocyten in frisches Rinderserum ein, so werden sie naturgemäß nicht verändert; hat man aber die Rindererythrocyten vorher durch einen spezifischen Ambozeptor vom Kaninchen sensibilisiert, so erfolgt zunächst eine kräftige Agglutination und in unmittelbarem Anschluß daran die Hämolyse. Das Ergebnis ist jedoch negativ, wenn man statt des frischen (komplementhaltigen) Rinderserums inaktiviertes Rinderserum verwendet. In der Versuchsanordnung von EHRLICH und SACHS kommt es zur Agglutination und Lyse auch dann, wenn man das Rinderserum auf 56^0 C erwärmt hat, weil in diesem Falle das frische Pferdeserum das Komplement und (in Form eines natürlichen Antikörpers) auch den Ambozeptor beisteuert. Das Komplement ist also für den Effekt notwendig und MUIR und BROWNING wollten daher den Vorgang auf eine agglutinierende Wirkung des Komplementes zurückführen. BORDET und GAY waren hingegen überzeugt, daß man sich die eigenartige Wirksamkeit des Rinderserums, das sich am Reaktionsgeschehen weder durch eine Antikörperfunktion beteiligt noch auch das erforderliche Komplement liefern muß, nur durch einen Gehalt an einer unspezifischen, kolloiden Substanz erklären könne, welche sich an sensibilisierte Zellen in Gegenwart von Komplement anheftet und dadurch ihre rapide Verklumpung und ihre Lyse begünstigt. Die unspezifische Substanz im Rinderserum wurde provisorisch als „Rinderkolloid" bezeichnet, ein Ausdruck, den später J. BORDET und O. STRENG durch „Conglutinin" ersetzten; die durch das Conglutinin vermittelten Agglutinationen wurden „Conglutinationen" genannt. Durch diese Termini sollte einerseits die Verschiedenheit der die Verklumpung der Erythrocyten bewirkenden, bzw. begünstigenden Substanz des Rinderserums von den spezifischen Agglutininen nomenklatorisch festgelegt, anderseits aber zum Ausdruck gebracht werden, daß die Verklumpung der Erythrocyten der essentielle Prozeß ist und nicht die Lyse. Dies ließ sich dadurch begründen, daß der Hämolyse stets die intensive Verklumpung vorangeht, und daß es BORDET und STRENG gelang, die conglutinierende Wirkung des Rinderserums und die Hämolyse mehr oder minder vollständig zu dissoziieren. Rinderserum wurde auf 56° C erhitzt und dialysiert; es bildete sich ein Niederschlag, der abzentrifugiert werden konnte und sich in Kochsalzlösung nicht glatt löste, sondern nur eine trübe Flüssigkeit ergab; diese Flüssigkeit bewirkte, wenn sie in der Versuchsanordnung von EHRLICH und SACHS anstatt des inaktivierten Rinderserums eingesetzt wurde, nur eine schwache Hämolyse, aber eine starke Verklumpung der Meerschweinchenerythrocyten. Ein analoges Ergebnis konnte erzielt werden, wenn inaktiviertes Rinderserum mit neun Teilen destillierten Wassers versetzt und die Mischung von CO_2 durchperlt wurde; der entstehende Niederschlag wurde abzentrifugiert und enthielt, in Kochsalzlösung gelöst, die Gesamtmenge des Conglutinins, während die überstehende Flüssigkeit hauptsächlich die Hämolyse zu begünstigen schien. Diese Versuche sprechen, wenn auch dieser Schluß von BORDET und STRENG nicht ausdrücklich gezogen wurde, dafür, daß das Conglutinin ein Serumprotein ist oder sich aus Serumproteinen zusammensetzt, was sich in neuerer Zeit (s. w. u.) als richtig herausgestellt hat. Aus den angeführten Experimenten geht hervor, daß das Conglutinin des Rinderserums gegen das Erwärmen auf 56° C resistent ist; daß es durch Erythrocyten, welche sich mit spezifischem Antikörper und Komplement verbunden haben, aber nicht durch normale Blutkörperchen, tatsächlich verankert wird, konnte durch Absorptionsversuche bewiesen werden.

Aus den Arbeiten von BORDET und GAY sowie BORDET und STRENG ergab sich implicite, daß die Reaktionsfähigkeit des Conglutinins und jene des Komplementes trotz der funktionalen und substantiellen Verschiedenheit dieser beiden Serumstoffe in wichtigen Beziehungen analog sind. Weder das Komplement noch das Alexin können direkt an antigenhaltige Zellen herantreten, sondern nur an Zellen, welche vorher den spezifischen Antikörper fixiert haben und beide sind unspezifisch, sie können sich im Prinzip an beliebige mit Antikörper beladene Zellen anheften und die durch den Antikörper bedingte Reaktion ermöglichen oder verstärken.

O. STRENG (1909, 1929), der die von J. BORDET so erfolgreich begonnenen Studien fortsetzte, machte sich besonders dadurch verdient, daß er das Conglutinin auch im Serum anderer Tierspezies nachwies, namentlich im Serum von Wiederkäuern, aber auch im Serum des Pferdes. Im Serum der Katze, des Hundes und der Taube soll das Conglutinin nach STRENG gänzlich fehlen, Ziegenserum soll nur schwach, das Serum von Antilopen auffallend stark agglutinieren. STRENG zeigte auch, daß das Phänomen der Conglutination nicht nur eintritt, wenn man Erythrocyten als antigenhaltige Zellen verwendet, sondern daß es auch an anderen Elementen, insbesondere an Bakterien, unter identischen Bedingungen reproduziert werden kann.

Merkwürdigerweise behaupteten sowohl BORDET und seine Mitarbeiter als auch alle anderen Autoren, welche sich in jener Epoche mit der Conglutination experimentell beschäftigten [O. STRENG (1909), MUIR und BROWNING (1906), H. R. DEAN (1911), W. LESCHLY (1916), K. POPPE (1919, 1923) u. v. a], daß das Conglutinin nur auf Zellen wirkt, welche außer dem Antikörper auch Komplement gebunden haben, obwohl bekanntlich für die durch Antikörper bedingten Flockungsreaktionen (Präzipitation und Agglutination) die Mitwirkung von Komplement nicht erforderlich ist. Erklärt wurde dieser anscheinende Widerspruch nicht. Daß aber die Conglutination an die Anwesenheit von Komplement zwangsläufig gebunden ist, wurde unter anderm dadurch zu beweisen gesucht, daß Diphtherie- und Tuberkelbazillen durch frisches Rinderserum zu voluminösen Paketen zusammengeballt werden, während inaktiviertes Rinderserum unwirksam ist; im ersten Falle enthält das Rinderserum einen natürlichen Antikörper, Komplement und Conglutinin, im zweiten fehlt das Komplement. Setzt man aber zum inaktiven Rinderserum eine Spur eines frischen Normalserums, z. B. Kaninchenserum hinzu, so kommt es zur Conglutination. Dasselbe Experiment kann man mit aktivem, inaktiviertem und durch ein heterologes Komplement reaktiviertem (inaktivem) Rinderserum und Erythrocyten ausführen vorausgesetzt, daß das Rinderserum einen natürlichen Antikörper für die zum Versuch verwendeten Erythrocyten besitzt [BORDET und GAY (1906), O. STRENG (1909)].

J. BORDET machte in seinem bekannten Werke „Traité de l'immunité dans les maladies infectieuses" (1935, S. 408) darauf aufmerksam, daß die durch eine Conglutination erzeugten Haufen weit größer, viel kompakter und daher auch durch Schütteln weniger leicht zu zerteilen sind als die durch agglutinierende Immunsera entstehenden Flocken, eine Beobachtung, die mit Rücksicht auf die S. 115 f. geschilderten Verhältnisse weiter verfolgt werden sollte.

Die Theorie von J. BORDET, obgleich wohlfundiert, mußte sich mit verschiedenen, zum Teil sachlichen, zum Teil auch polemisch gefärbten Einwänden [H. SACHS und J. BAUER (1911), O. BAIL (1909), W. SPÄT (1910)] auseinandersetzen. Aus ihrer Zeit beurteilt, war die Opposition verständlich. Neben das Komplement, in dessen komplexe Konstitution man seit 1907 Einblick gewann [vgl. R. DOERR (1947b)], sollte ein zweiter unspezifischer Bestandteil normaler Sera treten, der ebenfalls serologische Reaktionen vermittelte, und während die Fixierung des Komplementes an das mit seinem Antikörper verbundene Antigen durch den Nachweis des Mittelstückes [E. BRAND (1907)] eine konkretere Form gewann, sollte das Conglutinin an den Antikörper-Antigen-Komplex nur verankert und wirksam werden, wenn sich dieser vorher mit dem unspezifischen Komplement vereinigt hatte. BORDET drang zwar mit seiner Auffassung schließlich durch, aber das Conglutinin fand nur wenig Beachtung, und in den neuesten zusammenfassenden Darstellungen wie in LANDSTEINERS „The specifity of serological reactions" (1945) oder in den „Fundamentals of immunology" von W. C. BOYD (1947) ist gerade nur der Name erwähnt unter Beifügung einer knappen Definition. Der Grund für diese geringe Bewertung war übrigens nicht bloß im Mangel an theoretischem Interesse zu suchen, sondern in dem Umstande, daß sich die Conglutination im Gegensatze zu anderen serologischen Reaktionen, insbesondere zur Komplementbindungsmethode, keinen Platz in der Schar der klinisch-diagnostischen Verfahren zu erobern vermochte.

Nur für die Diagnose der Rotzkrankheit hat die Conglutination eine gewisse Bedeutung erlangt, weil das Serum von Mauleseln, Eseln und trächtigen Stuten öfters stark antikomplementäre Eigenschaften hat. Es wurden verschiedene Verfahren vorgeschlagen, z. B. das Vermischen geeigneter Mengen eines Extraktes aus Rotzbazillen, des zu untersuchenden Serums des rotzverdächtigen Tieres und von Komplement, und nach Ablauf der Bindungszeit Zusatz des konglutinierenden Systems, bestehend aus Hammelblutkörperchen und inaktivem Rinderserum; tritt die Conglutination ein, so gilt dies als Beweis, daß in der ersten Phase der Reaktion das Komplement nicht gebunden wurde, daß daher im untersuchten Serum kein Antikörper vorhanden, das serumspendende Tier nicht infiziert war, und das Resultat wird im Sinne der klinischen Fragestellung als negativ bezeichnet. Es handelt sich also wie bei der von W. PFEILER und SCHEFFLER (1915) angegebenen K-H-Reaktion um eine Komplementablenkung, bei welcher statt des hämolytischen ein conglutinierendes System als Indikator des Komplementverbrauches durch eine Antigen-Antikörper-Reaktion verwendet wird. Nähere Angaben über die Technik sowie über die Ergebnisse dieser Reaktionen findet man bei K. POPPE (1919, 1923).

In jüngster Zeit ist aber das Conglutinin und die auf seiner Wirkung beruhende Agglutination roter Blutkörperchen wieder in den Vordergrund getreten. Um diese Peripetie zu verstehen, müssen zunächst zwei Phänomene in Erinnerung gebracht werden.

Wie in Band I der „Immunitätsforschung", S. 164 ff., auseinandergesetzt wurde, konnte durch M. HEIDELBERGER und F. E. KENDALL (1935 a, b) sowie durch F. HAUROWITZ (1942) festgestellt werden, daß zwischen den normalen Serumglobulinen und den vollkommen ausgebildeten Immunglobulinen Zwischenstufen (intermediäre Formen) existieren, die als *„low-grade antibodies"*, als *unvollkommene* oder *undifferenzierte* Antikörper bezeichnet wurden und dadurch ausgezeichnet sind, daß sie sich zwar mit dem Antigen spezifisch verbinden, aber infolge ihrer mangelhaften Anpassung an die Determinanten des Antigens keine Ausfällungen der Antigen-Antikörper-Komplexe (Agglutination, Präzipitationen) bewirken.

Zweitens hatten P. EISENBERG und R. VOLK schon im Jahre 1902 gezeigt, daß agglutinierende Sera, wenn man sie durch einige Minuten auf 70 bis 80° C erhitzt, zwar nicht mehr agglutinierend wirken, daß sie aber an die Bakterien gebunden werden und dadurch die Agglutination durch nichterhitzte Immunsera verhindern. Diese Umwandlung flockender Antisera in Sera, welche sich noch an das Antigen verankern, aber nicht mehr flocken, konnte durch Eingriffe der verschiedensten Art herbeigeführt werden [vgl. R. DOERR (1947 a, S. 79)], und die Bindung an das Antigen kam stets darin zum Ausdruck, daß die Antisera nicht mehr wirken konnten, weil die Determinanten des Antigens durch das transformierte Derivat abgesättigt, weil sie „blockiert" waren. Daß derartige Blockaden nicht nur durch künstlich veränderte Immunsera, sondern auch durch „low-grade antibodies", welche im Organismus erzeugt werden, zustande kommen können, bedarf keiner besonderen Begründung. Damit sind die sachlichen Prämissen für die folgenden Ausführungen erledigt.

A. S. WIENER und H. R. PETERS (1940) fanden im Serum von Individuen, deren Erythrocyten den Rhesusfaktor nicht enthielten und die auf die Zufuhr von Rh-Zellen mit Störungen reagierten, öfters Anti-Rh-Agglutinine. Es stellte sich aber bei Bluttransfusionen heraus, daß es Rh-negative und gegen die Zufuhr des Rh-Faktors äußerst empfindliche Individuen gibt, in deren Serum das Anti-Rh-Agglutinin auf dem gewöhnlichen direkten Wege nicht nachweisbar war. A. S. WIENER (1944) ging daher so vor, daß er Rh-Erythrocyten mit dem Serum solcher Individuen versetzte, die Mischungen 30 bis 60 Minuten in einem Wasserbad bei 38° C hielt, wobei sich die Erythrocyten sedimentierten, die überstehende Flüssigkeit entfernte und nun Anti-Rh_0-Serum hinzufügte; in manchen Fällen blieb die Agglutination durch das Antiserum aus, ein Zeichen, daß die Erythrocyten „blockiert" waren und daß die untersuchte Serumprobe daher einen Antikörper enthalten haben mußte, der sich mit den Rh-Zellen verband, ohne sie zu flocken, und sie dadurch inagglutinabel machte. WIENER nannte diese indirekte Methode die Blockadeprobe („blocking test"). Den auf diese Art nachweisbaren Antikörper nannte WIENER einen „blockierenden Antikörper", wogegen, sofern man seine Auswirkung in der Versuchsanordnung kennzeichnen will, nichts einzuwenden ist. WIENER schrieb aber dem blockierenden Antikörper schon in dieser Publikation eine besondere Eigenschaft zu: er sollte im Gegensatze zu den bivalenten Agglutininen univalent sein und darauf sollte seine Unfähigkeit beruhen, die Erythrocyten zu verklumpen. Diese Vorstellung ist aus der „*Gittertheorie*" abgeleitet, welche annimmt, daß Antigen- und Antikörpermoleküle in den bei serologischen Reaktionen entstehenden Flockungsprodukten ein Netzwerk bilden, welches durch gegenseitige Verkettung der Determinanten des Antigens mit den polaren Gruppen des Antikörpers zustande kommt; eine derartige Anordnung setze voraus, daß nicht nur die Antigenmoleküle, sondern auch die Antikörpermoleküle multivalent sind oder, präziser formuliert, daß sie mindestens zwei Bindungen eingehen können (*Theorie der gegenseitigen Multivalenz*). Diese Hypothese ist jedoch keineswegs allgemein anerkannt. F. HAUROWITZ steht auf dem Standpunkt, daß alle Antikörper univalent sind, und hat auf Grund neuer Versuche an dieser Überzeugung festgehalten [F. HAUROWITZ, RADIYE CINDI und P. SCHWERIN (1946)]. Für die Untersuchungen von A. S. WIENER, welche die Konglutination betreffen, ist es übrigens gleichgültig, ob man sich der Gittertheorie so wie WIENER (1945a, b, 1946) [s. auch WIENER, HURST und SONN-GORDON (1947)] ohne jeden Vorbehalt anschließt, an ihr zweifelt oder sie für unrichtig hält.

WIENER (1945b, 1946) stellte nämlich fest, daß die lediglich blockierenden Anti-Rh-Antikörper, wenn sie an die Erythrocyten gebunden sind, diesen die Eigenschaft verleihen, auf den Zusatz von Conglutinin (in Form von Oxalatplasma oder Serum normaler Erwachsener) mit Verklumpung zu reagieren. Zur indirekten Blockadeprobe gesellte sich somit der direkte Nachweis mit Hilfe des Conglutinins, der sich nicht nur für die Anti-Rh-Antikörper, sondern auch für Antikörper anderer Art eignet, welche sich mit dem Antigen spezifisch verbinden, ohne daß dieser Vorgang eine sichtbare Veränderung (Flockung) im Reaktionsgemisch zur Folge hat [WIENER und E. B. SONN (1946), J. J. GRIFFITHS (1947)]. Das Conglutinin ist eben wie das Komplement unspezifisch, da es von verschiedenen Antigen-Antikörper-Komplexen fixiert werden kann, eine Erkenntnis, die freilich nicht neueren Datums ist, sondern auf die grundlegenden Arbeiten von BORDET und GAY sowie BORDET und STRENG zurückgeht, wo man überhaupt manches bereits in klarer Formulierung findet, was jetzt nur weiterentwickelt wird.

A. S. WIENER (1945) war sich darüber klar, daß die von ihm verwendete Methode zum direkten Nachweis von unvollkommenen Anti-Rh-Agglutininen den Reaktionen ähnlich war, welche BORDET und seine Mitarbeiter mit Rinderserum ausgeführt und serologisch analysiert hatten, und bezeichnete daher auch sein Verfahren als „Conglutination". Dagegen nahmen sofort R. R. A. COOMBS, A. E. MOURANT und R. R. RACE (1945) Stellung. Sie betonten, daß das Conglutinin im Serum des Rindes auf Erythrocyten, welche nur den spezifischen Antikörper gebunden haben, wie bereits erwähnt, nicht wirkt, sondern daß die Verklumpung der Erythrocyten nur erfolgt, wenn sie außer dem Antikörper auch Komplement fixieren. WIENER konnte aber in dem von ihm vorgeschlagenen Test auch Menschenserum als „Conglutinin" mit positivem Ergebnis benützen, welches eine halbe Stunde auf 60° C erhitzt war, wodurch erfahrungsgemäß die Komplementfunktion völlig ausgeschaltet wird. Daß zwei Reaktionsarten, die an so verschiedene Bedingungen gebunden sind, mit demselben Fremdwort benannt werden, halten die genannten Autoren für bedenklich und sehen eine Verwirrung voraus, falls WIENER fortfahren sollte, die von ihm vorgeschlagene und mit Erfolg verwendete Reaktion weiterhin als „Conglutinationsprobe" zu bezeichnen. WIENER hat davon aber in seinen späteren Arbeiten keine Notiz genommen und die Ausdrücke „Conglutinin" und „Conglutination" beibehalten, nach der Meinung des Verfassers mit Recht. Die Analogien sind wichtiger als die übrigens nicht aufgeklärten Differenzen, und eine Aufsplitterung der Terminologie könnte unter diesen Umständen nur die Folge haben, daß offensichtliche Zusammenhänge durch besondere Benennungen zeitweilig verschleiert werden. Es wäre dies ja nicht der erste Fall dieser Art.

Die Publikation von A. S. WIENER, J. G. HURST und E. B. SONN-GORDON (1947) enthält Hinweise auf die in verschiedenen Mitteilungen enthaltenen Angaben von A. S. WIENER über die Technik der neuen Conglutinationsreaktion, über ihren Mechanismus, ihre Anwendung in der klinischen Medizin und ihre theoretische Bedeutung, und bringt die Resultate der Untersuchungen über die Eigenschaften und die Natur des im neuen Test verwendeten „Conglutinins".

Es wurde gezeigt, daß Oxalatplasma durchschnittlich mehr als doppelt so stark wirkt als Serum und daß die conglutinierende Fähigkeit des Plasmas oder Serums gegen das Verdünnen mit Kochsalzlösung so empfindlich ist, daß schon der Zusatz einer gleichen Menge Kochsalzlösung die conglutinierende Wirksamkeit aufhebt. Daher muß bei der Ausführung der Probe Kochsalzlösung als Verdünnungsmittel vermieden werden; will man ein Patientenserum auf seinen Gehalt an Rh-Antikörper im Reihenversuch titrieren, so muß man es mit Serum oder Plasma anstatt mit NaCl-Lösung fortschreitend verdünnen. Darin kommt der Unterschied zwischen Conglutination und Agglutination, bei welcher das flockende Serum ohne Beeinträchtigung seiner Wirksamkeit mehrtausendfach mit Kochsalzlösung verdünnt wird, zum Ausdruck.

Die Empfindlichkeit gegen Verdünnen bringt es mit sich, daß die Sera von Rh-negativen und gegen die Zufuhr von Rh empfindlichen Menschen oft im ersten Röhrchen einer Verdünnungsreihe agglutinieren, in den folgenden Röhrchen aber nur ganz schwach oder gar nicht. Durch eine geeignete Technik läßt sich dann zeigen, daß keine Agglutination, sondern eine Conglutination vorliegt, welche darauf beruht, daß das Serum im ersten Röhrchen nur zur Hälfte mit Kochsalzlösung verdünnt wird.

Im Plasma oder Serum von gesunden erwachsenen Menschen ist der Gehalt an Conglutinin gleich groß, worauf die Möglichkeit beruht, Mischplasma oder Mischserum statt individueller Proben für die Conglutinationsreaktion und ihr Studium zu benützen. Das Plasma, bzw. Serum des Fetus ist dagegen arm an Conglutinin, was von WIENER und seinen Mitarbeitern mit seinem relativ geringen Eiweißgehalt (vgl. S. 224) in Zusammenhang gebracht wird. Nach der Geburt nimmt die Konzentration des Conglutinins rapide zu; darauf führt WIENER den schweren Ikterus zurück, der nach der Geburt plötzlich auftritt, wenn die Erythrocyten den Rh-Faktor enthalten und im Uterus den Anti-Rh-Antikörper gebunden haben, welcher der Frucht aus dem mütterlichen Blute transplacentar zugeleitet wird. Dieser bald nach der Geburt einsetzende, das Leben gefährdende Ikterus wäre somit nach der Ansicht von WIENER als eine Conglutination in vivo aufzufassen. Daher ist nach WIENER die bisherige Methode der Behandlung der Erythroblastosis Neugeborener[1] durch Transfusion von (mit Citrat ungerinnbar gemachtem)

[1] Die als Erythroblastosis bezeichnete Krankheit muß nicht auf der Reaktion des Rh-Faktors in den Erythrocyten einer Rh-positiven Frucht mit einem aus dem Blute der Rh-negativen Mutter stammenden und in den Kreislauf des Fetus durch die Placenta übertretenden Rh-Antikörpers beruhen. In den letzten Jahren mehren sich die Berichte, daß auch Rh-positive Mütter Kinder gebären können, welche mit den mehr oder minder ausgeprägten Zeichen der Erythroblastosis behaftet sind, und daß in solchen Fällen Mutter und Frucht verschiedenen Gruppen des A-B-Systems angehören. Gehört zum Beispiel die Mutter zur Gruppe A, die Frucht zur Gruppe B, so können fetale B-Erythrocyten in die Zirkulation der Mutter übertreten

Vollblut contraindiziert, weil sie, wie die Untersuchung des Serums vor und unmittelbar nach einer solchen Transfusion ergab, die Gesamtkonzentration des Eiweißes im zirkulierenden Blute und gleichzeitig den Conglutiningehalt beträchtlich erhöht. WIENER geht daher so vor, daß er aus dem Spenderblut zwei Fünftel des Plasmas eliminiert und durch ein gleiches Volum NaCl-Lösung ersetzt; die Transfusion änderte dann den Eiweißgehalt des Blutes und den Conglutiningehalt desselben nicht und die therapeutischen Erfolge waren entschieden besser [WIENER und J. B. WEXLER (1946), WIENER, WEXLER und T. GRUNDFAST (1947)]. Ferner gewann die pränatale Prognose, ob eine Erythroblastosis beim Kinde zu erwarten sei, durch die Möglichkeit, unvollkommene Anti-Rh-Antikörper im Serum der schwangeren Frau mit Hilfe der Conglutination zu erfassen, an Sicherheit und es konnte sogar der Typus und die Schwere der zu gewärtigenden Erkrankung des Kindes bestimmter als bisher vorausgesagt werden.

Für den Nachweis unvollkommener Antikörper stehen allerdings auch andere Reaktionen zur Verfügung. Außer der bereits erwähnten Blockadeprobe (s. S. 220) kann der Albumintest von L. K. DIAMOND und R. L. DENTON (1945) verwendet werden, der darin besteht, daß man die mit dem unvollkommenen (nicht agglutinierenden) Antikörper beladenen Erythrocyten abzentrifugiert, die überstehende Flüssigkeit abpipettiert und durch eine 20%ige Albuminlösung ersetzt. Eine andere, auch theoretisch interessante Methode wurde zuerst von C. MORESCHI (1908), später in vervollkommneter Form von COOMBS, MOURANT und R. R. RACE (1945) vorgeschlagen und von anderen Autoren [J. M. HILL und S. HABERMAN (1946), W. T. J. MORGAN und H. SCHÜTZE (1946)] als sehr leistungsfähig befunden. Schließlich hat N. M. ABELSON (1946) festgestellt, daß Erythrocyten, welche blockierenden Antikörper verankert haben, sodann serumfrei gewaschen und mit dem gleichen Volumen von Rh-positivem Vollblut versetzt werden, eine Agglutination sämtlicher im Reaktionsvolum vorhandenen Blutzellen bewirken. WIENER, HURST und SONN (1947) halten aber die Conglutination für empfindlicher und heben hervor, daß sie nur einfache, auch von kleineren Laboratorien leicht beschaffbare Reagenzien erfordert.

---

und Anti-B-Agglutinine von hohem Titer (s. S. 102) erzeugen, welche auf den Fetus diaplacentar übertragen zur pathologischen Reaktion führen (E. F. AUBERT, J. B. COCHRANE und M. E. ELLIS (1945), S. GRUBER, A. LITVAK und M. JACOBI (1946), A. S. WIENER, E. B. SONN und J. B. HURST (1946)]. Besonders hervorzuheben ist ein von L. DE KROMME und L. A. M. VAN DER SPECK (1947) mitgeteilter Fall, in welchem der Tod der zwei ersten Kinder einer Frau nach Ausschluß aller anderen Möglichkeiten auf das Vorhandensein eines Anti-N-Agglutinins (vgl. S. 101) im Serum der Mutter zurückgeführt wurde; das dritte Kind hatte die Blutformel MM und blieb gesund, was als Beweis bewertet werden konnte.

In chemisch-physikalischer Beziehung — und dies ist wohl der interessanteste Teil der Ausführungen von WIENER, HURST und SONN — wird das Conglutinin im Plasma, bzw. Serum des Menschen als ein Aggregat der Proteine der Blutflüssigkeit aufgefaßt und mit dem von K. O. PEDERSEN (1945) beschriebenen X-Protein identifiziert. PEDERSEN hatte beobachtet, daß sich Plasma oder Serum in der Ultrazentrifuge, falls es verdünnt ist, so verhält, als ob es nur zwei Spezialproteine, Albumin und γ-Globulin, enthalten würde. Mit abnehmender Verdünnung (zunehmender Eiweißkonzentration) erscheint eine dritte Komponente, das X-Protein, welche auf Kosten des Albumins und des γ-Globulins zunimmt, und zwar proportional der Zunahme der Gesamtkonzentration des Eiweißes im Plasma, bzw. Serum. Nach PEDERSEN ist dieses X-Protein ein aus Albumin, Globulin und gewissen Lipoiden zusammengesetztes Aggregat, dessen Teilchengewicht ungefähr eine Million beträgt; durch Verdünnen wird dieses komplexe Kolloid dissoziiert, durch Konzentrierung rekombiniert im Sinne der Formel

$$\text{Albumin} + \text{Globulin} \rightleftarrows \text{X-Protein}.$$

Mit den Befunden von PEDERSEN und ihrer Deutung stehen nun die von WIENER, HURST und SONN ermittelten conglutinierenden Eigenschaften des menschlichen Plasmas (Serums) in bemerkenswerter Übereinstimmung. Auch die conglutinierende Wirkung wird durch Verdünnen mit Kochsalzlösung rasch abgeschwächt und bald ganz aufgehoben (s. S. 222); in Reihenversuchen konnte als Grenzwert für eine positive Conglutinationsreaktion ein minimaler Eiweißgehalt von 3% ermittelt werden. Über das Zustandekommen der Conglutination entscheidet jedoch nicht ausschließlich die Eiweißkonzentration, vielmehr spielen auch die Quantität und die Qualität des Conglutinins eine Rolle. Dies ging aus den Versuchen hervor, das Conglutinin zu „synthetisieren“ oder das natürliche Conglutinin zu verstärken.

Albuminlösungen, welche weniger als 12,5% humanes Albumin enthielten, conglutinierten nur schwach oder gar nicht und ähnlich verhielten sich auch Lösungen von weniger als 4,6% Globulin. Wurden aber solche Albumin- und Globulinlösungen miteinander vermischt, so wirkten die Mischungen als Conglutinine erheblich stärker als natürliches Mischplasma. Das war aber nur dann zu konstatieren, wenn ein annähernd optimales Verhältnis der beiden Komponenten (zirka 4,2 g Albumin auf 3,0 g Globulin pro 100 cm³) eingehalten wurde, ein Verhältnis, welches in guter Annäherung dem Albumin-Globulin-Quotienten des normalen menschlichen Serums entsprach. Daß geeignete Albumin-Globulin-Gemische, obzwar ihr Gesamteiweißgehalt nicht höher war als jener von normalem Menschenserum, doch viermal höhere Conglutinintiter aufwiesen, wird darauf zurückgeführt, daß im natürlichen

Plasma (Serum) Substanzen vorhanden sein könnten, welche das Albumin und Globulin in molekularer Verteilung zu erhalten trachten und dadurch der Aggregierung entgegenwirken, oder daß Albumin und Globulin bei ihrer Abscheidung aus dem Vollserum weniger hydrophil und dadurch geeigneter werden, sich zu kolloidalen Aggregaten zusammenzuschließen. Jedenfalls gelang es, die conglutinierende Wirkung des Mischplasmas normaler erwachsener Menschen durch Zusatz von humanem Albumin um das Vierfache zu verstärken, wobei wieder eine optimale Menge (auf 4 Teile Plasma 1 Teil einer 25%-Lösung von humanem Albumin) verwendet werden mußte, deren Über- oder Unterschreitung eine Verminderung des verstärkenden Effektes zur Folge hatte.

Es ist vorauszusehen, daß man die experimentellen Ergebnisse, über welche Wiener und seine Mitarbeiter berichtet haben, nachprüfen und auch ihre theoretische Interpretation einer Kritik unterziehen wird. Werden sich die Versuchsresultate als richtig erweisen, so muß sich die Frage aufdrängen, ob das Plasma oder Serum des Menschen in der einen oder anderen Beziehung eine Sonderstellung einnimmt, und die Beantwortung dieser Frage muß früher oder später dazu führen, den Konnex mit dem von Bordet und seinen Mitarbeitern beschriebenen Conglutinin im Serum verschiedener Tierarten zu untersuchen. Was die Notwendigkeit des Komplementes für die von Bordet studierte Conglutination durch Rinderserum anlangt, sei hier daran erinnert, daß O. Gengou (1911) und Murto (1914) beobachtet haben, daß nur die Verankerung des Mittelstückes für einen positiven Erfolg notwendig ist und daß das Endstück, das für die eigentliche cytotoxische Wirkung des Komplementes unerläßlich ist, bei der Conglutination überhaupt keine Rolle spielt. Ferner wurde von Bordet, seinen Mitarbeitern und Nachfolgern nicht Plasma, sondern ausschließlich Serum verwendet und die conglutinierten Zellen waren nicht menschliche Erythrocyten, sondern Meerschweinchen- oder Rinderblutkörperchen, verschiedene Bakterienarten usw. Differenzen gegenüber den Versuchsanordnungen von Wiener waren somit mehrfach vorhanden und es ist zumindest möglich, daß diese Differenzen das unterschiedliche Verhalten hinsichtlich der Beteiligung des Komplementes am Zustandekommen der Conglutination bedingten. Jedenfalls war auch das von Bordet untersuchte Conglutinin eine kolloidale, in normalen Sera nachweisbare Substanz, es war ebenso wie das von Wiener beschriebene Conglutinin gegen das Erhitzen auf 56° C resistent und konnte durch Fällung der Serumproteine aus dem Serum abgeschieden werden; es wirkte so wie das Wienersche Conglutinin nicht auf normale Zellen, sondern nur auf Zellen, welche spezifischen Antikörper gebunden hatten, und rief somit nicht als solches die Verklumpung hervor, sondern verstärkte nur die Wirkung eines unvollkommenen, an sich nicht flockenden Agglutinins. Ohne zwingende

Gründe darf man sich der Beweiskraft dieser Analogien, welche für die Identität oder nahe Verwandtschaft des BORDETschen mit dem WIENERschen Conglutinin sprechen, nicht verschließen.

Was die Beziehungen der Conglutination zur Gittertheorie betrifft, wurde bereits betont, daß WIENER in allen bisherigen Publikationen daran festhält, daß die agglutinierenden Immunsera auf ihre Antigene flockend wirken, weil sie bivalente Antikörper enthalten, welche allein imstande sind, das hypothetische Netzwerk zu bilden, welches sich dem unbewaffneten Auge als ein aus unregelmäßigen Flocken bestehender Niederschlag darstellt. Die unvollkommenen Antikörper (in der Terminologie WIENERS blockierende Antikörper oder Glutinine) können nach der Ansicht von WIENER und anderen Autoren nicht agglutinieren, weil sie univalent sind, und WIENER schreibt ihnen noch andere Eigenschaften zu, welche mit ihrer angeblichen Univalenz zusammenhängen sollen. So behauptet WIENER, daß sie, weil sie eben „nur" univalent sind, kleinere Moleküle haben dürften wie die bivalenten Agglutinine, eine Vermutung, welche durch Untersuchungen von WIENER und E. B. SONN (1946) sowie WIENER und R. B. BERLIN (nicht publizierte Beobachtungen) bekräftigt wird, denen zufolge blockierende Antikörper die Placenta leichter passieren sollen als Agglutinine. Diese Behauptung ist indes sehr unwahrscheinlich. Die unvollkommenen Antikörper sind ebenso wie die vollkommen ausgebildeten *artspezifische Immunglobuline* und reagieren, wie der Globulintest von COOMBS, MOURANT und RACE beweist, mit einem Antiglobulinserum vom Kaninchen; sie dürften daher dasselbe Molekulargewicht wie die vollkommenen Antikörper haben, was um so gewisser erscheint, als Verkleinerungen der Antikörpermoleküle, wie man seit den Arbeiten von J. A. PARFENTJEW weiß, gerade die Antikörperfunktion unberührt lassen können und die auf ihrem Globulincharakter beruhende Artspezifität reduzieren oder zerstören [vgl. hiezu R. DOERR (1947a, S. 27 und 48)]. Die Angabe, daß die unvollkommenen (blockierenden) Antikörper ein kleineres Molekulargewicht haben als die Agglutinine, müßte wohl erst durch physikalische Untersuchungen glaubhaft gemacht werden, bevor man sie trotz ihrer Unwahrscheinlichkeit akzeptiert. Es wurde bereits auf S. 219 darauf hingewiesen, daß man Agglutinine durch die verschiedensten Eingriffe in nichtagglutinierende, aber noch spezifisch blockierende Antikörper transformieren kann; die Annahme, daß in allen derartigen Fällen sämtliche „Valenzen" zerstört werden bis auf die eine, welche die spezifische Bindung an das Antigen vermittelt, ist nach Ansicht des Verfassers nicht tragbar.

Schließlich ist das Verhältnis der Conglutinine zum unvollkommenen Antikörper oder, unvoreingenommen ausgedrückt, zu der mit einem spezifischen Antikörper beladenen Zelle nicht aufgeklärt. Selbst die unentwegten Anhänger der Gittertheorie würden aber vor der Annahme zurückscheuen, daß das Conglutinin den unvollkommenen Antikörper die zur Bildung eines Netzwerkes notwendige „zweite Valenz" verleiht. Wie die Dinge jetzt liegen, hat die Vorstellung am meisten für sich, daß der blockierende Antikörper nicht bloß blockiert, sondern auch potentiell agglutiniert, aber nur, wenn die Erythrocyten, bzw. andere Zellen durch die Anheftung des Conglutinins in den Zustand erhöhter Agglutinabilität versetzt werden. Der Vorgang wäre dann dem Globulintest von Coombs, Mourant und Race ähnlich, eine Reaktion, bei welcher die mit dem unvollkommenen, an sich nicht agglutinierenden Antikörper beladenen Zellen agglutiniert werden, wenn man ein das Globulin des Antikörpers präzipitierendes Antiserum vom Kaninchen zusetzt. Sich weiter vorzuwagen, erlaubt der gegenwärtige Stand der Forschung nicht.

Schlußwort.

Im ersten Bande der „Antikörper" (1947) und in der Monographie über die „Antigene" (1948) wurde gezeigt, bis zu welcher Grenze die fundamentalen Eigenschaften der genannten Wirkstoffe durch Experiment und Hypothese aufgeklärt werden können, wenn man als Forschungsobjekt die immunisatorisch erzeugten Antikörper wählt und durch diese Wahl die Beziehung zwischen einem Antigen und der Produktion des zugehörigen Antikörpers zum beherrschenden und andere Möglichkeiten verdrängenden Leitmotiv erhebt. Zweifellos bieten die immunisatorisch induzierten Antikörper sowohl für die experimentelle Analyse wie für die hypothetische Interpretation ihrer Resultate große Vorteile. Schon die dynamische Relation zu dem induzierenden Antigen, dessen spezifitätsbestimmende Gruppen unter Umständen chemisch definiert werden können, repräsentiert einen konkreten Ausgangspunkt, der sich, wie die Ereignisse lehrten, zum Mittelpunkt alles wissenschaftlichen Tuns und Denkens auf diesem Gebiete ausgestalten läßt, und die hohe Wirksamkeit der immunisatorisch entstandenen Antikörper schafft einen breiten Spielraum für serologische Versuche in vitro und in vivo.

Den natürlichen, d. h. im normalen Blutplasma (Serum) nachweisbaren Antikörpern mangeln diese beiden so wichtigen Vorzüge. Aber es darf als gesichert betrachtet werden, daß diese natürlichen Antikörper ohne exogenen Antigenimpuls entstehen können, ja, daß diese spontane, aus endogenen Ursachen erfolgende Bildung den weitaus häufigeren Fall darstellt, und daß die spontan produzierten Antikörper Affinitäten zu einer großen Zahl verschiedenartiger Stoffe (Bakterien, Erythrocyten, Toxine, Viruselemente) bekunden. Versuchstechnisch und wohl auch spekulativ ein Nachteil wird die Möglichkeit der Antikörperbildung ohne spezifischen Antigenreiz zur Quelle vertiefter Erkenntnis.

Denn die natürlichen Antikörper sind, ebenso wie die immunisatorisch induzierten Plasmaproteine, fast immer γ-Globuline, und diese Tatsache berechtigt zu der Aussage, daß jene Eigenschaften der Globuline, welche die Affinitäten zu bestimmten Stoffen bedingen, infolge der starken Variabilität dieser Eiweißkörper in dem durch die Artspezifität festgelegten Rahmen leicht entstehen. Daß man dieser Variabilität durch einen Antigenreiz eine bestimmte Richtung weisen kann, erscheint, wie dies auch K. Landsteiner und L. Hirszfeld ausgesprochen haben, weniger befremdend und rätselhaft, als wenn man keine spontan entstehenden Labilglobuline kennen würde, welche dieselben Reaktionen geben wie die immunisatorisch induzierten. Allerdings konnte auch von dieser Seite her das Problem noch nicht gelöst werden, wie man sich die Konfiguration der Labilglobuline vorzustellen hat, auf welcher ihre Reaktionsfähigkeit mit bestimmten Stoffen beruht.

Literaturverzeichnis.

ABDOOSH, Y. B. (1936), J. Path. a. Bact. (Brit.) **36,** 355.
ABEL, R. (1894), Dtsch. med. Wschr. **20,** 899, 936.
ABELSON, V. M. (1946) zit. nach E. L. POTTER (1947, S. 294).
ALEXANDER, J. (1931), Protoplasma (D.) **14,** 296.
AMZEL, R. und L. HIRSZFELD (1925), Z. Immunfschg. (D.) **43,** 526.
ANDERSEN, T. (1935), Z. f. Rassenphys. (D.) **7,** 171.
— (1938), Z. f. Rassenphys. (D.) **10,** 88.
ANDERSON, J. S., F. C. HAPPOLD, J. W. McLEOD and J. G. THOMSON (1931), J. Path. a. Bact. (Brit.) **34,** 667.
ANDRESEN, P. H. (1935), Z. Immunfschg. (D.) **85,** 227.
ASBELEW, W. N. und A. A. MARGO (1932), Zbl. f. Bakt. I Orig., **126,** 212.
ASCHOFF, L. (1924a), Ergebn. inn. Med. u. Kinderh. **26,** 1.
— (1924b), Lectures on pathology, New York, P. B. HÖBER.
AUBERT, E. F., K. E. BOORMAN and B. E. DODD (1942), J. Path. a. Bact. (Brit.) **54,** 89.
AUBERT, E. F., J. B. COCHRANE and M. E. ELLIS (1945), Brit. med. J. II. S. 648.
AUBERTIN, C. (1930), Semaine d. hôp. de Paris, **6,** 228.

BACCICHETTI (1922), Boll. Clin. (Ital.) **39,** 362.
BACON, D. K. (1943), Arch. int. Med. (Am.) **72,** 581.
BAIL, O. (1909), Zbl. f. Bakt. I Orig., **51,** 170.
BAILEY, C. E. (1923), Amer. J. Hyg. **3,** 370.
BAILEY, G. H. (1927), Amer. J. Hyg. **7,** 370.
— (1928), Amer. J. Hyg. **8,** 398, 477, 485, 723.
BAILEY, G. H. and S. RAFFEL (1935), J. clin. Investig. (Am.) **14,** 228.
BANG, J. (1943), Acta med. Scandinav. **113,** 304.
BARR, M. and A. F. GLENNY (1938), J. Path. a. Bact. (Brit.) **47,** 27.
BAUER, J. and N. HUDSON (1930), J. of prevent. Med. (Am.) **4,** 177.
BAWDEN F. C. and A. KLECZKOWSKI (1942), Brit. J. exp. Path. **23,** 178.
BAWDEN, F. C. and N. W. PIRIE (1938), Brit. J. exp. Path. **19,** 251.
BAY-SMITH, E. (1929), Klin. Wschr. S. 974.
BEER, P. (1936), J. clin. Investig. (Am.) **15,** 591.
BEESON, P. B. and W. F. GOEBEL (1939), J. exp. Med. (Am.) **70,** 239.
BELL, S. D. and Z. ERICKKSON (1931), J. Immunol. (Am.) **20,** 447.
BÉRARD, L. et A. LUMIÈRE (1925), Presse médic., S. 993.
BERGER, E. und H. ERLENMEYER (1932a), Z. Hyg. (D.) **113,** 79.
— — (1932b), Bioch. Z. (D.) **252,** 22.
BERGEY, D. H. and S. ETRIS (1936), J. Immunol. (Am.) **31,** 363.
VAN DEN BERGHE, L. et P. LIESSENS (1939), C. r. Soc. Biol. Paris, **132,** 90.
BERNSTEIN, F. (1925), Z. indukt. Abstamm.- u. Vererbgsl. **37,** 237.
— (1930), Z. indukt. Abstamm.- u. Vererbgsl. **56,** 233.

BIALOSUKNIA, W. et L. HIRSZFELD (1923), C. r. Soc. Biol. Paris, **89,** 1361.
— — (1924), C. r. Soc. Biol. Paris **90,** 1108.
BIANCALANA, L. et ST. TENEFF (1930), Boll. Soc. Int. Microb., Soz. Ital., **2,** 397.
DE BIASI, B. (1923), J. Amer. med. Ass. **81,** 1776.
BIDOLI, L. (1936), Rivista Clin. Pediatr. (Ital.) **34,** 193.
BIELING, R. (1923/24), Z. Immunfschg. (D.) **38,** 193.
BIELING, R. und S. ISAAC, Klin. Wschr. 1922 II, 1453.
BIELING, R. und H. HEINLEIN (1947), Viruskrankheiten des Menschen. Fiat Reviews of German Science, deutsche Ausgabe, Bd. 65.
BIFFI, U. (1903), Ann. d'igiene sperim. (Ital.) **13,** 232.
BJØRNBOE, M. (1945), Acta path. et microb. scand. **22,** 323.
— (1946), Acta med. scand. **123,** 393.
BLEYER, L. (1927), Z. Immunfschg. (D.) **53,** 386.
BOAS (1883), Dtsch. Arch. Klin. Med. **32,** 355.
BOIVIN A. et A. DELAUNAY (1946), Presse médic. **54,** 16.
BOLTON, M. H. (1896), J. exp. Med. (Am.) **1,** 543.
BONNETT, H., S. TIEFFRY et MONTEFIORE (1936), C. r. Soc. Biol. Paris **123,** 781.
BOORMANN, K., B. DODD and B. E. GILBEY (1948), Ann. Eugenics, cit. n. Morgan and Watkins (1948).
BORDET, J. (1898), Ann. Inst. Past. Paris **12,** 688.
— (1899), Ann. Inst. Past. Paris **13,** 225.
— (1910), Congrès intern. d. Méd. Budapest, S. 37.
— (1920), Traité de l'Immunité, Paris, Masson, 2. Ed.
— (1938), Traité de l'Immunité, Paris, Masson, 3. Ed.
BORDET, J. et F. P. GAY (1906), Ann. Inst. Past. Paris **20,** 467.
BORDET, J. et O. STRENG (1909), Zbl. f. Bakt. I Orig., **49,** 260.
BOVARNICK, M. and P. M. DE BURGH (1947), Science (Am.) **105,** 550.
BOVERI, R. (1933), Klin. Wschr., S. 666.
BOYD, W. C. (1939), Blood groups. Tabulae biologicae **17,** 113.
BOYD, W. C. and L. G. BOYD (1934), J. Immunol. (Am.) **26,** 489.
— — (1937), J. Immunol. (Am.) **32,** 307.
BOYD, W. C., L. G. BOYD and E. R. WARSHAVER (1945), J. Immunol. (Am.) **51,** 191.
BRAND, E. (1907) Berl. Klin. Wschr. Nr. 34.
BRANDEN, K. F. and D. T. FRASER (1936), J. Immunol. (Am.) **31,** 387.
BRAUN, H. (1909), Arch. f. Hyg. (D.), **68,** 116.
BREINL, F. und F. HAUROWITZ (1930), Z. phys. Chemie (D.) **192,** 45.
BRIODY, B. A. (1948), J. Immunol. (Am.) **59,** 115.
BROCKMANN, H. (1911), Z. Immunfschg. (D.) **9,** 87.
BROCQ-ROUSSEU, D. et G. ROUSSEL (1939), Le sérum normal. Paris.
BROWNING, C. H. (1931), Antigens and Antibodies. Syst. Bact. (Brit.) **6,** 202, 219.
BOULÉ, M., P. HILLEMAND et R. BONNARD (1933), Bull. Soc. méd. d. hôp. de Paris **49,** 429.
BUCHBINDER, L. (1933), J. Immunol. (Am.) **25,** 33.
BÜHLER, F. (1935), Z. indukt. Abstamm.- u. Vererbgsl. (D.) **70,** 463.
BUNCH, C. P., R. C. MORROW, J. R. TIMMONS and D. F. SMITH (1940), J. Immunol. (Am.) **39,** 427.
BUNNELL, W. W. (1933), Amer. J. med. Scienc. **186,** 346.
BUNTING, C. H. (1925), Wisconsin med. J. **24,** 305.

Burgh de, P. M., P. C. Yu, C. Howe and M. Bovarnick (1948), J. exp. Med. (Am.) **87,** 1.
Bürgi, E. (1907), Arch. Hyg. (D.) **62,** 239.
Burnet, F. M. (1940), Med. J. Australia **27,** 325.
— (1941), Monographs Hall Institute No. 1, MacMillan, Melbourne.
Burnet, F. M., A. V. Jackson and E. G. Robertson (1939), Austral. J. exp. Biol. a. Med. Scienc. **17,** 253.
Burnet, F. M., J. F. McCrea and J. D. Stone (1946), Brit. J. exp. Path. **27,** 228.
Burnet, F. M. and D. Lush (1938), Austral. J. exp. Biol. a. Med. Scienc. **16,** 261.
Buxton, J. B. and A. T. Glenny, Lancet **1921 II,** S. 1109.

Campbell, D. H. (1938a), J. Immunol. (Am.) **35,** 205.
— (1938b), J. Immunol. (Am.) 35, 465.
Candela, P. B. (1940), Amer. J. Phys. Anthrop. **27,** 209.
Candela, P. B., A. S. Wiener and L. J. Goss (1940), Zoologica (Am.) **25,** 513.
Cannon, P. R. (1945a), J. Amer. med. Assoc. **128,** 360.
— (1945b), Advanc. Protein Chem. **2,** 135.
Cannon, P. R., W. E. Chase and R. W. Wissler (1943), J. Immunol. (Am.) **47,** 133.
Cannon, P. R., R. W. Wissler, R. L. Woolridge and E. P. Benditt (1944), Ann. Surg. (Am.) **120,** 514.
Cappel, D. F. and M. N. McFarlane (1946), Laneet I, S. 558.
Carlinfanti, E. (1935), C. r. Soc. Biol. Paris **120,** 942.
Carrel, A. and A. H. Ebeling (1922), J. exp. Med. (Am.) **36,** 365.
Castellani, A. (1902), Z. Hyg. (D.) **40,** 1.
Cavalieri (1922), Arch. Pat. et Clin. med. (Ital.), **1,** 5.
Caulfield, A. H. W. (1936), Transact. Amer. Clin. a. Climat. Ass. **52,** 234.
Chase, J. H., A. White and Th. F. Daugherty (1946), J. Immunol. (Am.) **52,** 101.
Chase, M. W. (1947), J. exp. Med. (Am.) **86,** 515.
Chatton, E. et Mme Chatton (1925), C. r. Acad. Scienc. Paris **180,** 1225.
Cherry and Langrock (1916), J. Amer. med. Ass. **66,** 626.
Chiarotti, C. (1939), Giorn. Batter. (Ital.) **23,** 430.
Chiarutini (1900), Arch. science med. (Ital.) **24,** 77.
Ciantini, F. e A. Maggio (1940), Boll. Ist. sieroth. Milan. **19,** 510.
Clark, E. and F. P. O. Nagler (1943), Austral. J. exp. Biol. a. Med. Scienc. **21,** 103.
Clausen, J. (1934), Undersøgeler over de serologiske Blodtypeegenskabar. Kopenhagen.
Clough, M. C. and I. M. Richter (1918), Bull. Johns Hopkins Hosp. (Am.) **29,** 86.
Cobbett, L. (1899), The Lancet, S. 332.
Coca, A. F. (1931), J. Immunol. (Am.) **20,** 263.
Cohn, E. J. (1945), Science (Am.) **101,** 51.
Cohn, E. J., J. L. Oncley, W. L. Hughes and S. H. Armstrong (1944), J. clin. Investig. (Am.) **23,** Sonderheft 4.
Cole, R. I. (1904), Z. Hyg. (D.) **46,** 371.
Coleman, E. and K. Meyer (1926), J. inf. diseas. (Am.) **39,** 332.
Condrea, P., H. Poenaru et G. Dima (1937), C. r. Soc. Biol. Paris **125,** 768.

COOMBS, R. R. A., A. E. MOURANT and R. R. RACE (1945), Brit. J. exp. Path. **26**, 255.
CROMWELL, H. W. (1922), J. Immunol. (Am.) **7**, 461.
CROWELL, M. J. (1926), J. Bact. (Am.) **11**, 65.
CUMLEY, R. W. and M. R. IRWIN (1943), J. Immunol. (Am.) **46**, 63.

DAHR, P. (1937), Z. f. Rassenphys. (D.) **9**, 124.
— (1938), Z. Immunfschg. (D.) **92**, 180.
— (1938a), Z. Rassenphys. (D.) **10**, 78.
— (1939), Klin. Wschr., S. 471.
— (1939a), Klin. Wschr. **18**, 806.
— (1939b), Z. Immunfschg. (D.) **97**, 168.
— (1947), Schweiz. med. Wschr., S. 846.
DAHR, P. und H. KNÜPPEL (1944), Z. Immunfschg. (D.) **105**, 118.
DAHR, P., OFFE und WEBER (1940), Z. f. Rassenphys. (D.) **11**, 78.
DAHR, P. und ZEHNER (1941), Dtsch. med. Wschr. **67**, 71.
D'ANTONA, L. (1930), Rinasc. med. (Ital.) **7**, 184.
DALE, H. (1913), J. Pharmacol. (Brit.) **4**, 178.
DALE, H. and P. HARTLEY (1916), Bioch. J. (Brit.) **10**, 408.
DAVIDSOHN, J. (1928), J. Immunol. (Am.) **16**, 259.
— (1933), Z. Immunfschg. (D.) **79**, 322.
— (1933a), J. inf. diseas. (Am.) **53**, 219.
— (1937), J. Amer. med. Ass. **108**, 289.
DAVIDSOHN, I. and S. G. RAMSDELL (1929), J. Immunol. (Am.) **17**, 365.
DAVIDSOHN, I. and SCHIRMER (1941), Proc. Chicago Path. Soc. 13. okt; zit. nach A. S. WIENER, 1945, S. 219.
DAVIDSOHN, I. and PH. H. WALKER (1935), Amer. J. Clin. Path. **5**, 455.
DEAN, H. R. (1911), Proc. Roy. Soc., B, **84**, 416.
DEBRÊ, R. et H. BONNET (1925), C. r. Soc. Biol. Paris **93**, 331.
DEICHER, H. (1926), Z. Hyg. (D.) **106**, 561.
DIAMOND, L. K. and R. L. DENTON (1945), J. Lab. a. Clin. Med. (Am.), **30**, 821.
Diphtheria (N. ANDREWES, Bulloch, Douglas, Dreyer, Fildes, Ledingham, Wolf), London, **1923.**
DOERR, R. (1925), 14. Kongr. d. Dtsch. dermatol. Ges. Leipzig, gedruckt im Arch. f. Dermatologie.
— (1929a), Allergie und Anaphylaxie, Handb. d. path. Microorg., 3. Aufl., **1**, 759—1009.
— (1929b), Allergische Phänomene, Bethes Handb. d. norm. u. path. Phys. **13**, 650.
— (1932), Klin. Wschr. (D.) **2**, 1409.
— (1942), Die Lehre v. d. Infektionskrankh. in allg. Darstellung. Lehrb. d. inn. Medizin, Springer, S. 68—169.
— (1946a), Helvetica medica acta, Ser. A, **13**, 473.
— (1946b), Ann. Allergy (Am.) **4**, 339.
— (1947a), Die Antikörper, Erster Teil, Wien.
— (1947b), Das Komplement, Wien.
— (1948), Die Antigene. Wien.
DOERR, R. und W. BERGER (1921), Bioch. Z. (D.) **123**, 144.
— — (1922a), Z. Hyg. (D.) **96**, 191.
— — (1922b), Z. Hyg. (D.) **96**, 258.
— — (1922c), Bioch. Z. **131**, 13; Klin. Wschr. **1922 I**, S. 949.
DOERR, R. und W. FRIEDLI (1925), 14. Kongr. Dtsch. dermat. Ges. Dresden.

DOERR, R. und R. PICK (1913), Z. Immunfschg. (D.) **19**, 251.
— — (1914), Bioch. Z. (D.) **60**, 257.
DOERR, R. und V. RUSS (1909), Z. Immunfschg. (D.) **3**, 181.
DOERR, R. und S. SEIDENBERG (1931), Z. Immunfschg. **71**, 242.
DOLD, H. und F. WEIGMANN (1935a), Z. Hyg. (D.) **116**, 146.
— — (1935b), Z. Hyg. **116**, 154.
— — (1935c), Z. Hyg. **116**, 158.
DOLE, V. P. (1944), J. clin. Investig. (Am.) **23**, 708.
DONATH, J. und K. LANDSTEINER (1904), Münch. med. Wschr., S. 1590.
— — (1925), Ergebn. d. Hyg. (D.) **7**, 184.
DOOLEY, P. (1932), J. Amer. med. Ass., S. 1778.
DOUGHERTY, T. F., J. H. CHASE and A. WHITE (1944), Proc. Soc. exp. Biol. a. Med. (Am.) **57**, 295.
— — — (1945), Proc. Soc. exp. Biol. a. Med. (Am.) **58**, 135.
DOUGHERTY, T. F. and A. WHITE (1943a), Proc. Soc. exp. Biol. a. Med. (Am.) **53**, 132.
— — (1943b), Science (Am.) **98**, 367.
— — (1944), Endocrinology (Am.) **35**, 1.
DOUGHERTY, T. F., A. WHITE and J. H. CHASE (1944), Proc. Soc. exp. Biol. a. Med. (Am.) **56**, 28.
DOULL, J. A. and W. F. FALES (1923), Amer. J. Hyg. **3**, 604.
DOWNIE, A. W., GLENNY, PARISH, SMITH and WILSON (1941), Brit. med. J. II, 717.
DUDLEY, S. F. (1922), Brit. J. exp. Path. **3**, 204.
— (1923), Spec. Rep. Ser. med. Res. Counc. (Brit.), No. 75.
— (1926), Spec. Rep. Ser. med. Res. Counc. (Brit.), No. 111.
— (1932), J. of Hyg. (Brit.) **32**, 193.
DUDLEY, SH. F., P. M. MAY and J. O. FLYNN (1934), Spec. Rep. Ser. med. Res. COUNC. (Brit.), No. 195.
DUKE, H. L. and W. B. SCOTT (1943), Brit. med. J. II, 710.
v. DUNGERN, E. (1902), Z. allg. Phys. (D.) **1**, 34.
— (1903), Die Antikörper, Jena.
v. DUNGERN, E. und L. HIRSZFELD (1911), Z. Immunfschg. **8**, 526.
— — (1910), Z. Immunf. (D.) **6**, 284.
DUPONT, R. (1934), Arch. intern. de Méd. exp. (Franz.) **9**, 133.

EAGLE, H. (1935a), J. Immunol. (Am) **29**, 467.
— (1935b), J. Immunol. (Am.) **29**, 485.
EASON, J. (1906), J. Path. a. Bact. (Brit.) **11**, 167.
EDSALL, J. T. (1947), The Plasma Proteins and Their Fractionation. Advances in Protein Chem. **3**, 383—479.
EHRICH, W. E. and T. N. HARRIS (1942), J. exp. Med. (Am.) **76**, 335.
— — (1945), Science (Am.) **101**, 28.
EHRICH, W. E., T. N. HARRIS and E. MERTENS (1946), J. exp. Med. (Am.) **83**, 373.
EHRLICH, P. (1898), Berl. Klin. Wschr., S. 273.
— (1881), Z. f. Klin. Med. (D.) **3**, 383.
— (1899), Berl. Klin. Wschr., Nr. 22.
EHRLICH, P. und H. SACHS (1902), Berl. Klin. Wschr. **39**, 492.
EISEN, H. N., M. M. MEYER, D. H. MOORE, R. TARR and H. C. STOERK (1947), Proc. Soc. exp. Biol. a. Med. (Am.) **65**, 301.
EISENBERG, P. (1906), Zbl. f. Bakt. I Orig. **41**, 96.

Eisenberg, P. und R. Volk (1902), Z. Hyg. (D.) **40**, 155.
Eisler, M. (1928), Tetanus. Handb. d. path. Mikroorg., 3. Aufl. **4**, 1027—1096.
— (1930), Z. Immunfschg. (D.) **67**, 39.
— (1931), Z. Immunfschg. (D.) **73**, 37.
— (1931a), Z. Immunfschg. (D.) **70**, 48.
Elmore, M. E. (1928), J. Immunol. (Am.) **15**, 21.
Enders, J. F. (1944), J. clin. Investig. (Am.) **23**, 510.
Evans, A. S. and E. C. Curnen (1948), J. Immunol. (Am.) **58**, 323.

Fagräus, A. (1947), Nature (Brit)., S. 499.
— (1948), J. Immunol. (Am.) **58**, 1.
Fahraeus, R. (1921), Acta med. scand. **55**, 1.
— (1929), Physiol. Rev. **9**, 241.
Famulener, L. W. (1912), J. inf. diseas. (Am.) **10**, 332.
Farago, F. (1930), Z. Hyg. (D.) **118**, 417.
Felix, A. and L. Olitzki (1929), Brit. J. exp. Path. **10**, 26.
Felton, L. D. and G. H. Bailey (1926), J. Immunol. (Am.) **11**, 197.
Ferguson, L. C. (1941), J. Immunol. (Am.) **40**, 213.
Ferguson, L. C., Cl. Stormont and M. R. Irwin (1942), J. Immunol. (Am.) **44**, 147.
Ferré (1896), Bull. méd. (Franz.) **10**, 773.
Feuille, P., P. Thiry et C. Blancardi (1934), C. r. Soc. Biol. Paris **115**, 367.
Fildes, P. (1925), Brit. J. exp. Path. **6**, 62.
Finland, M. and E. C. Curnen (1938), Science (Am.) **87**, 417.
Fischer, F. K. (1944), Schweiz. med. Wschr. **74**, No. 13.
Fischer, O. (1932), Z. Immunfschg. (D.) **74**, 244.
Fischer, Ödön (1928), Klin. Wschr. **7**, 2061.
Fischer, W. und F. Hahn (1935), Z. Immunfschg. (D.) **84**, 177.
Fischl, R. und Wunschheim (1895), Prager med. Wschr. No. 45; ref. Zbl. f. Bakt. **19**, 652 (1896).
Fleisher, M. S. and Lloyd Jones (1931), J. exp. Med. (Am.) **54**, 597.
— — (1933a), J. Immunol. (Am.) **24**, 369.
— — (1933b), J. Immunol. (Am.) **24**, 383.
Forssman, J. (1911), Bioch. Z. (D.) **37**, 78.
— (1946), Acta path. et microb. Scand. **23**, 145.
Fraser, D. T. and K. F. Brandon (1936), Canad. publ. health J. **27**, 597.
Freudenberg, K., O. Westphal and P. Groenewood (1936), Naturwissenschaften (D.) **24**, 522.
Friedberger, E. (1931), Diphtherieepidemien der letzten Jahre, das Heilserum und die Schutzimpfung, Berlin.
Friedberger, E., G. Bock und A. Fürstenheim (1929), Z. Immunfschg. (D.) **64**, 294.
Friedberger, E. und D. Gajzágó (1930), Z. Immunfschg. **67**, 67.
Friedberger, E. und Heim (1929), Dtsch. med. Wschr. **43**, 131.
Friedemann, H. (1933), Zbl. inn. Med. (D.), S. 570.
Friedemann, H. und Beer (1933), Dtsch. med. Wschr., S. 440.
Friedemann, U. (1947), Dynamics and Mechanism of Immunity reactions in vivo. Bact. Reviews (Am.) **2**, 275.
Friedemann, U. and A. Hollander (1943), J. Immunol. (Am.) **47**, 23, 29.
Friedemann, U. and B. Zuger (1939), J. Immunol. (Am.) **36**, 193.
Friedenreich, V. (1930), The Thomsen Hämagglutination Phenomenon. Copenhagen.

FRIEDENREICH, V. (1931), Z. Immunfschg. (D.) **71**, 314.
— (1931a), Z. Immunfschg. **71**, 283.
— (1936), Z. Immunfschg. **89**, 409.
— (1937a), Klin. Wschr. **15**, 310.
— (1937b), Klin. Wschr. **16**, 753.
— (1937c), Z. Immunfschg. **91**, 485.
FRIEDJUNG, K. (1919), Monatsschr. Kinderh., Orig. **15**, H. 6.
FRIEDEWALD, W. F., E. S. MILLER and L. R. WHATLEY (1941), J. exp. Med. (Am.) **86**, 65.
FURUHATA, T. (1927), Japan. Med. World **7**, 197.
FURUHATA, T. and S. IMAMURA (1935), Japan. J. Genet. **11**, 91.

GAMMELGAARD, A. und P. V. MARCUSSEN (1940), Z. Immunfschg. (D.) **98**, 411.
GARRIDO-MORALES and MANDRY O. COSTA (1931), Amer. J. Hyg. **14**, 89.
GATES, R. R. (1939), Amer. J. Phys. Anthrop. **24**, 385.
GEISER, P., K. SCHAUB und H. STAUB (1946), Schweiz. med. Wschr. **76**, 285.
GELL, P. G. H., C. R. HARINGTON and R. P. RIVERS (1946), Brit. J. exp. Path. **37**, 267.
GENGOU, O. (1911), Z. Immunfschg. **11**, 725.
GIBSON, H. J. (1930), J. Hyg. (Brit.) **30**, 337.
— (1932), J. Immunol. (Am.) **22**, 211.
GINSBERG, H. S., W. F. GOEBEL and F. L. HORSFALL (1947), Proc. Soc. exp. Biol. a. Med. (Am.) **66**, 99.
GLANZMANN, E. und F. OTTENSOOSER (1935), Schweiz. med. Wschr., S. 520.
GLENNY, A. T. (1925), J. Path. a. Bact. (Brit.) **28**, 241.
— (1936), Rep. PROC. II intern. Congr. Microb. London, S. 363.
GLENNY, A. T. and K. ALLEN (1921), J. Path. a. Bact. (Brit.) **24**, 61.
GLENNY, A. T. and M. BARR (1932), J. Path. a. Bact. (Brit.) **35**, 91.
GLENNY, A. T., C. G. POPE and H. WADDINGTON (1925), J. Path. a. Bact. (Brit.) **28**, 279.
GLENNY, A. T. and H. J. SÜDMERSEN (1921), J. Hyg. (Brit.) **20**, 176.
GLENNY, A. T. and U. WALLACE (1925), J. Path. a. Bact. (Brit.) **28**, 317.
GLIMSTEDT, G. (1936), Acta path. microb. scand. No. 30 (Supplement).
GOEBEL, W. F. (1938), J. exp. Med. (Am.) **68**, 221.
GORDON, J. (1933), J. Path. a. Bact. (Brit.) **37**, 367.
GORDON, J. and H. S. CARTER (1932), J. Path. a. Bact. (Brit.) **35**, 549.
GORDON, J. and L. HOYLE (1936), J. Hyg. (Brit.) **43**, 545.
GORDON, J. and K. I. JOHNSTONE (1940), J. Path. a. Bact. (Brit.) **50**, 483.
GRAFE, E. (1911), Dtsch. med. Wschr., S. 2035.
GRAFE, E. und L. MÜLLER (1908), Arch. exp. Path. (D.) **59**, 95.
GRASSET, E., A. PERRET-GENTIL, J. FRIEDMAN and I. GROSS (1933), South Afric. med. J. **7**, 779.
GREEN, R. H. and D. W. WOOLEY (1947), J. exp. Med. (Am.) **86**, 55.
GREENFIELD, G, (1928), Z. Immunfschg. **56**, 107.
GRIFFITTS, J. J. (1947), Publ. Health. Rep., U. S. P. H. S. **62**, 865.
v. GROER, FR. und K. KASSOWITZ (1919), Z. Immunfschg. **28**, 327.
GRÖNWALL, A. (1935), Bioch. Z. (D.) **292**, 257.
GROSSMANN, M. (1917), Münch. med. Wschr., S. 725.
GRUBER, S., A. LITVAK and M. JACOBI (1946), J. Pediatrics (Am.) **29**, 518.
GRUMBACH, A. (1946), Ann. pediatr. **166**, 210.
GUILLAUME, M. (1944), C. r. Soc. Biol. Paris **138**, 68.

GUTHRIE, C. G., J. GELIEN and W. L. MOSS (1920), John Hopkins Hosp. Bull. **31**, 388.
GUTHRIE, C. G., B. C. MARSHALL and M. L. MOSS (1921), John Hopkins Hosp. Bull. **32**, 369.

HAIDVOGL, M. (1926), Münch. med. Wschr. **73**, 358.
HALLAUER, C. (1946), Scientia (Ital.) **40**, 46.
HAMBURGER, FR. und HAIDVOGL (1927), Arch. Hyg. (D.) **98**, 108.
HAMBURGER, FR. und J. SIEGL (1929), Münch. med. Wschr., S. 1537.
HAMM, T. H. and W. B. CASTLE (1940), Trans. A. Amer. Physicians **55**, 127.
HAMM, T. H. and F. C. CURTIS (1938), Medicine (Am.) **17**, 447.
HANGANATZIU, M. (1924), C. r. Soc. Biol. Paris **91**, 1457.
HANNEMA, L. S. and J. R. RYTMA (1922), Lancet (Brit), S. 1217.
HAPP, J. (1920), J. exp. Med. (Am.) **31**, 313.
HAPPEL (1915), Münch. med. Wschr., S. 1030.
HARDT, O. (1937), Z. Rassenphys. (D.) **9**, 178.
HARMON, P. H. and N. H. HARKINS (1936), J. Amer. med. Ass. **107**, 552.
HARPOTH, H. (1935), Z. Rassenphys. (D.) **7**, 135.
HARRIS, T. N. and W. E. EHRICH (1946), J. exp. Med. (Am.) **84**, 157.
HARRIS, T. N., E. GRIMM, E. MERTENS and W. E. EHRICH (1945), J. exp. Med. (Am.) **81**, 73.
HARRIS, T. N., J. RHOADS and J. STOKES (1948), J. Immunol. (Am.) **58**, 27.
HARRISON, J. A. and E. H. FOWLER (1945), Science (Am.) **102**, 65.
HART, A. (1942), Bruns Beitr. **173**, 488.
HARTLEY, P. (1931), Syst. of Bact. (Brit.) **6**, 251.
HARTLEY, P. and C. J. MARTIN (1919/20), Proc. roy. Soc. Med. (Brit.) **13**, 277.
HAUROWITZ, F. (1936), Kolloid-Zschr. (D.) **74**, 208.
— (1942), J. Immunol. (Am.) **43**, 331.
— (1943), Schweiz. med. Wschr., S. 264.
— (1946/47), C. r. ann. Soc. Turque des Scienc., fasc. 13.
HAUROWITZ, F. und F. BREINL (1932), Z. phys. Chem. (D.) **205**, 259.
HAUROWITZ, F. und F. KRAUS (1936), Z. phys. Chem. (D.) **239**, 76.
HAUROWITZ, F., RADIJE CINDI and P. SCHWERIN (1946), Tib Fakültesi Mecmuasi, S. 265.
HAUROWITZ, F., P. SCHWERIN and SAIDE TUNÇ (1946), Arch. of Biochem. (Am.) **11**, 515.
HAUROWITZ, F., M. TUNKA und P. SCHWERIN (1943), Bioch. J. (Brit.) **37**, 249.
HAUROWITZ, F., M. VARDAR and P. SCHWERIN (1942), J. Immunol. (Am.) **43**, 327.
HEIDELBERGER, M. (1942), J. gener. Phys. (Am.) **25**, 523.
HEIDELBERGER, M. and E. A. KABAT (1934), J. exp. Med. (Am.) **60**, 643.
— — (1941), J. exp. Med. (Am.) **74**, 105.
HEIDELBERGER, M. and F. E. KENDALL (1930), Science (Am.) **72**, 252.
— — (1935a), J. exp. Med. (Am.) **61**, 559.
— — (1935b), J. exp. Med. (Am.) **62**, 697.
HEIDELBERGER, M., H. P. TREFFERS and M. MAYER (1940), J. exp. Med. (Am.) **71**, 271.
HEILMEYER, L. (1942), Handb. d. inn. Medizin MOHR-STÄHELIN **2**.
HEIM (1926), Monatsschr. f. Geb. u. Gyn. (D.) **74**, 52.
HEINBECKER, P. and IRVINE-JONES (1928), J. Immunol. (Am.) **15**, 395.
HEINLEIN, H. (1943), Z. ges. exp. Med. (D.) **112**, 535.
HEINMETS, F. (1948), J. Bact. (Am.) **55**, 823.

HEKTOËN, L. (1915), J. inf. diseas. (Am.) **17**, 415.
HELLER (1937), Kinderärztl. Praxis **4**; zit. nach H. SCHMIDT, 1940, S. 108.
HELLMAN, T. und G. WHITE (1930), VIRCHOWS Arch. (D.) **278**, 221.
HERDER, R. H. (1934), Z. f. Kinderheilk. **56**, 51.
HEYROVSKY, H. und K. LANDSTEINER (1907), Zbl. f. Bakt. I Orig. **44**, 150.
HILL, J. M. and S. HABERMAN (1946), Internat. Hematol. and Rh-Conference, Dallas, Tex., 15. Novemb.
HIRANO, H. (1932), Philippine J. Scienc. **47**, 449.
HIRST, G. K. (1942), J. exp. Med. (Am.) **76**, 195.
— (1948a), J. exp. Med. (Am.) **87**, 301.
— (1948b), J. exp. Med. (Am.) **87**, 315.
HIRSZFELD, L. (1926), Ergebn. d. Hyg. (D.) **8**, 367.
— (1928), Konstitutionsserologie und Blutgruppenforschung, Berlin.
— (1934), Ergebn. d. Hyg. (D.) **15**, 54.
— (1947), J. Immunol. (Am.) **55**, 141.
HIRSZFELD, L. et R. AMZEL (1940), Rév. d'Immun. (Franz.) **6**, 31.
— — (1940a), Ann. Inst. Past. Paris, **65**, 251, 386.
HIRSZFELD, H. und L. HIRSZFELD (1927), Z. Immunfschg. (D.) **54**, 81.
HIRSZFELD, H., L. HIRSZFELD und H. BROKMAN (1924), J. Immunol. (Am.) **9**, 571.
HIRSZFELD, L. und Z. KOSTUCH (1938), Klin. Wschr., S. 1047.
— — (1938a), Schweiz. Z. Path. u. Bakt. **1**, 23.
HIRSZFELD, L. und J. SEYDEL (1925), Z. Hyg. (D.) **104**, 465.
HIRSZFELD, L. und H. ZBOROWSKI (1925), Klin. Wschr. **4**, 1152.
HÖGLUND, G. (1927), Acta med. Scand. **66**, 33.
HOOKER, ST. (1941), New England J. of Med. **225**, 871.
HOOKER, S. B. and W. C. BOYD (1932), J. Immunol. (Am.) **23**, 465.
HOTTINGER, A. (1935), Schweiz. med. Wschr., S. 772.
— (1936), Schweiz. med. Wschr., S. 1236.
HOTTINGER, A. und E. LORENZ (1932a), Z. exp. Med. (D.) **82**, 719.
— — (1932b), Klin. Wschr., S. 1335.
HOWE, H. A. and D. BODIAN (1945), Amer. J. Hyg. **42**, 266.
HOWE, H. A. and J. CRAIGIE (1943), J. Bact. (Am.) **45**, 87.
HOWE, P. E. (1921), J. biol. Chem. (Am.) **49**, 115.
— (1922), J. biol. Chem. (Am.) **53**, 479.
HOWELL, K. (1920), Arch. int. Med. **26**, 706.
HÜBENER, G. (1926), Z. Immunfschg. (D.) **45**, 223.
HUNTER, P. S. (1930), Ann. Rep. for 1930, Health. Dep. of Singapour.

IMAMURA, S. (1935), Hanzaigaku-Zasschi (Jap.) **9**, 589.
IMAMURA, S. und SUZUKI (1936), Japan. J. Genetics **12**, 50.
INGALLS, S. (1937), J. Immunol. (Am.) **33**, 123.
IWAI, S. and M. NIN (1925), Japan. med. World **5**, 119.
— — (1926), Japan. med. World **6**, 345.

JACKSON, F. W. (1937), Canad. putl. Health **28**, 363.
JAMESON, E., C. ALVAREZ-TOSTADO and H. H. SORTOR (1942), Proc. Soc. exp. Biol. a. Med. (Am.) **51**, 163.
JENNINGS, R. K. and L. DESPAIN SMITH (1942), J. Immunol. (Am.) **45**, 105.
JENSEN, CL. (1931), C. r. Soc. Biol. Paris **108**, 528, 532, 543, 552, 577.
— (1932), Monatsschr. f. Kinderheilk. (D.) **52**, 346.
JENSEN, ERIKA (1938), Arch. Schiffs- u. Tropenhyg. (D.) **42**, 481.

JESSEN, C. U. and J. BING (1940), Acta med. Scand. **105**, 287.
JOHANN, A. M. (1941), Z. Immunfschg. (D) **100**, 292.
JONES, F. S. (1927), J. exp. Med. (Am.) **46**, 291.
— (1928), J. exp. Med. (Am.) **47**, 245.
JONES, F. S. and R. B. LITTLE (1933), J. exp. Med. (Am.) **57**, 721, 729.
JONES, LLOYD and M. S. FLEISHER (1934), J. Immunol. (Am.) **26**, 455.
— — (1936), J. Immunol. (Am.) **31**, 215.
JORDAN, E. O. (1937), J. inf. diseas. (Am.) **61**, 79.
JUDE, A. (1939), Rév. d'Immunol. (Franz.) **5**, 90.
JUNGEBLUT, C. W. (1935/36), Proc. Soc. exp. Biol. a. Med. (Am.) **33**, 137.
JUNGEBLUT, C. W. and T. ENGLE (1931/32), Proc. Soc. exp. Biol. a. Med. (Am.) **29**, 879.
JUNGEBLUT, C. W., K. MEYER and ENGLE (1934), J. Immunol. (Am.) **27**, 43.

KACZKOWSKI, B. (1928), C. r. Soc. Biol. Paris **98**, 386.
KAEMPFFER, A. (1932), Z. indukt. Abstammungs- u. Vererbgsl. **61**, 261.
— (1935), Dtsch. Z. gerichtl. Med. **25**, 231.
KAGAN, N. W. (1931), Z. Immunfschg. (D.) **72**, 20.
KARASAWA, M. und B. SCHICK (1910), Jahrb. f. Kinderheilk. (D.) **72**, 264.
KARELITZ, S. (1942), J. Immunol. (Am.) **44**, 285.
KARELITZ, S. and A. GLORIG (1943), J. Immunol. (Am.) **47**, 121.
KARELITZ, S. and S. S. STEMPIEN (1942), J. Immunol. (Am.) **44**, 271.
KASTENMEYER, W. (1919), Arch. f. Kinderheilk. (D.) **67**, 365.
KAZNELSON, P. (1922), Dtsch. Arch. f. Klin. Med. **138**, 46.
KEILHACK, H. (1936), Fol. haemat. (D.) **55**, 406.
KEMP, H. A. and B. O. BAKER (1936a), Amer. J. clin. Path. **6**, 560.
— — (1936b), Amer. J. clin. Path. **6**, 557.
KEMP, T. (1930), Acta path. et microb. scand. **7**, 146.
KERRIN, J. C. (1929), Brit. J. exp. Path. **10**, 370.
KETELSEN, O. (1938), Z. Immunfschg. (D.) **93**, 87.
KETTEL, K. (1930), Undersøgelser over Kuldehaemagglutinine. Copenhagen.
KINDERMANN, M. (1935), Z. Immunfschg. (D.) **85**, 366.
KINNEARD, G. (1935), Brit. med. J., S. 201.
KIRSCHNER, L. (1929), Meded. Dienst Volksgez. Ned.-Ind. **18**, 164.
KIRSTEIN, F. (1922), Arch. f. Gynäk. (D.), **115**, 327.
KLECZKOWSKI, A. (1941), Brit. J. exp. Path. **22**, 188.
KLEINE, F. K. (1940), Dtsch. med. Wschr., S. 1366.
KLEINE, F. K. und H. KROÓ (1930), Dtsch. med. Wschr. **56**, 46.
KLIEWE, H. und M. WESTHUES (1925), Münch. med. Wschr., S. 587.
KLINGENSTEIN, R. (1930), Z. Immunfschg. (D.) **66**, 99.
KOBER, M. (1899), Z. Hyg. (D.) **31**, 433.
KOBERT (1900), Sitzungsber. naturw. Ges. Rostock, 25. Mai 1900.
KÖPPLIN, F. (1936a), Z. f. Klin. Med. (D.) **129**, 512.
— (1936b), Z. f. Klin. Med. (D.) **130**, 784.
KRAMER, S. D. and M. L. AYCOCK (1931/32), Proc. Soc. exp. Biol. a. Med. (Am.) **29**, 98.
KRAUS, R. (1903), Zbl. f. Bakt. **34**, 488.
— (1923), Wien. Klin. Wschr., S. 67.
KRAUS, R. und R. DOERR (1905), Wien. Klin. Wschr., S. 158.
KRAUS, R. et A. SORDELLI (1920), C. r. Soc. Biol. Paris **83**, 1497.
KREJCI, L. E., R. K. JENNINGS and L. DESPAIN SMITH (1942), J. Immunol. (Am.) **45**, 111.

KREJCI, L. E., L. DESPAIN SMITH and T. J. DIETZ (1941), J. Franklin Ist. (Am.) **231,** 396.
KRETZ, R. (1903), Wien. Klin. Wschr., S. 528.
— (1909), Technik d. Antikörpererzeugung an großen Tieren. Handb. d. Techn. u. Meth. Immunfschg. **2,** 1—32.
KROMME, L. de und L. A. M. VAN DER SPECK (1947), Nederl. Tijdschr. Geneesk. **32,** 2202.
KUMAGAI und INOUE (1912), Dtsch. med. Wschr., S. 361.
KÜSSNER, B. (1879), Dtsch. med. Wschr., S. 475.
KUZIN, A. M. and N. A. NEVRAEVA (1947), Biokhimiya (Russ.) **12,** 49; ref. in Chemical Abstracts **41,** 4849 (1947).
KYES, P. and E. S. CAREY (1927), J. Immunol. (Am.) **14,** 123.

LANDSTEINER, K. (1901), Wien. Klin. Wschr. **14,** 1132.
— (1903), Münch. med. Wschr. **50,** 1812.
— (1928), The newer Knowledge of Immunology and Bacteriology. Chicago Press, S. 899.
— (1928a), C. r. Soc. Biol. Paris **99,** 658.
— (1928b), J. Immunol. (Am.) **15,** 589.
— (1931), Science **73,** 403.
— (1945), The specifity of serological. reactions. Rev. Edition. Harvard Univ. Press.
LANDSTEINER, K. und CALVO (1902), Zbl. f. Bakt. **31,** 781.
LANDSTEINER, K. and M. W. CHASE (1936), J. exp. Med. (Am.) **63,** 813.
— — (1940), Proc. Soc. exp. Biol. a. Med. (Am.) **44,** 559.
LANDSTEINER, K. and HARTE (1940), J. exp. Med. (Am.) **71,** 551.
— — (1941), J. biol. Chem. (Am.) **140,** 673.
LANDSTEINER, K. and PH. LEVINE (1926), J. Immunol. (Am.) **12,** 441.
— — (1927), Proc. Soc. exp. Biol. a. Med. (Am.) **24,** 600, 941.
— — (1928), J. exp. Med. (Am.) **47,** 757.
— — (1929), J. Immunol. (Am.), **17,** 1.
— — (1930a), Proc. Soc. exp. Biol. a. Med. (Am.) **28,** 309.
— — (1930b), J. Immunol. (Am.) **18,** 87.
— — (1931), J. Immunol. (Am.) **20,** 179.
— — (1932), Proc. Soc. exp. Biol. a. Med. (Am.) **30,** 209.
LANDSTEINER, K. and C. PH. MILLER (1925), J. exp. Med. (Am.) **42,** 853.
LANDSTEINER, K. und E. PRÁŠEK (1911), Z. Immunfschg. (D). **10,** 68.
LANDSTEINER, K. und M. REICH (1905a), Z. Hyg. (D.) **58,** 213.
— — (1905b), Zbl. Bakt. **39,** 712.
LANDSTEINER, K. and J. VAN DER SCHEER (1925), J. exp. Med. (Am.) **41,** 427.
— — (1932), J. exp. Med. (Am.) **55,** 781.
— — (1934), J. exp. Med. (Am.) **59,** 751.
— — (1936), J. exp. Med. (Am.) **63,** 325.
— — (1939), J. exp. Med. (Am.) **69,** 705.
LANDSTEINER, K., W. R. STRUTTON and M. W. CHASE (1934), J. Immunol. (Am.) **27,** 469.
LANDSTEINER, K. und A. STURLI (1902), Wien. Klin. Wschr., S. 38.
LATTES, L. und C. CREMA (1928), Z. Immunfschg. (D.) **57,** 287.
LEACH, CH. N. und G. PÖCH (1935a), Wien. Klin. Wschr., Nr. 9.
— — (1935b), J. Immunol. (Am.) **29,** 368.
LE DANTEC (1912), Biologica **2,** 225.
LEHNDORFF, H. (1934), Münch. med. Wschr., S. 447.

LEMÉTAYER, E. et DE DIÉTRICH (1936), C. r. Soc. Biol. Paris **122**, 614.
LENART, G. und J. KÖNIG (1928), Klin. Wschr. **12**, 549.
LESCHLY, W. (1916), Z. Immunfschg. (D.) **25**, 219.
LEVINE, P., L. BURNHAM, E. KATZIN and VOGEL (1941), Amer. J. Obst. a. Gyn. **42**, 925.
LEVINE, P. and E. M. KATZIN (1941), Proc. Soc. exp. Biol. a. Med. (Am.) **48**, 126.
— — (1938), Proc. Soc. exp. Biol. a. Med. (Am.) **39**, 167.
LEWIS, K. H. and E. V. HILL (1947), J. Bact. (Am.) **53**, 213.
LEWIS, J. L. and H. G. WELLS (1922), J. Amer. med. Ass. **78**, 863.
LICHTHEIM, L. (1878), Volkm. Sammlg. Klin. Vortr. Nr. 134. S. 1148.
— (1883), Korresp.-Blatt f. Schweiz. Ärzte, S. 372.
LINCOLN, E. M. and CH. K. GREENWALD (1933), Proc. Soc. exp. Biol. a. Med. (Am.) **30**, 1241.
LIND, P. and N. MCARTHUR (1948), Austral. J. exp. Biol. (zit. nach B. A. BRIODY).
LITTLE, R. B. (1929), J. Immunol. (Am.) **17**, 377.
LOISELEUR, J. (1946a), C. r. Acad. Scienc. Paris **222**, 159.
— (1946b), C. r. Acad. Scienc. Paris **222**, 461.
— (1946c), C. r. Acad. Scienc. Paris **222**, 978.
— (1946d), C. r. Acad. Scienc. Paris **222**, 1013.
— (1947), C. r. Acad. Scienc. Paris **224**, 505, 687.
LOISELEUR, J. et M. LÉVY (1947), Ann. Inst. Past. Paris **73**, 116.
LOISELEUR, J., M. LÉVY et SUREAU (1946), Ann. Inst. Past. Paris **72**, 931.
LONGWORTH, L. G., R. M. CURTIS and R. H. PEMBROKE (1945), J. clin. Investig. (Am.) **24**, 46.
LOOS, J. (1896), Z. f. Kinderheilk. (D.) **42**, 360.
LORENTZ, F. H. (1933), Münch. med. Wschr., S. 1388.
LOVELL, R. (1932), J. comp. Path. **45**, 27.
— (1934), J. comp. Path. **47**, 107.
LÖWY, O. (1915), Wien. Klin. Wschr., S. 1269.
LÜDKE, H. (1905), Zbl. f. Bakt. **38**, 81.
— (1906), Zbl. f. Bakt. I Orig. **42**, 69.
— (1906), Zbl. f. Bakt. I Orig. **42**, 260, 262.
LUZZATI und SORGENTE (1901), Arch. f. Kinderheilk. (D.) **32**, 183.

MACDOWELL, E. and J. HUBBARD (1922/23), Proc. Soc. exp. Biol. a. Med. (Am.) **20**, 93.
MACHEBOEUF, M. (1939), L'Immunochimie. Expos. ann. d. Bioch. méd., 2. Série, S. 117.
MACKIE, T. J. and M. H. FINKELSTEIN (1930), J. Hyg. (Brit.) **30**, 1.
— — (1931), J. Hyg. (Brit.) **31**, 35.
— — (1932), J. Hyg. (Brit.) **32**, 1.
MADSEN, E. (1939), Acta path. et microb. scand. **16**, 113.
MADSEN, TH. (1909), Methoden der Immunisierung bei kleinen Versuchstieren. Handb. Techn. u. Meth. d. Immunfschg. **2**, 33—61.
MADSEN, TH. und S. SCHMIDT (1929), C. r. Soc. Biol. Paris **102**, 1091, 1093.
MADSEN, TH. und O. STRENG (1910), Z. phys. Chem. (D.) **70**, 263.
MALKOFF, G. M. (1900), Dtsch. med. Wschr. **26**, 229.
MARIE, P. L. (1916), C. r. Soc. Biol. Paris **79**, 149.
MASUGI, M. (1927/28), Krankheitsfschg. (D.) **5**, 375.
MATSUO (1912), Dtsch. Arch. f. Klin. Med. **107**, 335.

MAXIMOW, AL. (1928), Arch. exp. Zellfschg. (D.) **5,** 169.
MAYER, J. B. (1937), Zbl. f. Bakt. I Orig. **139,** 137.
MAYER, M. and M. HEIDELBERGER (1942), J. biol. Chem. (Am.) **143,** 567.
MCCREA, J. F. (1947), Austral. J. exp. Biol. **25,** 127.
MCMASTER, P. D. and S. S. HUDACK (1935), J. exp. Med. (Am.) **61,** 783.
MCMASTER, P. D. and J. G. KIDD (1937), J. exp. Med. (Am.) **66,** 73.
METSCHNIKOFF, E. (1899), Ann. Past. Paris **13,** 737.
MEYER, E. und EMMERICH (1909), Dtsch. Arch. Klin. Med. **96,** 287.
MICHIELS, J. und B. SCHICK (1913), Z. Kinderheilk. (D.) **5,** 255.
MICHON, P., M. VERAIN et A. ZIEGLER (1936), C. r. Soc. Biol. Paris **121,** 1419.
MINNETT, F. C. (1922), J. comp. Path. a. Ther. (Brit.) **35,** 291.
MINO, P. (1923), Giorn. d. Clin. med. (Ital.) **4,** 561.
— (1924), Dsch. med. Wschr. **50,** 1533.
MOLDOVAN, J. (1926), Seuchenbekämpfung **3,** 188.
MOORE, D. H., J. VAN DER SCHEER and R. G. WYCKOFF (1940), J. Immunol. (Am.) **38,** 221.
MORESCHI, C. (1908), Zbl. f. Bakt. I **46,** 49.
— (1914), Z. Immunfschg. (D.) **21,** 410.
MORGAN, I. M., H. A. HOWE and D. BODIAN (1947), Amer. J. Hyg. **45,** 379.
MORGAN, W. T. J. (1931), Brit. J. exp. Path. **12,** 62.
— (1936,) Bioch. J. (Brit.) **30,** 909.
— (1937), Bioch. J. (Brit.) **31,** 2003.
— (1938), Helvetica chim. acta **21,** 469.
— (1947), Experientia, **3,** 257.
MORGAN, W. T. J. and R. VAN HEYNIGEN (1944), Brit. J. exp. Path. **25,** 5.
MORGAN, W. T. J. and S. M. PARTRIDGE (1940), Bioch. J. (Brit.) **34,** 169.
MORGAN, W. T. J. and H. SCHÜTZE (1946), Brit. J. exp. Path. **27,** 286.
MORGAN, W. T. J. and M. B. R. WADDELL (1945), Brit. J. exp. Path. **26,** 387.
MORGAN, W. T. J. and W. M. WATKINS (1948), Brit. J. exp. Path. **29,** 159.
MORO, E. und S. NODA (1909), Münch. med. Wschr., S. 545.
MORVILLE, P. (1929), Acta path. e microb. scand. **6,** 39.
— (1930), Undersøgelser over Isoagglutininer hos Modre og Nyfødte. Habil.-Schr. Kopenhagen.
MOUREAU, P. et J. LAMBERT (1939), C. r. Soc. Biol. Paris **131,** 148, 819.
MUDD, ST. (1932), J. Immunol. (Am.) **23,** 423.
MUELLER, J. HOWARD (1941), J. Immunol. (Am.) **42,** 353.
MUIR, R. and C. H. BROWNING (1906), J. Hyg. (Brit.) **6,** 20.
MÜLLER, P. TH. (1909), Arch. Hyg. (D.) **64,** 62.
MURAKAMI, J. (1936), Z. Immunfschg. (D.) **88,** 182.
MURPHY, J. B. and E. STURM (1925), J. exp. Med. (Am.) **41,** 245.
MURRAY, J. F. (1942), South Afric. med. J. **16,** 247.
— (1943), J. Hyg. (Brit.) **43,** 159.
MURTO (1914), Akad. Abhandl. Helsinki.

NAKAMURA, I. (1931), Keijo J. Med. (Jap.) **2,** 425; zit. nach Stats und Wasserman (1943).
NANBA, MUTSUMIE (1925), Dtsch. med. Wschr., S. 594.
NEILL, J. M., E. L. GASPARI and R. A. MOSLEY (1931), J. Immunol. (Am.) **20,** 347.
NEILL, J. M., GASPARI, MOSLEY and J. V. SUGG (1931), J. Immunol. (Am.) **21,** 101.
NETTER, A. (1915), C. r. Soc. Biol. Paris **78,** 505.

NEUJEAN, G. (1937), Ann. Soc. belge Méd. trop. **17.**
NICOLLE, M. (1908), Ann. Inst. Past. Paris **22,** 237.
NIGG, CLARA (1930), J. Immunol. (Am.) **19,** 1.
NOBLE, W. (1915), J. inf. diseas. (Am.) **16,** 132.
NOEGGERATH, C. und E. SCHOTTELIUS (1915), Münch. med. Wschr., S. 1293.

OCHSENIUS, K. (1917), Jahrb. f. Kinderheilk. (D.) **85,** 280.
OLBRICH, S. (1937), Z. Immunfschg. (D.) **91,** 242.
OLITZKI, L. (1931), Z. Immunfschg. (D.) **72,** 498.
OLIVER-GONZALEZ, J. (1941), J. inf. diseas. (Am.) **69,** 254.
OPIE, E. L. and J. FURTH (1926), J. exp. Med. (Am.) **43,** 469.
OPITZ, H. (1915), Dtsch. med. Wschr. **41,** 914.
— (1927), Klin. Wschr., S. 1701.
ORDMAN, C. W., C. G. JENNINGS and C. A. JANEWAY (1944), J. clin. Invest. (Am.) **23,** 541.
ORLOWSKI, W. (1895), Dtsch. med. Wschr. **21,** 400.
ORUDSCHIEW, D. (1912), Z. Immunfschg. (D.) **16,** 268.
ÖSTERLIND, G. (1938), Acta path. microb. scand., Supplem. No. 34.
OTTENBERG, R. and W. THALHIMER (1915), J. med. Research. **28** N. S., 213.
OTTENSOOSER, F. und TOBLER (1937), Z. Immunfschg. (D.) **90,** 65.
OTTO, H. und G. MITTAG (1937), Klin. Wschr., S. 294.

PANUM (1847), Virchows Arch. **1,** 492.
PARFENTJEV, I. A., U. S. Patente No. 2065, 196 (1936) und No. 2123, 198 (1937).
PARISH, H. J. and C. C. OKELL (1926), Brit. J. exp. Path. **7,** 173.
— — (1928), Lancet II, S. 322.
PARISH, H. J. and J. WRIGHT (1938), Lancet **234,** 882.
PARK, W. H. and A. ZINGHER (1916), Amer. J. Public Health **6,** 431.
PASCHLAU, G. (1938), Dtsch. med. Wschr. **64,** 251.
PATERSON, J. L. H., R. R. RACE and G. L. TAYLOR (1942), Brit. med. J. II, 37.
PAUL, J. R. and W. W. BUNNEL (1932), Am. J. med. Scienc. **183,** 90.
PAULING, L. (1940), J. Amer. Chim. Soc. **62,** 2643.
— (1945), Molecular structure and intermolecular forces. In K. LANDSTEINER (1945).
PAULING, L. and D. H. CAMPBELL (1942a), Science (Am.) **95,** 440.
— — (1942b), J. exp. Med. (Am.) **76,** 211.
PEDERSEN, K. O. (1945), Ultracentrifugal Studies on Serum and Serum Fractions. Uppsala.
PEHU, M. et P. DURAND (1920), Ann. de Méd. (Franz.) **7,** 196.
PENNA, J. (1918), Rev. Inst. bact. Buenos Aires **1,** 116.
PETRIE, G. F. (1942/43), Bull. Health. Organ., L. of Nat. **10,** 113.
PFEIFFER, R. und E. MARX (1898), Z. Hyg. (D.) **27,** 272.
PICK, E. P. (1901), Hofmeisters Beitr. z. chem. Phys. u. Path. (D.) **1,** 321, 393, 445.
PICKETT, M. J., P. D. HOEPRICH and R. O. GERMAN (1945), J. Bact. (Am.) **49,** 515.
PIJPER, A. (1938), J. Path. a. Bact. (Brit.) **47,** 1.
PILLEMER, L., R. WITTLER and D. B. GROSSBERG (1946), Science (Am.) **103,** 615.
v. PIRQUET, C. and B. SCHICK (1905), Die Serumkrankheit. Leipzig u. Wien.

PLASS, E. D. and C. W. MATTHEW (1926), Amer. J. Obstet. a. Gyn. **12**, 847.
POCHON, J. (1936a), Ann. Inst. Past. Paris **57**, 82.
— (1936b), C. r. Soc. Biol. Paris **121**, 300.
POLAYES, S. H., M. LEDERER and A. S. WIENER (1929), J. Immunol. (Am.) **17**, 545.
POLSON, A. (1943), Nature (Brit.) **152**, 413.
POPPE, K. (1919), Berl. tierärztl. Wschr. **35**, 173.
— (1923), Zbl. Bakt., I. Orig. **89**, 29.
POPPER (1868), Österr. Z. f. prakt. Heilk., S. 657.
POTTER, E. L. (1947), Rh ... its relation to congenital hemolytic disease and to intragroup transfusion reaction. Chicago.
PRÁŠEK, E. (1914), Z. Immunfschg. (D.) **20**, 146.
PRESSMAN, D., D. H. CAMPBELL and L. PAULING (1942), J. Immunol. (Am.) **44**, 101.
PUTKONEN, T. (1930), Acta Soc. med. Fennic. „Duodecim", Ser. A **14**, fasc. 2.

RAMON, G. (1922), C. r. Soc. Biol. Paris **86**, 661, 711.
— (1930), C. r. Soc. Biol. Paris, **104**, 31.
— (1936), Rév. d'Immunol. (Franz.) **2**, 305.
RAMON, G., R. DEBRÉ et P. THIROLOIX (1930), C. r. Soc. Biol. Paris **105**, 748.
RAMON G. et R. DESCOMBEY (1927), Ann. Inst. Past. Paris **41**, 834.
RAMON, G., R. DESCOMBEY et E. LEMETAYER (1931), Ann. Inst. Past. Paris **46**, 444.
RAMON, G. et B. ERBER (1935), Rév. d'Immunol. (Franz.) **1**, 425.
RAMON, G., B. ERBER et R. RICHOU (1936), C. r. Soc. Biol. Paris **121**, 285.
RAMON, G. et F. LEMÉTAYER (1931), Bull. Acad. Vétér. France **6**, 84.
— — (1932), C. r. Soc. Biol. Paris **109**, 827.
— — (1933), C. r. Soc. Biol. Paris **112**, 1157.
— — (1934), C. r. Soc. Biol. Paris **116**, 275.
— — (1935), Rev. d'Immunol. (Franz.) **1**, 209.
RAMON, G. et P. NÉLIS (1935), Rev. d'Immunol. (Franz.) **1**, 431.
RAMON, G. et R. RICHOU (1936), C. r. Soc. Biol. Paris **121**, 621.
— — (1936a), C. r. Soc. Biol. Paris **123**, 738.
RAMON, G., R. RICHOU et J. DESCAZEAUX (1935), Rev. d'Immunol. (Franz.) **1**, 401.
RAMON, G., R. RICHOU, L. NICOL et A. LUPU (1936), C. r. Soc. Biol. Paris **121**, 521.
RAMON, G. et C. ZOELLER (1926), C. r. Acad. Scienc. Paris **182**, 245.
— — (1927a), C. r. Soc. Biol. Paris **96**, 762.
— — (1927b), Ann. Inst. Past. Paris **41**, 803.
RAPPOPORT, M., M. I. RUBIN and D. CHAFFEE (1943), J. clin. Investig. (Am.) **22**, 487.
RATNER, B. (1943), Allergy, Anaphylaxis and Immunotherapy. Baltimore.
VAN RAVENSWAAY, A. C. (1935), New England J. Med. **221**, 1001.
REGAMEY, R. (1943), Schweiz. Z. Path. u. Bakt. **6**, 409.
REGAMEY, R. et E. NOVEL (1943), Schweiz. Z. Path. a. Bakt. **6**, 407.
REH, TH. (1935), C. r. Soc. Biol. Paris **119**, 520.
REISNER, E. H. and M. KALKSTEIN (1942), Amer. J. med. Scienc. **203**, 313.
RICH, A. R. (1944), The Pathogenesis of Tuberculoris, Springfield., S. 414 und 593.
RICHOU, R. (1936), C. r. Soc. Biol. Paris **123**, 741.
RICHOU, R. et E. EICHHORN (1936), C. r. Soc. Biol. Paris **121**, 307.

Richou, R. et G. Torrisi (1933), C. r. Soc. Biol. Paris **114,** 595.
Richters, E. (1935), Berl. tierärztl. Wschr. (D.) **51,** 401.
Rissling, P. (1907), Zbl. f. Bakt., I. Orig. **44,** 541.
Robertson, M. (1934), J. Path. a. Bact. (Brit.) **38,** 363.
Robertson, O. H. and P. Rous (1918), J. exp. Med. (Am.) **27,** 563.
Rodet, A. (1907), Zbl. f. Bakt., I. Orig. **37,** 714.
Römer, P. H. (1908/9), Z. Immunfschg. (D.) **1,** 363.
Römer, P. und T. Samos (1909), Z. Immunfschg. (D.) **3,** 344.
Rosenmann, M. (1937), Bioch. Z. (D.) **294,** 34.
Rosenthal, N. und G. Wenckebach (1933), Klin. Wschr., S. 499.
Rosenthal, L. (1943), J. Bact. (Am.) **45,** 545.
Rosling, E. (1928), Z. Immunfschg. (D.) **59,** 521.
Ross, H. (1946), Naturwissensch. (D.) **33,** 316.
Rothen, A. (1945), Science (Am.) **102,** 446.
— (1946), J. biol. Chem. (Am.) **163,** 345.
Rotky, K. (1914), Zbl. f. inn. Med. (D.) **35,** 953.
Roux, E. et L. Martin (1894), Ann. Inst. Past. Paris **8,** 609.

Sabin, F. R. (1939), J. exp. Med. (Am.) **70,** 67.
Sachs, H. (1929), Hämolytische Serumwirkung (Hämolysine) und Komplementbindung (Cytotoxische Sera). Handb. d. pathog. Mikroorg., 3. Aufl. **2,** S. 778—928.
Sachs, H. und J. Bauer (1911), Arb. a. d. Inst. f. exp. Therap. Frankfurt, Heft **3,** 1.
Sachs, H., A. Klopstock und A. J. Weil (1925), Klin. Wschr., Nr. 15 u. 25.
Sadusk, J. F. (1929), J. Amer. med. Ass. **112,** 1682.
Salen, E. B. (1935), Acta med. Scand. **86,** 570.
Saleun, Bordes, Ceccaldi, Palinacci (1938), Bull. Soc. Path. exot. **31,** 564.
Sasaki, H. (1932), Z. Immunfschg. (D.) **77,** 101.
Sawyer, E. A. (1931), J. prevent. Med. (Am.) **5,** 413.
van der Scheer, J., R. W. G. Wyckoff and F. H. Clarke (1941), J. Immunol. (Am.) **40,** 39.
Scheunemann, K. (1931), Arch. Hyg. (D.) **105,** 287.
Schick, B. (1911), Verh. Ges. f. Kinderheilk., Wiesbaden **27,** 212.
— (1913), Münch. med. Wschr., **60,** 2608.
Schiff, F. (1927), Klin. Wschr., S. 303.
— (1934), Z. Immunfschg. **82,** 46, 302.
— (1937), J. Immunol. (Am.) **33,** 305.
Schiff, F. und L. Adelsberger (1924), Zbl. f. Bakt., I. Orig. **93,** 172.
Schiff, F. und W. Halberstädter (1926), Z. Immunfschg. (D.) **48,** 414.
Schiff, F. und G. Hübener (1926), Z. Immunfschg. (D.) **45,** 207.
Schiff, F. und L. Mendlowicz (1926), Z. Immunfschg. (D.) **48,** 1.
Schittenhelm, A. (1925), Die Serumkrankheit und Serumanaphylaxie. Handb. inn. Med. Bergmann-Stähelin, 2. Aufl. **1.** S. 1—30.
Schmidt, H. (1940), Grundlagen der spezifischen Therapie und Prophylaxe bakterieller Infektionskrankheiten. Berlin.
Schmidt-Schleicher, I. (1940), Z. Immunfschg. (D.) **97,** 14.
Schönheimer, R., S. Ratner, D. Rittenberg and M. Heidelberger (1942a), J. biol. Chem. (Am.) **144,** 541.
— — — — (1942b), J. biol. Chem. (Am.) **144,** 545.
Schoening, H. W. (1922), J. Amer. veter. med. Ass. **14,** 286.
Schuckmann, W. (1920), Berl. Klin. Wschr. **57,** 545.

SCHULZ, FR. (1942), Klin. Wschr., S. 265.
SCHÜRER, J. (1919), Z. f. exp. Med. (D.) **10**, 225.
SCHWARZMAN (1928), Z. f. Geburtsh. u. Gyn. **92**, 505.
SCHWARZMANN, L. (1927), Z. Immunfschg. (D.) **51**, 139.
SCHWARTZ, A. B. and F. R. JANNEY (1938), J. Amer. med. Ass. **110**, 1743.
SHATTOCK, S. G. (1900), J. Path. a. Bact. (Brit.) **6**, 303
SHERMAN, H. W. (1919), J. inf. diseas. (Am.) **25**, 256.
SHERMAN, W. B., S. F. HAMPTON and R. A. COOKE (1940), J. exp. Med. (Am.) **72**, 611.
SIEGL, J. (1929), Arch. Kinderheilk. **88**, 154.
SIGURJONSSON, J. (1940), Z. Hyg. (D.) **122**, 189.
SIMON, F. A. (1941), J. Allergy (Am.) **12**, 610.
— (1942), J. exp. Med. (Am.) **75**, 315.
SINCLAIR, M. W. and J. W. THOMAS (1939), J. Allergy (Am.) **10**, 228.
SLACK, F. H., B. L. ARMS, E. M. WADE and W. S. BLANCHARD (1910), I. Amer. med. Ass. **54**, 951.
SMITH, C. H. (1928), Amer. J. diseas. Child. **36**, 54.
SMITS, E. (1926), Tijdschr. Geneesk. Ned.-Ind. (Holl.) **66**, 634.
SNYDER, L. H. (1926), Amer. J. Phys. Anthrop. **9**, 233.
— (1930), Human. Biology (Am.) **2**, 218.
SOHIER, R. (1942), Presse médic. (Franz.), S. 706.
SOHIER, R., CH. JAULMES et M. TISSIER (1945); Ann. Inst. Past. Paris **71**, 463.
SOHIER, R., P. LÉPINE et V. SAUTTER (1940), Ann. Inst. Past. Paris **65**, 50.
SOHIER, R. et M. TISSIER (1946), Rev. d'Immunol. (Franz.) **10**, 211.
SONNEBORN, T. M. (1932), Biol. Bull. **43**, 187.
SOPER, F. L. and A. DE ANDRADE (1933), Amer. J. Hyg. **18**, 588.
SORDELLI, A. (1921), Rev. de la Ass. Med. Argent. **34**, 199.
SPÄT, W. (1910), Zbl. f. Bakt., I. Orig. **54**, 361.
STANDENATH, F. (1923/24), Z. Immunfschg. (D.) **38**, 19.
STANNUS, H. S. and G. M. FINDLAY (1939), Lancet II, 595.
STATS, D. and J. M. G. BULLOWA (1943), Arch. int. Med. (Am.).
STATS, D., E. PERLMAN, J. M. G. BULLOWA and R. GOODKIND (1943), Proc. Soc. exp. Biol. a. Med. **53**, 188.
STATS, D. and L. R. WASSERMAN (1943), Medicine (Am.) **22**, 363.
STEINMAURER, H. und E. SCHMID (1938), Z. Immunfschg. (D.) **92**, 445.
STIMPERT, F. D. and J. F. KESSEL (1939), Amer. J. Hyg. **29**, 57.
STOKES, J., E. P. MARIS and S. S. GELLIS (1944), J. clin. Investig. (Am.) **23**, 531.
STOKES, J. and NEEFE (1945), J. Amer. med. Ass. **127**, 144.
STONE, J. D. (1947), Austral. J. exp. Biol. **25**, 137.
STRAUS, R. (1936), Amer. J. Clin. Path. **6**, 546.
STRENG, O. (1909), Z. Hyg. (D.) **62**, 281.
— (1909), Z. Immunfschg. (D.) **2**, 415.
— (1929), Konglutinine. Handb. d. path. Mikroorg., 3. Aufl. **2**, 1117.
STUART, A. C. (1935), Proc. Soc. exp. Biol. a. Med. (Am.) **32**, 861.
STUART, A. C., BURGESS, LAWSON and WELLMAN (1935), Arch. int. Med. (Am.) **54**, 199.
STUART, A. C., FULTON, R. P. ASH and K. K. GREGORY (1936), J. inf. diseas. (Am.) **59**, 65.
STUART, A. C., GRIFFIN, FULTON and E. G. E. ANDERSON (1936), Proc. Soc. exp. Biol. a. Med. (Am.) **34**, 209.

STUART, A. C., GRIFFIN, WHEELER and SH. BATTEY (1936), Proc. Soc. exp. Biol. a. Med. (Am.) **34**, 212.
STUART, A. C., SAWIN, WHEELER and BATTEY (1936), J. Immunol. (Am.) **31**, 25.
STUART, A. C., H. WELCH, J. CUNNINGHAM and A. M. BURGESS (1936), Arch. int. Med. (Am.) **58**, 512.
STUCKI, W. (1933), Dissert. Bern (nicht im Druck erschienen).
SUNAMI, SH. (1930), Tohoku J. exp. Med. **16**, 277.
SZYMANOWSKY, Z., ST. STETKIEWICZ et B. WACHLER (1926), C. r. Soc. Biol. Paris **94**, 204.

TAKENOUCHI, M. (1918a), J. inf. diseas. (Am.) **23**, 415.
— (1918b), J. inf. diseas. (Am.) **23**, 393.
— (1918c), J. inf. diseas. (Am.) **23**, 398.
TALIAFERRO, W. H. (1924), J. exp. Med. (Am.) **39**, 171.
— (1932), Amer. J. Hyg. **16**, 32.
— (1941), Physiol. Reviews (Am.) **20**, 469.
— (1948), Bact. Reviews (Am.) **12**, 1.
TANIGUCHI, T. (1921), J. Path. a. Bact. (Brit.) **24**, 217.
TANZER, CH. (1941), J. Immunol. (Am.) **42**, 291.
TENBROECK, C. and J. H. BAUER (1922), J. exp. Med. (Am.) **36**, 261.
— — (1923), J. exp. Med. (Am.) **37**, 479.
— — (1923/24), Proc. Soc. exp. Biol. a. Med. (Am.) **21**, 267.
— — (1926), J. exp. Med. (Am.) **43**, 361.
THOMSEN, O. (1927a), Münch. med. Wschr., S. 1921.
— (1927b), Z. Immunfschg. (D.) **52**, 85.
— (1928), Z. Immunfschg. (D.) **57**, 301.
— (1929), Die mediz. Welt, Nr. 566.
— (1930), Hereditas **13**, 121.
— (1931), Z. Immunfschg. (D.) **70**, 140.
— (1932), Acta Soc. med. Fennic. „Duodecim", A 15, No. 9.
— (1932a), Handb. d. Blutgruppenkunde, München, S. 48.
— (1932b), Z. f. Rassenphys. (D.) **5**, 122.
THOMSEN, O., FRIEDENREICH und WORSAAE (1930a), Klin. Wschr. **9**. 67.
— — — (1930b), Acta Path. e Microb. scand. **7**, 157.
THOMSEN, O. und T. KEMP (1930), Z. Immunfschg. (D.) **67**, 251.
THOMSEN, O. und K. KETTEL (1929), Z. Immunfschg. **63**, 67.
THOMSEN, O. und A. THISTED (1928), Z. Immunfschg **59**, 479. 491.
THOMSEN, O. und E. WORSAAE (1929), Z. f. Rassenphys. (D.) **2**, 19.
THOMSON, F. H., E. MANN und H. MARRINER (1928/29), Metropol. Ass. Bd. Ann. Rep., S. 304.
TIMMERMAN, W. A. (1930), Brit. J. exp. Path. **11**, 447.
TODD, C. and R. G. WHITE (1910), J. Hyg. (Brit.) **10**, 185.
— — (1910), Proc. Roy. Soc. London, Ser. B **82**, 416.
TOLEDO, S. und VEILLON (1891), Zbl. f. Bakt. **9**, 18.
TOMCSIK, J. und H. SCHWARZWEISS (1947), Schweiz. Z. Path. und Bakt. **10**, 407.
TOPLEY, W. W. C. and G. S. WILSON (1946), Principles of Bacteriology and Immunity. 3. Ed., rev. by Wilson and A. A. Miles, London.
TOYAMA, I. (1919), J. biol. Chem. (Am.) **38**, 161.
TREFFERS, H. P., D. H. MOORE and M. HEIDELBERGER (1942), J. exp. Med. (Am.) **75**, 135.

TREVORROW, V., M. KASER, J. P. PATTERSON and R. M. HILL (1942), J. Lab. a. Clin. Med. (Am.) **27**, 471.
TROU-HIA-HSÜ (1922), Z. Immunfschg. (D.) **34**, 507.
TSEN, E. T. H. and H. T. CHANG (1928), China med. J. **42**, 646.
TULLOCH, W. J. (1919/20), J. Hyg. (Brit.) **18**, 103.

UNDERWOOD, E. A. (1935), Lancet **228**, 364.

VALCARENGHI, E. et R. RICHOU (1933), C. r. Soc. Biol. **114**, 597.
VOLK, V. K. and W. E. BUNNEY (1942), Amer. J. Public Health **32**, 700.
VORONOFF, S. et G. ALEXANDRESCU (1930), 1. Congr. intern. Microbiol. Paris **2**, 198.
VOSS, E. A. (1937/38), Z. f. Kinderheilk. **59**, 612.
VOSS, E. A. und E. HUNDT (1938), Z. Immunfschg. **94**, 280.

WALTHER, G. (1929), Folia haematol. (D.) **38**, 281.
WASSERMANN, A. (1895), Z. Hyg. (D.) **19**, 235.
WEIL, A. J. (1926), Z. Immunfschg. (D.) **47**, 316.
WEIL-EMILE et P. ISCH-WALL (1923), C. r. Soc. Biol. Paris **88**, 173.
WEINBERG, FR. (1921), Münch. med. Wschr., S. 422.
WEINERT, H. (1938), Z. Rassenphys. (D.) **10**, 7.
WELLISCH, S. (1938), Z. Rassenphys. (D.) **10**, 27.
WELLS, J. R. and P. HEINBECKER (1931), Proc. Soc. exp. Biol. a. Med. (Am.) **28**, 887.
— — (1932), Proc. Soc. exp. Biol. a. Med. (Am.) **29**, 1028.
WERNICKE, E. und H. SCHMIDT (1928), Immunität, Serumtherapie und Schutzimpfung bei Diphtherie. Handb. path. Mikroorg., 3. Aufl. **5**, 525—606.
WHEELER, K. M. (1938), J. Immunol. (Am.) **34**, 409.
WHEELER, K. M., P. B. SAWIN and C. A. STUART (1939), J. Immunol. (Am.) **37**, 159.
WHIPPLE, G. H. (1938), Amer. J. med. Scienc. **196**, 209.
— (1942), Amer. J. med. Scienc. **203**, 477.
WHITE, A. and T. F. DOUGHERTY (1944a), Abstracts of Proc. Meetings Amer. Chem. Soc., September.
— — (1944b), Proc. Soc. exp. Biol. a. Med. (Am.) **56**, 26.
WIDAL et ROSTAINE (1905), C. r. Soc. Biol. Paris **57**, 321, 372.
WIENER, A. S. (1929), J. Genetics (Am.) **29**, 1.
— (1942), Amer. J. Clin. Path. **12**, 302.
— (1942a), Amer. J. Clin. Path. **12**, 189.
— (1944), Proc. Soc. exp. Biol. a. Med. (Am.) **56**, 173.
— (1944a), Science (Am.) **100**, 595.
— (1945), Blood groups and Transfusion. 3. Edition, Springfield.
— (1945a), Amer. J. Clin. Path. **15**, 106.
— (1945b), J. Lab. a. Clin. Med. (Am.) **30**, 662.
— (1945c), Science (Am.) **102**, 177.
— (1946), Amer. J. Clin. Path. **16**, 477.
WIENER, A. S. and R. B. BERLIN, zit. nach WIENER, HURST und SONN (s. daselbst).
WIENER, A. S., P. B. CANDELA and L. J. GOSS (1942,) J. Immunol. (Am.) **45**, 229.
WIENER, A. S. and S. FORER (1941), Proc. Soc. exp. Biol. a. Med. (Am.) **47**, 215.

WIENER, A. S., J. G. HURST and E. B. SONN-GORDON (1947), J. exp. Med. (Am.) **86,** 267.
WIENER A. S. and I. KOSOFSKY (1941), J. Immunol. (Am.) **41,** 413.
WIENER, A. S., B. H. OREMLAND, M. A. HYMANS and A. S. SAMWICK (1941), Am. J. clin. Path. **11,** 102.
WIENER, A. S. and PETERS (1940), Ann. intern. Med. (Am.) **13,** 2306.
WIENER, A. S. and I. J. SILVERMAN (1940), J. exp. Med. (Am.) **71,** 21.
WIENER, A. S. and E. B. SONN (1946), J. Lab. and Clin. Med. (Am.) **31,** 1020.
WIENER, A. S., E. B. SONN and J. G. HURST (1946), Pathogen. of erythroblastosis fetalis, III. WIENER Laboratories, Brooklyn.
WIENER, A. S. and I. B. WEXLER (1946), J. Lab. and Clin. Med. (Am.) **31,** 1016.
WIENER, A. S., I. B. WEXLER and T. GRUNDFAST (1947), Bull. New York Acad. Med. **23,** 207.
WIGODTSCHIKOW, G., W. GEKKER und R. SCHUFER (1936), Z. Mikrobiol. (Russ.) **16,** 35; deutsche Zusammenfssg. Ref. Zbl. Hyg. **37,** 222 (1936).
WILTSHIRE, H. (1912/13), J. Path. a. Bact. (Brit.) **17,** 282.
WISING, P. J. (1939), Acta med. Scand. **98,** 328.
WITEBSKY, E. and N. C. KLENDSHOJ (1941), J. exp. Med. (Am.) **73,** 655.
WITEBSKY, E., N. C. KLENDSHOJ and MCNEIL (1944), Proc. Soc. exp. Biol. a. Med. (Am.) **55,** 167.
WITEBSKY, E. und OKABE (1927), Klin. Wschr., S. 1095.
WOLF, FR. (1937), Dtsch. med. Wschr., S. 94.
WOLFF, E. und B. JONSSON (1933), Dtsch. Z. f. d. ges. gerichtl. Med. **22,** 84.
WOLLMAN, E. et M. BARDACH (1935), C. r. Soc. Biol. Paris **118,** 1425.
WUHRMANN, F. (1947), Zur Entstehung und Bildung der Bluteiweißkörper. In WUHRMANN und WUNDERLY, S. 312—335.
WUHRMANN, F. und CH. WUNDERLY (1945), Schweiz. med. Wschr., S. 234.
— — (1946), Schweiz. med. Wschr., S. 251.
— — (1944), Gastroent. (D.) **69,** 121.
— — (1947), Die Bluteiweißkörper des Menschen, Basel.

YOKOI, K. (1932), Japan. J. exp. Med. **10,** 291.
YORKE, W. and J. W. S. MACFIE (1921), Brit. J. exp. Path. **2,** 115.
YOSIDA, KAN-ITI (1928), Z. ges. exp. Med. (D.) **63,** 331.
YOUNG, C. C., W. E. BUNNEY, M. CROOKS, G. D. CUMMINGS and F. C. FORSBECK (1934), Amer. J. Public Health **24,** 835.
YOUNG, L. E. and E. WITEBSKY (1945), J. Immunol. (Am.) **51,** 111.
YU, I. (1928), Zbl. f. Bakt., I. Orig. **106,** 388.

ZINGHER, A. (1923), Amer. J. diseas. Child. **25,** 392.
ZIRONI, A. (1941), Z. Immunfschg. (D.) **99,** 309.
ZISCHINSKY, H. (1934), Jahrb. f. Kinderheilk. (D.) **142,** 43.
ZLATOGOROFF, S. I. et S. A. KOSTEREFF (1931), C. r. Soc. Biol. Paris **106,** 96.
ZOELCH, P. (1933), Z. f. Kinderheilk. **55,** 518.
— (1934), Z. f. Kinderheilk. **56,** 358.
ZUCKER, K. (1905), Wien. Klin. Wschr., Nr. 44.
ZURUKZOGLU, S. und O. MUNDEL (1935), Schweiz. med. Wschr. **65,** 559.

Sachverzeichnis.

GPSR Compliance

The European Union's (EU) General Product Safety Regulation (GPSR) is a set of rules that requires consumer products to be safe and our obligations to ensure this.

If you have any concerns about our products, you can contact us on ProductSafety@springernature.com

In case Publisher is established outside the EU, the EU authorized representative is:

Springer Nature Customer Service Center GmbH
Europaplatz 3
69115 Heidelberg, Germany

Batch number: 10577876

Printed by Printforce, the Netherlands